Physik der Teilchen-beschleuniger und Synchrotron-strahlungsquellen

Eine Einführung

Von Prof. Dr. rer. nat. Klaus Wille
Universität Dortmund

Springer Fachmedien Wiesbaden GmbH 1992

Prof. Dr. rer. nat. Klaus Wille

Geboren 1942 in Detmold, Studium in Göttingen bei A. Flammersfeld, Promotion 1970. Von 1970 bis 1985 wissenschaftliche Tätigkeit am Deutschen Elektronen-Synchrotron in Hamburg, zwischendurch von 1983 bis 1984 Aufenthalt am Stanford Linear Accelerator Center in Kalifornien. Seit 1985 Professor an der Universität Dortmund.

ISBN 978-3-519-03087-4   ISBN 978-3-663-11850-3 (eBook)
DOI 10.1007/978-3-663-11850-3

Die Deutsche Bibliothek – CIP-Einheitsaufnahme

Wille, Klaus:
Physik der Teilchenbeschleuniger und
Synchrotronstrahlung squellen : eine Einführung / von Klaus Wille. –
Stuttgart : Teubner 1992
  (Teubner-Studienbücher : Physik)
ISBN 978-3-519-03087-4

Meiner Frau

Vorwort

Bei der Erforschung der Struktur der Materie spielen seit den zwanziger Jahren dieses Jahrhunderts Teilchenbeschleuniger eine wichtige Rolle. Sie liefern die für die Experimente mit Atomkernen oder Elementarteilchen erforderlichen hochenergetischen Strahlen mit reproduzierbaren, wohldefinierten Eigenschaften. Im Laufe der Zeit sind die für diesen Zweck entwickelten Anlagen vor allem wegen der erforderlichen sehr hohen Teilchenenergien immer größer geworden und haben inzwischen Dimensionen von über 10 km erreicht, die nur noch im Rahmen von Großforschungsanlagen gebaut und betrieben werden können. Daneben hat sich in jüngerer Zeit eine zweite wichtige Anwendung von Beschleunigern etabliert, nähmlich die Nutzung der sogenannten "Synchrotronstrahlung". Diese wurde erstmals in Elektronen-Synchrotrons beobachtet, nach denen sie auch benannt wurde. Wegen ihrer hervorragenden Eigenschaften hat sie sich neben den Neutronenstrahlen zum wichtigsten Werkzeug zur Untersuchung von Festkörpern entwickelt. Daher werden inzwischen weltweit viele meist kleinere Elektronenbeschleuniger gebaut, die ausschließlich für diesen Zweck optimiert sind. Die Beschleunigerphysik hat sich damit ein recht breites Anwendungsfeld geschaffen.

Das vorliegende Buch hat sich zum Ziel gesetzt, die wichtigsten physikalischen und technischen Grundlagen der Beschleuniger systematisch zusammenzutragen und dabei die Anforderungen der Teilchen- und Hochenergiephysik wie auch die Erzeugung der Synchrotronstrahlung zu behandeln. Wegen der großen Vielfalt der Beschleunigertypen und ihrer diversen Anwendungen war es allerdings nicht möglich, alle heute im Beschleunigerbereich wichtigen Teilaspekte hier zu behandeln. Daher wurde bewußt eine Auswahl getroffen, bei der neben den für alle Beschleuniger wichtigen Grundlagen besonders die Aspekte der Elektronenspeicherringe in den Vordergrund treten. Dieser Beschleunigertyp hat sich inzwischen sowohl in der Elementarteilchenphysik als auch bei der Nutzung der Synchrotronstrahlung als außerordentlich erfolgreich erwiesen. Die Kriterien zur Optimierung für die beiden unterschiedlichen Einsätze werden ausführlich behandelt. Generell wurde versucht, alle Herleitungen transparent zu präsentieren und die gelegentlich notwendigen Näherungen sorgfältig zu begründen. Soweit wie möglich, werden die Erklärungen durch Zeichnungen und Skizzen veranschaulicht.

Die ersten Ideen zu diesem Buch entwickelten sich während einer langjährigen Tätigkeit beim Deutschen Elektronen-Synchrotron DESY in Hamburg beim Bau und Betrieb der Beschleunigeranlagen. Es bereitete oft Probleme, junge Physiker und Ingenieure in der erforderlich kurzen Zeit mit der Physik der modernen Beschleuniger vertraut zu machen, da geeignete Literatur kaum verfügbar war.

Darüberhinaus erfordert auch die Vorbereitung von Experimenten an Beschleunigern eine hinreichende Kenntnis der Physik dieser Anlagen, ihrer Möglichkeiten aber auch ihrer Grenzen. Diesem Problem wurde zunächst durch Seminarvorträge und danach durch Vorlesungen auf Herbstschulen Rechnung getragen. Aus diesen Ansätzen entstand schließlich eine Spezialvorlesung über die Physik der Teilchenbeschleuniger, die seit 1987 an der Universität Dortmund gehalten wird und sich inzwischen zu einem zweisemestrigen Kurs entwickelt hat. Die dabei gewonnenen Erfahrungen und die Anregungen und Fragen der Studenten haben schließlich zu der Darstellung geführt, wie sie jetzt hier vorliegt.

Das Buch wendet sich damit einmal an alle Studenten, die sich entweder mit der Entwicklung und dem Bau von Beschleunigern befassen wollen, oder die beabsichtigen, im Bereich der Kern- und Teilchenphysik bzw. mit Hilfe der Synchrotronstrahlung auf dem Gebiet der Festkörperphysik an Beschleunigern zu experimentieren. Darüberhinaus ist es aber auch allen erfahrenen Physikern und Ingenieuren zu empfehlen, die sich bei der Auslegung und Durchführung ihrer Experimente an Teilchenbeschleunigern mit deren Funktion und physikalischen Eigenschaften vertraut machen wollen.

Zu den in diesem Buch zusammengetragenen Themen haben viele Kollegen aus dem Beschleunigerbereich von DESY durch Anregungen und Diskussionen beigetragen, denen ich hiermit für die zahlreichen Hilfen und die fruchtbare Zusammenarbeit über viele gemeinsame Jahre danke. Ein besonderer Dank gilt dabei dem Direktor des Beschleunigerbereichs Prof. Dr. G.A. Voss, unter dessen Leitung ich wertvolle Erfahrungen sammeln konnte. Meinen Kollegen Prof. Dr. D. Husmann von der Universität Bonn und Dr. H. Mais von DESY danke ich für die sorgfältige und kritische Durchsicht des Scripts. Außerdem danke ich meinem Mitarbeiter Dr. D. Nölle für die hilfreichen Diskussionen und Anregungen zum Kapitel über Free Electron Laser.

Dortmund, am 28 Mai 1992   *Klaus Wille*

Inhaltsverzeichnis

Liste der verwendeten Symbole

Symbol	Bezeichnung
A	Akzeptanz
$\vec{A}$	Vektorpotential
$a_x,\ a_z,\ a_s$	Dämpfungskonstanten
$\vec{B},\ B$	Magnetische Flußdichte
$\tilde{B}$	Wigglerfeld entlang der Strahlachse
B	Brillanz (brilliance)
$\mathbf{B}$	Betamatrix
C	Kapazität
$c = 2.99793 \cdot 10^8$ m/s	Vakuumlichtgeschwindigkeit
$D(s)$	Dispersionsbahn
$e = 1.60203 \cdot 10^{-19}$ C	Elementarladung
E	Energie
E_γ	Photonenenergie
E_p	Protonenenergie
E_e	Elektronenenergie
$\vec{E}$	Elektrische Feldstärke
$E(s)$	Strahlenveloppe
$\vec{F},\ F$	Kraft
F	Photonenfluß
f_u	Umlaufsfrequenz
$G,\ G_N$	Verstärkung des FEL
$G(x)$	horizontaler Feldverlauf
$g = \partial B_x / \partial z = \partial B_z / \partial x$	Feldgradient
$h = 6.6252 \cdot 10^{-34}$ J s	Planck'sches Wirkungsquantum
$\vec{H},\ H$	magnetische Feldstärke
$\mathcal{H}(s)$	optische Funktion
I_b	Strahlstrom
$I(\omega)$	Intensitätsverteilung
$J_i(\xi)$	Besselfunktion
$J_x,\ J_z,\ J_s$	Dämpfungszahlen
K	Wigglerparameter
K_L	Parameter des FEL-Feldes
k	Quadrupolstärke
$k,\ k_x,\ k_y,\ k_y$	Wellenzahl im Hohlleiter
k_c	Grenzwellenzahl

Symbol	Bezeichnung
$\mathcal{L}$	Luminosität
L	Umfang des Ringbeschleunigers
L	Induktivität
$\mathbf{M}$	Transformationsmatrix
m	Sextupolstärke
m	Masse eines Teilchens
m_0	Ruhemasse eines Teilchens
$m_e = 9.1081 \cdot 10^{-31}$ kg	Ruhemasse des Elektrons
$m_p = 1.67236 \cdot 10^{-27}$ kg	Ruhemasse des Protons
N	Teilchenzahl
$\vec{p},\ p$	Teilchenimpuls
P_{HF}	Hochfrequenzleistung
P_L	FEL-Leistung
P_μ	Viererimpuls
$P_0,\ P_s$	Strahlungsleistung
$\Delta p/p$	relative Impulsabweichung
$q = \nu_{HF}/f_u$	Harmonischenzahl
$Q,\ Q_x,\ Q_z$	Arbeitspunkt
ΔQ	Arbeitspunktverschiebung
Q	Güte eines Resonators
$\vec{r}$	Ortsvektor
R	Biegeradius
R_s	Shuntimpedanz
S	Leuchtdichte (brightness)
$S_s(\xi)$	Spektralfunktion
U	Elektrische Spannung
$\vec{u},\ u$	Teilchengeschwindigkeit
$\vec{v},\ v$	Teilchengeschwindigkeit
$W(\vec{r},t)$	Wellenfunktion
$W,\ W_0$	Energieverlust beim Beschleunigen
s	Koordinate in Strahlrichtung
T	Temperatur
$T,\ T_0$	Umlaufzeit
t	Zeit
$\vec{X}$	Bahnvektor
x	horizontale Strahlkoordinate
z	vertikale Strahlkoordinate

Symbol	Bezeichnung
α	Momentum-Compaction-Faktor
$\alpha(s) = -\beta(s)/2$	Steigung der Betafunktion
$\beta = v/c$	relative Geschwindigkeit
$\beta(s)$	Betafunktion
$\gamma = E/m_0 c^2$	relative Energie
γ_t	Transition energy
$\gamma(s) = (1 + \alpha(s))/\beta(s)$	strahloptische Funktion
$\varepsilon_0 = 8.85419 \cdot 10^{-12}$ Vs/Am	Dielektrizitätskonstante
$\varepsilon,\ \varepsilon_x,\ \varepsilon_z$	Strahlemittanz
ϵ_c	kritische Energie
η	Wirkungsgrad
$\eta(s)$	Floquet'sche Variable
Θ	Abstrahlungswinkel
κ	Ablenkwinkel (Steuerspulen)
λ	Wellenlänge
λ_c	Grenzwellenlänge
λ_{HF}	Hochfrequenzwellenlänge
λ_u	Undulatorperiode
$\mu_0 = 4\pi 10^{-7}$ As/Vm	Permeabilität
μ_r	relative Permeabilität
ν	Frequenz
ν_{HF}	Hochfrequenz
$\xi,\ \xi_x,\ \xi_z$	Chromatizität
$\rho(x, z, s)$	Dichteverteilung
σ	Wirkungsquerschnitt
$\sigma_x,\ \sigma_z,\ \sigma_s$	Strahldimensionen
τ	Pulsdauer
τ_{HF}	Periodendauer der Hochfrequenz
$\Phi(x, z, s)$	skalares Potential
$\phi(s)$	Floquet'sche Variable
$\varphi(x, z, s)$	skalares Potential
$\Psi(s)$	Betatronphase
Ψ_s	Sollphase
ω	Frequenz
ω_c	kritische Frequenz
ω_{typ}	typische Frequenz
$\omega_z = eB/m$	Zyklotronfrequenz

1 Einführung

1.1 Bedeutung hoher Teilchenenergien in der Grundlagenforschung

Die Erforschung der Materie, ihrer Grundbausteine und der zwischen ihnen wirkenden Kräfte ist ein elementares Anliegen der Physik. Die dabei untersuchten Strukturen sind außerordentlich klein, ihre Dimensionen liegen teilweise weit unter 10^{-15} m. Um in diesem Bereich experimentieren zu können, sind daher "Sonden" mit der entsprechend hohen Ortsauflösung erforderlich. Sichtbares Licht mit Wellenlängen um $\lambda \approx 500$ nm reicht dazu bei weitem nicht aus. Hier haben sich stattdessen hochenergetische Photonen- oder Teilchenstrahlen als hervorragendes Werkzeug erwiesen. Ohne sie wären die Ergebnisse der Elementarteilchenphysik undenkbar. Die Erzeugung hochenergetischer Teilchenstrahlen ist daher eine Grundvoraussetzung der experimentellen Physik in diesem Forschungsbereich.

Ganz allgemein kann eine Mikrostruktur nur dann mit hinreichender Ortsauflösung vermessen werden, wenn z.B. bei Verwendung elektromagnetischer Strahlung die Wellenlänge klein ist gegen die Dimension der Struktur. Das erfordert in der Elementarteilchenphysik also Wellenlängen unter $\lambda < 10^{-15}$ m. Die Photonenenergie dieser Strahlung ist damit

$$E_\gamma = h\nu = \frac{hc}{\lambda} = 2 \cdot 10^{-10} \text{ J.} \tag{1.1}$$

Erzeugt man diese Photonen als Bremsstrahlung mit Hilfe energiereicher Elektronenstrahlen, so sind Teilchenenergien von

$$E_e = eU \quad \text{mit} \quad E_e > E_\gamma \tag{1.2}$$

erforderlich. Die von den Elektronen dazu insgesamt durchlaufene elektrische Spannung U erreicht dabei Werte über $U > E_e/e = 1.2 \cdot 10^9$ V. Ganz analoge Überlegungen gelten für Teilchenstrahlen, denn deren *de Broglie*-Wellenlänge muß ebenfalls klein sein gegen die Dimensionen der Struktur. Sie ist gegeben durch die Beziehung

$$\lambda_\text{B} = \frac{h}{p} = \frac{hc}{E} \tag{1.3}$$

wobei p und E den Impuls und die Energie des Teilchens angeben. Ein Vergleich mit der Beziehung (1.1) zeigt, daß hier ebenfalls dieselbe hohe Teilchenenergie erforderlich ist.

Üblicherweise wird in der Physik die Energie durch die Einheit 1 *Joule* (1 J) definiert. Diese ist allerdings bei der quantitativen Beschreibung der Teilchenstrahlen nicht sehr handlich. Daher wird hier im allgemeinen die Einheit 1 eV (*"Elektronenvolt"*) bevorzugt. Das ist die kinetische Energie, die ein Teilchen mit der Elementarladung $e = 1.602 \cdot 10^{-19}$ C beim Durchlaufen einer Potentialdifferenz von $\Delta U = 1$ V gewinnt. Die Umrechnung ist also 1 eV = $1.602 \cdot 10^{-19}$ J. Zur Abkürzung werden bei höheren Teilchenenergien auch die Einheiten keV, MeV, GeV und TeV verwendet (siehe Fig. 1.1). Es soll an dieser Stelle angemerkt

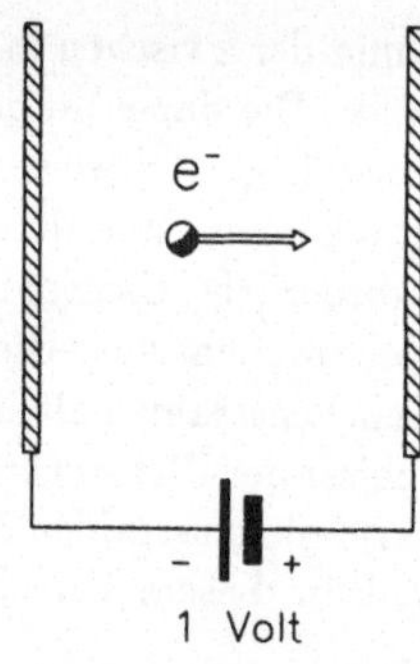

Fig. 1.1 Zur Definition von 1 eV. (1 keV = 10^3 eV, 1 MeV = 10^6 eV, 1 GeV = 10^9 eV, 1 TeV = 10^{12} eV).

werden, daß in diesem Buch grundsätzlich die SI-Einheiten (MKSA) verwendet werden. Sollte in Einzelfällen davon abgewichen werden, wird explizit an der entsprechenden Stelle darauf hingewiesen.

Neben der Auflösung feinster Strukturen der Materie ist auch die Erzeugung neuer meist sehr kurzlebiger Teilchen eine wichtige Aufgabe in der Elementarteilchenphysik. Die zur Erzeugung erforderliche Energie folgt unmittelbar aus der fundamentalen Beziehung

$$E = mc^2. \tag{1.4}$$

Dabei ist noch zu beachten, daß die meisten Teilchen nur paarweise mit ihren Antiteilchen erzeugt werden können, wie z.B. die Erzeugung von Elektronen und Positronen aus hochenergetischen γ-Strahlen (Fig. 1.2).

Wegen der Erhaltung des Impulses kann eine derartige Reaktion nur in der Nähe eines schweren Kerns stattfinden. Dieser nimmt einen Teil des Impulses auf und damit natürlich auch Energie, die der Teilchenerzeugung verlorengeht. Daher ist die erforderliche Energie der γ-Strahlen stets höher, als nach der Beziehung (1.4) zu erwarten ist, also

$$E_\gamma > 2m_e c^2 = 1.637 \cdot 10^{-13} \text{ J} = 1.02 \text{ MeV} \tag{1.5}$$

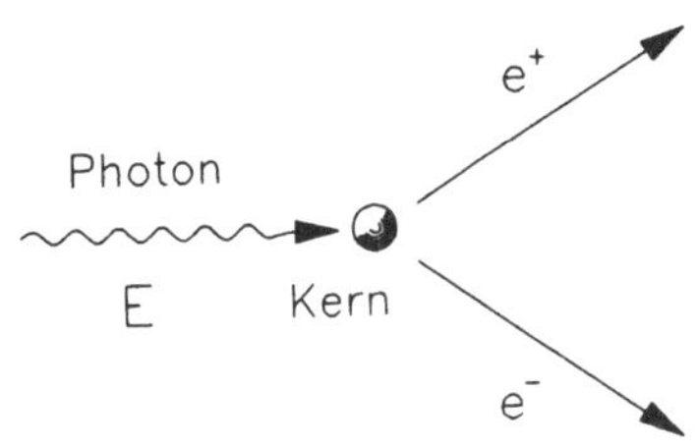

Fig. 1.2 Erzeugung eines e^+-e^--Paares durch Stoß eines γ-Quants hoher Energie an einem schweren Kern

Das ist die Schwellenenergie zur Erzeugung von Elektron-Positron-Paaren, wobei das Einzelteilchen die Masse $m_e = 9.108 \cdot 10^{-31}$ kg hat, was der Ruheenergie von $E_0 = 511$ keV entspricht. Die Ruheenergien der heute untersuchten Elementarteilchen liegen allerdings erheblich höher. Einige Beispiele sollen das untermauern:

Proton	p	:	E_0	$=$	938 MeV
b-Quark	b	:	E_0	$=$	4735 MeV
t-Quark (?)	t	:	E_0	$>$	50000 MeV
Vektorboson	Z_0	:	E_0	$=$	93000 MeV

Zur Erzeugung dieser Teilchen müssen daher entsprechend hohe Energien bereitgestellt werden.

1.2 Kräfte zur Beschleunigung von Teilchen

Da im allgemeinen die Geschwindigkeit v der Elementarteilchen in den untersuchten Stoßprozessen nahezu die Lichtgeschwindigkeit c erreichen ($c = 2.997925 \cdot 10^8$ m/s), muß die Energie in der relativistisch invarianten Form

$$E = \sqrt{m_0^2 c^4 + p^2 c^2} \qquad (m_0 : \text{Ruhemasse}) \tag{1.6}$$

geschrieben werden. Dabei ist der Impuls p des Teilchens der einzige variable Parameter. Benutzt man die üblichen Bezeichnungen $\beta = v/c$ und $\gamma = (1 - \beta^2)^{-1/2}$, so erhält man für den relativistischen Impuls die Beziehung

$$p = mv = \gamma m_0 v \tag{1.7}$$

mit der energieabhängigen Teilchenmasse $m = \gamma m_0$. Die Erhöhung der Teilchenenergie E ist nach (1.6) identisch mit der Erhöhung des Teilchenimpulses p. Der

Impuls kann dem sehr elementaren 2. Newtonschen Axiom zufolge nur durch Wirkung einer Kraft $\vec{F}$ auf das Teilchen geändert werden nach

$$\dot{\vec{p}} = \vec{F}.$$ (1.8)

Um hohe kinetische Energien zu erreichen muß also eine hinreichend große Kraft eine zeitlang auf das Teilchen wirken. Die Natur bietet dazu insgesamt vier verschiedene Kräfte an, die mit ihren wichtigsten Eigenschaften in der Tabelle 1.1 aufgelistet sind.

Es ist offenkundig, daß Kräfte mit Reichweiten unter 10^{-15} m zur Teilchenbeschleunigung technisch nicht nutzbar sind. Damit scheidet die von ihrer relativen Stärke attraktive *starke Kraft* aus und natürlich erst recht die *schwache Kraft*. Die *Gravitation* ist um viele Größenordnungen zu klein. Es bleibt also einzig die *elektromagnetische Kraft* übrig. Durchfliegt ein Teilchen mit der Geschwindigkeit $\vec{v}$ einen Raum, in dem das magnetische Feld $\vec{B}$ und das elektrische Feld $\vec{E}$ herrschen, so wirkt darauf die *Lorentzkraft*

$$\boxed{\vec{F} = e(\vec{v} \times \vec{B} + \vec{E}).}$$ (1.9)

Während sich das Teilchen vom Ort $\vec{r}_1$ zum Ort $\vec{r}_2$ bewegt, ändert sich seine

Tabelle 1.1   Die vier Kräfte der Natur

Kraft	relative Stärke	Reichweite [m]	betroffene Teilchen
Gravitation	$6 \cdot 10^{-39}$	∞	alle Teilchen
Elektro-magnetismus	$1/137$	∞	geladene Teilchen
starke Kraft	≈ 1	$10^{-15} - 10^{-16}$	Hadronen
schwache Kraft	10^{-5}	$\ll 10^{-16}$	Hadronen & Leptonen

Energie um den Betrag

$$\Delta E = \int_{\vec{r}_1}^{\vec{r}_2} \vec{F} d\vec{r} = e \int_{\vec{r}_1}^{\vec{r}_2} (\vec{v} \times \vec{B} + \vec{E}) d\vec{r}.$$ (1.10)

Bei der Bewegung ist stets das Bahnelement $d\vec{r}$ parallel zum Geschwindigkeitsvektor $\vec{v}$. Daher steht der Vektor $\vec{v} \times \vec{B}$ senkrecht auf $d\vec{r}$, d.h. $(\vec{v} \times \vec{B}) d\vec{r} \equiv 0$. Das Magnetfeld $\vec{B}$ bewirkt also keine Energieänderung. Die eigentliche mit einer

Energiezunahme verbundene Beschleunigung kann also nur mit Hilfe von *elektrischen Feldern* erreicht werden. Der Energiegewinn folgt direkt aus (1.10) zu

$$\Delta E = e \int\limits_{\vec{r}_1}^{\vec{r}_2} \vec{E}\, d\vec{r} = eU \qquad (1.11)$$

wobei U die vom Teilchen durchlaufene Spannung ist.

Wenn auch die *magnetischen Felder* nicht zur Energiebilanz des Teilchens beitragen, haben sie immer dann eine wichtige Bedeutung, wenn Kräfte benötigt werden, die senkrecht auf der Flugrichtung des Teilchens stehen. Das ist bei der Führung von Teilchenstrahlen (Bahnablenkung) und der Strahlfokussierung der Fall.

Die Beschleunigerphysik befaßt sich mit den beiden hier angedeuteten Problemkreisen: der Beschleunigung und der Bahnführung von Teilchenstrahlen. Beide basieren auf elektromagnetischen Kräften und somit auf den Grundlagen der klassischen Elektrodynamik. Die *Maxwell'schen Gleichungen* spielen daher eine fundamentale Rolle. Daneben benötigt man die wichtigsten Resultate der *speziellen Relativitätstheorie*. Die hier genannten Grundlagen werden im folgenden als bekannt vorausgesetzt, eine Zusammenstellung der wichtigsten Relationen findet man im Anhang.

1.3 Übersicht über die Entwicklung der Beschleuniger

Seit den zwanziger Jahren dieses Jahrhunderts sind in der experimentellen Physik diverse Maschinen zur Beschleunigung von Teilchenstrahlen entwickelt worden, wobei vor allem der Wunsch nach immer höherer Energie im Vordergrund stand. Die wichtigsten Entwicklungsschritte sollen in diesem Kapitel als Übersicht zkizziert werden. Dabei werden auch die verschiedenen Beschleunigertypen vorgestellt, die bis heute eine wichtige Rolle in der Physik gespielt haben. Eine detaillierte Darstellung der frühen Entwicklungen in der Beschleunigerphysik findet man bei *Livingston* und *Blewett* [1].

1.3.1 Prinzip der Gleichspannungsbeschleuniger

Die einfachsten Teilchenbeschleuniger, deren Prinzip in Fig. 1.3 angedeutet ist, benutzen ein statisches elektrisches Feld , das mit Hilfe eines Hochspannungsgenerators zwischen zwei Elektroden aufgebaut wird. Eine Elektrode enthält die Teilchenquelle. Das ist im Falle von Elektronenstrahlen eine Glühkathode, wie sie allgemein in der Röhrentechnik Verwendung findet. Protonen sowie leichtere und schwerere Ionen werden aus der Gasphase gewonnen, indem man durch eine weitere Gleichstrom- oder Hochfrequenzquelle einströmendes sehr verdünntes Gas ionisiert und dadurch in der Teilchenquelle ein Plasma erzeugt. Aus diesem Plasma treten dann kontinuierlich geladene Teilchen aus, die in dem elektrischen Feld beschleunigt werden. Im Beschleunigungsraum herrscht relativ gutes Va-

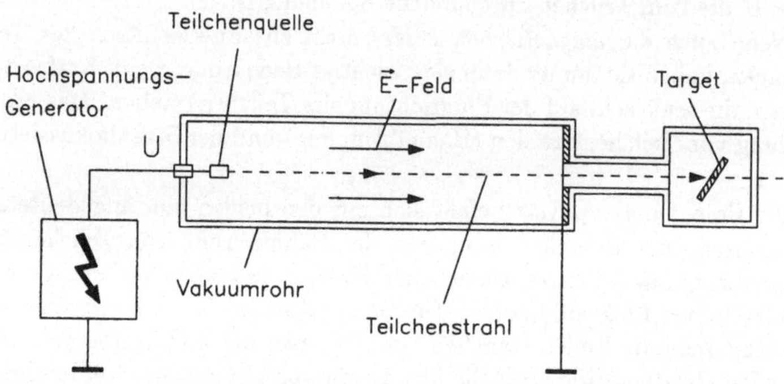

Fig. 1.3 Generelles Prinzip eines elektrostatischen Beschleunigers

kuum, um den Stoß der Teilchen an Molekülen des Restgases zu vermeiden. Sie werden daher stetig ohne Energieverlust beschleunigt, bis sie die zweite Elektrode erreicht haben. Dort treten sie aus dem Beschleuniger aus und durchlaufen meist noch eine feldfreie Driftstrecke, in der sie mit konstanter Energie weiterfliegen bis sie auf ein Target treffen. Dieses hier beschriebene Prinzip ist in der Wissenschaft und Technik sehr weit verbreitet, letztlich basieren alle Bildschirm- und Oszillografenröhren darauf. Die dabei erreichbaren Teilchenenergien sind allerdings nach heutigen Maßstäben sehr begrenzt.

Beim elektrostatischen Beschleuniger ist die maximal erreichbare Energie direkt proportional zu der maximal erzeugbaren Gleichspannung und hier liegen die entscheidenden Grenzen. Das kann man den Kurven in Fig. 1.4 entnehmen, die die Abhängigkeit des Stromes von der Spannung in statischen Beschleunigern zeigen. Der Strom setzt sich im wesentlichen aus drei Komponenten zusammen: Auf Grund der niemals völlig verschwindenden Leitfähigkeit von Isolatoren gibt es immer einen *ohmschen* Anteil, der proportional mit der Spannung ansteigt. Dieser Anteil kann durch geschickte Wahl des Materials und durch die Konstruktion sehr klein gemacht werden. Der zweite Anteil wird durch die im Restgas immer vorhandenen *Ionen* gebildet. Er erreicht sehr schnell einen konstanten Sättigungswert, wenn die anliegende Spannung so hoch ist, daß die Raumladungseffekte vernachlässigbar werden und alle Ionen abgesaugt werden. Mit zu dieser Stromkomponente gehört auch der beschleunigte Teilchenstrahl. Die dritte Komponente, die *Koronabildung*, bewirkt die eigentliche Begrenzung. Bei niedrigen Spannungen ist sie überhaupt nicht zu messen. Bei höheren Werten wachsen an den Elektroden lokal aber die Feldstärken soweit an, daß in diesem Bereich entstandene Ionen und Elektronen unter erheblichem Energiegewinn beschleunigt werden. Dabei bilden sie bei weiteren Stößen mit Gasmolekülen eine Vielzahl weiterer Ionen, die ihrerseits an diesem Prozeß teilnehmen. Es kommt zu einer lawinenähnlichen Vermehrung von Ladungsträgern und damit zu einem Funkenüberschlag, der die Hochspannung zusammenbrechen läßt. Im Bereich der Koronabildung steigt der Strom exponentiell an. Damit ist die Grenze für die maximal erreichbare Teilchenenergie gegeben. Technisch lassen sich Span-

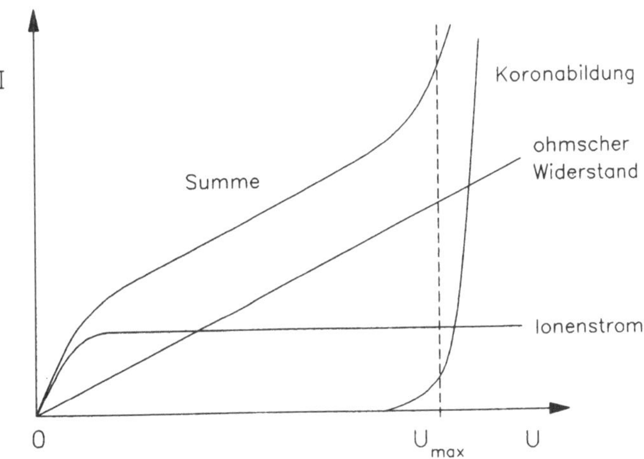

Fig. 1.4 Abhängigkeit des Stromes von der anliegenden Hochspannung bei elektrostatischen Beschleunigern

nungen von einigen MV realisieren, so daß für einfach geladene Teilchen damit auch die Maximalenergie bei einigen MeV liegt. Das ist die generelle Grenze für elektrostatische Beschleuniger, wesentlich höhere Energieen können auf diesem Wege nicht erreicht werden.

1.3.2 Der Cockroft-Walton-Kaskadengenerator

Ein wesentliches Problem der elektrostatischen Beschleuniger ist die Erzeugung hinreichend hoher Gleichspannungen. Anfang der dreißiger Jahre entwickelten

Cockroft und *Walton* [2] einen Hochspannungsgenerator, der sich eines vielstufi-
gen Gleichrichtersystems bediente. Sie erzielten damit in ersten Versuchen eine
Spannung von ungefähr 400000 V. Die Funktion dieses Generators [3, 4], der auch
unter dem Namen *Greinacker-Schaltung* bekannt ist, soll an Hand von Fig. 1.5
erläutert werden. Ein Transformator erzeugt am Punkt A eine sinusförmige

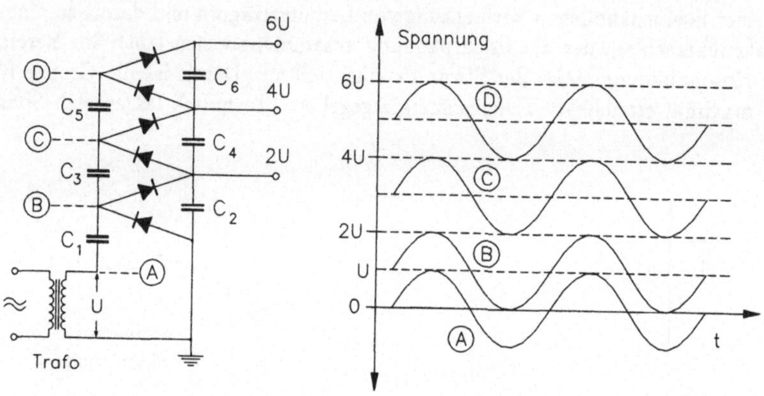

Fig. 1.5 Funktion des *Cockroft-Walton*-Kaskadengenerators

Wechselspannung $U(t) = U \sin \omega t$ mit der Frequenz ω. Die erste Gleichrichter-
diode sorgt dafür, daß der Punkt B keine negative Spannung erhält. Daher läd
sich der Kondensator C_1 auf den Wert U auf. Am Punkt B oszilliert die Spannung jetzt zwischen den Werten 0 und $2U$. Über den zweiten Gleichrichter wird
dadurch der Kondensator C_2 auf den Wert $2U$ aufgeladen. Die dritte Diode sorgt
wieder dafür, daß am Punkt C keine Spannungen unter $2U$ auftreten. Hier verläuft sie jetzt zwischen $2U$ und $4U$, so daß mit Hilfe des vierten Gleichrichters an
C_4 eine Spannung $4U$ erzeugt wird. In dieser Weise lassen sich nun viele solche
Gleichrichterstufen hintereinander anordnen. Ohne Belastung ist die erreichbare
Endspannung dann $2nU$, wenn n die Anzahl der Stufen angibt.

Es muß hier noch berücksichtigt werden, daß dem Generator stets ein gewisser
Strom I entnommen wird. Dieser entläd die Kondensatoren immer wieder um
einen kleinen Betrag, wenn die Dioden im gesperrten Zustand sind. Das führt
insgesamt zu einem etwas geringeren Spannungswert, als er nach der Zahl der
Gleichrichterstufen zu erwarten ist. Die genauere stromabhängige Spannung der
Kaskadenschaltung ergibt sich aus der Beziehung

$$U_{\text{ges}} = 2Un - \frac{2\pi I}{\omega C}\left(\frac{2}{3}n^3 + \frac{1}{4}n^2 + \frac{1}{12}n\right) \tag{1.12}$$

Es ist sofort einsichtig, daß große Kondensatorwerte C und eine hohe Betriebs-
frequenz ω den Einfluß des Stromes stark reduzieren.

In *Cockroft-Walton*-Beschleunigern konnten Spannungen bis ca. 4 MV erreicht werden. Bei Verwendung gepulster Teilchenstrahlen mit Pulsdauern von
einigen μs sind Strahlströme von mehreren 100 mA erzielt worden.

1.3.3 Der Marx-Generator

Ein anderer Weg, hohe Spannungen zur Teilchenbeschleunigung zu erzeugen,
wurde vom *Marx-Generator* beschritten. Er ist ebenfalls kaskadenartig aufgebaut, liefert allerdings nur kurze Spannungsimpulse. Dafür erlaubt er aber sehr
hohe Teilchenströme. Wie in Fig. 1.6 zu sehen, besteht der Marx-Generator aus
einem Netzwerk von Widerständen und Kondensatoren. Ein Hochspannungs-

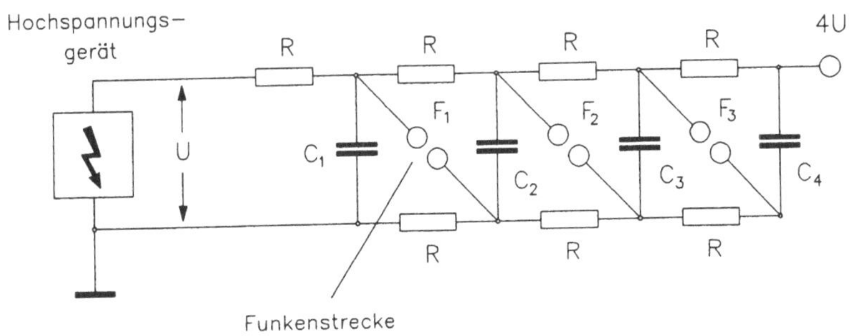

Fig. 1.6 Prinzip des *Marx-Generators*

gerät läd die Kondensatoren C_1 bis C_4, die quasi parallel geschaltet sind, über
die Widerstände R auf die Spannung U auf. Steigt die anliegende Gleichspannung
immer weiter an, nähert sie sich der Zündspannung der Funkenstrecken. Wird
sie überschritten, kommt es zum Funkenüberschlag, so daß die Funkenstrecken
wie sehr niederohmige Schalter wirken. Der Wert der Ladewiderstände R ist dagegen sehr groß. Nach Zünden der Funkenstrecken liegen also die Kondensatoren
in Serie und die Gesamtspannung steigt damit auf den Wert

$$U_{\text{ges}} = nU \qquad (1.13)$$

wobei n die Anzahl der verwendeten Kondensatoren ist. Da dieser Vorgang
sehr schnell abläuft, d.h. sehr kurz gegen 1 μs, spielen Entladevorgänge in den
Kondensatoren keine große Rolle. Man kann sie daher vernachlässigen. Mit einer
Zahl von 100 Kondensatoren mit Kapazitäten um 2 μF und einer anliegenden
Gleichspannung von $U = 20$ kV wurden bei Pulsdauern von 40 ns Strahlströme

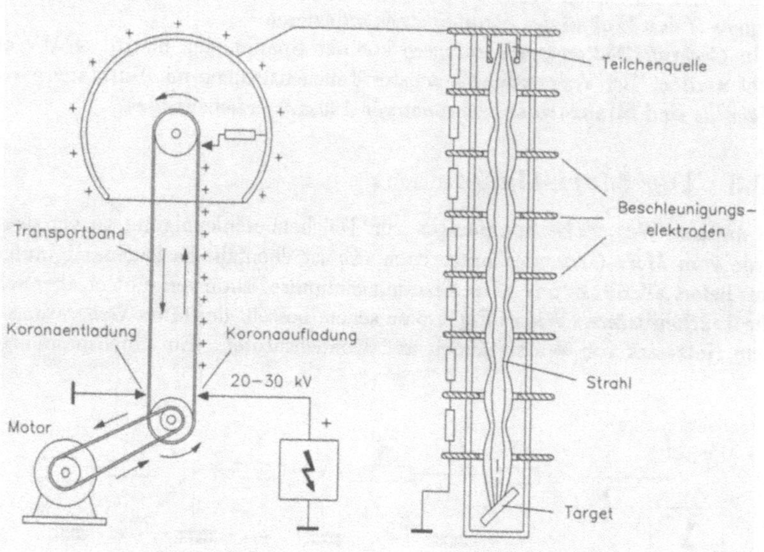

Fig. 1.7 Prinzip des *Van de Gaaff*-Beschleunigers

bis zu $I = 500$ kA erzielt. Mit Hilfe eines bei General Electric gebauten Marx-Generators [5] wurden im Jahre 1932 Spitzenspannungen um 6 MV erzeugt.

1.3.4 Der Van de Graaff-Beschleuniger

Im Jahre 1930 begann *R.J. Van de Graaff* [6] mit den ersten Entwicklungsarbeiten an einem später nach ihm benannten Hochspannungsgenerator, der als wesentliches Element ein zwischen zwei Rollen umlaufendes Band aus isolierendem Material enthält (Fig. 1.7). Dieses Band wird in der Art eines Förderbandes von einem Elektromotor angetrieben. Mit Hilfe einer spitzen Elektrode werden unter Ausnutzung der Koronabildung Ladungen auf das Transportband aufgesprüht. Durch die Bewegung des Bandes gelangen diese Ladungen anschließend in eine isoliert aufgestellte leitende Hohlkugel, wo sie durch eine zweite Elektrode abgestreift werden. Die Hohlkugel läd sich dabei stetig auf, bis die kritische Grenzspannung erreicht ist. Die Kugel ist leitend mit der obersten Elektrode des eigentlichen Teilchenbeschleunigers verbunden, die auch die Teilchenquelle enthält. Der linear angeordnete Beschleuniger besteht aus einer größeren Zahl von ringförmigen Elektroden, die über hochohmige Widerstände miteinander verbunden sind. Durch diese Anordnung wird die Gefahr von Überschlägen reduziert, da zwischen den einzelnen Elektroden eine vergleichsweise geringe Spannung herrscht und dadurch eine relativ gleichmäßige Feldverteilung gegeben ist. Die Elektroden wirken außerdem wie elektrostatische Linsen, mit deren Hilfe noch eine gewisse Strahlfokussierung erreicht wird.

Mit dem *Van de Graaff*-Generator werden unter normalen Bedingungen Spannungen bis zu etwa 2 MV erzeugt. Deutlich höhere Werte bis zu etwa 10 MV werden möglich, wenn man den Generator mit Beschleunigerteil in einen Tank setzt, der mit einem Isoliergas (z.B. SF_6) unter einem Druck von ca. 1 MPa gefüllt ist.

Durch Umladung von Ionen während der Beschleunigung kann das Potential zweimal genutzt und somit Teilchenstrahlen mit doppelter Energie erzeugt werden. *Van de Graaff* hat 1936 mit seinen Mitarbeitern erstmals einen Beschleuniger nach diesem Prinzip gebaut, der auch als *Tandem-Beschleuniger* bezeichnet wird. Die prinzipielle Anordnung ist in Fig. 1.8 gezeigt. Die in einer Ionenquelle

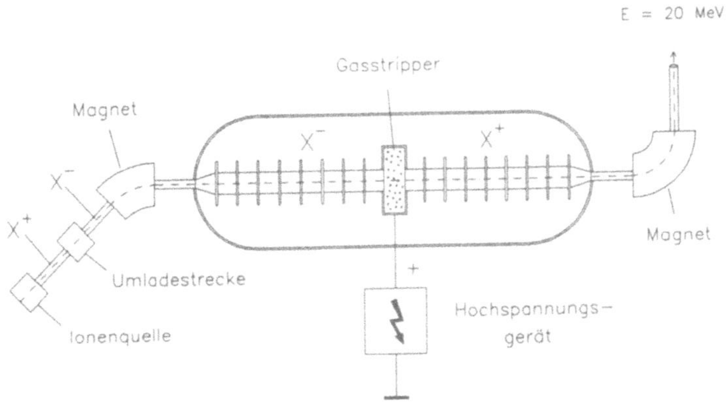

Fig. 1.8 Prinzip des Tandem-Beschleunigers

gebildeten zunächst positiven Ionen werden in einer Umladestrecke soweit mit Elektronen angereichert, daß sie einen Überschuß davon erhalten und als *negative* Ionen weiterfliegen. Ein homogener Magnet sortiert Ionen mit einem definierten e/m-Verhältnis aus, die dann in den Beschleuniger eintreten. Nachdem die Spannung einmal durchlaufen ist, treffen die Ionen auf Gasmoleküle und streifen bei den Stößen die Elektronen ab. Diesen sogenannten "Gasstripper" verlassen sie dann als *positive* Ionen. Auf Grund der Umladung können die Ionen nun ein zweites Mal mit Energiegewinn die Beschleunigungsstrecke durchlaufen. Am Ausgang sortiert ein weiterer Ablenkmagnet die Teilchen mit der gewünschten Ladung und Energie aus. Durch dieses Prinzip können vor allem bei vielfach inonisierten Ionen Energien bis 1000 MeV erreicht werden.

1.3.5   Der Linearbeschleuniger

Wie auch immer bei elektrostatischen Beschleunigern die Hochspannung erzeugt
wird, die oben beschriebene Grenze durch Koronabildung und Überschläge ist
allen gemeinsam. Daher hat der Schwede *Ising* [7] im Jahre 1925 vorgeschlagen, zur Beschleunigung statt der Gleichspannung schnell wechselnde Hochfre-
quenzspannungen zu benutzen. Drei Jahre später gelang *Wiederöe* der erste
erfolgreiche Test eines auf diesem Prinzip basierenden Linearbeschleunigers [8].
Wie Fig. 1.9 zeigt, besteht er aus einer Reihe entlang der Strahlachse ange-

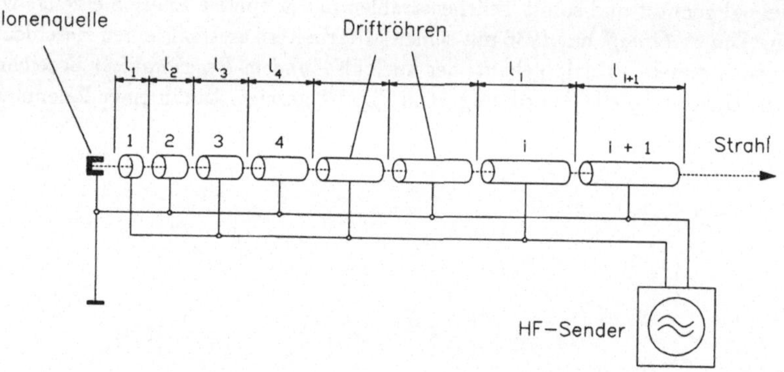

Fig. 1.9 Linearbeschleuniger nach *Wiederöe*

ordneter Driftröhren aus Metall, die abwechselnd mit den beiden Polen eines
HF-Senders verbunden sind. Dieser liefert die hochfrequente Wechselspannung
der Art $U(t) = U_0 \sin \omega t$. Während einer Halbperiode ist die Spannung an der
ersten Driftröhre für die gerade aus der Ionenquelle austretenden Teilchen so ge-
richtet, daß sie beschleunigend wirkt. Die Teilchen erreichen die erste Driftröhre
mit einer Geschwindigkeit v_1. Anschließend treten sie in diese Driftröhre ein, die
wie ein Faradaykäfig wirkt und die äußeren Felder abschirmt. Während dieser
Zeit wechselt das HF-Feld seine Richtung, die Teilchen merken aber nichts davon.
Wenn sie danach in den Spalt zwischen der ersten und der zweiten Driftröhre
gelangen, erfahren sie wieder eine Beschleunigung. Dieser Prozeß wiederholt sich
bei allen Driftröhren. Nach der i-ten Röhre haben die Teilchen mit der Ladung
q die Energie

$$E_i = iqU_0 \sin \Psi_s \tag{1.14}$$

erreicht, wobei Ψ_s die mittlere Phase angibt, die die Teilchen bezüglich der HF-
Spannung beim Passieren der Spalte sehen. Man erkennt sofort, daß die Energie
wieder proportional zur Anzahl i der Stufen ist, die die Teilchen durchlaufen

haben. Das wesentliche ist aber jetzt, daß die Maximalspannung in der gesamten Anlage nie größer wird als U_0. Wir können also im Prinzip beliebig hohe Teilchenenergien erzeugen, ohne in das Problem der Spannungsüberschläge zu geraten. Das ist der entscheidende Vorteil der Hochfrequenzbeschleuniger gegenüber den elektrostatischen Systemen. Aus diesem Grunde benutzen heute fast alle Teilchenbeschleuniger hochfrequente Spannungen, die in leistungsfähigen Sendeanlagen gewonnen werden.

Während der Beschleunigung wächst die Geschwindigkeit monoton an, die Frequenz der Wechselspannung soll aber konstant bleiben, um die grundsätzlich sehr teure HF-Leistung mit vertretbarem Aufwand erzeugen zu können. Daher müssen die Abstände der Spalte zwischen den Driftröhren ebenfalls anwachsen. In der i-ten Driftröhre ist die Geschwindigkeit v_i erreicht worden, was unter der Annahme nichtrelativistischer Geschwindigkeiten (d.h. $v \ll c$) für Teilchen der Masse m die kinetische Energie

$$E_i = \frac{1}{2}mv_i^2 \qquad (1.15)$$

ergibt. Andererseits ist für die HF-Spannung beim Durchlaufen einer Driftstrecke gerade eine halbe Periodendauer $\tau_{HF}/2$ vergangen. Daraus ergibt sich sofort der Abstand zwischen dem i-ten und dem $(i + 1)$-ten Spalt zu

$$l_i = \frac{v_i \tau_{HF}}{2} = \frac{v_i}{2\nu_{HF}} = \frac{v_i \lambda_{HF}}{2c} = \beta_i \frac{\lambda_{HF}}{2}. \qquad (1.16)$$

Die Frequenz $\nu_{HF} = c/\lambda_{HF}$ wird dabei als streng konstant angenommen. β_i ist die relative Geschwindigkeit v_i/c. Aus (1.14) bis (1.16) folgt dann sofort

$$l_i = \frac{1}{\nu_{HF}}\sqrt{\frac{iqU_0 \sin \Psi_s}{2m}}. \qquad (1.17)$$

Die Abstände der Beschleunigungsspalte zwischen den Driftröhren wachsen also proportional mit $\sqrt{i}$ an.

Bei diesem Hochfrequenz-Linearbeschleuniger ist allerdings noch ein Problem zu lösen, das man leicht aus der Beziehung (1.14) ersehen kann. Die den Teilchen zugeführte Energie hängt empfindlich von der Spannung U_0 und der Sollphase Ψ_s ab. Bei Verwendung von sehr vielen Stufen führt daher eine kleine Abweichung von der Sollspannung U_0 dazu, daß die Geschwindigkeit der Teilchen nicht mehr mit den durch die Konstruktion vorgegebenen Driftlängen übereinstimmt, so daß die Teilchen bezüglich der HF-Spannung einen Phasenschlupf erleiden. Die Synchronisation zwischen Teilchenbewegung und HF-Feld ist dann nicht mehr gegeben. Man braucht also einen Mechanismus, der bei Abweichungen die Teilchen automatisch wieder auf die Sollphase zurückführt.

Erfreulicherweise gibt es ein recht einfaches Prinzip, das diese Forderung erfüllt. Es soll an Hand von Fig. 1.10 erläutert werden. Die wesentliche Idee ist dabei, zum Beschleunigen nicht die Phase $\Psi_s = \pi/2$ und damit die Spitzenspannung U_0 zu wählen, sondern einen Wert $\Psi_s < \pi/2$. Damit ist auch die effektive Beschleunigungsspannung $U_s < U_0$. Wir nehmen nun an, daß ein Teilchen in den

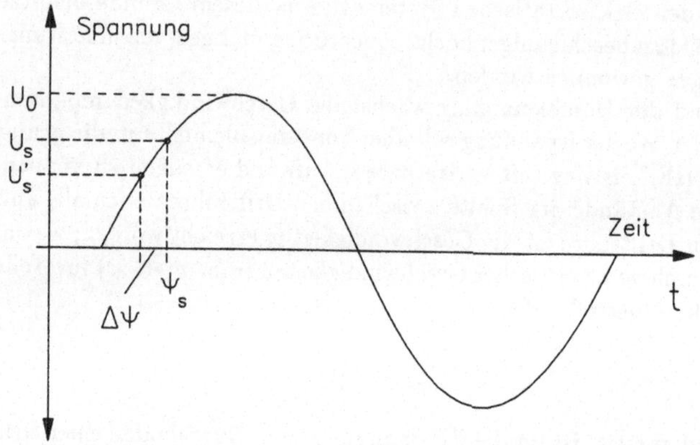

Fig. 1.10 Prinzip der Phasenfokussierung beim Linearbeschleuniger. Es ist der Verlauf der HF-Spannung zwischen zwei Driftstrecken als Funktion der Zeit aufgetragen.

vorangegangenen Stufen zuviel Energie aufgenommen hat, daher im Vergleich zu den Sollteilchen zu schnell ist und somit etwas früher eintrifft. Es sieht daher eine mittlere HF-Phase $\Psi = \Psi_s - \Delta\Psi$ und wird durch eine Spannung

$$U'_s = U_0 \sin(\Psi_s - \Delta\Psi) < U_0 \sin\Psi_s \tag{1.18}$$

beschleunigt, die unter dem Sollwert liegt. Das Teilchen erhält daher einen geringeren Energiezufuhr und fällt dadurch zurück, bis es wieder die Sollgeschwindigkeit erreicht hat. Umgekehrt läuft der Prozeß für Teilchen mit zu geringer Energie. Tatsächlich führen alle Teilchen um die Sollphase Ψ_s Schwingungen aus. Dieses Prinzip der *Phasenfokussierung* ist von fundamentaler Bedeutung beim Bau aller Beschleuniger, die HF-Spannungen benutzen.

Heute werden diese einfachen Driftröhren nicht mehr verwendet, es haben sich generell Hohlleiterstrukturen durchgesetzt. Erste Studien über ihren Einsatz in Linearbeschleunigern wurden schon in den Jahren 1933 und 1934 von *J.W. Beams* und seinen Mitarbeitern an der Universität von Virginia [9] und etwa gleichzeitig von *W.W. Hansen* an der Stanford Universität [10] durchgeführt. Hansen setzte dabei erstmals Klystronröhren als Treiber ein, eine Technik, die bis heute sehr erfolgreich verwendet wird. Diese ersten Hohlleiterlinacs (Linac = Linear Accelerator) beschleunigten Elektronen. Dabei konnte man ausnutzen, daß schon bei Energien von wenigen MeV Geschwindigkeiten erreicht werden, die sich von der des Lichts kaum noch unterscheiden ($v \approx c$). Beim Beschleunigen nimmt daher nur noch die Masse der Elektronen zu, ihre Geschwindigkeit bleibt aber fast konstant. Daher haben die Hohlleiterstrukturen konstante Dimensionen entlang des Linacs, was zu relativ einfachen Konstruktionen führt. Der größte Elektronenlinac steht heute beim Stanford Linear Accelerator Center SLAC in Kalifornien [11]. Er ist über 3 km lang und erreicht Endenergien um 50 GeV.

Bei Protonen und Schwerionen sind vor allem im ersten Abschnitt die Geschwindigkeiten nichtrelativistisch, so daß wie bei Wiederöe eine proportional mit $\sqrt{i}$ ansteigende Länge der Driftröhren erforderlich ist. Diese sind allerdings heute in einem Tank aus gut leitendem Material angeordnet, in dem ebenfalls eine Hohlraumwelle erregt wird. Die im Innern feldfreien Driftröhren enthalten auch die zur Strahlfokussierung erforderlichen Magnete. Die Entwicklung diese heute als *Alvarezstruktur* bezeichneten Protonen- und Schwerionenlinacs wurde von *L. Alvarez* und *W.K.H. Panofsky* [12] nach dem zweiten Weltkrieg begonnen. Heute werden diese Systeme zur Beschleunigung von Protonen bis hin zu schwersten Ionen eingesetzt. Dabei lassen sich Energien von 20 MeV pro Nukleon gewinnen.

1.3.6 Das Zyklotron

Mit Linearbeschleunigern lassen sich im Prinzip beliebig hohe Teilchenenergien erzeugen, allerdings wachsen die Längen der Maschinen und damit die Kosten auch entsprechend an. Deshalb liegt der Gedanke nahe, Teilchen auf einer Kreisbahn umlaufen zu lassen und dadurch dieselbe Beschleunigungsstruktur vielfach zu benutzen. Der erste nach diesem Prinzip entwickelte Kreisbeschleuniger ist das *Zyklotron*. Es wurde 1930 von *E.O. Lawrence* an der Universität von Kalifornien vorgeschlagen [13]. Ein Jahr später konnte *Livingston* experimentell die Funktion eines derartigen Beschleunigers demonstrieren. Beide zusammen bauten 1932 das erste auch praktisch für Experimente nutzbare Zyklotron, das eine Spitzenenergie von 1.2 MeV hatte.

Um die Teilchen auf eine Kreisbahn zu bringen, verwendet das Zyklotron einen Eisenmagneten, der zwischen den meist runden Polen ein homogenes Feld mit einer Stärke um $B \approx 2$ T erzeugt. Die Teilchenbahn verläuft in der Ebene zwischen den Polen. Um die Bewegungsgleichung der Teilchen im homogenen Feld anzugeben, wählen wir ohne Einschränkung der Allgemeinheit ein Koordinatensystem, dessen x- und y-Achse in der Bahnebene liegen. Das Magnetfeld hat damit nur eine Komponente senkrecht dazu (Fig. 1.11) und kann geschrieben werden in der Form

$$\vec{B} = \begin{pmatrix} 0 \\ 0 \\ B_z \end{pmatrix} \tag{1.19}$$

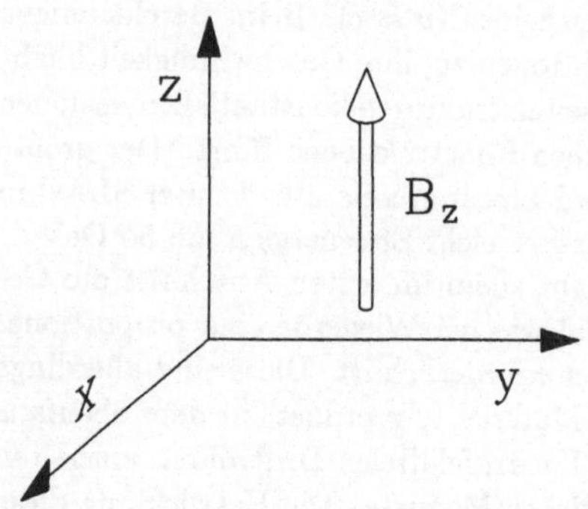

Fig. 1.11 Koordinatensystem im B-Feld

Die Bewegungsgleichung gewinnen wir aus der Lorentzkraft (1.9), indem wir für das elektrische Feld $\vec{E} = 0$ setzen. Dann folgt

$$\vec{F} = \dot{\vec{p}} = \frac{d}{dt}(m\vec{v}) = e\vec{v} \times \vec{B}. \tag{1.20}$$

Wir wollen annehmen, daß die Bewegung nur in der x-y-Ebene verläuft. Dann hat der Teilchenimpuls die Gestalt

$$\vec{p} = \begin{pmatrix} p_x \\ p_y \\ 0 \end{pmatrix} = m \begin{pmatrix} v_x \\ v_y \\ 0 \end{pmatrix}. \tag{1.21}$$

Mit den Definitionen von $\vec{B}$ und $\vec{p}$ (bzw. $\vec{v}$) kann man das Kreuzprodukt in (1.20) berechnen und erhält

$$\dot{\vec{p}} = e \begin{pmatrix} v_y B_z \\ -v_x B_z \\ 0 \end{pmatrix}, \tag{1.22}$$

bzw. in Komponentenschreibweise

$$\begin{aligned} \dot{p}_x &= m\dot{v}_x = ev_y B_z \\ \dot{p}_y &= m\dot{v}_y = ev_x B_z. \end{aligned} \tag{1.23}$$

Differenziert man diese Gleichungen nocheinmal nach der Zeit und kombiniert die so gewonnenen Ausdrücke mit (1.23), so erhält man schließlich die gesuchten Bewegungsgleichungen

$$\ddot{v}_x + \frac{e^2}{m^2} B_z^2 v_x = 0$$

$$\ddot{v}_y + \frac{e^2}{m^2} B_z^2 v_y = 0 \tag{1.24}$$

mit den Lösungen

$$v_x(t) = v_0 \cos \omega_z t$$
$$v_y(t) = v_0 \sin \omega_z t. \qquad (1.25)$$

Die Teilchen laufen also zwischen den Polen auf Kreisbahnen um mit der Umlaufsfrequenz

$$\omega_z = \frac{e}{m} B_z. \qquad (1.26)$$

die auch als *Zyklotronfrequenz* bezeichnet wird. Es ist bemerkenswert, daß ω_z gar nicht von der Teilchengeschwindigkeit abhängt. Das liegt daran, daß mit zunehmender Geschwindigkeit der Bahnradius und damit der zu durchlaufende Umfang proportional anwächst. Höhere Geschwindigkeit und größerer Umfang kompensieren sich gerade, wenn die Masse m konstant bleibt. Diese Bedingung ist natürlich nur für nichtrelativistische Teilchen erfüllt.

Die Konstanz der Zyklotronfrequenz wird beim *Zyklotron* ausgenutzt, das in Fig. 1.12 gezeigt ist. Es besteht aus einem großen H-förmigen Magneten dessen Spulen von konstantem Gleichstrom durchflossen werden. Zwischen den Polen dieses Magneten liegt die Vakuumkammer, die auch die zur Beschleunigung erforderlichen D-förmigen Elektroden, sogenannte "DEEs", enthält. Sie haben etwa die Form einer flachen, in der Mitte durchgeschnittenen Dose. Zwischen diesen beiden Hälften wird die HF-Spannung von einem Sender eingespeist. Die Teilchen treten aus einer Ionenquelle im Zentrum zwischen den Polen aus. Wenn sie auf ihrer kreisförmigen Bahn den Spalt zwischen den DEEs passieren, werden sie beschleunigt und laufen anschließend auf einer Bahn mit etwas größerem Radius weiter, bis sie nach einem Halbkreis wieder auf den Spalt treffen. Die Hochfrequenz wird so gewählt, daß sie identisch ist mit der Zyklotronfrequenz, also $\omega_{HF} = \omega_z$. Ihr Wert liegt üblicherweise um 10 MHz bei einer HF-Leistung um 100 kW. Dadurch wird sichergestellt, daß die Teilchen immer ein beschleunigendes Feld im Spalt vorfinden. Die Teilchen laufen also mit wachsender Energie auf einer Spiralbahn nach außen, bis sie den Randbereich des Magneten erreicht haben. Dort werden sie mit Hilfe einer kleinen Elektrode oder eines kleinen Magneten (Deflektor) ausgelenkt und dem Experiment zugeführt.

Mit klassischen Zyklotrons werden Protonen, Deuteronen und α-Teilchen auf etwa 22 MeV pro Elementarladung beschleunigt. Bei diesen Energien ist die Bewegung noch hinreichend nichtrelativistisch ($v \approx 0.15c$) und damit bleibt während der Beschleunigung die Umlaufsfrequenz genügend konstant. Die Zyklotronbedingung ist also erfüllt.

Bei höheren Energien nimmt mit steigender Teilchenmasse $m(E)$ die Zyklotronfrequenz umgekehrt proportional zu $m(E)$ ab. Wenn man die Frequenz des HF-Senders während der Beschleunigung entsprechend herunterfährt, kann man wesentlich höhere Teilchenenergien erreichen. Dieses Prinzip wird beim *Synchrozyklotron* angewendet. Da die Hochfrequenz allerdings immer nur für Teilchen in

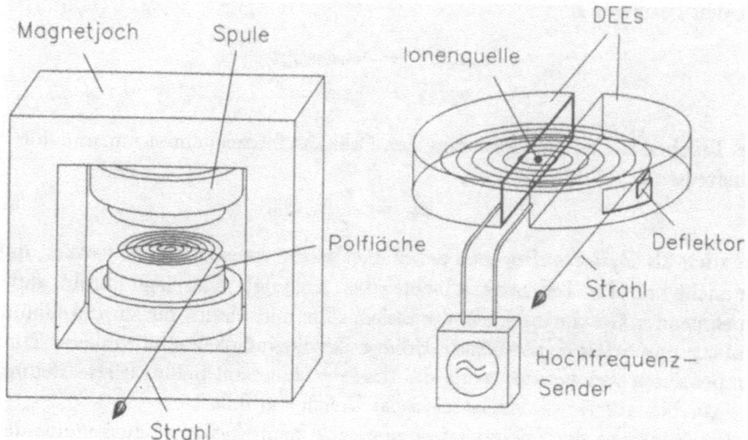

Fig. 1.12 Prinzip des Zyklotrons

einem begrenzten Energieintervall optimal ist, lassen sich so nur kurze Strahlimpulse beschleunigen und die Intensität der Strahlen ist entsprechend gering.

Einen effektiveren Weg wählt man beim *Isozyklotron*, bei dem das radiale Magnetfeld so erhöht wird, daß die Zyklotronfrequenz konstant bleibt, also

$$\omega_z = \frac{q\, B_z(r(E))}{m(E)} = \text{const.} \tag{1.27}$$

$r(E)$ ist dabei der Bahnradius eines Teilchens der Energie E und q seine Ladung. Hierbei ergibt sich allerdings das Problem, daß durch ein derart geformtes Magnetfeld der Strahl defokussiert wird. Daher verwendet man bei Isozyklotrons relativ komplizierte Polformen, die den Verlust der Fokussierung durch die sogenannte "Kantenfokussierung" kompensieren. Mit Isozyklotrons lassen sich Energien über 600 MeV erzielen.

1.3.7 Das Microtron

Das Prinzip des Zyklotrons, das wesentlich auf der Konstanz der Umlaufsfrequenz ω_z beruht, ist direkt auf Elektronen nicht anwendbar, da diese wegen ihrer sehr kleinen Ruheenergie ($m_e c^2 = 511$ keV) schnell relativistische Geschwindigkeiten erreichen, d.h. $v \approx c$. Daher wächst die Masse praktisch proportional mit der Energie an und die Zyklotronfrequenz ω_z sinkt entsprechend umgekehrt proportional ab. Dieser Effekt kann durch Nachfahren der Hochfrequenz oder durch Gestaltung des Magnetfeldes nicht aufgefangen werden.

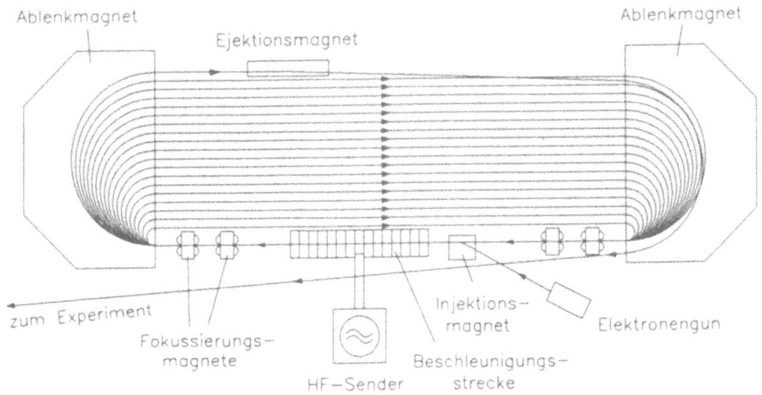

Fig. 1.13 Prinzip des Racetrack-Microtrons zur Beschleunigung von Elektronen. Der Name kommt von der wie eine Rennbahn aussehenden Form der Teilchenbahn.

Streng genommen ist es aber auch gar nicht erforderlich, daß die Umlaufsfrequenz konstant bleibt, es kommt eigentlich nur darauf an, daß die Teilchen bei jedem Umlauf wieder dieselbe Phase der HF-Spannung sehen. Das kann man auch dadurch erreichen, indem man eine relativ hohe Frequenz und dementsprechend kurze Wellenlänge zur Beschleunigung wählt — typisch sind Werte um $\nu_{HF} = 3$ GHz — und den Energiegewinn pro Umlauf so dimensioniert, daß dadurch der Umfang der Bahn immer gerade um ein ganzzahliges Vielfaches der HF-Wellenlänge zunimmt. Dieses Prinzip wird beim *Microtron* angewendet, einer Art Zyklotron für Elektronen [14]. Wir wollen die Funktion am Beispiel des *Racetrack-Microtrons* erläutern (Fig. 1.13). Der Zusatz "Racetrack" (= Rennbahn) weist auf die Form der Teilchenbahnen aus zwei Halbbögen hin, die durch gerade Strecken getrennt sind. Die Elektronen werden in einer Kathode gewonnen und mit Hilfe eines Injektionsmagneten das erste Mal durch die Beschleunigungsstrecke geschickt. Anschließend erfahren sie im Ablenkmagneten eine Umlenkung um 180°, laufen auf gerader Bahn bis zum zweiten Ablenkmagneten und gelangen nach nochmaliger Umlenkung wieder zur selben Beschleunigungsstrecke. Dieser Prozeß wiederholt sich etliche Male mit stetig zunehmendem Biegeradius in den Ablenkmagneten bis der Strahl schließlich durch einen Ejektionsmagneten läuft und zum Experiment ausgelenkt wird. Auf beiden Seiten der Beschleunigungsstrecke sind noch spezielle Fokussierungsmagete angeordnet, um die transversalen Strahldimensionen während der Beschleunigung klein zu halten. Ist l der Abstand zwischen den zwei Ablenkmagneten und R_i der Biegeradius der i-ten Umlaufbahn in diesen Magneten, dann benötigen die Elektronen mit der

Geschwindigkeit v_i für den Umlauf eine Zeit von

$$t_i = \frac{2(\pi R_i + l)}{v_i}. \tag{1.28}$$

Aus dem Gleichgewicht zwischen Zentrifugalkraft und Lorentzkraft folgt der Biegeradius zu

$$R_i = \frac{v_i m_i c^2}{e c^2 B} = \frac{v_i}{e c^2 B} E_i \tag{1.29}$$

mit der relativistischen Teilchenmasse m_i, der Energie E_i und der Magnetfeldstärke B. Setzt man dieses Resultat in (1.28) ein und berechnet die Differenz der Umlaufzeiten zwischen dem i-ten und dem $(i+1)$-ten Umlauf, dann ergibt sich

$$\Delta t = t_{i+1} - t_i = \frac{2\pi}{e c^2 B}(E_{i+1} - E_i) = \frac{2\pi}{e c^2 B}\Delta E. \tag{1.30}$$

Diese Differenz muß gleich einem ganzzahligen Vielfachen k der Periodendauer der HF-Spannung sein, also $\Delta t = k/\nu_{HF}$. Mit dieser Bedingung kann man den erforderlichen Energiegewinn ΔE der Elektronen pro Umlauf direkt angeben. Er beträgt

$$\Delta E = k\frac{e c^2 B}{2\pi \nu_{HF}}. \tag{1.31}$$

Bei einem Magnetfeld $B = 1$ T, einer Hochfrequenz von $\nu_{HF} = 3$ GHz und mit $k = 1$ erhält man $\Delta E = 4.78$ MeV. Dieser relativ hohe Wert wird heute durch ein kurzes Stück eines Linearbeschleunigers gewonnen, mit dem Gradienten von $dE/ds > 10$ MeV/m möglich sind.

Microtrons — eine kompakte Bauform mit nur einem Ablenkmagneten und kreisförmigen Bahnen ohne gerade Strecken — werden heute für Energien bis über 20 MeV eingesetzt, wobei die Anwendung meistens im medizinischen Bereich liegt. Bei höheren Werten bis über 100 MeV geht man zum Racetrack-Microtron über. Das größte dieser Art mit dem Namen *"MAMI"* ist kürzlich an der Universität Mainz in Betrieb genommen worden [15] Es ist ausgelegt für Energien bis zu $E = 820$ MeV.

1.3.8 Das Betatron

Bei den bisher betrachteten Kreisbeschleunigern ist das Magnetfeld konstant und der Bahnradius wächst mit der Teilchenenergie an. Beim *Betatron* wird dagegen das Magnetfeld während des Beschleunigens so hochgefahren, daß die kreisförmige Bahn räumlich konstant bleibt. Das beschleunigende elektrische Feld entsteht dabei automatisch nach dem Induktionsgesetz aus dem sich zeitlich schnell veränderlichen Magnetfeld. Eine besondere Beschleunigungsstrecke ist daher nicht erforderlich. Im wesentlichen ist ein Betatron, das in Fig. 1.14

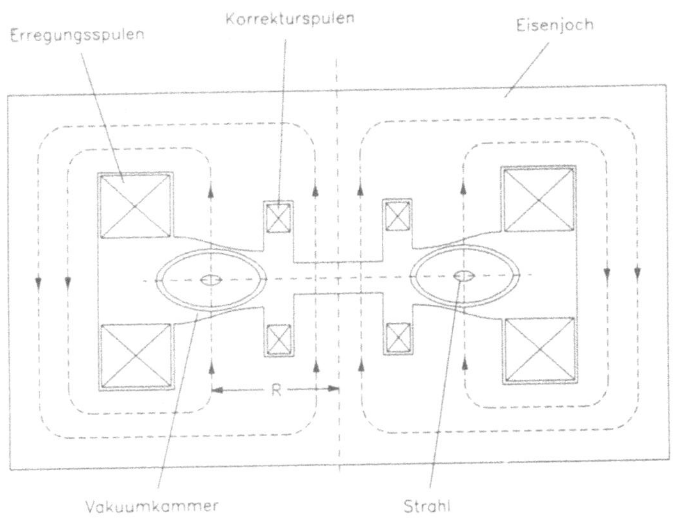

Fig. 1.14 Querschnitt durch ein Betatron. Der Beschleuniger ist rotationssymmetrisch um die senkrechte Achse angeordnet. Der Elektronenstrahl läuft in einer runden Vakuumkammer zwischen den Polen des Wechselstrommagneten.

skizziert ist, ein Wechselstromtransformator, bei dem die Sekundärspule durch einen kreisenden Elektronenstrahl ersetzt ist.

Den ersten nach diesem Prinzip arbeitenden Beschleuniger hat *D.W. Kerst* im Jahre 1940 an der Universität von Illinois [16] gebaut. Er konnte Elektronen bis zu einer Energie von 2.3 MeV beschleunigen. Schon zwei Jahre später wurde von Kerst und seinen Mitarbeitern bereits ein 20 MeV-Betatron realisiert. Heute sind in diesem Energiebereich eine Reihe derartiger Maschinen vor allem für medizinische Anwendungen im Einsatz.

Für die Funktion des Betatrons ist es von elementarer Bedeutung, daß die Teilchenbahn während der Beschleunigung im Mittel räumlich konstant bleibt. Es muß also eine bestimmte Stabilitätsbedingung erfüllt werden, die wir jetzt angeben wollen. Wie schon erwähnt, basiert das Betatron auf der Anwendung des Induktionsgesetzes

$$\oint \vec{E}\,d\vec{r} = -\iint_A \dot{\vec{B}}\,d\vec{f}. \tag{1.32}$$

Das Magnetfeld $\vec{B}(t)$ wird mit Hilfe der Erregerspulen durch Wechselstrom erzeugt und hat damit einen sinusförmigen zeitlichen Verlauf $\vec{B}(t) = \vec{B}_0 \sin \omega t$.

Betatrons verwenden eine einfache rotationssymmetrische Geometrie, bei der
wir in sehr guter Näherung eine kreisförmige Bahn mit konstantem Radius R
annehmen können, wie es Fig. 1.15 zeigt. Die von der Bahn umschlossene Fläche
ist A. Wegen der Rotationssymmetrie ist der azimutale Verlauf des Magnetfeldes
konstant, also $d\vec{B}/d\Theta = 0$. Allerdings soll zugelassen werden, daß sich das Feld
radial ändert ($B(r) \neq$ const.).   Das durch die Fläche A tretende und senkrecht

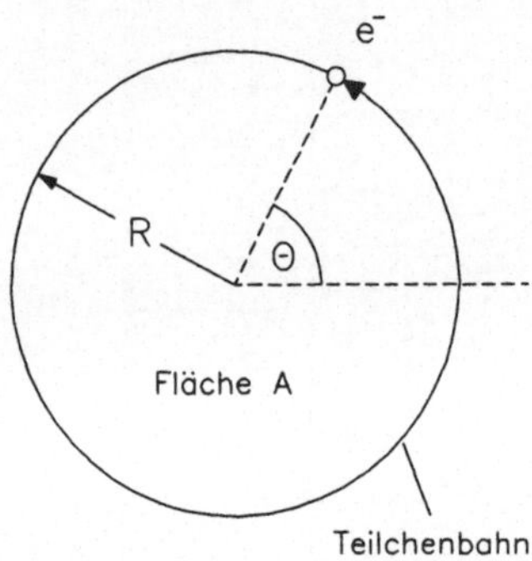

Fig. 1.15 Teilchenbahn im Betatron

auf ihr stehende mittlere Magnetfeld beträgt

$$\langle |\vec{B}| \rangle = \frac{1}{\pi R^2} \iint_A \vec{B}(r)\,d\vec{f}. \tag{1.33}$$

Es erzeugt wegen des Induktionsgesetzes (1.32) ein entlang der Teilchenbahn
verlaufendes elektrisches Feld $\vec{E}(r)$, für das ebenfalls wegen der Rotationssymmetrie die Bedingung $d\vec{E}/d\Theta = 0$ gilt. Unter diesen Voraussetzungen vereinfacht
sich (1.32) zu

$$2\pi R|\vec{E}| = -\pi R^2 \frac{d}{dt}\langle |\vec{B}| \rangle \quad \Longrightarrow \quad |\vec{E}| = -\frac{R}{2}\langle |\dot{\vec{B}}| \rangle. \tag{1.34}$$

Die Elektronen sehen also eine beschleunigende Kraft

$$|\vec{F}| = |\dot{\vec{p}}| = -e|\vec{E}| = \frac{eR}{2}\langle |\dot{\vec{B}}| \rangle. \tag{1.35}$$

Andererseits folgt aus (1.29) mit $p = E/c$ und $v = c$ sofort $1/R = e|\vec{B}|/|\vec{p}|$
und weiter $|\vec{p}| = eR|\vec{B}|$. Der Vergleich mit (1.35) liefert die einfache Relation
$|\dot{\vec{B}}| = \langle |\dot{\vec{B}}| \rangle/2$, aus der durch Integration über die Zeit die wichtige *Wiederöe'sche
Betatronbedingung*

$$\boxed{|\vec{B}(t)| = \frac{1}{2}\langle |\vec{B}(t)| \rangle + |\vec{B}_0|} \tag{1.36}$$

folgt [17]. Sie gibt an, unter welchen Bedingungen stabile Teilchenbewegungen
beim Beschleunigen erzielt werden. Die Kontur der Pole des Magneten muß also

danach gestaltet werden. Das konstante Feld $|\vec{B}_0|$, das sich mit den Korrekturspulen einstellen läßt, erlaubt die Justierung der Teilchenbahn. Um die so vorgegebene Idealbahn führen die Teilchen transversale Schwingungen aus, die man als *Betatronschwingungen* bezeichnet. Heute benennt man ganz allgemein alle transversalen Teilchenschwingungen in Beschleunigern mit diesem Namen.

1.3.9 Das Synchrotron

Die Entwicklung in der Elementarteilchenphysik erfordert immer höhere Strahlenergien, die sich mit den bisher beschriebenen relativ kompakten Anlagen nicht erreichen lassen. Für relativistische Teilchen ($v = c$) mit der Energie E wächst der Bahnradius nach (1.29) entsprechend

$$R = \frac{E}{ecB} \tag{1.37}$$

an. Da man Magnetfelder nicht beliebig stark machen kann — Werte von $B = 1.5$ T bei normalleitenden und $B = 5$ T bei supraleitenden Magneten markieren etwa die derzeit technisch sinnvolle obere Grenze —, wächst bei Energien von $E > 1$ GeV der Radius auf mehrere Meter an, was zu Magnetdimensionen führt, die sich technisch kaum noch realisieren lassen. Daher wurde ein Konzept entwickelt, bei dem die ortsfeste Teilchenbahn mit im Prinzip beliebig großem aber konstantem Radius R durch einzelne schmale Ablenkmagnete festgelegt wird, die nur im Bereich des Strahls ein Feld haben. Aus der Konstanz des Radius R folgt nach (1.37) sofort, daß das Verhältnis E/B konstant sein muß. Mit anderen Worten: Das Magnetfeld B muß *synchron* mit der Energie E hochgefahren werden. Deshalb nennt man diesen Beschleunigertyp auch *Synchrotron*.

Das Prinzip des Synchrotrons wurde 1945 fast gleichzeitig von *E.M. McMillan* an der Universität von Kalifornien [18] und von *V. Veksler* in der Sowjetunion [19] entwickelt. Noch im selben Jahr begann an der Universität von Kalifornien der Bau des ersten 320 MeV-Elektronen-Synchrotrons. Ein Jahr später gelang *F.G. Gouard* und *D.E. Barnes* [20] in England an einer sehr kleinen Maschine mit einer Endenergie von 8 MeV, die theoretischen Vorhersagen über die Funktion eines Synchrotrons experimentell zu bestätigen. Die erste Designstudie für ein Protonensynchrotron wurde 1947 von M.L. Oliphant et al. [21] vorgelegt. Anfang der fünfziger Jahre entstand dann in Brookhaven das Cosmotron, ein 3 GeV Protonen-Synchrotron [22]. Mit Ende der fünfziger Jahre wurden nach den ersten Erfolgen eine ganze Reihe von Synchrotrons zur Beschleunigung von Elektronen wie auch von Protonen entwickelt und gebaut. Den Aufbau und die wesentlichen Elemente eines Synchrotrons zeigt Fig. 1.16. Schmale einzelne Ablenkmagnete mit Polbreiten um 0.2 m und homogenem Feld legen die geschlossene annähernd kreisförmige Idealbahn fest. Da die Teilchen viele tausend mal umlaufen, ist wegen ihrer unvermeidlichen Divergenz eine Fokussierung durch gesonderte spe-

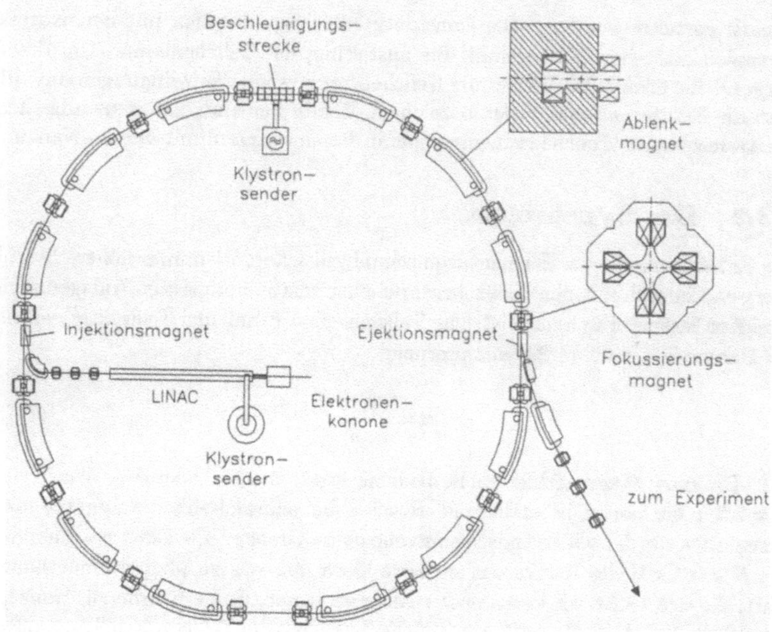

Fig. 1.16 Prinzipieller Aufbau eines modernen Synchrotrons. Die Bahn wird durch Ablenk-magnete mit homogenem Feld festgelegt, während die Fokussierung des Strahls durch geson-derte Magnete besorgt wird. Die Beschleunigung geschieht durch eine oder mehrere kurze HF-Strukturen. Die Teilchen werden von einem Vorbeschleuniger (Linac oder Microtron) ge-liefert.

zielle Magnete erforderlich. Früher wurde die Fokussierung in die Ablenkmagne-te integriert (*Combined Function*), was zu relativ einfachen Magnetstrukturen führte. Der Nachteil ist allerdings, daß die Fokussierung damit von vornherein festliegt und besonderen Anforderungen nicht angepaßt werden kann. Deshalb wählt man heute vor allem bei Elektronen-Synchrotrons getrennte Elemente für die Strahlablenkung und die Strahlfokussierung (*Separated Function*).

Das Synchrotron braucht nur an wenigen Stellen Beschleunigungsstrecken — im Minimum genügt eine —, die wieder von einem oder mehreren Hochfre-quenzsendern betrieben werden. Wenn der Umfang L der Maschine gerade ein ganzzahliges Vielfaches q der HF-Wellenlänge λ_{HF} ist, also $L = q\lambda_{\mathrm{HF}}$, und die Teilchen die Beschleunigungsstruktur immer bei der Phase Ψ_s erreichen, dann ist der Energiegewinn pro Umlauf

$$\Delta E_{\mathrm{Strahl}} = eU_0 \sin \Psi_s - \Delta E_{\mathrm{Verlust}}. \tag{1.38}$$

Bei der Beschleunigung von Protonen gibt es keine Verluste ($\Delta E_{\mathrm{Verlust}} = 0$) und deshalb lassen sich sehr hohe Energien bis über 1000 GeV erreichen. In diesem Fall werden supraleitende Magnete verwendet, um den Radius des Beschleunigers in vertretbaren Dimensionen zu halten. Bei Elektronen tritt dagegen eine mit der Strahlenergie stark ansteigende Abstrahlung von elektromagnetischen Wellen auf. Der Energieverlust durch diese sogenannte *Synchrotronstrahlung* , die in Kapitel 2 beschrieben wird, wächst entsprechend $\Delta E_{\text{Verlust}} \propto E^4$ an und wird bei Energien im Bereich von $E \approx 10$ GeV so dominierend, daß dies etwa als die obere Grenze für Elektronen-Synchrotrons angesehen werden muß. Die Kompensation dieses Energieverlusts wäre nur durch erheblich mehr HF-Leistung möglich, was zu unverhältnismäßig hohen Bau- und Betriebskosten führen würde.

Synchrotrons können nicht von der Energie $E = 0$ an beschleunigen, denn ein Magnetfeld, das exakt bei $B = 0$ beginnt und dann linear mit der erforderlichen hohen Präzision ansteigt, läßt sich bei sehr schwachen Erregungen der Magnete nicht erzeugen. Ursache für die Probleme sind die Koerzitivfelder der Eisenmagnete, die untereinander stark erregungsabhängig streuen. Das gibt erhebliche unkontrollierbare Abweichungen der Teilchenposition von der Idealbahn und führt zu Strahlverlusten. Außerdem stört auch das Magnetfeld der Erde. Daher startet man bei einer Mindestenergie, die nicht unter 20 MeV liegen sollte. Generell gilt hier, daß die Probleme beim Beschleunigen im Synchrotron um so geringer werden, je höher die Einschußenergie ist. Ein Optimum auch im Hinblick auf die Kosten ist bei einem 5 - 10 GeV Elektronen-Synchrotron ein Einschuß bei etwa 200 MeV. Daher ist jedem Synchrotron immer ein Linac oder ein Microtron vorgeschaltet.

Die vom Vorbeschleuniger gelieferten Teilchenstrahlen müssen mit Hilfe eines Magneten auf die Bahn im Synchrotron eingelenkt werden. Nach einem Umlauf darf das Magnetfeld aber nicht mehr vorhanden sein, denn sonst würden die Teilchen gleich wieder von der Idealbahn weggebogen werden und dann gegen die Kammerwand treffen. Daher verwendet man an dieser Stelle für die Injektion sehr schnelle gepulste Magnete (sogenannte *Kicker*) mit Pulsdauern im Bereich um 1 μs. Aus demselben Grunde werden solche schnellen Kickermagnete auch zur Auslenkung der Strahlen am Ende des Beschleunigungszyklus eingesetzt.

1.4 Erzeugung von Teilchen in kollidierenden Strahlen

1.4.1 Physik der Teilchenkollision

Ein sehr elementarer Prozeß zur Erzeugung von schweren Teilchen ist der tief inelastische Stoß von hochenergetischen Elektron-Positron-Paaren, wie er in Fig. 1.17 gezeigt ist. Bei dieser Reaktion zwischen einem Teilchen und seinem Antiteilchen werden beide vollständig vernichtet und es entsteht ein virtuelles

γ-Quant, das die gesamte Energie des Prozesses enthält. Das ist einmal die Ruheenergie $2m_ec^2$ und zum anderen die kinetische Energie beider Teilchen vor dem Stoß, die bei extrem relativistischen Bewegungen bei weitem überwiegt. Da dieser Prozeß eine sehr klare Dynamik hat, ist er zur Untersuchung komplexer Teilchenstrukturen sehr gut geeignet. In den letzten Jahren wurden speziell mit diesen e^+-e^--Reaktionen u.a. sehr wichtige Untersuchungen an Quark-Antiquark-Systemen gemacht, zu denen vor allem die Charm- und die B-Quark-Systeme gehören. Daher ist es eine Herausforderung an die Beschleunigerphysik, optimierte Maschinen für derartige Stoßprozesse mit hohen Ereignisraten zu entwickeln.

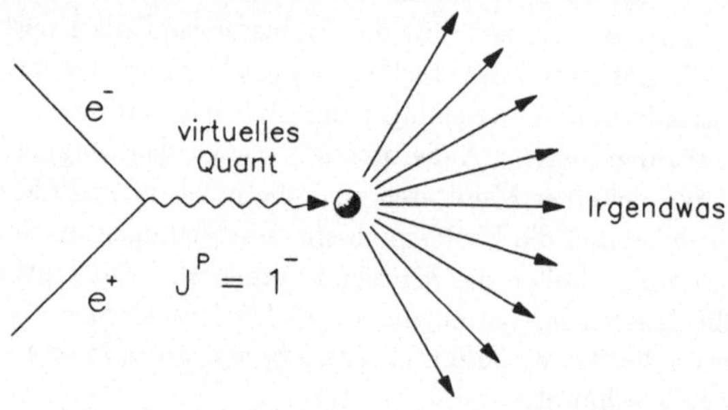

Fig. 1.17   Inelastischer Stoß zwischen Elektron und Positron

Prinzipiell könnte man die e^+-e^--Stöße auf eine einfache Weise realisieren, wie Fig. 1.18 zeigt. Man nimmt einfach einen Teilchenbeschleuniger, der Positronen auf die erforderliche Energie E_1 bringt. Diese werden dabei aus dem β-Zerfall oder besser durch Paarerzeugung gewonnen. Schießt man sie auf ein ruhendes Target aus festem Material, treffen sie auf die Elektronen der Atomhüllen und man hat im Prinzip die gewünschten e^+-e^--Stöße. Das Ganze hat nur den Nachteil, daß vor allem bei extrem relativistischen Energien, d.h. $\gamma = E/m_ec^2 \gg 1$, fast die gesamte Energie durch Rückstoß verloren geht. Das soll jetzt kurz quantitativ gezeigt werden.

Dazu wählen wir zunächst ein im Labor ruhendes Bezugssystem K, in dem das mit der Geschwindigkeit u fliegende Positron den Impuls $p = mu$ hat. Listet man vor dem Stoß die Bilanz der Geschwindigkeiten, der Impulse und der Energien der beiden Teilchen auf, erhält man

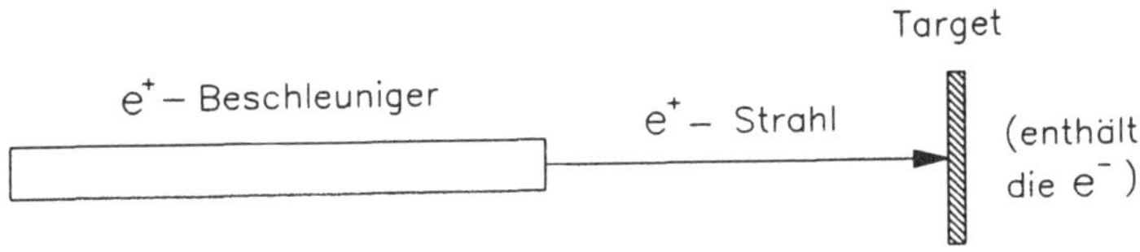

Fig. 1.18 e^+-e^--Stoßprozeß mit ruhendem Target

Laborsystem K :

$$e^+ \quad \oplus \quad \overset{p}{\Longrightarrow} \qquad\qquad \bigcirc \quad e^- \text{ (ruhend)}$$

Geschwindigkeit	:	u_1	$=$	u	$u_2 = 0$	
Impuls	:	p_1	$=$	p	$p_2 = 0$	
Energie	:	E_1	$=$	pc	$E_2 = 0$	

$$\gamma = \frac{E_1}{m_e c^2}$$

Nun wechseln wir in das Schwerpunktsystem K', in dem definitionsgemäß die Summe der Teilchenimpulse verschwindet, also $\sum p_i = 0$. In diesem System bewegen sich beide Teilchen mit derselben Geschwindigkeit v, aber entgegengesetzter Richtung aufeinander zu. Für dieses System erhält man vor dem Stoß die Bilanz

Schwerpunktsystem K' :

$$e^+ \quad \oplus \quad \overset{p'}{\Longrightarrow} \qquad \overset{-p'}{\Longleftarrow} \quad \bigcirc \quad e^-$$

Geschwindigkeit	:	u_1'	$=$	v	$u_2' = -v$	
Impuls	:	p_1'	$=$	p'	$p_2' = -p'$	
Energie	:	E_1'	$=$	$p'c$	$E_2' = p'c$	

$$\gamma' = \frac{E_1'}{m_e c^2}$$

Bei dieser Wahl bewegt sich das Schwerpunktsystem K' mit der Geschwindigkeit v gegen das Laborsystem. Im System K' kommen nach dem Stoß beide Teilchen vollständig zur Ruhe und die im Stoß umgesetzte Energie

$$E^* = E_1' + E_2' = 2p'c = 2\gamma' m_e c^2 \tag{1.39}$$

steht zur Teilchenreaktion zur Verfügung. Verloren geht der Anteil, der durch die Bewegung des Schwerpunktsystems gegen das ruhende Laborsystem entsteht. Um diesen Anteil bzw. die Reaktionsenergie E^* zu berechnen, brauchen wir noch

γ'. Dazu übertragen wir mit Hilfe der Lorentz-Transformation den relativistisch invarianten Impuls vom Schwerpunkt- in das Laborsystem. Dabei brauchen wir nur eine Ortskoordinate x zu berücksichtigen, da die Bewegung entlang einer Geraden verläuft. Es gilt danach mit $\beta' = v'/c$

$$\begin{pmatrix} E_1/c \\ p_1 \end{pmatrix} = \begin{pmatrix} \gamma' & \beta'\gamma' \\ \beta'\gamma' & \gamma' \end{pmatrix} \cdot \begin{pmatrix} E_1'/c \\ p_1' \end{pmatrix}. \tag{1.40}$$

Daraus erhält man sofort mit $p_1' = E_1'/c$

$$p_1 = \gamma'(\beta' + 1)p_1'. \tag{1.41}$$

Bei extrem relativistischen Teilchen ist in sehr guter Näherung $\beta' = 1$ und der Impuls erhält damit die Form

$$p_1 = 2\gamma' p_1' = 2\gamma'(\gamma' m_e c) = 2\gamma'^2 m_e c. \tag{1.42}$$

Mit der allgemeinen Schreibweise $p_1 = \gamma m_e c$ ergibt sich daraus schließlich die relative Energie der Teilchen im Schwerpunktsystem

$$\gamma' = \sqrt{\frac{\gamma}{2}}. \tag{1.43}$$

Das Verhältnis von nutzbarer Reaktionsenergie E^* zu aufgebrachter Teilchenenergie E_1 wird damit

$$\eta = \frac{E^*}{E_1} = \frac{2\gamma' m_e c^2}{\gamma m_e c^2} = \frac{2\gamma'}{\gamma} = \sqrt{\frac{2}{\gamma}}. \tag{1.44}$$

Bei relativistischen Energien mit $\gamma > 1000$ wird der Wirkungsgrad der Reaktion also sehr klein. Fragt man andererseits, wir groß muß die primäre Teilchenenergie E_1 sein, um eine geforderte Reaktionsenergie E^* zu erhalten, liefert die Relation (1.44) nach Umformen die Antwort

$$E_1 = \frac{E^{*2}}{2m_e c^2}. \tag{1.45}$$

Zur Erzeugung von B-Mesonen benötigt man im Minimum eine Energie von $E^* = 9.47$ GeV. Mit $m_e c^2 = 5.11 \cdot 10^{-4}$ GeV folgt sofort $E_1 = 87750$ GeV (!). Solch einen Elektronenbeschleuniger kann man jedenfalls in absehbarer Zeit nicht bauen. Der Ausweg aus diesem Problem ist im Prinzip sehr einfach: Man benutzt zwei Strahlen mit derselben Energie E und schießt sie gegeneinander. Dann sind Labor- und Schwerpunktsystem identisch und die gesamte Energie *beider* Strahlen steht für den Teilchenprozeß zur Verfügung, also

$$e^+ \quad \oplus \quad \overset{E}{\Longrightarrow} \quad \times \quad \overset{E}{\Longleftarrow} \quad \bigcirc \quad e^-$$

$$E^* = 2E.$$

In diesem Fall lassen sich B-Mesonen mit Strahlen im Energiebereich um $E \approx 5$ GeV erzeugen, was mit den heutigen Mitteln kein Problem mehr darstellt.

1.4.2 Der Speicherring

Die im Prinzip einfache Idee, zwei Strahlen gleicher Energie gegeneinander zu schießen, ist in der Praxis nicht so leicht zu realisieren. Die Teilchendichte in hochenergetischen Strahlen ist nämlich im Vergleich zur festen Materie extrem gering und daher besteht nur eine sehr kleine Trefferwahrscheinlichkeit in kollidierenden Strahlen. Der für die Teilchenreaktion erforderliche zentrale Stoß ist dabei äußerst selten. Daher müssen große Anstrengungen gemacht werden, um hinreichend hohe Ereignisraten für die Experimente bereitzustellen. Die Zahl der Ereignisse pro Sekunde erhält man aus der Beziehung

$$\dot{N}_{\mathrm{p}} = \sigma_{\mathrm{p}}\mathcal{L}. \tag{1.46}$$

Der Wirkungsquerschnitt σ der Teilchenreaktion wird von der Natur vorgegeben, während der Faktor $\mathcal{L}$ ein Maß für die Trefferwahrscheinlichkeit in den kollidierenden Strahlen ist. Dieser Faktor, der als *Luminosität* bezeichnet wird, gibt direkt die Leistungsfähigkeit der Beschleunigeranlage an. Er kann auf folgende Weise berechnet werden

$$\mathcal{L} = \frac{1}{4\pi} \frac{f_{\mathrm{u}} N_1 N_2}{\sigma_{\mathrm{x}} \sigma_{\mathrm{z}}}. \tag{1.47}$$

Es ist anschaulich sofort klar, daß die Luminosität $\mathcal{L}$ proportional mit der Teilchenzahl N_i pro Einzelstrahl ansteigt, insgesamt für beide Strahlen also mit dem Produkt $N_1 N_2$. Dieselbe Wirkung hat eine Verkleinerung der horizontalen und vertikalen Strahldimensionen σ_{x} und σ_{z} im Bereich der Kollision. Außerdem ist $\mathcal{L}$ noch proportional zur Frequenz f_{u}, mit der die Strahlen gegeneinander geschossen werden. Es mußte also eine Beschleunigeranlage konzipiert werden, in der entsprechend hochenergetische Teilchenstrahlen mit hoher Luminosität kollidieren können. Dabei hat sich der *Speicherring* als das bis heute erfolgreichste Konzept erwiesen.

Es handelt sich beim Speicherring um einen Kreisbeschleuniger, der äußerlich dem Synchrotron sehr ähnlich ist. Allerding gibt es einige wesentliche Unterschiede. Erstens laufen in diesem Beschleuniger gleichzeitig zwei Strahlen um, nämlich Elektronen und Positronen. Man nutzt hierbei die Tatsache aus, daß in Magnetfeldern im Uhrzeigersinn umlaufende Elektronen dieselbe Kraft erfahren, wie die im Gegensinn kreisenden Positronen, also

$$\vec{F} = e(\vec{v} \times \vec{B}) = -e(-\vec{v} \times \vec{B}). \tag{1.48}$$

Daher kann man für beide Strahlen dieselbe Magnetstruktur und dieselbe Vakuumkammer benutzen. Da die Teilchenstöße bei vom jeweiligen Experiment fest vorgegebenen Energien stattfinden müssen, wird die Energie der Strahlen während der Messungen nicht verändert. Das heißt, daß z.B. die Erregung aller Magnete in sehr engen Grenzen konstant gehalten wird. Der Speicherring ist also im eigentlichen Sinn garkein Beschleuniger.

Da, wie oben schon erwähnt, bei jeder Kollision nur einige wenige Teilchen tatsächlich zentrale inelastische Stöße ausführen, nimmt die Intensität der Strahlen durch diese Teilchenprozesse praktisch nicht ab. Daher können dieselben Strahlen über längere Zeit ständig gegeneinander umlaufen, wobei Lebensdauern von mehreren Stunden heute üblich sind. Die einmal in den Speicherring eingeschossenen Teilchen verbleiben dort bei konstanter Energie ohne Nachfüllung während der Dauer eines Meßzyklus. Sie sind also *gespeichert*, was den Namen dieses Beschleunigertyps erklärt. Die geringe Trefferwahrscheinlichkeit in kollidierenden Strahlen wird bei Speicherringen durch die hohe Frequenz f_u der Kollisionen beim Umlauf der Teilchen zum Teil ausgeglichen, da sie praktisch mit Lichtgeschwindigkeit fliegen. Bei einem Speicherring von 300 m Umfang ergibt sich z.B. der Wert $f_u = 1$ MHz.

Die im Vergleich zum Synchrotron sehr langen Aufenthaltszeiten der Teilchen im Speicherring erfordern zusätzliche Maßnahmen. Erstens muß der Vakuumdruck um mehr als drei Größenordnungen geringer sein als in anderen Beschleunigeranlagen, um die Zahl der unerwünschten Stöße mit den Restgasmolekülen so klein wie möglich zu halten. Extremes Ultrahochvakuum mit Drücken unter 10^{-7} Pa ist dazu erforderlich. Zweitens muß die Strahlführung und Fokussierung sehr viel sorgfältiger geplant werden, was auch entprechend hohe Toleransforderungen an die Magnete und deren Stromversorgung stellt. Wegen der langen Aufenthaltsdauer der Strahlen können selbst relativ kleine Ungenauigkeiten zu merklichen nachteiligen Effekten führen. Drittens ist bei einem Elektronenspeicherring auch der Einbau von hochfrequenten Beschleunigungsstrecken erforderlich, obwohl eine Beschleunigung in eigentlichen Sinne gar nicht stattfindet. Der Grund liegt in der Abstrahlung elektromagnetischer Energie beim Umlauf der Teilchen, die wieder ausgeglichen werden muß. Diese Beschleunigungsstrecken sind für wesentlich höhere Strahlströme ausgelegt, als sie im Synchrotron üblich sind, um möglichst hohe Luminositäten zu erreichen.

Da Speicherringe bei fester Energie arbeiten, müssen die Strahlen von einem Vorbeschleuniger, meist einem Synchrotron oder einem Linac, mit der passenden Energie angeliefert werden. Sie werden dann ähnlich wie beim Synchrotron mit Hilfe gepulster Magnete in den Speicherring injiziert. Wenn man diese Injektion so auslegt, daß beim Einschuß neuer Teilchen die bereits im Speicherring umlaufenden nicht verlorengehen, kann man die Injektion im Prinzip beliebig oft wiederholen und somit sehr hohe Teilchenströme erzielen. Dieses Prinzip der *Akkumulation* ist in der Tat ein wesentlicher Vorteil der Speicherringe. Dadurch lassen sich die nach (1.47) erforderlich hohen Teilchenzahlen N_i erreichen. Der typische Aufbau eines Elektron-Positron-Speicherrings ist in Fig. 1.19 gezeigt. Die beiden Halbbögen sind durch zwei etwas längere gerade Strecken getrennt, in deren Mitte jeweils ein Kollisionspunkt der umlaufenden Teilchenstrahlen liegt. Jeder dieser Kollisionspunkte, die auch *Wechselwirkungspunkte* genannt werden, ist von einem Teilchendetektor umgeben, der aus einer Vielzahl

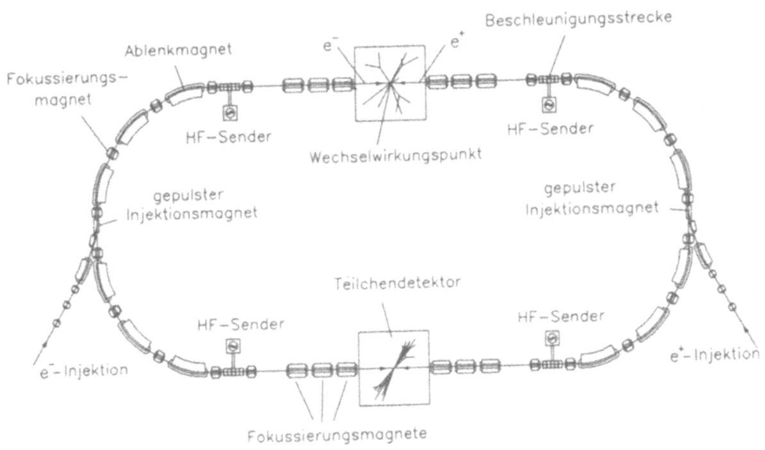

Fig. 1.19 Aufbau eines Elektron-Positron-Speicherringes mit zwei Wechselwirkungszonen, die von Teilchendetektoren umgeben sind. Die erforderlichen sehr kleinen Strahldimensionen in diesem Bereich werden von speziellen Fokussierungsmagneten auf beiden Seiten der Detektoren erzeugt. Die gegeneinander umlaufenden Strahlen (e^+ und e^-) werden von einem Vorbeschleuniger, z.B. einem Synchrotron, mit passender Energie geliefert. Beschleunigungsstrecken gleichen den Energieverlust durch Abstrahlung elektromagnetischer Energie aus.

verschiedener Zähler und Driftkammern besteht. Diese erfassen praktisch den gesamten Raumwinkel, im eine vollständige Analyse der jeweiligen Teilchenreaktion zu ermöglichen. Auf beiden Seiten der Detektoren sind besonders effektive Fokussierungsmagnete angeordnet, um die sehr kleinen Strahlquerschnitte σ_x und σ_z zu erzeugen. Dabei werden vor allem extrem kleine vertikale Dimensionen von weniger als $\sigma_z = 25\ \mu$m erreicht. Abhängig von der Strahlenergie werden derzeit Luminositäten im Bereich von $\mathcal{L} = 10^{30}$ bis 10^{32} cm^{-2} s^{-1} in Speicherringen erreicht.

Die Idee, Teilchenstrahlen bei konstanter Energie in Kreisbeschleunigern ohne nennenswerte Intensitätsverluste umlaufen zu lassen, sie also auf diese Weise zu speichern, wurde schon im Jahre 1943 von Kollath, Touschek und Wideröe geäußert. Allerdings vergingen noch 13 Jahre, bis Kerst 1955 und kurz darauf auch O'Neill ein detailliertes Konzept für eine derartige Anlage ausarbeiteten [23]. Ab 1958 wurde in Stanford und in Moskau der Bau eines Speicherrings begonnen. Der erste erfolgreiche Versuch, einen Elektronenstrahl über eine längere Zeit zu speichern, gelang 1961 in Italien am kleinen Speicherring A.d.A. [24] und etwa zur gleichen Zeit in der Sowjetunion [25]. Bis heute sind weltweit viele Speicherringe meist für Elektron-Positron-Kollision gebaut worden. In einzelnen anderen Maschinen werden auch Protonen auf Protonen oder Protonen auf Antiprotonen geschossen. Beim Deutschen Elektronen-Synchrotron DESY in Hamburg wurde kürzlich der Doppelring HERA fertiggestellt, bei dem als einzigen in der Welt hochenergetischen Protonen mit Elektronen kollidieren [26]. Wegen der sehr unterschiedlichen Massen müssen allerdings in diesem Fall beide Teilchensorten in getrennten Ringen umlaufen. Nur im Bereich der Wechselwirkungszonen werden die Strahlen auf eine gemeinsame Bahn gelenkt. Der derzeit größte Speicherring ist LEP beim Europäischen Forschungszentrum CERN in Genf [27], in dem Elektronen und Positronen mit Energien oberhalb von 50 GeV kollidieren können wobei die obere Grenze bei etwa 100 GeV liegen wird. Der Umfang dieses unterirdisch angeordeten Maschine beträgt 27 km. Eine noch größere Anlage mit einem Umfang von über 80 km wird derzeit in den USA geplant. Es handelt sich um den Protonen-Speicherring SSC, der Energien bis etwa 20 TeV erreichen soll [28].

1.4.3   Der ''Lineare Collider''

Der Energieverlust, den die im Speicherring umlaufenden Elektronen durch Abstrahlung elektromagnetischer Energie erleiden, steigt sehr steil mit der Teilchenenergie an und zwar $\propto E^4$. Die Eigenschaften dieser Strahlung wird in Kapitel 2 genauer behandelt werden. Um diesen Energieverlust auszugleichen, wird entsprechend viel HF-Leistung benötigt. Bei Strahlenergien von einigen 10 GeV wird dabei die technisch und finanziell realisierbare Grenze erreicht. Will man e^+-e^--Reaktionen auch oberhalb von 100 GeV studieren, muß man die Teilchen auf gerader Bahn in Linacs beschleunigen, denn die bei longitudinaler Beschleunigung auftretende Abstrahlung elektromagnetischer Wellen ist selbst bei sehr hohen Energien praktisch vernachlässigbar. Daher sind in den letzten Jahren Ideen entwickelt worden, mit Hilfe von Linacs die Teilchenkollision zu realisieren. Diese Anlagen werden deshalb auch als *Lineare Collider* bezeichnet.

Die Luminosität berechnet sich auch in diesem Fall nach der schon für Speicherringe angegebenen Beziehung (1.47). Linacs haben aber den Nachteil, daß die Stoßfrequenz f_u im allgemeinen sehr klein ist und einige hundert Hertz kaum übersteigt. Außerdem kann die Teilchenzahl N_i nicht sehr groß sein, da es extrem schwierig ist, hochintensive Strahlen von der Energie $E = 0$ jedesmal stabil auf die Endenergie zu bringen.

Um diesen Nachteil gegenüber den Speicherringen auszugleichen, ist es erforderlich, vor allem die Strahlquerschnitte drastisch zu reduzieren. Dazu wurden in der letzten Zeit Kathoden entwickelt, die Elektronenstrahlen mit extrem kleinen Dimensionen und Winkeldivergenzen erzeugen. Bei den Positronen, die durch Paarerzeugung gewonnen werden, ist dieses Verfahren aber nicht anwendbar. Die bei der Paarbildung erfolgenden Stöße an den Kernen des Targets weiten die transversalen Dimensionen und die Winkeldivergenzen des Positronenstrahls stark auf. Daher benutzt man hier einen kleinen Speicherring, in den die Positronen nach einer ausreichenden Vorbeschleunigung eingeschossen werden. Dort laufen sie eine Zeit von einigen ms um und dabei werden die transversalen Betatronschwingungen durch Abstrahlung der elektromagnetischen Energie gedämpft. Dadurch verringert sich der Strahlquerschnitt erheblich. Anschließend gelangen die Teilchen wieder in den Linac zurück und werden bis zur Endenergie weiterbeschleunigt. Der Einsatz solcher als *Dämpfungsringe* bezeichneten Speicherringe ist eine wichtige Voraussetzung, um in Linearen Collidern ausreichende Luminosität zu erhalten.

Die Fokussierung der Strahlen im Wechselwirkungspunkt hat extreme Anforderungen zu erfüllen, um die sehr kleinen Strahldimensionen von $\sigma_{x,z} < 1\ \mu$m zu erhalten. Dabei müssen alle Abbildungsfehler des Fokussierungssystems wie auch der Einfluß der Energiestreuung im Strahl berücksichtigt und kompensiert werden. Die Reduzierung aller nichtlinearen strahloptischen Effekte bis zu höheren Ordnungen erfordert sehr aufwendige Berechnungsverfahren. Die Endfokussierung der Teilchen ist beim Linearen Collider daher wesentlich aufwendiger, als im Speicherring.

Die sehr starke Kompression der Teilchen im Wechselwirkungspunkt bewirkt auf Grund der Raumladung eine entsprechend hohe transversale Kraft auf die Teilchen des entgegenlaufenden Strahles. Daher werden sie während der Kollision der Strahlen stark abgelenkt und senden dabei Bremsstrahlung aus. Diese erhöht die Breite der Energieverteilung im Strahl und natürlich den Untergrund in den Detektoren. Andererseits haben Rechnersimulationen gezeigt, daß sich durch die Raumladung die Strahlen während der Kollision gegenseitig einschnüren, sehr vergleichbar dem *Pinch-Effekt*, wie er z.B. vom Lichtbogen bekannt ist. Dadurch sollte sich die Luminosität um einen wesentlichen Faktor erhöhen. Dieser Effekt ist allerdings bisher nur theoretisch untersucht worden.

Der erste Lineare Collider wurde Ende der 80er Jahre in Stanford in Betrieb genommen [29]. Das Projekt trägt den Namen Stanford Linear Collider SLC. Es verwendet den bestehenden 3 km langen Linac, der auf eine Endenergie von 50 GeV gebracht wurde. In diesem Linac werden dicht hintereinander der Elektronen- und der Positronenstrahl beschleunigt und anschließend mit Hilfe eines Magneten getrennt. Danach durchlaufen sie je eine der beiden halbkreisförmigen Magnetstrukturen, durch die sie wie bei einer Zange wieder zusammengeführt und gegeneinander gelenkt werden. Am Ende befindet sich die spezielle Fokussierung. Mit dieser Anlage konnte erstmals das Prinzip des Linearen Colliders mit allen Elementen erfolgreich demonstriert werden. Dabei wurden die ersten Z_0-Teilchen erzeugt und analysiert. Für künftige Projekte ist es aber erforderlich, den Gradienten der Beschleunigungsstrukturen von derzeit $dE/ds \approx 15$ MeV/m auf über 100 MeV/m zu steigern, um die Längen der Linacs und damit die Kosten in Grenzen zu halten.

2 Synchrotronstrahlung

Auf Grund sehr fundamentaler Regeln der klassischen Elektrodynamik strahlt jede beschleunigte Ladung Energie in Form von elektromagnetischen Wellen ab. Das gilt natürlich auch für alle geladenen Teilchen, die einen Beschleuniger durchlaufen. Wie wir im folgenden sehen werden, spielt diese Strahlung vor allem bei Elektronen hinreichend hoher Energie eine wichtige Rolle, wähend sie bei Protonen und allen anderen schwereren Teilchen im allgemeinen vernachlässigt werden kann. Mit den wichtigsten physikalischen Grundlagen dieser *Synchrotronstrahlung* wollen wir uns in diesem Kapitel näher befassen. Eine ausführliche theoretische Darstellung der Physik dieser Strahlung und ihrer Eigenschaften findet man bei Jackson [30] und Hofmann [31].

Zunächst betrachtet man ein beschleunigtes Teilchen der Ladung e, das sich mit dem Impuls $\vec{p} = m_0\vec{v}$ bewegt. Dabei wird eine nichtrelativitische Geschwindigkeit angenommen, d.h. $v \ll c$. Für diesen Fall hat bereits Ende des vergangenen Jahrhunderts *Larmor* die totale abgestrahlte Leistung berechnet. Er fand dabei die wichtige Beziehung

$$P_s = \frac{e^2}{6\pi\varepsilon_0 m_0^2 c^3} \left(\frac{d\vec{p}}{dt}\right)^2, \tag{2.1}$$

wobei $\varepsilon_0 = 8.85419 \cdot 10^{-12}$ Vs/Am die Dielektrizitätskonstante des Vakuums bezeichnet. Man sieht sofort, daß elektromagnetische Energie nur abgegeben wird, wenn das Teilchen als Folge irgendeiner Kraftwirkung seinen Impuls ändert, also $d\vec{p}/dt \neq 0$. Über die Art der Kraft und die resultiernde Beschleunigung ist dabei nichts weiter angenommen worden. Die azimutale Winkelverteilung der Strahlung ist dabei identisch mit der des *Hertz'schen Dipols*, nämlich

$$\frac{dP_s}{d\Omega} = \frac{e^2}{16\pi^2\varepsilon_0 m_0^2 c^3} \left(\frac{d\vec{p}}{dt}\right)^2 \sin^2\Psi. \tag{2.2}$$

Diese von nichtrelativistischen geladenen Teilchen emittierte Strahlung wird vollständig im Rahmen der klassischen Elektrodynamik beschrieben. Sie ist allerdings im allgemeinen so gering, daß sie vernachlässigt werden kann.

2.1 Strahlung beschleunigter relativistischer Teilchen

Das ändert sich grundlegend, wenn die Teilchen Geschwindigkeiten erreicht haben, die vergleichbar werden mit der des Lichtes. Mit diesem Fall wollen wir uns jetzt beschäftigen. Dazu benötigen wir die Lorentz-invariante Form der Gleichung (2.1). Sie kann am einfachsten gefunden werden, wenn man die Zeit in der Art

$$dt \quad \longrightarrow \quad d\tau = \frac{1}{\gamma} dt \quad \text{mit} \quad \gamma = \frac{E}{m_0 c^2} = \frac{1}{\sqrt{1 - \beta^2}} \qquad (2.3)$$

transformiert und den klassischen Impuls $\vec{p}$ durch den Vierer-Impuls P_μ der relativistischen Elektrodynamik ersetzt:

$$\left(\frac{dP_\mu}{d\tau} \right)^2 \quad \longrightarrow \quad \left(\frac{d\vec{p}}{d\tau} \right)^2 - \frac{1}{c^2} \left(\frac{dE}{d\tau} \right)^2 . \qquad (2.4)$$

Mit diesen Transformationen kann man (2.1) umschreiben und erhält die Strahlungsgleichung in der relativistisch invarianten Form

$$\boxed{P_{\mathrm{s}} = \frac{e^2 c}{6 \pi \varepsilon_0} \frac{1}{(m_0 c^2)^2} \left[\left(\frac{d\vec{p}}{d\tau} \right)^2 - \frac{1}{c^2} \left(\frac{dE}{d\tau} \right)^2 \right] .} \qquad (2.5)$$

Die Strahlungsleistung hängt wesentlich von dem Winkel zwischen der Bewegungsrichtung des Teilchens $\vec{v}$ und der Richtung der Beschleunigung $d\vec{v}/d\tau$ ab. Daher wollen wir als nächstes die folgenden beiden Extremfälle getrennt analysieren:

$$\text{a. Lineare Beschleunigung} \quad : \quad \frac{d\vec{v}}{d\tau} \parallel \vec{v}$$

$$\text{b. Kreisbeschleunigung} \quad : \quad \frac{d\vec{v}}{d\tau} \perp \vec{v}$$

2.1.1 Lineare Beschleunigung

In relativistisch invarianter Form wird die Teilchenenergie angegeben in der Art

$$E^2 = (m_0 c^2)^2 + p^2 c^2, \qquad (2.6)$$

woraus durch Differentation nach τ sofort die Beziehung

$$E \frac{dE}{d\tau} = c^2 p \frac{dp}{d\tau} \qquad (2.7)$$

folgt. Wegen $E = \gamma m_0 c^2$ und $p = \gamma m_0 v$ vereinfacht sich (2.7) zu

$$\frac{dE}{d\tau} = v\frac{dp}{d\tau}.\tag{2.8}$$

Durch Einsetzen in die Strahlungsformel (2.5) erhält man

$$
\begin{aligned}
P_s &= \frac{e^2 c}{6\pi\varepsilon_0}\frac{1}{(m_0 c^2)^2}\left[\left(\frac{dp}{d\tau}\right)^2 - \left(\frac{v}{c}\right)^2\left(\frac{dp}{d\tau}\right)^2\right] \\
&= \frac{e^2 c}{6\pi\varepsilon_0}\frac{1}{(m_0 c^2)^2}(1-\beta^2)\left(\frac{dp}{d\tau}\right)^2
\end{aligned}\tag{2.9}
$$

und mit $1-\beta^2 = 1/\gamma$ folgt schließlich

$$P_s = \frac{e^2 c}{6\pi\varepsilon_0(m_0 c^2)^2}\left(\frac{dp}{\gamma d\tau}\right)^2 = \frac{e^2 c}{6\pi\varepsilon_0(m_0 c^2)^2}\left(\frac{dp}{dt}\right)^2.\tag{2.10}$$

Bei linearer Beschleunigung ist im allgemeinen der Energiegewinn pro Weglänge bekannt. Daher erhält man wegen $dp/dt = dE/dx$ für die von longitutinal beschleunigten Teilchen abgestrahlte Leistung den Ausdruck

$$P_s = \frac{e^2 c}{6\pi\varepsilon_0(m_0 c^2)^2}\left(\frac{dE}{dx}\right)^2.\tag{2.11}$$

Bei heutigen Linearbeschleunigern beträgt der Energiegewinn pro Meter etwa $dE/dx \approx 15$ MeV/m $= 2.4\cdot 10^{-12}$ J/m. Dann ergibt sich eine Strahlungsleistung $S \approx 4\cdot 10^{-17}$ Watt. Vergleicht man noch die abgestrahlte Leistung mit der durch die Beschleunigung zugeführten, so ergibt sich

$$\eta = \frac{P_s}{dE/dt} = \frac{P_s}{v dE/dx} = \frac{e^2}{6\pi\varepsilon_0(m_0 c^2)^2}\frac{1}{\beta}\frac{dE}{dx}.\tag{2.12}$$

Mit dem angegebenen Wert für dE/dx erhält man für extrem relativistische Teilchen ($v \approx c$) einen Wirkungsgrad von $\eta = 5.5\cdot 10^{-14}$. Die Abstrahlung von elektromagnetischer Energie bei longitudinaler Beschleunigung ist also völlig vernachlässigbar.

2.1.2 Kreisbeschleunigung

Ganz anders liegen aber dei Verhältnisse, wenn Teilchen *senkrecht* zu ihrer Bewegungsrichtung abgelenkt werden und somit auf einer kreisförmigen Bahn laufen. In diesem Fall bleibt die Teilchenenergie konstant und die allgemeine Strahlungsformel (2.5) reduziert sich auf

$$P_s = \frac{e^2 c}{6\pi\varepsilon_0}\frac{1}{(m_0 c^2)^2}\left(\frac{dp}{d\tau}\right)^2 = \frac{e^2 c\gamma^2}{6\pi\varepsilon_0}\frac{1}{(m_0 c^2)^2}\left(\frac{dp}{dt}\right)^2.\tag{2.13}$$

Bei der Kreisbewegung um den Winkel $d\alpha$ ändert sich der Impuls des Teilchens um den Betrag $dp = pd\alpha$. Daraus folgt sofort

$$\frac{dp}{dt} = p\omega = p\frac{v}{R}. \tag{2.14}$$

Dabei is R der Ablenkradius der der Teilchenbahn. Diese Beziehung setzen wir in (2.13) ein. Die Abstrahlung von elektromagnetischen Wellen nimmt sehr stark mit der Teilchenenergie zu und daher ist es ausreichend, hier nur extrem relativistische Geschwindigkeiten anzunehmen, also $v = c$. Unter dieser Bedingung ist $E = pc$. Ersetzt man dann noch γ durch E/m_0c^2, erhält man die Strahlungsleistung bei transversaler Teilchenbeschleunigung in der Form

$$\boxed{P_s = \frac{e^2c}{6\pi\varepsilon_0}\frac{1}{(m_0c^2)^4}\frac{E^4}{R^2}.} \tag{2.15}$$

Diese Beziehung wurde schon Ende des vergangenen Jahrhunderts von Liénard gefunden [32]. Bei gegebener Energie verläuft für Teilchen mit der Elementarladung e die abgestrahlte Leistung mit der 4. Potenz des Reziprokwertes der Ruhemasse m_0. Ein Vergleich der Stahlung eines Elektrons ($m_ec^2 = 0.511$ MeV) mit der eines Protons gleicher Energie ($m_pc^2 = 938.19$ MeV) ergibt das Verhältnis

$$\frac{S_{s,e}}{S_{s,p}} = \left(\frac{m_pc^2}{m_ec^2}\right)^4 = 1.13 \cdot 10^{13} \quad (!). \tag{2.16}$$

Es ist offenkundig, daß diese Strahlung praktisch nur bei Elektronen eine Rolle spielt. Bei Protonen kann sie erst bei Energien von etlichen 100 GeV beobachtet werden. Bei Kreisbeschleunigern ist es häufig wichtig, den Energieverlust ΔE zu kennen, den das Teilchen bei einem vollen Umlauf erleidet. Dabei wird angenommen, daß die Strahlung im statistischen Mittel quasi kontinuierlich mit einer konstanten Rate in den Ablenkmagneten emittiert wird, wobei der Biegeradius R überall gleich ist. Mit dieser im allgemeinen sehr gut erfüllten Bedingung erhält man die relativ einfache Beziehung

$$\Delta E = \oint P_s\,dt = P_s\,t_b = P_s\frac{2\pi R}{c}. \tag{2.17}$$

Dabei ist t_b die Zeit, die sich das Teilchen beim Umlaufen in den Ablenkmagneten aufhält. Diese Zeit ist kürzer als die Gesamtzeit für einen Umlauf. Man muß hierbei bedenken, daß Strahlung nur bei transversaler Beschleunigung, d.h. bei der Ablenkung auftritt. Setzt man (2.15) in (2.17) ein, erhält man

$$\boxed{\Delta E = \frac{e^2}{3\varepsilon_0(m_0c^2)^4}\frac{E^4}{R}.} \tag{2.18}$$

Tabelle 2.1 Liste einiger wichtiger Kreisbeschleuniger für Elektronen. L ist der Umfang der Maschine, E die maximale Strahlenergie, R der Ablenkradius, B das Feld in den Ablenkmagneten und ΔE der Energieverlust pro Umlauf.

Beschleuniger	L [m]	E [GeV]	R [m]	B [T]	ΔE [keV]
BESSY I (Berlin)	62.4	0.80	1.78	1.50	20.3
DELTA (Dortmund)	115	1.50	3.34	1.50	134.1
DORIS II (Hamburg)	288	5.00	12.2	1.37	$4.53 \cdot 10^3$
ESRF (Grenoble)	844	6.00	23.4	0.855	$4.90 \cdot 10^3$
PETRA (Hamburg)	2304	23.50	195	0.40	$1.38 \cdot 10^5$
LEP (Geneva)	$27 \cdot 10^3$	70.00	3000	0.078	$7.08 \cdot 10^5$

Nimmt man die Werte für Elektronen und wählt handliche Dimensionen, so ergibt sich die leicht zu merkende Beziehung

$$\Delta E \ [keV] \ = \ 88.5 \ \frac{E^4 \ [GeV]^4}{R \ [m]} . \tag{2.19}$$

Man sieht, daß die Strahlung mit der 4. Potenz der Strahlenergie ansteigt. Bei sehr niedrigen praktisch nichtrelativistischen Teilchenenergien spielt sie daher keine Rolle. Erst, wenn die Elektronen Energien von mindestens einigen 10 MeV erreicht haben, wird sie merkbar. Daher konnte diese Strahlung auch erst experimentell untersucht werden, als Kreisbeschleuniger mit hinreichend hohen Elektronenenergien entwickelt worden waren und zwar waren das die Synchrotrons. Daher hat diese Art der elektromagnetischen Strahlung auch den Namen *Synchrotronstrahlung* erhalten. Der erste experimentelle Nachweis erfolgte Ende der 40er Jahre an dem 70-MeV Synchrotron von General Electric und den USA [33].

Der in den Beziehungen (2.18) und (2.19) ersichtliche starke Anstieg der Leistung der Synchrotronstrahlung mit der Teilchenenergie ist in der Kurve Fig. 2.1 veranschaulicht, in der der Energieverlust der Elektronen pro Umlauf über der Teilchenenergie aufgetragen ist. Dabei wurde ein Kreisbeschleuniger angenommen, dessen Ablenkmagnete einen Bahnradius von $R = 12.2$ m festlegen. Bei Variation der Energie von 0.1 GeV bis 5.0 GeV überstreicht der Energieverlust fast 7 Größenordnungen.

Für die Konstruktion von zyklischen Elektronenbeschleunigern hat diese stark energieabhängige Abstrahlung von Synchrotronstrahlung eine wichtige Konsequenz, wie man aus der Tabelle 2.1 ersehen kann. Da sind einige ringförmige Elektronenbeschleuniger aufgelistet, deren Maximalenergie zwischen 0.8 und 70 GeV liegt. Es fällt auf, daß mit steigender Endenergie das maximale Feld der Ablenkmagnete sinkt. So hat der Speicherring LEP in Genf die höchste Endenergie von $E_{\mathrm{max}} = 70$ GeV, aber mit $B = 0.078$ T das weitaus schwächste Feld.

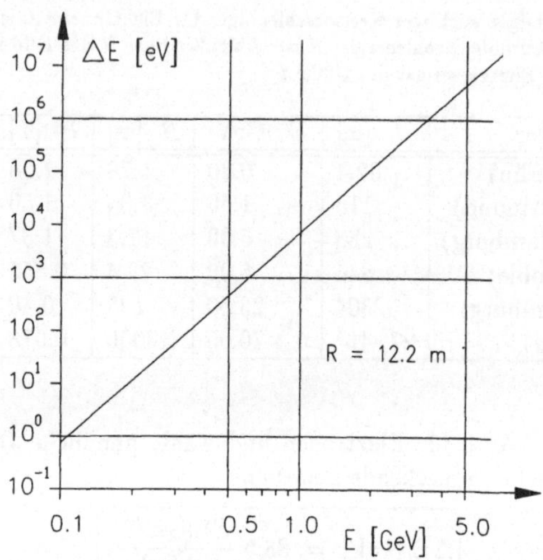

Fig. 2.1 Energieverlust der Elektronen pro Umlauf als Funktion der Teilchenenergie. Es wird ein Kreisbeschleuniger angenommen, dessen Bahn in den Ablenkmagneten den Biegeradius $R = 12.2$ m hat.

Die durch Synchrotronstrahlung abgestrahlte Leistung muß durch Hochfrequenzsender wieder zugeführt werden, da sonst der Strahl schnell verlorengeht. Hochfrequenzleistung ist aber sehr teuer. Daher ist man bemüht, den Strahlungsverlust möglichst klein zu halten. Da dieser nach (2.18) proportional mit dem Verhältnis E^4/R ansteigt, muß der Biegeradius R überproportional mit der Energie ansteigen, was zu entsprechend schwachen Feldern in den Magneten führt. Daher wächst auch der Umfang des Beschleunigers überproportional. Generell kann man feststellen, daß bei Energien um 100 GeV in jedem Fall die Leistung der Synchrotronstrahlung Werte erreicht hat, die mit vertretbarem technischen Aufwand nicht mehr zu kompensieren sind. Beschleuniger mit Endenergien über 100 GeV müssen daher andere Teilchen verwenden, z.B. Protonen, oder, wenn unbedingt Elektronen erforderlich sind, kann nur noch ein Linear-Beschleuniger eingesetzt werden.

2.2 Winkelverteilung der Synchrotron strahlung

Die Winkelverteilung der von relativistischen Elektronen emittierten Synchrotronstrahlung ist komplizierter, als die in (2.2) angegebene $\sin^2 \Phi$-Abhängigkeit, wie sie vom Hertz'schen Dipol bekannt ist. Um sie zu berechnen, begeben wir uns zunächst in das mit dem Elektron mitbewegte Schwerpunktsystem K'. In diesem System wird das Elektron nur entlang der x-Achse beschleunigt und die Strahlung hat die Charakteristik eines normalen Hertz'schen Dipols (Fig. 2.2). Um

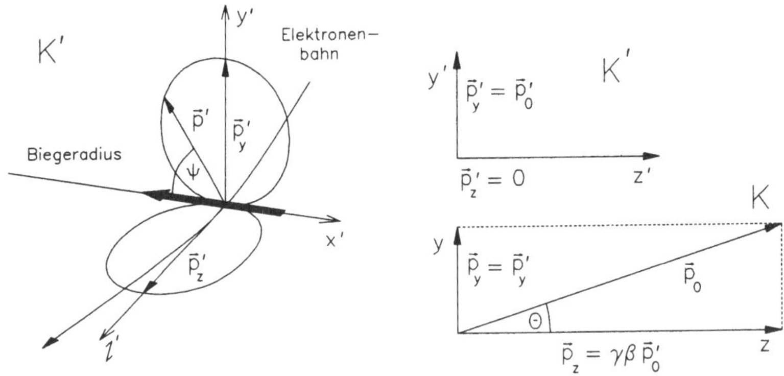

Fig. 2.2 Transformation der räumlichen Intensitätsverteilung der Synchrotronstrahlung vom mitbewegten System K' in das Laborsystem K

eine möglichst einfache Abschätzung zu erhalten, wählen wir von allen möglichen Abstrahlrichtungen die aus, die senkrecht zur Beschleunigung und senkrecht zur Bewegungsrichtung steht. Wir betrachten also ein Photon, das genau parallel zur y'-Achse emittiert wird. Dieses Photon hat den Impuls

$$\vec{p_y}' = \vec{p_0}' = \frac{E'_s}{c}\vec{n},\tag{2.20}$$

wobei E'_s die Energie des Photons und $\vec{n}$ die Flugrichtung angibt. Der Viererimpuls dieses Photons hat daher die Form

$$P'_\mu = \begin{pmatrix} p_t \\ p_x \\ p_y \\ p_z \end{pmatrix} = \begin{pmatrix} E'_s/c \\ 0 \\ p'_0 \\ 0 \end{pmatrix}.\tag{2.21}$$

Die Ausbreitungsrichtung des Photons im Laborsystem erhält man in bekannter Weise durch Lorentztransformation des Viererimpulses:

$$P_\mu = \begin{pmatrix} \gamma & 0 & 0 & \beta\gamma \\ 0 & 1 & 0 & 0 \\ 0 & 0 & 1 & 0 \\ \beta\gamma & 0 & 0 & \gamma \end{pmatrix} \begin{pmatrix} E'_s/c \\ 0 \\ p'_0 \\ 0 \end{pmatrix} = \begin{pmatrix} \gamma E'_s/c \\ 0 \\ p'_0 \\ \gamma\beta E'_s/c \end{pmatrix}.\tag{2.22}$$

Berücksichtigt man den Zusammenhang (2.20) von Impuls und Energie beim Photon, ergibt sich daraus der Winkel Θ, den das Photon gegen die Flugrichtung des Elektrons hat, durch das Verhältnis

$$\tan\Theta = \frac{p_y}{p_z} = \frac{p'_0}{\beta\gamma p'_0} \approx \frac{1}{\gamma}. \tag{2.23}$$

Da Θ sehr klein ist, kann man in beliebig guter Näherung stets $\tan\Theta \approx \Theta$ setzen. Qualitativ ist die Transformation der Strahlungscharakteristik von der axialsymmetrischen Verteilung im mitbewegten System K' zur scharf nach vorn gebündelten Verteilung mit dem halben Öffnungswinkel $\Theta = 1/\gamma$ im Laborsystem K in Fig. 2.3 gezeigt. Elektronen mit einer Energie von $E = 1$ GeV, d.h.

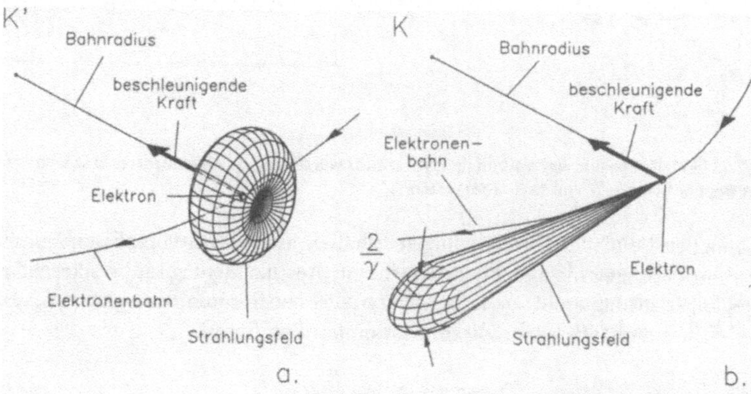

Fig. 2.3 Transformation der axialsymmetrischen Strahlungsverteilung im Schwerpunktsystem (a.) in die scharf nach vorn gebündelte Verteilung im Laborsystem K (b.)

mit $\gamma = 1957$ emittieren daher die Synchronstrahlung in einen Konus mit dem halben Öffnungswinkel von $\Theta = 0.5$ mrad $= 0.03°$. Diese scharfe Bündelung der Strahlung ist eine ihrer attraktiven Eigenschaften.

2.3   Zeitstruktur und Strahlungsspektrum

Es bleibt noch zu fragen, welches Frequenzspektrum die Synchrotronstrahlung hat. Eine komplette Berechnung dieses Spektrums würde den Rahmen dieses Buches sprengen, es sei daher auf die hervorragenden Darstellungen von Jackson [30] und Hofmann [31] verwiesen. Wir wollen uns hier mit einer Abschätzung begnügen und die wichtigsten Beziehungen zusammenstellen, soweit sie im Zusammenhang mit Elektronenbeschleunigern wichtig sind.

Die Idee zur Berechnung des Frequenzspektrums ist relativ einfach. Das Elektron erzeugt bei jedem Umlauf während des Vorbeifluges beim Beobachter einen elektromagnetischen Puls der Länge Δt. Dieser Puls ist periodisch mit der Umlaufsfrequenz f_u. Daher besteht das Spektrum aus Harmonischen der Umlaufsfrequenz, deren Intensitäten durch eine Fourier-Analyse des Pulses bestimmt werden. Wesentlich für die Breite des Spektrums ist dabei vor allem die Pulsdauer Δt. Diese kann an Hand der Skizze Fig. 2.4 relativ leicht angegeben werden. Das Elektron durchläuft ein in diesem Bereich als homogen

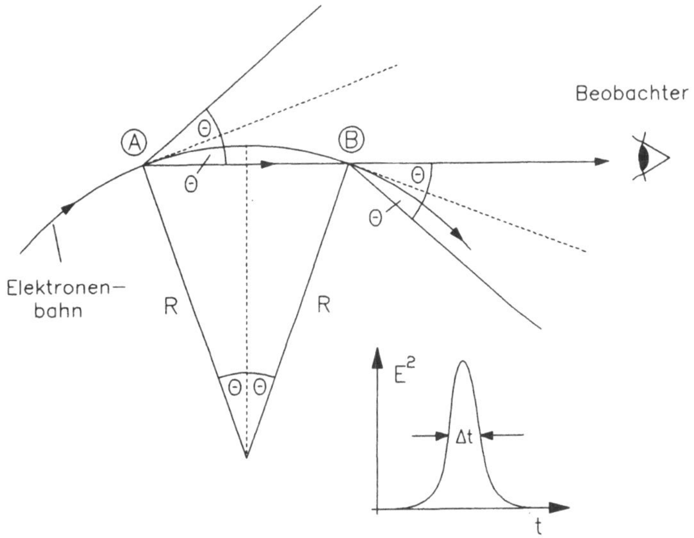

Fig. 2.4 Abschätzung der Länge des elektromagnetischen Pulses, den ein relativistisches Elektron während des Vorbeifluges beim Beobachter erzeugt

angenommenes Magnetfeld und beschreibt dabei eine gekrümmte Bahn mit dem Biegeradius R. Wegen ihrer scharfen Vorwärtsbündelung sieht ein Beobachter die Strahlung erst, wenn ihn der äußere Rand des Strahlungskonus erfaßt. Dieser hat zur Flugrichtung des Elektrons den Winkel $\Theta = -1/\gamma$. Das Elektron befindet sich dann gerade am Punkt A seiner Bahn. Beim Weiterflug überstreicht die emittierte Strahlung den Beobachter, bis der gegenüberliegende Rand des Konus beim Winkel $\Theta = +1/\gamma$ erreicht ist (Punkt B der Elektronenbahn). Danach sieht der Beobachter bis zum nächsten Umlauf keine Strahlung mehr. Das erste beim Beobachter ankommende Photon wird am Punkt A emittiert und das letzte am Punkt B. Die Zeitdifferenz dieser beiden Photonen liefert die Länge des elektromagnetischen Pulses. Sie ist identisch mit dem Laufzeitunterschied, den das Photon und das Elekton beim Flug von A nach B haben:

$$\Delta t \;=\; t_e - t_\gamma = \frac{2R\Theta}{c\beta} - \frac{2R\sin\Theta}{c}$$

$$=\; \frac{2R}{c}\left(\frac{\Theta}{\beta} - \Theta + \frac{\Theta^3}{3!} - \frac{\Theta^5}{5!} + \dots\right) \tag{2.24}$$

Da $\Theta \approx 1/\gamma$ und $\gamma\beta \approx \gamma - 1/2\gamma$ erhält man in guter Näherung

$$\Delta t \approx \frac{2R}{c}\left(\frac{1}{\beta\gamma} - \frac{1}{\gamma} + \frac{1}{6\gamma^3}\right) \approx \frac{4R}{3c\gamma^3}. \tag{2.25}$$

Dieser kurze elektromagnetische Puls erzeugt ein breites Spektrum mit der typischen Frequenz

$$\omega_{\text{typ}} = \frac{2\pi}{\Delta t} = \frac{3\pi c\gamma^3}{2R}. \tag{2.26}$$

Im allgemeinen wird statt der typischen Frequenz zur Beschreibung des Spektralbereichs der Synchrotronstrahlung die *kritische Frequenz* ω_c angegeben. Sie ist definiert durch

$$\omega_c = \frac{\omega_{\text{typ}}}{\pi} = \frac{3c\gamma^3}{2R}. \tag{2.27}$$

Die exakte Formel zur Berechnung des elektromagnetischen Spektrums, das von Elektronen mit relativistischen Geschwindigkeiten beim Flug entlang einer gekrümmten Bahn emittiert wird, wurde erstmals von *Schwinger* [34] angegeben. Er erhielt für die spektrale Photonendichte den Ausdruck

$$\frac{d\dot N}{d\epsilon/\epsilon} = \frac{P_0}{\omega_c\hbar} S_s\left(\frac{\omega}{\omega_c}\right). \tag{2.28}$$

Dabei ist P_0 die Gesamtleistung, die von N Elektronen beim Umlauf abgestrahlt wird. Sie kann mit Hilfe der Gleichung (2.15) direket angegeben werden:

$$P_0 = \frac{e^2 c\gamma^4}{6\pi\varepsilon_0 R^2} N = \frac{e\gamma^4}{3\varepsilon_0 R} I_b. \tag{2.29}$$

Dabei ist I_b der Strom des Elektronenstrahls, mit dem sich im allgemeinen handlicher rechnen läßt, als mit der Zahl der Elektronen. Die Spektralfunktion S_s in (2.28) hat die Form

$$S_s(\xi) = \frac{9\sqrt{3}}{8\pi}\xi \int\limits_{\xi}^{\infty} K_{5/3}(\xi)d\xi. \tag{2.30}$$

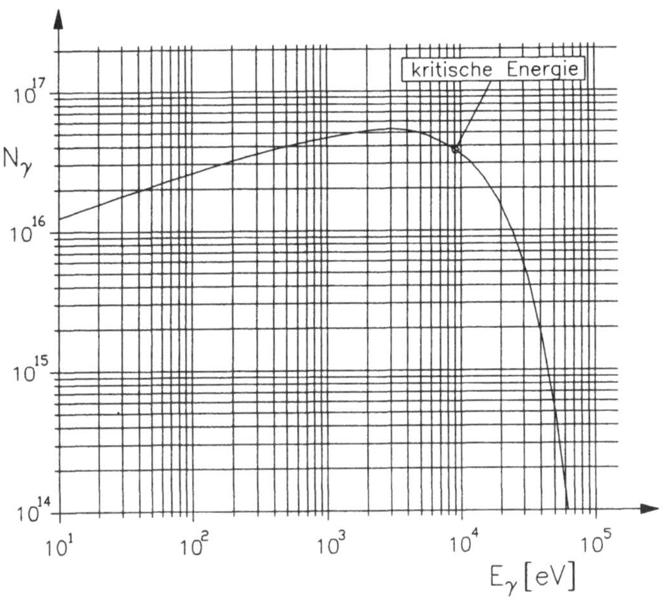

Fig. 2.5 Spektrale Photonendichte der Synchrotronstrahlung als Funktion der Photonenenergie. In diesem Beispiel durchläuft der Elektronenstrahl einen Ablenkmagneten mit dem Biegeradius $R = 12.2$ m bei einer Energie von $E = 5$ GeV.

$K_{5/3}$ ist hier die modifizierte Besselfunktion. Die Spektralfunktion erfüllt natürlich die Normierungsbedingung

$$\int_0^\infty S_s(\xi)d\xi = 1, \tag{2.31}$$

wie man leicht durch Nachrechnen überprüfen kann. Integriert man nur bis zu der oberen Grenze $\xi = 1$, d.h. $\omega = \omega_c$, dann ergibt sich

$$\int_0^1 S_s(\xi)d\xi = \frac{1}{2}. \tag{2.32}$$

Dieses Ergebnis besagt, daß die kritische Frequenz ω_c das Spektrum der Synchrotronstrahlung in zwei Bereiche gleicher Strahlungsleistung teilt. Als Beispiel ist in Fig. 2.5 ein typisches Spektrum gezeigt. Hier ist die Photonendichte als Funktion der Photonenenergie E_γ aufgetragen. In diesem Spektrum ist auch noch die der kritischen Frequenz entsprechende *kritische Energie* $\epsilon_c = \hbar\omega_c$ angegeben. Es ist leicht einzusehen, daß die Synchrotronstrahlung wegen ihrer sehr scharfen

Vorwärtsbündelung, ihrer extrem hohen Intensität und wegen des sehr breiten Spektrums ein äußerst leistungsfähiges Hilfsmittel für die Grundlagenforschung wie auch inzwischen zunehmend für die industrielle Anwendung geworden ist.

2.4 Speicherringe für Synchrotronstrahlung

Wir schon erwähnt, wurden die ersten Experimente mit Synchrotronstrahlung an Synchrotrons durchgeführt. Mit den durch verfeinerte Methoden des Experimentierens gestiegenen Anforderungen konnten diese Beschleuniger aber nicht Schritt halten. Der Elektronenstrahl wird bei jedem Beschleunigungszyklus mit sehr niedriger Energie eingeschossen, bei der er praktisch noch keine Strahlung abgibt. Erst mit anwachsender Elektronenenergie steigt die Strahlungsleistung nach dem E^4-Gesetz an. Dadurch steht die volle Intensität nur während einer sehr kurzen Zeit im Bereich der Maximalenergie zur Verfügung. Die mittlere Photonenausbeute ist daher nicht sehr groß. Außerdem verändert sich das Energiespektrum durch die Beschleunigung ständig, da die kritische Energie proportional zu γ^3 ansteigt. Ein weiterer Nachteil ist die in Synchrotrons begrenzte Strahlfokussierung, die es nicht gestattet, die gewünschten extrem kleinen Strahlquerschnitte zu realisieren. Dazu kommt noch, daß wegen der nicht streng proportional verlaufenden Feldstärken in den einzelenen Magneten die Position des Elektronenstrahls beim Beschleunigen in einem gewissen Bereich schwankt, was wegen des langen Hebelarms zu relativ starken Lageänderungen des Synchrotronstrahls am Experiment führt.

Daher haben heute Speicherringe die Synchrotrons als Quellen für Synchrotronstrahlung abgelöst. Sie arbeiten bei fester Energie und die Strahlen laufen mehrere Stunden ohne Unterbrechung um. Dazu kommt, daß durch Akkumulation sehr hohe Strahlströme erreicht werden können. Der Betrieb bei konstanter Energie sorgt für einen sehr ruhigen, stabilen Strahl und erlaubt darüberhinaus auch eine extrem starke Fokussierung des Elektronenstrahls, die für einen Betrieb im Synchrotron mit den sich schnell ändernden Magnetfeldern viel zu kritisch wäre. Daher haben speziell optimierte Speicherringe Strahlquerschnitte, die ein bis zwei Größenordnungen unter denen eines Synchrotrons liegen. Dem Ideal einer punktförmigen Strahlungsquelle kommt man daher sehr nahe. Aus diesen Gründen haben sich heute Speicherringe als leistungsfähige Quellen für Synchrotronstrahlung durchgesetzt.

Der erste ausschließlich für diesen Zweck vorgesehene Speicherring war TANTALUS. Er wurde 1968 von E. Rowe und seinen Mitarbeitern entworfen und gebaut [35]. In der Folgezeit wurden allerdings meistens Speicherringe parasitär genutzt, die für die Hochenergiephysik gebaut worden waren, wie z.B. SPEAR am Stanford Synchrotron Radiation Laboratory [36] und DORIS beim Deutschen Elektronen-Synchrotron in Hamburg [37]. Die für die Hochenergiephysik entwickelten Beschleuniger sind allerdings nicht optimal aus der Sicht der Nutzer von Synchrotronstrahlung. Die im allgemeinen viel zu großen Strahlquerschnitte begrenzen die für viele Experimente erforderliche Ortsauflösung. Daher wurden schon bald Vorschläge für Speicherringe mit extrem kleinen Strahlquerschnitten erarbeitet, die ausschließlich zur Erzeugung von Synchrotronstrahlung dienen. Diese "zweite Generation" von Strahlungsquellen entstand etwa in der Mitte der 70er Jahre. Zu ihnen gehören Aladdin in Madison (USA) [38], Super-ACO in Orsay (Frankreich) [39], BESSY in Berlin [40], die National Synchrotron Light Source in Brookhaven (USA) [41] und die Photon Factory in Tsukuba (Japan) [42]. Bei diesen Speicherringen wird die Synchrotronstrahlung genutzt, die ent-

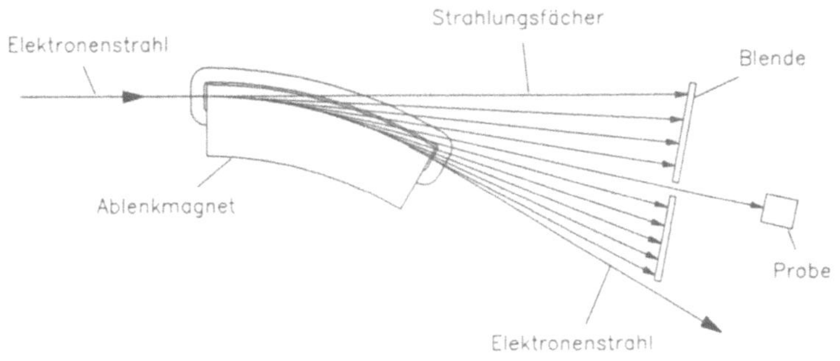

Fig. 2.6 Horizontaler Strahlungsfächer der von einem Elektronenstrahl beim Durchlaufen eines Ablenkmagneten emittierten Synchrotronstrahlung

lang der gekrümmten Elektronenbahn in den Ablenkmagneten erzeugt wird. Dabei ergibt sich ein horizontal ausgedehnter Strahlungsfächer, wie er in Fig. 2.6 skizziert ist. Da die zu bestrahlenden Proben im allgemeinen klein sind, geht vor allem bei größeren Abständen vom Quellpunkt viel Intensität an den unvermeidlichen Blenden verloren. Außerdem hat der Synchrotronstrahl keine scharfe horizontale Begrenzung. Der extrem kleine Öffnungswinkel $\Theta = 1/\gamma$ kann daher nur in der vertikalen Richtung genutzt werden. Dieses Problem hat schon früh zu Überlegungen geführt, wie höhere Photonendichten und starke horizontale Bündelung der Strahlung erreicht werden können. Die Lösung besteht heute im Einsatz von speziellen Magneten mit periodisch angeordneten Polen abwechselnder Polarität. Das Prinzip dieser als *Wiggler* oder *Undulator* bezeichneten Magnete ist in Fig. 2.7 gezeigt.

Undulator und Wiggler verwenden dasselbe Grundprinzip, sie unterscheiden sich äußerlich nur durch die Ablenkstärke. Dabei ist generell der Undulator deutlich schwächer als der Wiggler. Daß man einen Unterschied zwischen die-

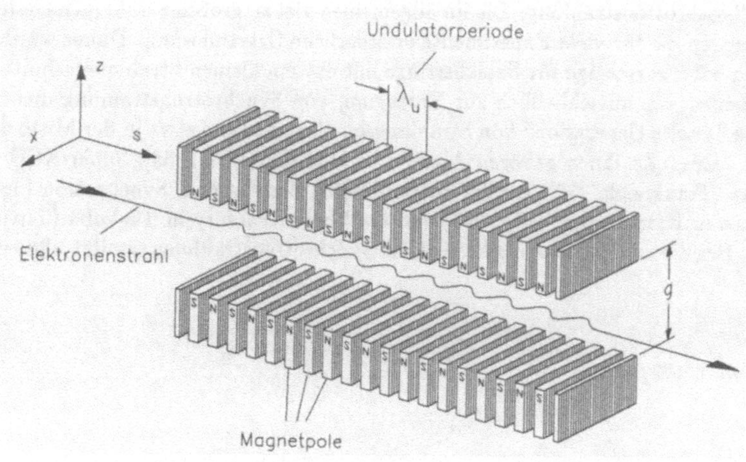

Fig. 2.7 Prinzip des aus einer periodischen Anordnug von kurzen Ablenkmagneten mit abwechselnder Polarität bestehenden Wigglers oder Undulators. Die Ablenkung der Elektronenstrahls im Magneten ist stark übertrieben gezeichnet.

sen beiden Versionen macht, liegt in der unterschiedlichen Charakteristik der erzeugten Strahlung. Diese Frage wird in Kapitel 8 ausfühlich erörtert werden. Hier soll der Hinweis genügen, daß der starke Wiggler ein Spektrum erzeugt, das im wesentlichen dem eines Ablenkmagneten entspricht, während beim Undulator wegen der schwachen Ablenkung zusätzlich kohärente Strahlung sehr hoher Intensität entsteht. Gerade diese Eigenschaft macht den Undulator so attraktiv.

Die von den Undulatoren und Wigglern gelieferte Strahlungsintensität hängt wesentlich von ihrer Länge und der Zahl der Perioden ab. Heute sind derartige Magnete mit Längen von mehreren Metern im Einsatz. Da sie nicht zur Strahlablenkung im Speicherring beitragen, müssen entsprechend lange gerade Strecken im Beschleuniger frei verfügbar sein. Das ist bei existierenden Hochenergie-Maschinen nur eingeschränkt oder gar nicht der Fall. Daher wurden spezielle Speicherringe der "dritten Generation" entwickelt, die hinreichend lange Strecken für Wiggler und Undulatoren freihalten. Die Ablenkmagnete haben dabei nur noch die Aufgabe, den Elektronenstrahl auf einer geschlossenen Bahn von einem Wiggler zum nächsten zu führen (Fig. 2.8). Zur Zeit sind mehrere Speicherringe im Aufbau, die für den Einsatz von Wigglern und Undulatoren konstruiert wurden. Das sind teilweise kleinere Maschinen mit Strahlenergien zwischen 1.5 und 2 GeV, wie die Advanced Light Source in Berkeley (USA) [43], das Triester Speicherring Projekt ELETTRA [44] und das Dortmunder Speicherringprojekt

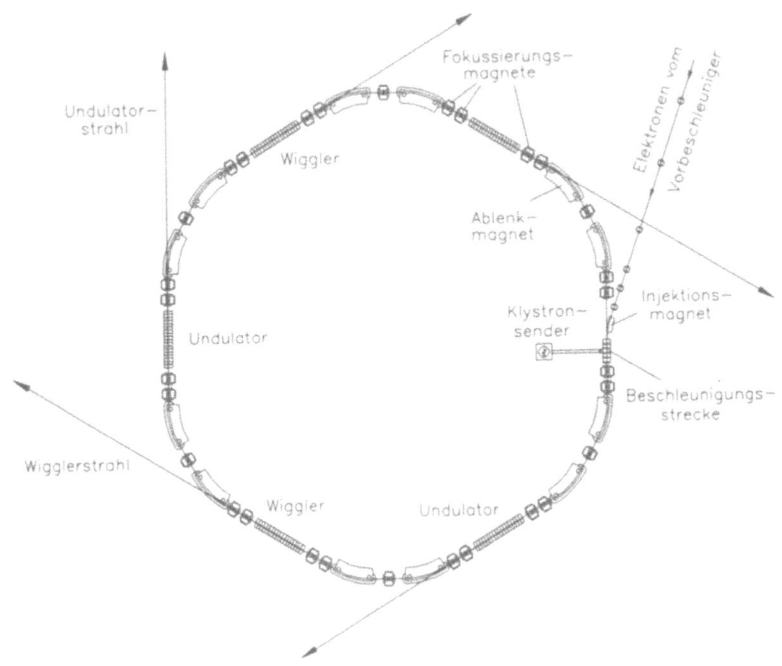

Fig. 2.8 Prinzip eines Speicherrings der "dritten Generation" mit langen geraden Strecken
zum Einbau von Wigglern und Undulatoren.

DELTA [45]. Daneben gibt es große Maschinen mit Maximalenergien von 6 bis
8 GeV, die vor allem Strahlung im Röntgenbereich liefern. Sie werden teilweise in internationaler Zusammenarbeit erstellt. Zu ihnen gehören die European
Synchrotron Radiation Facility in Grenoble (Frankreich) [46] und die Advanced Photon Source am Argonne National Laboratory (USA) [47]. Eine weitere
Anlage ist in Japan geplant.

3 Lineare Strahloptik

Durch die Konstruktion eines Beschleunigers wird die Sollbahn der Teilchen festgelegt. Diese Bahn kann im Falle von Linearbeschleunigern eine einfache gerade Linie sein. Bei kreisförmigen Anlagen, wie z.B. bei Speicherringen, nimmt sie teilweise recht komplizierte Formen an. Hier folgt die Bahn stückweise Kreisbögen, die durch gerade Strecken unterschiedlicher Länge verbunden sind. Dadurch wird letztlich eine geschlossene Bahn gebildet, die von den Teilchen sehr oft durchlaufen wird, so daß insgesamt eine sehr lange Wegstrecke im Beschleuniger zurückgelegt wird. Da andererseits die Bahnen der einzelnen Teilchen im Strahl immer eine gewisse Winkeldivergenz zueinander haben, streben sie auseinander und würden so ohne zusätzliche Maßnahmen nach einer gewissen Strecke auf die Wand der Vakuumkammer treffen und verlorengehen.

Es ist also nötig, einmal die im allgemeinen irgendwie gekrümmte Bahn der Teilchen festzulegen und außerdem die divergierende Teilchen immer wieder zur Idealbahn zurückzulenken. Das geschieht ganz generell durch elektromagnetische Felder ($\vec{E}$ und $\vec{B}$), in denen auf Teilchen mit der Ladung e und der Geschwindigkeit $\vec{v}$ die *Lorentzkraft*

$$\vec{F} = e(\vec{E} + \vec{v} \times \vec{B}) = \dot{\vec{p}} \tag{3.1}$$

wirkt. Bei relativistischen Geschwindigkeiten haben elektrisches Feld $\vec{E}$ und magnetisches Feld $\vec{B}$ dieselbe Wirkung, wenn $\vec{E} = c\vec{B}$. D.h. ein magnetisches Feld der Stärke $B = 1$ T ist äquivalent einem elektrischen Feld der Stärke $E = 3 \cdot 10^8$ V/m. Es lassen sich heute relativ leicht mit konventionellen Mitteln Magnetfelder über 1 T erzeugen während eine elektrische Feldstärke von $3 \cdot 10^8$ V/m weit oberhalb eines technisch realisierbaren Wertes liegt. Daher werden in heutigen Beschleunigern fast ausnahmslos Magnete zur Strahlführung eingesetzt. Elektrische Felder kommen nur bei sehr niedrigen Energien zum Einsatz oder wenn Teilchen auf Grund ihrer unterschiedlichen Ladungen getrennt werden sollen.

Die allgemeinen physikalischen Grundlagen zur Strahlführung und Fokussierung, die man auch in Analogie zum Licht als *Strahloptik* bezeichnet, wurden von *Courant* und *Snyder* [48] erarbeitet. Weitere zusammenfassende Darstellungen findet man bei *Persico*, *Ferrari* und *Segre* [49], *Steffen* [50], *Sands* [51], *Kolomenski* und *Lebedev* [52], *Wilson* [53] und *Bruck* [54]. Mit diesen Grundlagen der Strahloptik wird sich das jetzt folgende Kapitel befassen.

3.1   Bewegung geladener Teilchen im magnetischen Feld

Zur Beschreibung der Teilchenbewegung in der Umgebung der Idealbahn führen
wir ein rechtwinkliges Koordinatensystem $K = (x, z, s)$ ein, dessen Ursprung
entlang der Strahlbahn verläuft (Fig. 3.1). Die Achse in Strahlrichtung ist s,
wähend die horizontale und vertikale Achse mit x bzw. z bezeichnet werden. Zur

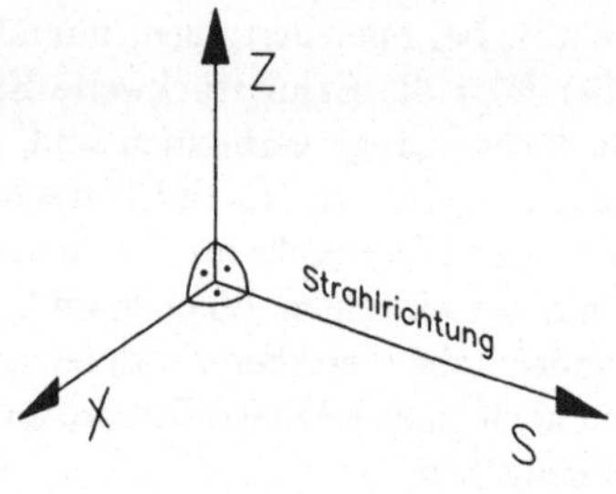

Fig. 3.1 Koordinatensystem zur Beschreibung der Teilchenbewegung im Bereich der
Idealbahn

Vereinfachung wollen wir hier annehmen, daß sich die Teilchen im wesentlichen
nur parallel zur s-Richtung bewegen, d.h. $\vec{v} = (0, 0, v_s)$ und das Magnetfeld
nur transversale Komponenten in der Art $\vec{B} = (B_x, B_z, 0)$ besitzt. Dann gibt es
bei der Teilchenbewegung durch das Magnetfeld in der horizontalen Ebene ein
Gleichgewicht zwischen der Lorentzkraft $F_x = -ev_sB_z$ und der Zentrifugalkraft
$F_f = mv_s^2/R$. Dabei ist m die Masse des Teilchens und R der Biegeradius der
Bahn. Aus diesem Gleichgewicht folgt sofort mit $p = mv_s$ die Beziehung

$$\frac{1}{R(x, z, s)} = \frac{e}{p}B_z(x, z, s). \tag{3.2}$$

Für die vertikale Ablenkung gibt es einen entsprechenden Ausdruck. Da die
transversalen Strahldimensionen klein sind gegen den Biegeradius der Teilchenbahn ist es sinnvoll, das Magnetfeld in der Umgebung der Idealbahn zu entwickeln:

$$B_z(x) = B_{z0} + \frac{dB_z}{dx}x + \frac{1}{2!}\frac{d^2B_z}{dx^2}x^2 + \frac{1}{3!}\frac{d^3B_z}{dx^3}x^3 + \dots \tag{3.3}$$

Multiplikation mit e/p liefert

$$\frac{e}{p}B_z(x) = \frac{e}{p}B_{z0} + \frac{e}{p}\frac{dB_z}{dx}x + \frac{1}{2!}\frac{e}{p}\frac{d^2B_z}{dx^2}x^2 + \frac{1}{3!}\frac{e}{p}\frac{d^3B_z}{dx^3}x^3 + \dots$$

$$= \frac{1}{R} + kx + \frac{1}{2!}mx^2 + \frac{1}{3!}ox^3 + \dots$$

$$\text{Dipol} \qquad \text{Quadrupol} \qquad \text{Sextupol} \qquad \text{Oktupol}$$

$$(3.4)$$

Das Magnetfeld um den Strahl kann also aus einer Summe von Multipolen gebildet werden, die bei der Strahlführung unterschiedliche Wirkungen auf den Verlauf der Teilchenbahnen haben. Die wichtigsten Multipole und ihre Wirkungen sind zur Übersicht in Tabelle 3.1 aufgelistet. Werden in einem Beschleuniger nur die beiden niedrigsten Multipole zur Strahlführung eingesetzt, spricht man von einer *linearen Strahloptik*, da nur Ablenkkräfte wirken, die entweder konstant sind (Dipolfeld, repräsentiert durch den Ablenkradius R) oder linear mit dem transversalen Abstand von der Idealbahn zunehmen (Quadrupolfeld, repräsentiert durch die Quadrupolstärke k). Höhere Multipole (Sextupol, Oktupol usw.) sind entweder unerwünschte Feldfehler, oder sie werden gezielt zur Kompensation oder Feldkorrektur eingesetzt. Zunächst werden wir uns mit der Physik der linearen Strahloptik befassen, die die Grundlage für jede Art von Strahlführung ist.

Tabelle 3.1 Die wichtigsten Multipole zur Strahlführung und ihre hauptsächliche Wirkung auf den Verlauf des Strahls

Multipol	Definition	Wirkung
Dipol	$\dfrac{1}{R} = \dfrac{e}{p}B_{z0}$	Strahlablenkung
Quadrupol	$k = \dfrac{e}{p}\dfrac{dB_z}{dx}$	Strahlfokussierung
Sextupol	$m = \dfrac{e}{p}\dfrac{d^2B_z}{dx^2}$	Kompensation der Chromatizität
Oktupol	$o = \dfrac{e}{p}\dfrac{d^3B_z}{dx^3}$	Feldfehler oder Feldkompensation
usw.		

3.2   Bewegungsgleichung im mitbewegten Koordinatensystem

Die transversale Strahldimension ist im allgemeinen sehr klein im Vergleich zu den Dimensionen eines Beschleunigers. Daher hat es sich als zweckmäßig erwiesen, die Bewegung der einzelnen Teilchen nur in der unmittelbaren Umgebung der Idealbahn zu betrachten. Diese Idealbahn, die durch die Konstruktion des Beschleunigers festgelegt wird, bezeichnet man auch als *Orbit*. Die individuelle Teilchenbahn wird in einem Koordinatensystem $K = \{x, z, s\}$ beschrieben, dessen Ursprung auf dem Orbit entlangläuft und dabei der longitudinalen Bewegung des Teilchens folgt (Fig. 3.2). Dabei gibt x die horizontale und z die vertikale Ablage des Teilchens in Bezug auf den Orbit an. In Bereichen, in denen der

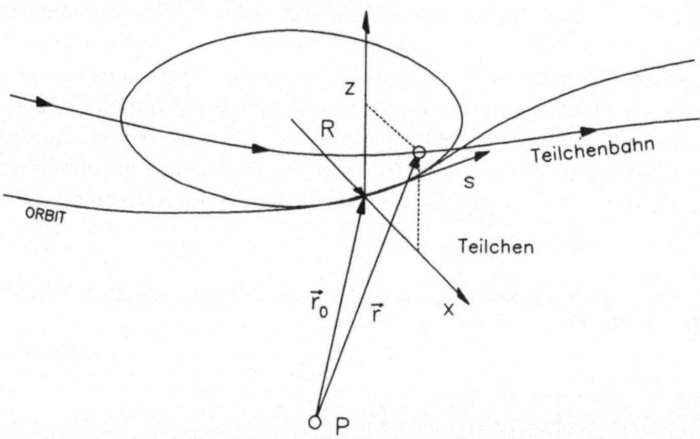

Fig. 3.2 Gedrehtes mit dem Teilchen mitbewegtes Koordinatensystem zur Beschreibung der Teilchenbahn in Bezug auf den Orbit

Strahl durch ein Magnetfeld abgelenkt wird, muß das Koordinatensystem eine entsprechende Drehung ausführen. Das erste wichtige Ziel besteht daher darin, eine sich aus der Lorentzkraft (3.1) ergebende allgemeine Bewegungsgleichung der Teilchen in diesem gedrehten Koordinatensystem zu entwickeln. Dazu müssen zunächst einige wichtige Eigenschaften des gedrehten Koordinatensystems zusammengestellt werden, die man leicht mit Hilfe von Fig. 3.3 ableiten kann.

Wir gehen bei den folgenden Überlegungen davon aus, daß die Strahlablenkung nur in horizontaler Ebene stattfindet, d.h. daß sich das Koordinatensystem nur um die z-Achse dreht. Zu Beginn wird das System in der x-s-Ebene durch die Einheitvektoren $\vec{x}_{0A}$ und $\vec{s}_{0A}$ festgelegt, die nach einer Drehung um den Winkel

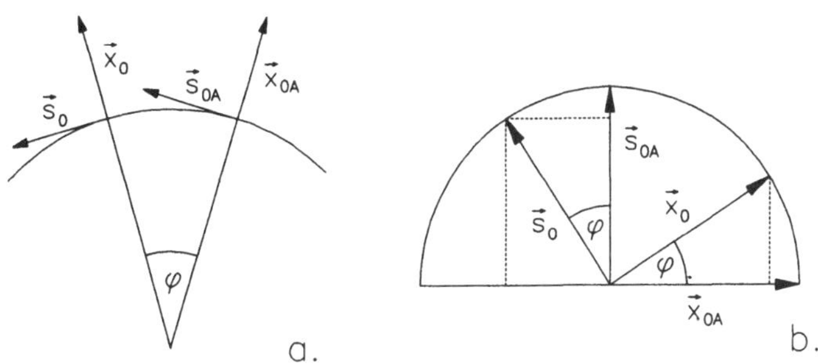

Fig. 3.3 Drehung eines rechtwinkligen Koordinatensystems $\{x, z, s\}$ um die Z-Achse

φ in die Vektoren $\vec{x}_0$ und $\vec{s}_0$ übergehen. Diese Transformation kann Fig. 3.3 direkt entnommen werden:

$$\begin{aligned}
\vec{x}_0 &= \vec{x}_{0A} \cos\varphi + \vec{s}_{0A} \sin\varphi \\
\vec{s}_0 &= -\vec{x}_{0A} \sin\varphi + \vec{s}_{0A} \cos\varphi
\end{aligned} \tag{3.5}$$

Die Differentation dieser Vektoren nach φ liefert

$$\frac{d\vec{s}_0}{d\varphi} = -\vec{x}_0 \qquad\qquad \frac{d\vec{x}_0}{d\varphi} = \vec{s}_0. \tag{3.6}$$

Aus Bahnelement einer gekrümmten Bahn $ds = Rd\varphi$ ergibt sich sofort

$$\frac{d\varphi}{dt} = \frac{1}{R}\frac{ds}{dt} \tag{3.7}$$

Mit Hilfe dieser Beziehungen können wir die zeitlichen Ableitungen der Einheitsvektoren berechnen:

$$\begin{aligned}
\dot{\vec{x}}_0 &= \frac{d\vec{x}_0}{d\varphi}\frac{d\varphi}{dt} = \frac{1}{R}\dot{s}\vec{s}_0 \\
\dot{\vec{s}}_0 &= \frac{d\vec{s}_0}{d\varphi}\frac{d\varphi}{dt} = -\frac{1}{R}\dot{s}\vec{x}_0 \\
\dot{\vec{z}}_0 &= 0
\end{aligned} \tag{3.8}$$

Der Koordinatenursprung verschiebt sich entlang des Orbits um $d\vec{r}_0 = \vec{s}_0\, ds$, also folgt $\dot{\vec{r}}_0 = \dot{s}\,\vec{s}_0$. Der Ortsvektor $\vec{r}$ des Teilchens kann allgemein geschrieben werden als

$$\vec{r} = \vec{r}_0 + x\,\vec{x}_0 + z\,\vec{z}_0. \tag{3.9}$$

Zur Formulierung der Bewegungsgleichung benötigen wir noch die erste und zweite zeitliche Ableitung, die wir mit Hilfe der Gleichungen (3.8) leicht berechnen können:

$$\dot{\vec{r}} = \dot{x}\,\vec{x}_0 + \dot{z}\,\vec{z}_0 + \left(1 + \frac{x}{R}\right)\dot{s}\,\vec{s}_0$$

$$\ddot{\vec{r}} = \left[\ddot{x} - \left(1 + \frac{x}{R}\right)\frac{\dot{s}^2}{R}\right]\vec{x}_0 + \ddot{z}\,\vec{z}_0 + \left[\frac{2}{R}\dot{x}\dot{s} + \left(1 + \frac{x}{R}\right)\ddot{s}\right]\vec{s}_0 \qquad (3.10)$$

Beim Flug der Teilchen durch die Magnetstruktur ist zu jedem Zeitpunkt t die Position s auf der Bahn eindeutig bestimmt. Daher kann man die zeitliche Ableitung durch eine Ableitung nach der Raumkoordinate s ersetzen in der Art

$$\dot{x} = \frac{dx}{ds}\frac{ds}{dt} = x'\,\dot{s}$$

$$\ddot{x} = \dot{x}'\,\dot{s} + x'\,\ddot{s} = x''\,\dot{s}^2 + x'\,\ddot{s}. \qquad (3.11)$$

Mit diesen Relationen folgt aus (3.10)

$$\dot{\vec{r}} = x'\dot{s}\vec{x}_0 + z'\dot{s}\vec{z}_0 + \left(1 + \frac{x}{R}\right)\dot{s}\vec{s}_0$$

$$\ddot{\vec{r}} = \left[x''\dot{s}^2 + x'\ddot{s} - \left(1 + \frac{x}{R}\right)\frac{\dot{s}^2}{R}\right]\vec{x}_0 + (z''\dot{s}^2 + z'\ddot{s})\vec{z}_0 + \qquad (3.12)$$

$$+ \left[\frac{2}{R}x'\dot{s}^2 + \left(1 + \frac{x}{R}\right)\ddot{s}\right]\vec{s}_0$$

Damit haben wir den allgemeinen Ausdruck für den Bahnvektor $\vec{r}$ im mitbewegten gedrehten Koordinatensystem gefunden. Setzt man in (3.1) $\dot{\vec{p}} = m\,\ddot{\vec{r}}$ und $\vec{v} = \dot{\vec{r}}$, so erhält man die Bewegungsgleichung eines geladenen Teilchens im reinen Magnetfeld in der Form

$$\ddot{\vec{r}} = \frac{e}{m}\left(\dot{\vec{r}} \times \vec{B}\right). \qquad (3.13)$$

Wir nehmen jetzt wieder an, daß nur transversale Komponenten des Magnetfeldes existieren, also $\vec{B} = \{B_x, B_z, 0\}$. Diese Bedingung ist in Teilchenbeschleunigern im allgemeinen sehr gut erfüllt. Dann folgt aus (3.13)

$$\ddot{\vec{r}} = \frac{e}{m}\left(\dot{\vec{r}} \times \vec{B}\right) = \frac{e}{m}\begin{pmatrix} -\left(1 + \dfrac{x}{R}\right)\dot{s}B_z \\[2ex] \left(1 + \dfrac{x}{R}\right)\dot{s}B_x \\[2ex] x'\dot{s}B_z - z'\dot{s}B_x \end{pmatrix} \qquad (3.14)$$

Da sich die Teilchen mit relativistischen Geschwindigkeiten bewegen, ist der Einfluß der Magnetfelder auf die longitudinale Geschwindigkeit vernachlässigbar.

Daher brauchen wir im folgenden nur die beiden transversalen Komponenten x und z zu beachten. Man erhält daher mit (3.12) und (3.14) die beiden Relationen

$$x''\dot{s}^2 + x'\ddot{s} - \left(1 + \frac{x}{R}\right)\frac{\dot{s}^2}{R} = -\frac{e}{m}B_z\left(1 + \frac{x}{R}\right)\dot{s}$$

$$z''\dot{s}^2 + z'\ddot{s} = \frac{e}{m}B_x\left(1 + \frac{x}{R}\right)\dot{s} \qquad (3.15)$$

Um diese Beziehungen zu vereinfachen, kann man annehmen, daß sich die Geschwindigkeiten der Teilchen beim Durchlauf durch die Magnetfelder nur extrem langsam ändert, also $\ddot{s} \approx 0$. Außerdem setzen wir $p = mv$. Wie man Fig. 3.4 entnimmt, ist $v \neq \dot{s}$. Auf Grund einfacher geometrischer Beziehungen ist

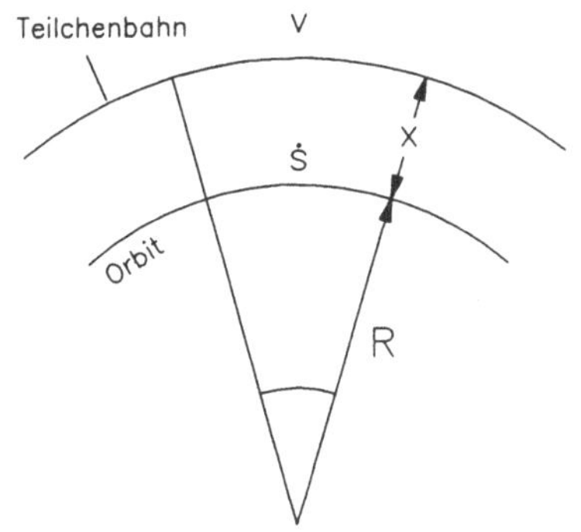

Fig. 3.4 Vergleich zwischen der individuellen Geschwindigkeit v des Einzelteilchens und der Geschwindigkeit des mitbewegten Koordinatensystems $\dot{s}$ entlang des Orbits

$$v = \dot{s}\,\frac{R + x}{R} = \dot{s}\left(1 + \frac{x}{R}\right) \qquad (3.16)$$

Damit erhält man aus (3.15)

$$x'' - \left(1 + \frac{x}{R}\right)\frac{1}{R} = -\frac{v}{\dot{s}}\frac{e}{p}B_z\left(1 + \frac{x}{R}\right)$$

$$z'' = \frac{v}{\dot{s}}\frac{e}{p}B_x\left(1 + \frac{x}{R}\right). \qquad (3.17)$$

Wir nehmen nun an, daß die Teilchen einen genau definierten Impuls $p = p_0 + \Delta p$ haben, wobei die Impulsabweichung Δp sehr klein ist gegen den Sollimpuls p_0. Diese Bedingung ist in Beschleunigern sehr gut erfüllt, da die relative Impulsabweichung $\Delta p/p$ im Strahl im allgemeinen deutlich kleiner als 1 % ist. Daher dürfen wir in linearer Näherung schreiben:

$$\frac{1}{p} = \frac{1}{p_0}\left(1 - \frac{\Delta p}{p_0}\right). \qquad (3.18)$$

Die Magnetfelder drücken wir in Analogie zu (3.4) durch die energieinvarianten Dipolstärken $1/R$ und Quadrupolstärken k aus, wobei wir im folgenden nur diese beiden linearen Terme berücksichtigen. Nehmen wir jetzt noch an, daß eine Ablenkung nur in der horizontalen Ebene stattfindet, also Dipolfelder nur mit horizontaler Wirkung auftauchen, dann erhalten wir

$$\frac{e}{p_0}B_z = \frac{1}{R} - k\,x \qquad\qquad \frac{e}{p_0}B_x = -k\,z. \qquad (3.19)$$

Entsprechend einer im Prinzip willkürlichen Konvention wird das Vorzeichen der Quadrupolstärke k so gesetzt, daß $k < 0$ ist, wenn der Quadrupol *fokussierend* wirkt und $k > 0$, wenn er *defokussiert*. Setzt man (3.18) und (3.19) in (3.17) ein und schreibt der Einfachheit halber p für p_0, so folgt,

$$x'' - \left(1 + \frac{x}{R}\right)\frac{1}{R} = -\left(1 + \frac{x}{R}\right)^2 \left(\frac{1}{R} - kx\right)\left(1 - \frac{\Delta p}{p}\right)$$

$$z'' = -\left(1 + \frac{x}{R}\right)^2 kz\left(1 - \frac{\Delta p}{p}\right) \qquad (3.20)$$

Die Klammern auf der rechten Seite werden nun ausmultipliziert und dann vernachlässigt man alle Glieder, die Quadrate oder Produkte von x, z und $\Delta p/p$ enthalten. Das darf man machen, da $x \ll R$, $z \ll R$ und $\Delta p/p \ll 1$. Mit diesen Vereinfachungen erhält man schließlich die linearen Bewegungsgleichungen für die Teilchen beim Durchlaufen der Magnetstruktur eines Beschleunigers:

$$\boxed{\begin{aligned} x''(s) + \left(\frac{1}{R^2(s)} - k(s)\right)x(s) &= \frac{1}{R(s)}\frac{\Delta p}{p} \\ z''(s) + k(s)z(s) &= 0 \end{aligned}} \qquad (3.21)$$

Diese Gleichungen bilden die fundamentale Grundlage bei der Berechnung der linearen Strahloptik.

3.3   Strahlführungsmagnete

Bevor wir uns mit der Lösung der Bahngleichungen (3.21) befassen, soll zunächst in diesem Kapitel die Erzeugung der zur Strahlführung erforderlichen Magnetfelder behandelt werden. Es geht dabei konkret um die Frage, wie die Magnete gestaltet sein müssen, um eine bestimmte Feldkonfiguration, d.h. ein Dipolfeld, ein Quadrupolfeld usw. mit den vorgegebenen Stärken $1/R$, k, m usw. zu erzeugen. Dabei werden wir uns hier auf rein statische Felder beschränken.

3.3.1 Berechnung von Magnetfeldern zur Strahlführung

Die Grundlage zur Berechnung von statischen Magnetfeldern $\vec{H}$ liefert die *Maxwell'sche Gleichung*

$$\nabla \times \vec{H} = \vec{j}, \tag{3.22}$$

wobei $\vec{j}$ die Stromdichte angibt. Für die folgenden Betrachtungen ist nur die Feldkonfiguration im Bereich des Strahls wichtig, wo kein Strom fließt, also

$$\nabla \times \vec{H} = 0. \tag{3.23}$$

In diesem Fall kann man $\vec{H}$ durch ein *skalares Potential* φ darstellen in der Art

$$\vec{H} = \nabla\varphi, \tag{3.24}$$

da immer $\nabla \times \nabla\varphi = 0$. Durch die Festlegung des Potentials $\varphi(x, z, s)$ ist damit auch das Feld eindeutig bestimmt. Zur Vereinfachung nehmen wir jetzt an, daß es nur transversale Feldkomponenten gibt und daß sich die Feldkonfiguration entlang der Strahlachse s nicht ändert. Diese Bedingung ist im allgemeinen erfüllt. Dadurch reduziert sich die Berechnung des Magnetfeldes auf die Lösung eines zweidimensionalen Problems in der $x - z$-Ebene. Um einen bestimmten

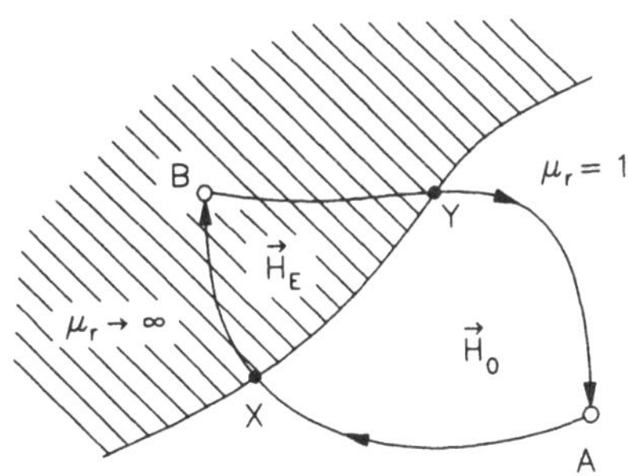

Fig. 3.5   Zur Berechnung des magnetischen Potentials beim Übergang vom Vakuum ($\mu_r = 1$) in ein hochpermeables Material mit $\mu_r \to \infty$

Potentialverlauf $\varphi(x, z)$ zu erzeugen, ist es erforderlich, die Form der Äquipotentiallinien $\varphi(x, z) = $ const. festzulegen. Dazu eignen sich vor allem Oberflächen von hochpermeablen Materialien, wie vor allem Eisen, das eine relative Permeabilität $\mu_r > 1000$ besitzt. Bewegt man sich von einem Punkt A außerhalb des Eisens auf einem beliebigen Weg zu einem Punkt B, der innerhalb des Eisens liegt, und dann wieder auf einem anderen aber ebenfalls beliebigen Weg zurück zu Punkt A (Fig. 3.5), so ist die dabei insgesamt durchlaufene Potentialdifferenz $\oint \vec{H} d\vec{s} = 0$. Bezeichnet man die beiden Durchtrittspunkte der Wege an der

Oberfläche des Eisens noch mit X und Y, so erhält man

$$\oint \vec{H}\,d\vec{s} \;=\; \int\limits_{A}^{X} \vec{H}_0 d\vec{s} \;+\; \int\limits_{X}^{B} \vec{H}_{\mathrm{E}} d\vec{s} \;+\; \int\limits_{B}^{Y} \vec{H}_{\mathrm{E}} d\vec{s} \;+\; \int\limits_{Y}^{A} \vec{H}_0 d\vec{s} \;=\; 0. \qquad (3.25)$$

Dabei ist $\vec{H}_0$ das Feld im Vakuum und $\vec{H}_{\mathrm{E}}$ das im Eisen. An der Grenzfläche besteht zwischen ihnen die Relation

$$|\vec{H}_{\mathrm{E}}| \;=\; \frac{1}{\mu_{\mathrm{r}}}|\vec{H}_0|. \qquad (3.26)$$

Da μ_{r} ganz allgemein im Eisen sehr groß ist, kann der Beitrag von $\vec{H}_{\mathrm{E}}$ zum Potential vernachlässigt werden. Daher folgt aus (3.25)

$$\int\limits_{A}^{X} \vec{H}_0 d\vec{s} \;=\; \int\limits_{A}^{Y} \vec{H}_0 d\vec{s}. \qquad (3.27)$$

Die Punkte X und Y liegen daher auf einer Fläche gleichen Potentials. Da wir keine besonderen Annahmen über die Lage von X und Y auf der Grenzfläche gemacht haben, besagt (3.27), daß alle Punkte auf dieser Fläche dasselbe Potential besitzen, die Oberfläche eines hochpermeablen Materials, wie z.B. Eisen bildet also eine *Äquipotentialfläche*. Daher kann man durch geeignete Formen der Magnetpole das Potential $\varphi(x,z)$ festlegen und damit nach (3.24) auch das Magnetfeld $\vec{H}$.

Im folgenden ist es praktischer, statt des Magnetfeldes $\vec{H}$ die magnetische Flußdichte $\vec{B} \;=\; \mu_{\mathrm{r}}\mu_0 \vec{H}$ zu benutzen. In Analogie zu (3.24) definieren wir jetzt ein Potential $\Phi(x,z) \;=\; \mu_{\mathrm{r}}\mu_0\varphi(x,z)$, aus dem sich die magnetische Flußdichte nach

$$\vec{B} \;=\; \nabla\Phi \qquad (3.28)$$

berechnet. Mit der Maxwell'schen Beziehung $\nabla\vec{B} \;=\; 0$ folgt sofort die *Laplace Gleichung*

$$\nabla^2\Phi \;=\; 0. \qquad (3.29)$$

Die beiden Gleichungen (3.28) und (3.29) sind die theoretische Grundlage zur Berechnung von Magneten mit Eisenpolen. Dabei ist es zunächst erforderlich, den gewünschen transversalen Feldverlauf festzulegen, wie er sich aus den Forderungen der Strahlführung ergibt. Hier genügt es, den Verlauf einer Feldkomponente entlang einer bestimmten Achse vorzugeben, z.B. die vertikale Komponente $G_z(x)$ entlang der x-Achse ($z \;\equiv\; 0$). Damit ist die gesamte Feldverteilung $\vec{B}(x,z)$ eindeutig festgelegt. Mit dem vorgegebenen Feldverlauf G_z machen wir einen verallgemeinerten Ansatz für die z-Komponente des Feldes in der Art

$$B_z(x,z) \;=\; G_z(x) \;+\; f(z). \qquad (3.30)$$

Dabei ist $f(z)$ eine zunächst nicht bekannte Funktion, die den nur von der vertikalen Koordinate z abhängigen Anteil des Feldes angibt. Das Potential folgt daraus nach

$$\Phi(x,z) = \int B_z\, dz = G_z(x)\, z + \int f(z)\, dz. \tag{3.31}$$

Die unbekannte Funktion $f(z)$ kann nun mit Hilfe der Laplace Gleichung (3.29) berechnet werden. Es gilt

$$\nabla^2\Phi = \frac{\partial^2\Phi}{\partial x^2} + \frac{\partial^2\Phi}{\partial z^2} = \frac{d^2 G_z(x)}{dx^2}\, z + \frac{df(z)}{dz} = 0 \tag{3.32}$$

woraus sofort folgt:

$$f(z) = -\int \frac{d^2 G_z(x)}{dx^2}\, z\, dz = -\frac{1}{2}\frac{d^2 G_z(x)}{dx^2}\, z^2 \tag{3.33}$$

Setzt man diesen Ausdruck in (3.31) ein, so erhält man schließlich das Potential in der Art

$$\boxed{\Phi(x,z) = G_z(x)\, z - \frac{1}{6}\frac{d^2 G_z(x)}{dx^2}\, z^3.} \tag{3.34}$$

Daraus berechnet man die endgültige Feldverteilung nach

$$\vec{B}(x,z) = \begin{pmatrix} \dfrac{d\Phi(x,z)}{dx} \\[2mm] \dfrac{d\Phi(x,z)}{dz} \end{pmatrix}. \tag{3.35}$$

Mit den Beziehungen (3.34) und (3.35) kann für jeden entlang der x-Achse vorgegebenen Feldverlauf $G_z(x)$ das Potential und das Magnetfeld in der gesamten x-z-Ebene berechnet werden.

3.3.2 Konventionelle Eisenmagnete

Wir wollen das gerade entwickelte Verfahren jetzt auf den Entwurf der wichtigsten Magnettypen anwenden. Das soll mit konventioneller Magnettechnik geschehen, bei der die Pole aus Eisen gebaut sind, und die Felderregung durch stromdurchflossene Leiter erfolgt.

Für die Ablenkung von geladenen Teilchen auf einer gekrümmten Bahn benutzt man *Dipolmagnete*, die ein entlang der x-Achse konstantes Feld haben, das wir auf folgende Weise festlegen:

$$G_z(x) = B_0 = \text{const.} \qquad \longrightarrow \qquad \frac{d^2 G_z(x)}{dx^2} = 0 \tag{3.36}$$

Das gesuchte Potential folgt damit sofort aus (3.34)

$$\Phi(x,z) = B_0\, z. \tag{3.37}$$

Die Äquipotentiallinie $\Phi(x,z) = \Phi_0 = $ const ist also eine Linie, die in einem Abstand z parallel zur x-Achse verläuft. Der Dipol besteht damit aus zwei parallelen Eisenpolen, die in einem Abstand $h = 2z$ zueinander stehen (Fig. 3.6).

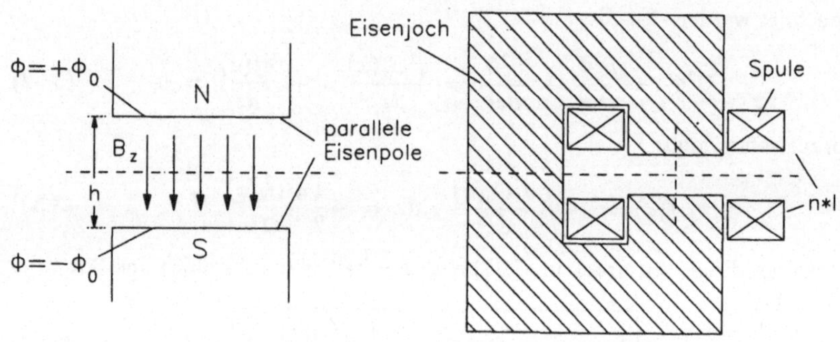

Fig. 3.6 Prinzip eines aus zwei parallelen Eisenpolen gebildeten Eisenmagneten

Den Zusammenhang zwischen erregendem Strom I und dem resultierenden Feld B im Spalt zwischen den Polen errechnet man am einfachsten durch Anwendung der Maxwell'schen Relation $\oint \vec{H}\,ds = I_{\text{ges}}$. Dabei nehmen wir an, daß die Spulen insgesamt n Windungen haben, also $I_{\text{ges}} = nI$, wobei I den Strom durch den Leiter bezeichnet (Fig. 3.7). Zur Vereinfachung wollen wir ferner annehmen, daß das Feld H_0 im Spalt und H_{E} im Eisen jeweils konstant sind. Wenn man nun noch bedenkt, daß $H_{\text{E}} = H_0/\mu_{\text{r}}$ mit $\mu_{\text{r}} \ll 1$, folgt

$$nI = \oint \vec{H}d\vec{s} = H_{\text{E}}l_{\text{E}} + H_0 h \approx H_0 h \qquad (3.38)$$

Das Magnetfeld im Spalt ist $B_0 = \mu_0 H_0$, da hier $\mu_{\text{r}} = 1$. Damit erhalten wir für das Feld eines Dipolmagneten die Beziehung

$$B_0 = \mu_0 \frac{nI}{h}. \qquad (3.39)$$

Die Dipolstärke in (3.4) ist dann

$$\frac{1}{R} = \frac{e}{p} B_0 = \frac{e\mu_0}{p} \frac{nI}{h}. \qquad (3.40)$$

Bei einem realistischen Magneten gibt es Abweichungen von diesem Idealfeld. Einmal hat man ein homogenes Feld wirklich nur dann, wenn die Pole unendlich breit sind. Das ist aber nicht zu realisieren. Deshalb beobachtet man ab

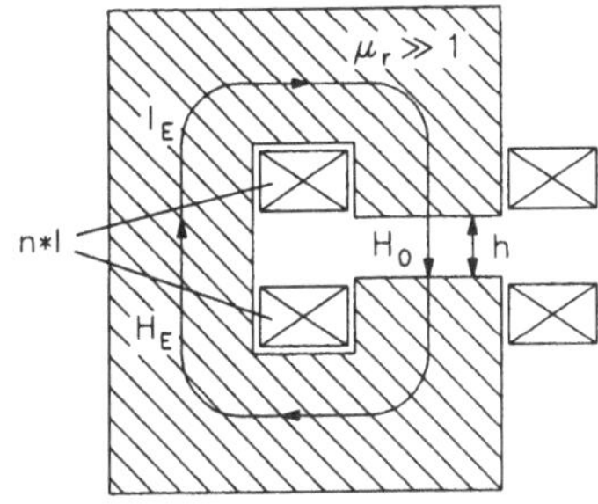

Fig. 3.7 Zur Berechnung des Zusammenhangs zwischen Strom I und Magnetfeld B beim Dipolmagnet

einem gewissen horizontalen Abstand von der Mittelachse des Magneten einen Feldabfall, der dadurch hervorgerufen wird, daß die Feldlinien im Randbereich nach außen drängen (Fig. 3.8). Dadurch ist der horizontal nutzbare Feldbereich begrenzt. Als Feldgrenze wird im allgemeinen der Abstand genommen, bei dem das Feld gerade um $\Delta B/B = 2 \cdot 10^{-4}$ abgenommen hat. Indem man flache Eisenstreifen ("Nasen") an den Polenden hinzufügt, kann man den Feldabfall teilweise kompensieren und dadurch bei gegebener Polbreite den nutzbaren Feldbereich erweitern. Ein weiteres Problem bei Eisenmagneten ist die Sättigung, die man an der Erregungskurve Fig. 3.9 erkennen kann. Bei kleinen Feldstärken, d.h. $B < 1$ T ist der Zusammenhang zwischen Strom und Magnetfeld in sehr guter Näherung linear. Oberhalb von 1 T bleibt dann aber das Feld hinter der Erregung zurück und strebt im Bereich von 2 T einem praktisch konstanten Wert zu. Hier macht es keinen Sinn mehr, den Spulenstrom noch weiter zu erhöhen. Damit ist eine Feldstärke von etwa 2 T die absolute obere Grenze für Eisenmagnete. In der Praxis wird man jedoch deutlich unter diesem Wert bleiben und nach Möglichkeit Feldwerte von $B = 1.5$ T nicht überschreiten.

Zur Strahlfokussierung werden *Quadrupolfelder* benutzt, die nach (3.4) auf der Strahlachse verschwinden und linear mit dem transversalen Abstand x ansteigen. Daher kann man ihren Feldverlauf durch die Funktion

$$G_z(x) \; = \; gx \qquad \text{mit} \qquad g \; = \; \frac{\partial B_z}{\partial x} \tag{3.41}$$

festlegen. Die zweite Ableitung von G_z verschwindet auch in diesem Falle. Das gesuchte Potential ist damit nach (3.34)

$$\Psi(x,z) \; = \; g\,x\,z. \tag{3.42}$$

Daraus folgt sofort, daß die Äquipotentiallinie $z(x)$ für einen gegebenen Wert Ψ_0

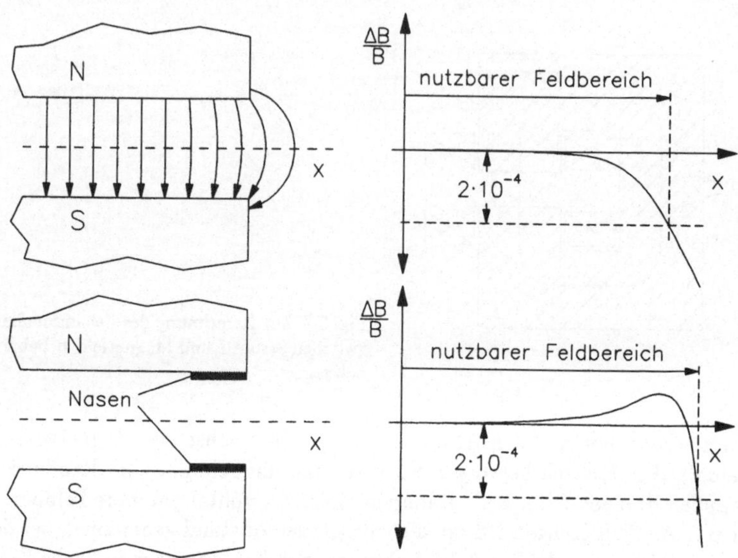

Fig. 3.8 Begrenzung des nutzbaren Feldbereichs durch das Randfeld. Durch aufgesetzte "Nasen" aus Eisen am Polrand kann der Feldbereich etwas erweitert werden.

Hyperbeln der Art

$$z(x) \;=\; \frac{\Psi_0}{gx} \tag{3.43}$$

liefert. Ein Quadrupol besteht daher aus vier Polen mit hyperbelförmigen Flächen, die abwechselnd gepolt sind, wie es Fig. 3.10 zeigt. Die vier Pole werden von den sie umgebenden Spulen erregt. Auf Grund des Feldlinienverlaufs zwischen den Polen wirkt ein in der horizontalen Ebene fokussierender Magnet in vertikaler Richtung defokussierend. Daher ist es erforderlich, zur Strahlfokussierung mindestens zwei Quadrupole zu verwenden, deren Polarität um 90° gegeneinander verdreht ist.

Der Zusammenhang zwischen dem erregenden Spulenstrom I und dem Feldgradienten $g = \partial B_z / \partial x$ kann einfach dadurch bestimmt werden, daß man wieder das Integral $\oint \vec{H} \; d\vec{s}$ berechnet, wobei man einen geeigneten geschlossenen Integrationsweg um die Leiter der Spule wählt, wie es Fig. 3.11 zeigt. Er beginnt auf der Strahlachse (Punkt 0) und verläuft dann über den Scheitelpunkt des Pols (Punkt 1) durch das Eisenjoch zur x-Achse (Punkt 2) und von dort zurück zum Ausgangspunkt 0.

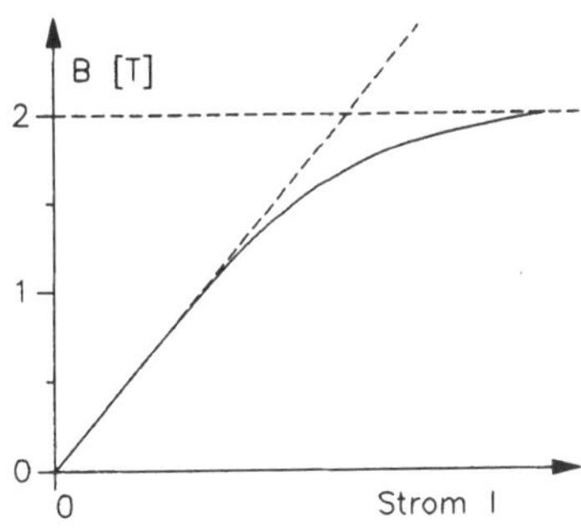

Fig. 3.9 Zusammenhang zwischen Magnetfeld B und Erregungsstrom I bei hohen Feldstärken. Oberhalb von $B = 1$ T setzt Sättigung ein, die bei Eisenmagneten bei etwa 2 T einen Grenzwert erreicht.

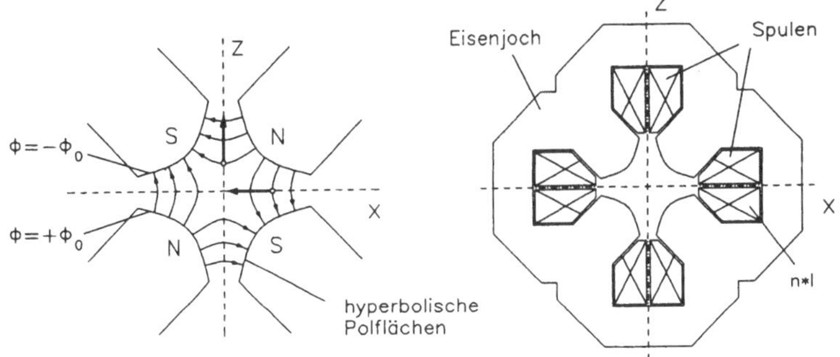

Fig. 3.10 Prinzip eines Quadrupolmagneten mit hyperbelförmigen Polflächen

Das Integral läßt sich daher stückweise berechnen in der Art

$$\oint \vec{H}\, d\vec{s} = \int_0^1 \vec{H}_0\, d\vec{s} + \int_1^2 \vec{H}_E\, d\vec{s} + \int_2^0 \vec{H}\, d\vec{s} = nI. \tag{3.44}$$

Auf der rechten Seite der Gleichung liefert nur die Integration von der Strahlachse zum Pol ($0 \longrightarrow 1$) einen Beitrag. Innerhalb des Eisenjochs verschwindet das Integral, da H_E wegen $\mu_r \gg 1$ vernachlässigt werden kann und ebenso entlang der x-Achse, da hier stets $\vec{H} \perp \vec{s}$. Man braucht also nur noch das Feld zwischen Strahlachse und Pol zu berücksichtigen. Hier ist das Feld gegeben durch $B_x = gz$ und $B_z = gx$, wie man direkt aus dem Potential (3.42) erhält. Damit folgt für den Betrag der Magnetfeldes entlang des Integrationsweges $0 \longrightarrow 1$

$$H = \frac{g}{\mu_0}\sqrt{x^2 + z^2} = \frac{g}{\mu_0}\sqrt{2}x = \frac{g}{\mu_0}r. \tag{3.45}$$

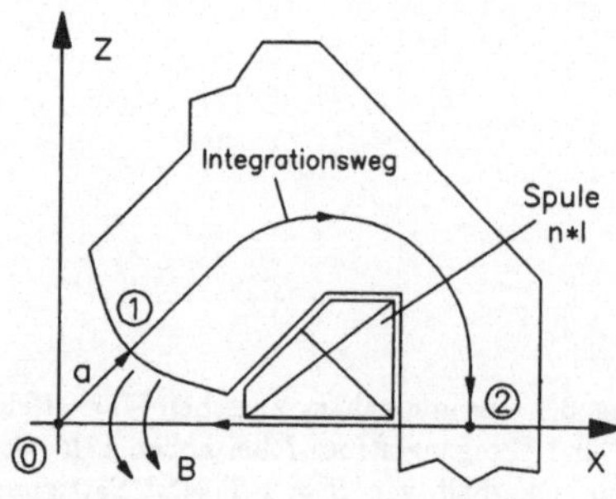

Fig. 3.11 Zur Berechnung des Feldgradienten g eines Quadrupols als Funktion des Spulenstroms I.

Dabei muß man bedenken, daß durch die spezielle Wahl des Weges $x = z$ ist und r den Integrationsweg vom Ursprung angibt. Durch $r = a$ wird hier der Scheitelpunkt des Pols bezeichnet. Das Integral (3.44) läßt sich damit schreiben als

$$\int\limits_0^a H \, dr = \frac{g}{\mu_0} \int\limits_0^a r \, dr = \frac{g}{\mu_0} \frac{a^2}{2} = nI. \tag{3.46}$$

Daraus folgt sofort

$$g = \frac{2\mu_0 n I}{a^2}. \tag{3.47}$$

Da $g \propto 1/a^2$ ist es vor allem bei hohen Quadrupolstärken sinnvoll, einen möglichst kleinen Polabstand a zu wählen, um den Strom I und damit den Leistungsbedarf des Magneten zu reduzieren.

Als letztes Beispiel soll jetzt noch der *Sextupolmagnet* behandelt werden, der bei der Kompensation der chromatischen Fokussierungsfehler vor allem in stark fokussierenden Magnetstrukturen eingesetzt wird. Dieser Magnet hat entlang der x-Achse den quadratischen Feldverlauf

$$G_z(x) = \frac{1}{2} g' x^2 \quad \text{mit} \quad \frac{d^2 G_z(x)}{dx^2} = g'. \tag{3.48}$$

Es ist bemerkenswert, daß die zweite Ableitung von $G_z(x)$ hier nicht verschwindet, wie es beim Dipol und Quadrupol der Fall war. Damit ist nach (3.33) auch die Funktion $f(z) \neq 0$, die die Abhängigkeit des Feldes von der vertikalen Position z beschreibt. Im Sextupol gibt es also eine *Koppelung* der Teilchenbewegung von der horizontalen Ebene in die vertikale und umgekehrt. Das gilt auch für alle höheren Multipole. Dipol- und Quadrupolmagnete haben dagegen diese Koppelung nicht. Deshalb kann man bei der Behandlung der linearen Strahloptik, die nur Dipole und Quadrupole berücksichtigt, auch die Teilchenbewegung in den beiden Ebenen unabängig voneinander berechnen.

Setzt man in die Potentialgleichung (3.34) den quadratischen Feldverlauf (3.48) ein, erhält man

$$\Phi(x,z) \;=\; \frac{1}{2}g'\left[x^2 z \,-\, \frac{z^3}{3}\right]. \tag{3.49}$$

Für ein vorgegebenes konstantes Potential Φ_0 liefert die Auflösung dieser Gleichung nach $x(z)$ die Äquipotentiallinien. Es ist in diesem Falle einfacher, die vertikale Koordinate z vorzugeben und den dazugehörenden x-Wert zu bestimmen. Für $z \neq 0$ folgt sofort

$$x(z) \;=\; \sqrt{\frac{2\Phi_0}{g'z} + \frac{z^2}{3}}. \tag{3.50}$$

Dadurch ist die Form der sechs Pole bestimmt, die in einem Winkel von jeweils 60° zueinander stehen und abwechselnde Polarität besitzen. Die Äquipotentiallinien und der prinzipielle Aufbau eines Sextupolmagneten sind in Fig. 3.12 gezeigt. Die Stärke eines Sextupols mit n Windungen pro Spule und dem Polra-

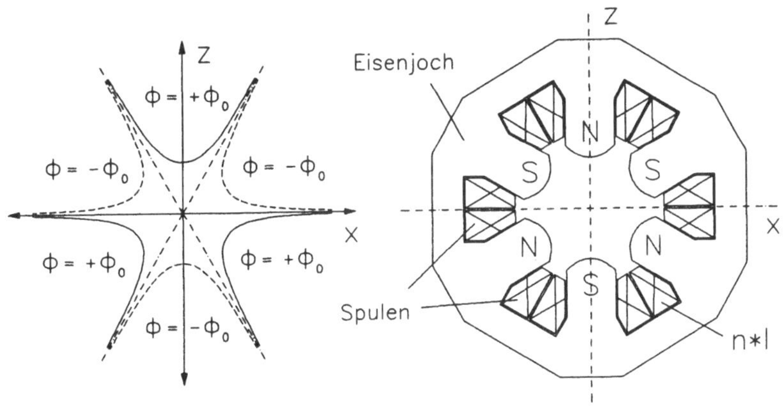

Fig. 3.12 Äquipoteniallinien und prinzipieller Aufbau eines Sextupolmagneten

dius a ist bei gegebenem Spulenstrom I auf der Strahlachse

$$g' = \frac{\partial^2 B_z}{\partial x^2} = 6\mu_0 \frac{nI}{a^3}. \tag{3.51}$$

Die Ableitung dieser Beziehung erfolgt analog zu dem beim Quadrupol erläuterten Verfahren.

3.3.3   Supraleitende Magnete

Die mit konventionellen Eisenmagneten erreichbaren Feldstärken von maximal $B = 2$ T reichen zur Strahlführung nicht immer aus. Vor allem bei Protonenbeschleunigern mit Energien über 100 GeV und bei der Erzeugung von Synchrotronstrahlung in einem extrem kurzwelligen Bereich sind Felder über 5 T erforderlich. Diese Felder sind nur noch durch Luftspulen zu erzeugen, da wegen der Sättigung Eisen nicht mehr verwendet werden kann. Hier besteht aber das Problem, daß die Leiter der Spulen eine extrem hohe Stromdichte verkraften müssen. Wenn man z.B. in einem Abstand von 5 cm von einem Leiter ein Feld von 5 T erzeugen will, braucht man einen Strom $I = 1.25 \cdot 10^6$ A. Hat der Leiter selbst einen Durchmesser von 3 cm, ist die Stromdichte $dI/da \approx 1700$ A/mm^2. Wenn man bedenkt, daß selbst bei sehr effektiver Wasserkühlung bei Kupferleitern die maximal beherrschbare Stromdichte bei etwa 100 A/mm^2 liegt, sieht man sofort ein, daß diese Anforderung mit normalen Leitern nicht zu realisieren ist. Das Problem ist der ohmsche Widerstand des Materials, der ab einer gewissen Stromdichte zu einer so starken Erwärmung des Leiters führt, daß er trotz Kühlung schmilzt.

Die Lösung dieses Problems liegt in der Anwendung der *Supraleitung*, die 1911 von dem Holländer *H. Kamerling Onnes* entdeckt wurde. Er machte die Beobachtung, daß beim Abkühlen auf sehr tiefe Temperaturen unterhalb einer Sprungtemperatur $T_c = 4.2$ K der ohmsche Widerstand von Quecksilber schlagartig verschwindet (Fig. 3.13). In diesem Bereich fließt der Strom praktisch verlustfrei. Danach wurden eine ganze Reihe von Materialien entdeckt, die Supraleitung auch schon bei höheren Sprungtemperaturen zeigen. Dabei ist es bemerkenswert, daß die besten Normalleiter wie Kupfer und Silber bei keiner noch so tiefen Temperatur in den Zustand der Supraleitung übergehen. Dafür eignen sich wiederum einige unter normalen Temperaturen ausgesprochen schlecht leitende Legierungen als hervorragende Supraleiter. Eine technisch häufig benutzte Legierung ist Niob-Titan, die unterhalb einer Sprungtemperatur um $T_c \approx 10$ K supraleitend wird.

Die Supraleitung hängt nicht nur von der Temperatur ab, sondern sie wird auch durch ein äußeres Magnetfeld beeinflußt, wie es die Kurve in Fig. 3.14 zeigt. Der auf eine Temperatur unterhalb T_c abgekühlte Supraleiter geht bei steigendem Magnetfeld ab einer bestimmten Stärke plötzlich in den Zustand der Normalleitung über. Ab einer Feldstärke $B_c(0)$ wird schließlich selbst am absoluten Nullpunkt die Supraleitung nicht mehr erreicht. Der Verlauf der Grenzfeldstärke mit der Temperatur wird in guter Näherung durch

$$B_c(T) \;=\; B_c(0)\left[1 - \left(\frac{T}{T_c}\right)^2\right] \tag{3.52}$$

beschrieben. Auf Grund des *Meissner-Ochsenfeld-Effekts* wird das Magnetfeld beim Übergang zur Supraleitung aus dem Leiter verdrängt. Das bedeutet aber

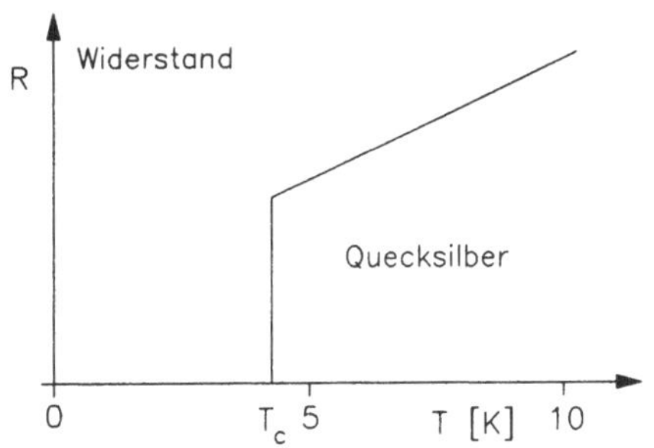

Fig. 3.13. Verlauf des ohmschen Widerstandes von Quecksilber bei sehr tiefen Temperaturen

wegen $\nabla \times \vec{B} = \mu_0 \vec{j}$, daß auch der Strom nur im Bereich der Oberfläche des Leiters fließen kann. Von der Oberfläche fällt die Stromdichte exponentiell ab, wobei die Eindringtiefe etwa 50 nm beträgt. Daher ergeben sich im Bereich der Leiteroberfläche sehr hohe lokale Stomdichten und Magnetfelder, die sich mit den äußeren Felden überlagern und den Arbeitsbereich in die normalleitende Zone verschieben. Dieser ab einer bestimmten Feldstärke plötzlich einsetzende Übergang vom supraleitenen in den normalleitenden Zustand bezeichnet man als "Quenchen". Dieses Quenchen begrenzt die maximal erreichbaren Feldstärken und stellt aus der Sicht der Betriebssicherheit eines der fundamentalen Probleme beim Bau supraleitender Magnete dar. Auf die Physik der Supraleitung soll jetzt hier nicht weiter eingegangen werden, für weitere Studien sei auf das Buch von *W. Buckel* [55] verwiesen. Beim Bau von Supraleitern zur Erzeugung von

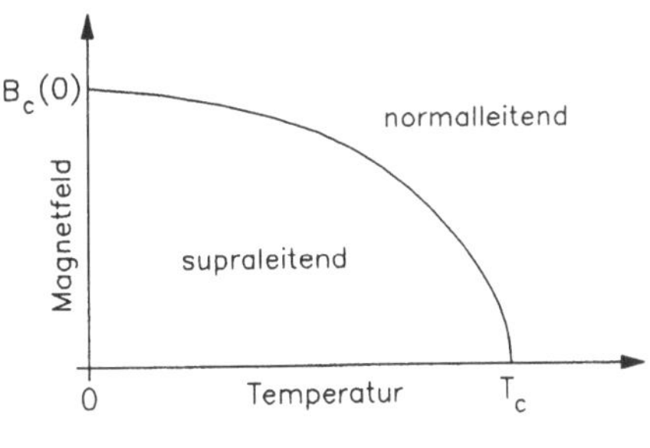

Fig. 3.14 Abhängigkeit der Supraleitung von der Temperatur und dem umgebenden Magnetfeld

extrem hohen Feldstärken ist es erforderlich, eine sehr große Oberfläche des Leiters zu haben. Das erreicht man dadurch, daß man den Leiter aus einer sehr großen Zahl von feinsten Filamenten zusammensetzt, wie es in Fig. 3.15 skizziert ist. Die einzelnen Filamente aus Niob-Titan haben einen Durchmesser von etwa 10 μm und werden zu Strängen von einigen 1000 zusammengefaßt und zur

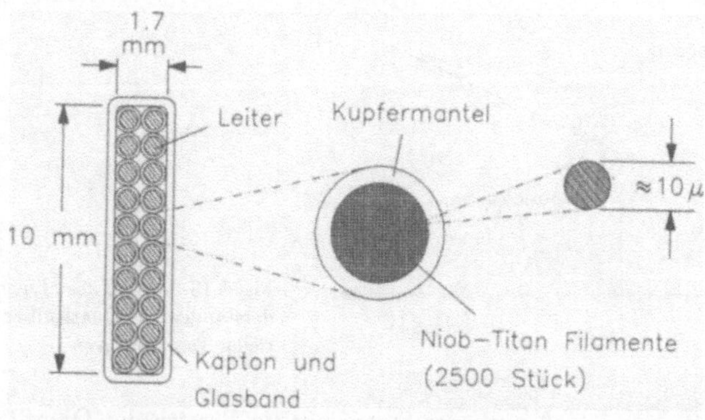

Fig. 3.15 Prinzipieller Aufbau eines Supraleiters aus Niob-Titan

mechanischen Stabilisierung und guten Kühlung mit einem Kupfermantel umgeben. Da Kupfer nicht in den supraleitenden Zustand übergeht, trägt es nicht zur Stomleitung bei, es wirkt quasi als Isolator. Mehrere derartige kupferummantelte Filamentstränge werden dann nocheinmal meist zu einem flachen annähernd rechteckförmigem Kabel zusammengefaßt, das durch Kapton und Glasband zusammengehalten wird. Mit diesen heute industriell gefertigten Kabeln lassen sich routinemäßig bei äußeren Feldern um 6 T und einer Betriebstemperatur von 4.6 K im eigentlichen Supraleiter Stromdichten von $dI/da \approx 1500$ A/mm^2 erreichen. Die effektive Stromdichte eines gesamten Kabelquerschnitts mit Kupferträger und Isolatormaterial liegt natürlich deutlich darunter.

Mit der beschriebenen Technik zur Herstellung von Supraleitern ist es möglich, sehr hohe Ströme durch vergleichsweise dünne Leiter zu schicken und damit in ihrer Umgebung die geforderten hohen Magnetfelder zu erzeugen. Wie wir aber schon bei den konventionellen Magneten im vorangegangenen Kapitel gesehen haben, ist neben dem Betrag der Feldstärke vor allem auch die Feldkonfiguration, d.h. die Erzeugung einer ganz bestimmten räumlichen Verteilung, im Bereich der Strahlbahn wichtig. Es ist daher die Aufgabe zu lösen, durch die räumliche Anordnung einer bestimmten Anzahl von stromdurchflossenen Leitern ohne Einsatz von Magneteisen z.B. ein reines Quadrupolfeld zu erzeugen. Dazu wollen wir zunächst das Feld um einen einzelnen als unendlich dünn angenommenen Leiter berechnen und danach durch Superposition die Feldverteilung vieler in bestimmter Weise angeordneter Leiter angeben.

Bei der Berechnung des statischen Feldes um einen Leiter geht man von den beiden fundamentalen Gleichungen

$$\nabla \vec{B} = 0 \quad \text{und} \quad \nabla \times \vec{B} = \mu_0 \vec{j} \tag{3.53}$$

aus. Das Feld $\vec{B}$ läßt sich bekanntlich durch ein Vektorpotential $\vec{A}$ darstellen in
der Art

$$\vec{B} = \nabla \times \vec{A}, \tag{3.54}$$

da in Einklang mit der ersten Gleichung in (3.53) stets $\nabla(\nabla \times \vec{A}) = 0$ ist. Der
Leiter sei unendlich lang und laufe im Abstand $a = |\vec{a}|$ parallel zur Strahlachse
s (Fig. 3.16). Das Feld $\vec{B}$ soll für einen beliebigen Punkt P in der x-z-Ebene
bestimmt werden, der durch den Ortsvektor $\vec{r}$ festgelegt ist. Q ist der Durch-
trittpunkt des Leiters durch die x-z-Ebene. Der Abstand zwischen dem Leiter
und dem Raumpunkt P wird durch den Vektor $\vec{R} = \vec{a} - \vec{r}$ gegeben. Die Vektoren $\vec{a}$, $\vec{r}$ und $\vec{R}$ liegen alle in der senkrecht zur Strahlachse und zum Leiter
stehenden x-z-Ebene. Im folgenden benötigen wir auch die Beträge dieser Vektoren, die analog mit a, r und R bezeichnet werden. Das Vektorpotential $\vec{A}$

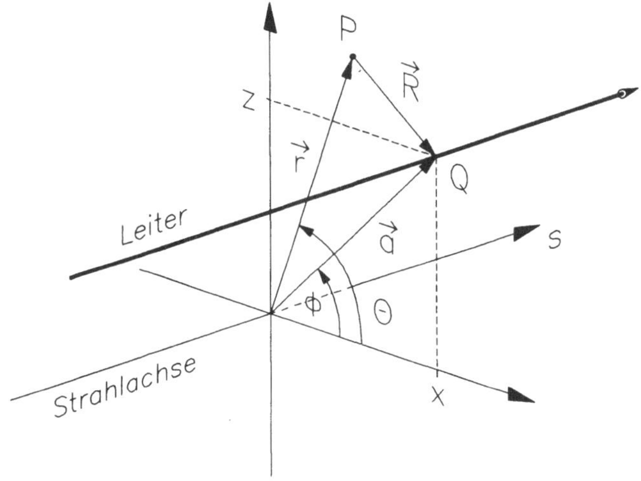

Fig. 3.16 Zur Berechnung des Magnetfeldes um einen parallel zur Strahlachse verlaufenden
unendlich dünnen und unendlich langen Leiters

hat nur eine Komponente in s-Richtung, da die Feldlinien immer senkrecht zur
Strahlachse stehen. Daher erhält man durch Integration der Gleichung (3.54)
nach einigen Umformungen das Vektorpotential um einen geraden vom Strom I
durchflossenen Leiter in der Form

$$\vec{A} = \begin{pmatrix} 0 \\ 0 \\ A_s \end{pmatrix} \quad \text{mit} \quad A_s = \frac{\mu_0 I}{2\pi} \ln R. \tag{3.55}$$

Es muß jetzt ein geeigneter Ausdruck für $\ln R$ gefunden werden. Nach dem Cosinussatz erhält man für die Beträge der Ortsvektoren:

$$R^2 = a^2 + r^2 - 2ar\cos(\Phi - \Theta) = a^2\left[1 + \frac{r^2}{a^2} - 2\frac{r}{a}\cos(\Phi - \Theta)\right]. \qquad (3.56)$$

Mit Hilfe der Beziehung $\cos x = \cosh(ix) = \frac{1}{2}(e^{ix} + e^{-ix})$ kann man diesen Ausdruck umformen und erhält

$$R = a\sqrt{1 - \frac{r}{a}e^{i(\Phi-\Theta)}}\sqrt{1 - \frac{r}{a}e^{-(\Phi-\Theta)}}. \qquad (3.57)$$

Der Logarithmus dieser Gleichung ist

$$\ln R = \ln a + \frac{1}{2}\ln\left(1 - \frac{r}{a}e^{i(\Phi-\Theta)}\right) + \frac{1}{2}\ln\left(1 - \frac{r}{a}e^{-i(\Phi-\Theta)}\right). \qquad (3.58)$$

Es ist zur späteren Berechnung der Multipole zweckmäßig, den Logarithmus auf folgende Weise zu entwickeln:

$$\ln(1 - z) = -\sum_{n=1}^{\infty}\frac{z^n}{n}. \qquad (3.59)$$

Das ergibt

$$\begin{aligned}
\ln R &= \ln a - \frac{1}{2}\sum_{n=1}^{\infty}\frac{1}{n}\left(\frac{r}{a}e^{i(\Phi-\Theta)}\right)^n - \frac{1}{2}\sum_{n=1}^{\infty}\frac{1}{n}\left(\frac{r}{a}e^{-i(\Phi-\Theta)}\right)^n \\
&= \ln a - \frac{1}{2}\sum_{n=1}^{\infty}\frac{1}{n}\left(\frac{r}{a}\right)^n\left(e^{in(\Phi-\Theta)} + e^{-in(\Phi-\Theta)}\right) \qquad (3.60) \\
&= \ln a - \sum_{n=1}^{\infty}\frac{1}{n}\left(\frac{r}{a}\right)^n\cos\left[n(\Phi - \Theta)\right].
\end{aligned}$$

Setzt man das in (3.55) ein, erhält man schließlich das gesuchte Vektorpotential in Zylinderkoordinaten

$$A_s(r,\Theta) = \frac{\mu_0 I}{2\pi}\sum_{n=1}^{\infty}\frac{1}{n}\left(\frac{r}{a}\right)^n\cos\left[n(\Phi - \Theta)\right]. \qquad (3.61)$$

Der konstante Term $\ln a$ ist dabei weggelassen worden, da er zum Feld nicht beiträgt. Zur Berechnung einer Feldkonfiguration, die durch eine große Zahl von räumlich verteilten Leitern erzeugt wird, betrachten wir einen leitenden Zylinder, auf dem der Strom paralell zur Achse verläuft. Diese Achse fällt mit der Strahlachse zusammen (Fig. 3.17). Der auf dem Zylindermantel fließende Strom soll dabei folgende azimuthale Winkelverteilung haben:

$$dI(\Phi) = I_0\cos(m\Phi)\,d\Phi \qquad\qquad m = 1, 2, 3, \ldots \qquad (3.62)$$

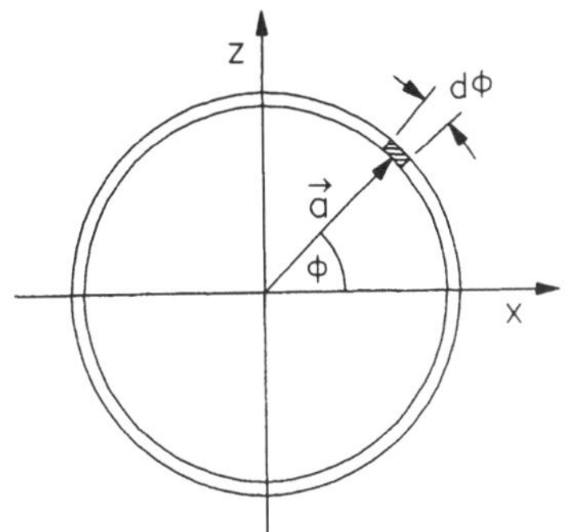

Fig. 3.17 Strom entlang eines leitenden Zylinders mit einer vom Azimuthwinkel Φ abhängenden Stärke

Setzt man diese Stromverteilung in (3.61) ein und integriert über alle Stromfäden dI, so ergibt sich

$$A_s(r,\Theta) \;=\; \frac{\mu_0 I_0}{2\pi} \sum_{n=1}^{\infty} \frac{1}{n} \left(\frac{r}{a}\right)^n \int\limits_0^{2\pi} \cos\big[n(\Phi-\Theta)\big]\cos(m\Phi)d\Phi. \qquad (3.63)$$

Zur Berechnung des Integrals wendet man die Summenregel für trigonometrische Funktionen an und bedenkt, daß $\int_0^{2\pi}\sin(n\Phi)\cos(m\Phi)d\Phi = 0$ und außerdem $\int_0^{2\pi}\cos(n\Phi)\cos(m\Phi)d\Phi = \pi$ wenn $n = m$ und sonst $= 0$. Dann erhält man

$$A_s(r,\Theta) \;=\; \frac{\mu_0 I_0}{2}\frac{1}{m}\left(\frac{r}{a}\right)^m \cos(m\Theta). \qquad (3.64)$$

Hierbei handelt es sich um eine exakte Lösung, da keinerlei Näherungen vorgenommen wurden. Daraus kann sofort mit Hilfe der Beziehung (3.54) das Feld in Polarkoordinaten berechnet werden:

$$\vec{B}(r,\Theta) \;=\; \nabla\times\vec{A} \;=\; \left(\frac{1}{r}\frac{\partial A_s}{\partial\Theta}\,,\; -\frac{\partial A_s}{\partial r}\right)$$

$$=\; -\frac{\mu_0 I_0}{2a}\left(\frac{r}{a}\right)^{m-1}\Big(\sin(m\Theta)\,,\;\cos(m\Theta)\Big). \qquad (3.65)$$

Um diesen Feldverlauf zu diskutieren, brauchen wir ihn z.B. nur entlang der x-Achse zu kennen, da er dadurch auch im gesamten Raum eindeutig bestimmt ist. Wir müssen also für $z \equiv 0$ die Komponente $B_z(x)$ angeben. Das ist sehr einfach wenn man $\Theta = 0$ setzt, dann geht r in x über und die einzige nicht verschwindenden Feldkomponente ist B_z, also

$$B_z(x) = -\frac{\mu_0 I_0}{2a^m}\,x^{m-1}. \qquad (3.66)$$

Tabelle 3.2 Die durch azimuthale Stromverteilung auf einem leitenden Zylinder erzeugten Multipole

Index	Feldverlauf	Multipol
$m = 1$	$B_z = -\dfrac{\mu_0 I_0}{2a} = \text{const.}$	Dipol
$m = 2$	$B_z = -\dfrac{\mu_0 I_0}{2a^2}x$	Quadrupol
$m = 3$	$B_z = -\dfrac{\mu_0 I_0}{2a^3}x^2$	Sextupol
u.s.w.		

Mit der Wahl des Index m kann der Multipol festgelegt werden, wie man aus Tabelle 3.2 ersieht.

Allgemein hat man also einem Feldverlauf $B_z \propto x^{m-1}$ und damit einen $2m$-Pol. Man brauchte also zur praktischen Realisierung Stromschalen, die bei konstanter Stromdichte eine azimuthale Leiterdicke haben, die wie $\propto \cos(m\Phi)$ verläuft. Das ist für den Fall eines Dipols auf dem linken Bild in Fig. 3.18 skizziert. Derartige ideale Stromschalen lassen sich aber mit den verfügbaren Supraleitern nicht aufbauen, deshalb muß die $\cos(m\Phi)$-Abhängigkeit angenähert werden, wie es das rechte Bild zeigt. Im Bereich der Leiter ergeben sich dadurch natürlich Abweichungen vom reinen Dipolfeld, im Bereich des Strahls haben sich diese Fehler aber weitgehend ausgeglichen.

Durch derartige Leiteranordnungen kann man Dipol-, Quadrupol- und Sextupolmagnete bauen, die wegen der Supraleitung erheblich höhere Feldstärken zulassen, als bei der konventionellen Technik der Eisenmagnete. Supraleitende Magnete sind aber sehr viel aufwendiger, da sie komplett in einen Kryostaten eingebaut werden müssen, um die Abkühlung auf die Arbeitstemperatur von 4.6 K mit flüssigem Helium zu erreichen. Dabei stellen die Stromzuleitungen und die mechanischen Halterungen ein Problem dar, da sie als Wärmebrücken wirken. Eine weitere Schwierigkeit ergibt sich aus den durch die starken Magnetfelder hervorgerufenen sehr hohen Kräften zwischen den Leitern, die bis zu 100 t/m betragen kann. Außerdem muß dafür Sorge getragen werden, daß im Falle eines Quenches die gesamte Spule schlagartig aufgewärmt und damit in den Zustand der Normalleitung versetzt wird. Auf diese Weise wird die im Magneten gespeicherte und·in Wärme umgesetzte Energie nicht nur an der Stelle des Quenches konzentriert, was unweigerlich die Spule zerstören würde, sondern gleichmäßig über die gesamte Spule verteilt. Wegen des hohen technischen Aufwandes und

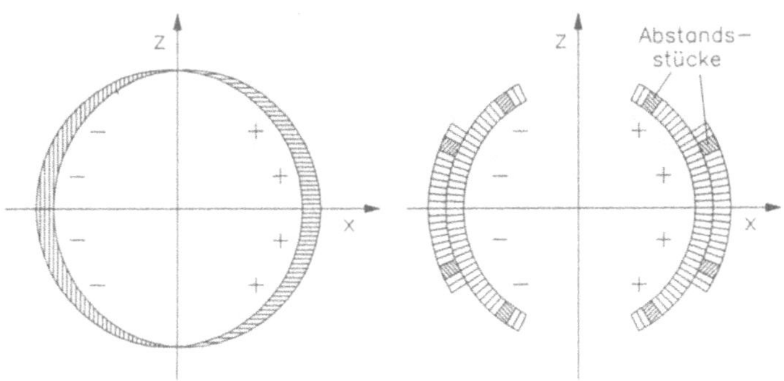

Fig. 3.18 Erzeugung eines reinen Dipolfeldes aus einzelnen Stromleitern, die eine zu $\cos(m\Phi)$ proportionale Stromverteilung haben

der Problematik beim Betrieb werden supraleitende Magnete nur dort eingesetzt, wo wirklich extrem hohe Felder erforderlich sind. Im Zweifelsfall sollte der konventionellen Technik aus Gründen der Kosten und der Zuverlässigkeit der Vorzug gegeben werden.

3.4 Teilchenbahnen und Transformationsmatrizen

Die physikalischen und technischen Möglichkeiten, bestimmte Multipolstärken $1/R$, k, m, usw. im Bereich des Strahls zu erzeugen, wurden im vorangegangenen Kapitel erläutert. Nun wollen wir uns der Lösung der Bahngleichungen (3.21) zuwenden. Da es, wie wir gesehen haben, bei Dipol- und Quadrupolmagneten keine Koppelung zwischen der horizontalen und der vertikalen Teilchenbewegung gibt, genügt es, nur eine Ebene zu betrachten. Wir wählen dazu die horizontale Ebene d.h. die x-s-Ebene aus.

Zur weiteren Vereinfachung sei angenommen, daß die Felder am Anfang eines Magneten abrupt beginnen und am Ende ebenso abrupt aufhören. Innerhalb der Magnete seien die Felder entlang der Strahlachse konstant, d.h. hier haben $1/R$ und k konstante, von der s-Koordinate unabhängige Werte. Die Annahme derartig rechteckförmig verlaufender Felder liefert Ergebnisse, die sehr gut mit Messungen in der Praxis übereinstimmen. Daher ist dieses *Rechteckmodell* eine sehr gute Näherung zur Berechnung der Strahloptik komplexer Magnetstrukturen. Ferner wollen wir zunächst voraussetzten, daß alle Teilchen Sollenergie haben, also $\Delta p/p = 0$. Mit diesen Annahmen kann man die Bahngleichung stückweise jeweils innerhalb eines Magneten oder auch innerhalb einer feldfreien sogenannten *Driftstrecke* lösen.

Prinzipiell ist es möglich, verschiedene Multipole in einem Magneten zu überlagern. Das ist z.B. bei den klassischen Synchrotrons der Fall, bei denen ein ablenkendes Dipolfeld und ein fokussierendes Quadrupolfeld kombiniert werden (*Combined Function*). Dieses sehr einfache und auch kostengünstige Verfahren hat aber den Nachteil, daß Biegeradius R und Quadrupolstärke k starr miteinander gekoppelt sind, die Magnetstruktur erlaubt praktisch nur eine fest eingestellte Fokussierung. Diese Einschränkung ist vor allem bei modernen Speicherringen nicht akzeptabel. Daher werden hier die Funktionen der Strahlablenkung und der Fokussierung in verschiedene Magnete getrennt (*Separated Function*). Wir wollen daher im Folgenden aus Gründen der Klarheit ebenfalls die einzelnen Funktionen getrennt betrachten.

Wir beginnen mit der Lösung der Teilchenbahn in einem Quadrupol, der nur durch die Stärke k und seine Länge l bestimmt ist. Eine Bahnablenkung gibt es nicht ($1/R = 0$). Damit vereinfacht sich die Bahngleichung (3.21) auf

$$x''(s) - kx(s) = 0 \qquad\qquad (k = \text{const.}). \qquad (3.67)$$

Diese lineare und homogene Differentialgleichung zweiter Ordnung hat die Form einer normalen Schwingungsgleichung und ist direkt analytisch lösbar.

Wählt man einen horizontal *defokussierenden* Magneten mit $k > 0$, dann erhält man die Lösung

$$\begin{aligned}
x(s) &= A\cosh\sqrt{k}s + B\sinh\sqrt{k}s \\
x'(s) &= \sqrt{k}A\sinh\sqrt{k}s + \sqrt{k}B\cosh\sqrt{k}s
\end{aligned} \qquad (3.68)$$

Die Integrationskonstanten A und B werden in bekannter Weise durch die Anfangsbedingungen festgelegt. Dazu nehmen wir an, daß am Anfang des Magneten bei $s = 0$ die Teilchenbahn die Ablage x_0 und die Neigung x_0' in Bezug auf den Orbit hat. Hier wird also die Bahn durch den Bahnvektor

$$\vec{X}_0 = \begin{pmatrix} x_0 \\ x_0' \end{pmatrix} = \begin{pmatrix} x(0) \\ x'(0) \end{pmatrix} \qquad (3.69)$$

festgelegt. Setzt man diese Anfangsbedingungen in die Lösung (3.68) ein, folgt schließlich

$$\begin{aligned}
x(s) &= x_0\cosh\sqrt{k}s + \frac{x_0'}{\sqrt{k}}\sinh\sqrt{k}s \\
x'(s) &= x_0\sqrt{k}\sinh\sqrt{k}s + x_0'\cosh\sqrt{k}s
\end{aligned} \qquad (3.70)$$

Diese Gleichungen, die die Transformation des Bahnvektors vom Anfang eines Magneten bis zu einer Stelle s innerhalb desselben Magneten angeben, kann man auch eleganter in Matrizenform schreiben:

$$\begin{pmatrix} x(s) \\ x'(s) \end{pmatrix} = \begin{pmatrix} \cosh\Omega & \dfrac{1}{\sqrt{k}}\sinh\Omega \\ \sqrt{k}\,\sinh\Omega & \cosh\Omega \end{pmatrix} \begin{pmatrix} x_0 \\ x'_0 \end{pmatrix} \qquad \text{mit} \qquad \Omega = \sqrt{k}\,s. \quad (3.71)$$

In ganz analoger Weise wird die Gleichung (3.67) für horizontal fokussierende Quadrupole mit $k < 0$ und auch für die feldfreien Driftstrecken mit $k = 0$ gelöst. Man erhält dann je nach Wahl von k die folgenden Transformationsmatrizen, wobei wieder $\Omega = \sqrt{|k|}\,s$:

$$\mathbf{M} = \begin{cases} \begin{pmatrix} \cos\Omega & \dfrac{1}{\sqrt{|k|}}\sin\Omega \\ -\sqrt{|k|}\,\sin\Omega & \cos\Omega \end{pmatrix} & \text{wenn } k < 0 \quad \text{(fokuss.)} \\[4ex] \begin{pmatrix} 1 & s \\ 0 & 1 \end{pmatrix} & \text{wenn } k = 0 \quad \text{(Driftstr.)} \\[4ex] \begin{pmatrix} \cosh\Omega & \dfrac{1}{\sqrt{k}}\sinh\Omega \\ \sqrt{k}\,\sinh\Omega & \cosh\Omega \end{pmatrix} & \text{wenn } k > 0 \quad \text{(defokuss.)} \end{cases} \quad (3.72)$$

Berechnet man die Determinanten dieser Matrizen, so erhält man in allen Fällen

$$\det \mathbf{M} = 1. \quad (3.73)$$

Das gilt ganz generell für alle Transformationsmatrizen der linearen Strahloptik.

Wir wollen uns nun der Berechnung der Teilchenbahn in einem Dipolmagneten mit konstantem Biegeradius R zuwenden. Dabei wird vorausgesetzt, daß der Magnet keinen Gradienten besitzt, also $k = 0$. In diesem Fall folgt sofort aus (3.21), daß man in Gleichung (3.67) nur $-k$ durch $1/R^2$ ersetzen muß, um die Funktion der Teilchenbahn $x(s)$ in derselben Weise wie beim Quadrupol zu berechnen. Die Transformationsmatrix ist in diesem Falle

$$\mathbf{M}_{\text{Dipol}} = \begin{pmatrix} \cos\dfrac{s}{R} & R\sin\dfrac{s}{R} \\ -\dfrac{1}{R}\sin\dfrac{s}{R} & \cos\dfrac{s}{R} \end{pmatrix}. \quad (3.74)$$

Vergleicht man diese Matrix mit der ersten in (3.72), sieht man sofort, daß sie eine Strahlfokussierung beschreibt. Das mag zunächst überraschen, da der Dipol keinen fokussierenden Feldgradienten hat. Zur Erläuterung dieses Phänomens betrachten wir den Bahnverlauf innerhalb eines Magneten mit einer Gesamtablenkung von 180°, wie er in Fig. 3.19 gezeigt ist. Alle Teilchenbahnen sind in

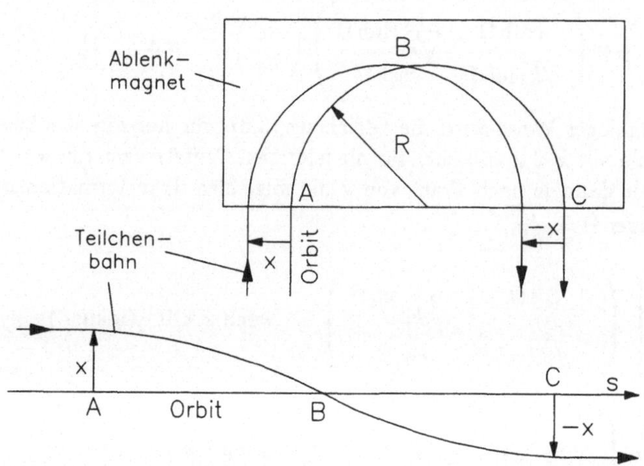

Fig. 3.19 Prinzip der "schwachen Fokussierung" in einem homogenen Dipolmagneten

diesem Magneten Halbkreise mit demselben Radius R. Beim Eintritt in den Magneten (Punkt A) verlaufe die Teilchenbahn außerhalb des gekrümmten Orbits im Abstand $+x$. Im weiteren Verlauf nähert sich die Teilchenbahn dem Orbit und kreuzt ihn bei Punkt B. Anschließend verläuft sie innerhalb des Orbits und verläßt den Magneten bei Punkt C im Abstand $-x$. Wenn man den Bahnverlauf entlang des gestreckt angenommenen Orbits aufträgt, sieht man anschaulich, daß die Teilchenbahn stets zum Orbit hin gebogen wird, mit anderen Worten, sie wird fokussiert. Im Vergleich zu speziellen Quadrupolen ist aber im allgemeinen $1/R^2 \ll k$ und daher ist auch die fokussierende Wirkung relativ schwach. Aus diesem Grunde wird die nur durch Dipolmagnete hervorgerufene Fokussierung auch als *schwache Fokussierung* bezeichnet.

In der vertikalen Ebene, die keine Ablenkung aufweist, gibt es somit auch keine Fokussierung im Dipol. Hier verlaufen die Teilchen genauso, wie in einer feldfreien Driftstrecke. Zur vertikalen Bahntransformation verwendet man daher die schon in (3.72) angegebene Matrix für $k = 0$. Um bei schwach fokussierenden Beschleunigern, wie z.B. einem Synchrozyklotron, gleichzeitig eine Fokussierung in beiden Ebenen zu erhalten, kann man durch einen schwachen Gradienten im Feld des Ablenkmagneten einen Teil der schwachen Fokussierung von der horizontalen Ebene in die vertikale umverteilen. Dazu gehen wir für Teilchen mit Sollenergie ($\Delta p/p = 0$) von den aus (3.21) folgenden Bewegungsgleichungen

$$x'' + \left(\frac{1}{R^2} - k\right) x \; = \; 0$$

$$z'' + kz \; = \; 0 \tag{3.75}$$

aus. Wir definieren jetzt den *Feldindex*

$$n := R^2\, k \qquad \text{mit} \qquad 0 < n < 1. \tag{3.76}$$

Dann kann man in (3.75) sofort $1/R^2$ ersetzen durch $k/n > 0$, d.h. es wird ein Gradient gewählt, der horizontal defokussiert und vertikal fokussiert. Die erste Gleichung in (3.75) wird damit

$$x'' + \left(\frac{k}{n} - k\right) x = x'' + \frac{1-n}{n}\, k\, x = 0. \tag{3.77}$$

Wegen der Wahl von n — im allgemeinen ist $n \approx 0.5$ — ist $(1-n)/n > 0$. Daher haben wir auch in der horizontalen Ebene eine Strahlfokussierung. Dieses sehr einfache Prinzip, gleichzeitig in beiden Ebenen zu fokussieren, wird heute nur noch sehr wenig verwendet, da seine Wirkung relativ schwach ist.

Bei der Behandlung des Ablenkmagneten haben wir vorausgesetzt, daß sein Feld an einer bestimmten Stelle der Bahn abrupt beginnt und an einer anderen Stelle ebenso abrupt endet. Das gilt auch für den Feldverlauf außerhalb des Orbits, d.h. in der gesamten x-z-Ebene beginnt und endet das Feld gleichzeitig. Die Stirnflächen der Ablenkmagnete stehen also senkrecht auf dem Orbit. Das führt wegen der Krümmung der Bahn zu den sogenannten *Sektormagneten*, wie sie Fig. 3.20 zeigt.

Wegen der einfacheren Fertigung werden heute vielfach *Rechteckmagnete* verwendet, die aus einem Sektormagneten hervorgehen, wenn man die Stirnflächen um einen Winken Ψ um die senkrechte Achse (z-Achse) dreht. Die Konvention des Vorzeichens wird so festgelegt, daß der Übergang vom Sektormagneten zum Rechteckmagneten einen positiven Drehwinkel erfordert (Fig. 3.20). Durch diese Drehung bleibt natürlich die Krümmung des Orbits im Dipol unverändert, die Teilchen treten aber jetzt unter einem Winkel durch die Stirnfläche. Das bewirkt ebenfalls eine besondere Art von Fokussierung, die als *Kantenfokussierung* bezeichnet wird. Ihre Wirkung kann an der rechten Skizze in Fig. 3.20 erläutert werden. Dazu nehmen wir ein Teilchen an, das im Bereich des Endfeldes in einem Abstand x_0 parallel zum Orbit fliegt. Im Vergleich zum Sektormagneten, der keine Kantenfokussierung hat, ist in diesem Fall die Bahn im Magneten um

$$\Delta l = x_0\, \tan\Psi \tag{3.78}$$

kürzer, als beim Sektormagneten. Daher wird das Teilchen um den kleinen Winkel

$$\Delta\alpha = \frac{\Delta l}{R} = x_0 \frac{\tan\Psi}{R} \tag{3.79}$$

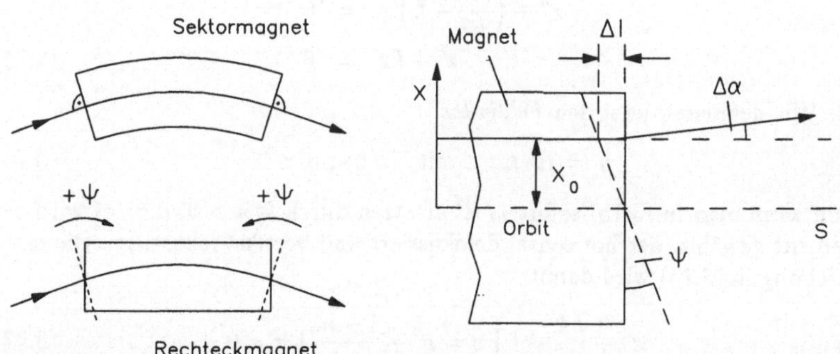

Fig. 3.20 Kantenfokussierung durch Drehung der Stirnfläche eines Dipolmagneten um die senkrechte Achse

weniger abgelenkt, was einer horizontalen Defokussierung entspricht. Zur Vereinfachung kann man das Endfeld als eine unendlich dünne Linse auffassen, da Δl im allgemeinen eine sehr kleine Strecke ist. Das Teilchen wird daher beim Passieren des Endfeldes die transversale Position x_0 erhalten, nur der Winkel der Bahn ist vor und hinter dem Endfeld verschieden, also ist die Bahntransformation

$$x = x_0$$
$$x' = x_0' + x_0 \frac{\tan \Psi}{R}. \tag{3.80}$$

Diese Transformation kann wieder in Matrizenform geschrieben werden, nämlich

$$\mathbf{M}_{\text{Kante}} = \begin{pmatrix} 1 & 0 \\ \dfrac{\tan \Psi}{R} & 1 \end{pmatrix}. \tag{3.81}$$

Es soll jetzt noch kurz diskutiert werden, welche Wirkung die Kantenfokussierung auf die vertikale Teilchenbewegung hat. Dabei muß man bedenken, daß im Endfeld die Feldlinien nach außen drängen, wie es z.B. in Fig. 3.8 gezeigt ist. Es ergeben sich daher in diesem Bereich Feldkomponenten, die senkrecht auf der Stirnfläche stehen. Auf dem Orbit verschwinden diese Komponenten aus Symmetriegründen, oberhalb oder unterhalb der Orbitebene nehmen sie aber endliche Werte mit verschiedenen Vorzeichen an. Im Falle eines reinen Sektormagneten sind diese Feldkomponenten parallel zur s-Achse und spielen daher bei der Teilchenbewegung praktisch keine Rolle. Das ändert sich aber, wenn die Stirnfläche um einen Winkel Ψ gedreht ist. Dann haben die gerade betrachteten Endfeldkomponenten ebenfalls den Winkel Ψ gegen die s-Achse. Daher kann man sie in eine s- und eine x-Komponente aufspalten. Diese x-Komponente, die mit dem Drehwinkel wächst, bewirkt eine vertikale Fokussierung, die in guter Näherung durch die Transformationsmatrix

$$\mathbf{M}_{\mathrm{Kante}} = \begin{pmatrix} 1 & 0 \\ -\dfrac{\tan\Psi}{R} & 1 \end{pmatrix}. \tag{3.82}$$

beschrieben werden kann. Der Vergleich mit (3.81) zeigt, daß die Drehung der Stirnfläche eines Ablenkmagneten um einen Winkel $+\Psi$ horizontal eine Defokussierung und vertikal eine Fokussierung bewirkt.

Ein Teilchen bewegt sich im allgemeinen Fall beim Durchlauf durch eine Magnetstruktur immer sowohl in der x-s- wie der z-s-Ebene. Daher ist zur vollständigen Beschreibung der Teilchenbahn die Angabe des vierdimensionalen Bahnvektors

$$\vec{X} = \begin{pmatrix} x \\ x' \\ z \\ z' \end{pmatrix} \tag{3.83}$$

erforderlich. Zur Teilchentransformation benötigt man daher mindestens eine 4×4-Matrix. Aus dem Vorangegangen kann man diese Matrizen sofort entwickeln. Sie sollen zusammenfassend hier aufgelistet werden. Dabei gilt wieder $\Omega = \sqrt{|k|}\, s$.

1. horizontal fokussierender Quadrupol ($k < 0$):

$$\mathbf{M}_{\mathrm{QF}} = \begin{pmatrix} \cos\Omega & \dfrac{1}{\sqrt{|k|}}\sin\Omega & 0 & 0 \\[2mm] -\sqrt{|x|}\sin\Omega & \cos\Omega & 0 & 0 \\[2mm] 0 & 0 & \cosh\Omega & \dfrac{1}{\sqrt{|k|}}\sinh\Omega \\[2mm] 0 & 0 & \sqrt{|k|}\sinh\Omega & \cosh\Omega \end{pmatrix} \tag{3.84}$$

2. vertikal fokussierender Quadrupol ($k > 0$):

$$\mathbf{M}_{\mathrm{QD}} = \begin{pmatrix} \cosh\Omega & \dfrac{1}{\sqrt{k}}\sinh\Omega & 0 & 0 \\[2mm] \sqrt{x}\sinh\Omega & \cosh\Omega & 0 & 0 \\[2mm] 0 & 0 & \cos\Omega & \dfrac{1}{\sqrt{k}}\sin\Omega \\[2mm] 0 & 0 & -\sqrt{k}\sin\Omega & \cos\Omega \end{pmatrix} \tag{3.85}$$

3. Feldfreie Driftstrecke ($k = 0$):

$$
\mathbf{M}_{\mathrm{Drift}} = \begin{pmatrix} 1 & s & 0 & 0 \\ 0 & 1 & 0 & 0 \\ 0 & 0 & 1 & s \\ 0 & 0 & 0 & 1 \end{pmatrix}
\tag{3.86}
$$

4. Dipolmagnet ($k = 0, R > 0$):

$$
\mathbf{M}_{\mathrm{Dipol}} = \begin{pmatrix} \cos\dfrac{s}{R} & R\sin\dfrac{s}{R} & 0 & 0 \\ -\dfrac{1}{R}\sin\dfrac{s}{R} & \cos\dfrac{s}{R} & 0 & 0 \\ 0 & 0 & 1 & s \\ 0 & 0 & 0 & 1 \end{pmatrix}
\tag{3.87}
$$

5. Kantenfokussierung:

$$
\mathbf{M}_{\mathrm{Kante}} = \begin{pmatrix} 1 & 0 & 0 & 0 \\ \dfrac{\tan\Psi}{R} & 1 & 0 & 0 \\ 0 & 0 & 1 & 0 \\ 0 & 0 & -\dfrac{\tan\Psi}{R} & 1 \end{pmatrix}
\tag{3.88}
$$

3.5   Teilchenbahnen durch ein System aus vielen Magneten

Bisher wurde jeweils nur die Teilchenbahn innerhalb eines Strahlführungselements betrachtet, dessen Feld entlang des Orbits konstant bleibt. Mit Hilfe der Transformationsmatrizen (3.84) bis (3.88) ist es dann möglich, den Bahnvektor $\vec{X}_0$ vom Anfang des Elements bis an sein Ende zu transformieren in der Art

$$
\vec{X}_{\mathrm{E}} = \mathbf{M}\,\vec{X}_0.
\tag{3.89}
$$

Wenn man nun den so transformierten Bahnvektor $\vec{X}_{\mathrm{E}}$ am Elementende als Startvektor für das nächste unmittelbar folgende Element auffaßt, kann man die Teilchenbahn durch eine beliebige Anzahl von Elementen durch sukzessive Matrizenmultiplikation erhalten. Das sei am Beispiel einer Anordnung aus vier Quadrupolen verdeutlicht, die durch feldfreie Driftstrecken voneinander getrennt sind. Diese Anordnung ist in Fig. 3.21 skizziert.

Am Anfang ($s = 0$) startet die Bahn mit der Bahnvektor $\vec{X}_0 = \{x_0, x_0'\}$, und durchläuft die Driftstrecke D1. An dieser Stelle wird der Bahnvektor durch eine

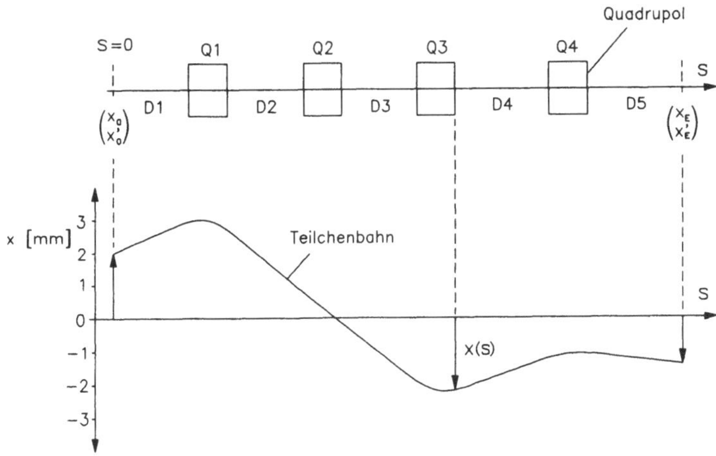

Fig. 3.21 Berechnung der Teilchenbahn durch eine Struktur aus vielen Strahlführungselementen

Transformationsmatrix M_{D1} der Art (3.86) gewonnen, bei der $s = l$ die Länge der ersten Driftstrecke angibt. Der nächste Bahnabschnitt durch den fokussierenden Quadrupol Q1 wird mit Hilfe der Matrix M_{Q1} nach (3.84) berechnet, die durch die Magnetlänge und die Quadrupolstärke eindeutig bestimmt ist. Dann folgt wieder eine Driftstrecke usw. Der Bahnvektor am Ende dieser Magnetanordnung ergibt sich durch die Folge von Matrizenmultiplikationen

$$\vec{X}_E = \mathbf{M}_{D5} \cdot \mathbf{M}_{Q4} \cdot \mathbf{M}_{D4} \cdot \mathbf{M}_{Q3} \cdot \mathbf{M}_{D3} \cdot \mathbf{M}_{Q2} \cdot \mathbf{M}_{D2} \cdot \mathbf{M}_{Q1} \cdot \mathbf{M}_{D1} \cdot \vec{X}_0. \qquad (3.90)$$

Vor allem bei relativ langen Elementen ist es gelegentlich erforderlich, auch innerhalb des Elements den Bahnvektor anzugeben. In diesem Falle empfiehlt es sich, das Element in mehrere kürzere identische Teilelemente zu zerlegen und diese durch separate Matrizen zu repräsentieren. Auf diese Weise kommt es bei der Verfolgung der Teilchenbahn in langen Strahltransportwegen zu einer großen Zahl von Einzelmatrizen, die einige hundert oder sogar über tausend erreichen kann. Hier ist der Einsatz eines Computers unumgänglich. Der Matrizenformalismus erweist sich dabei als besonders effektiv.

Wir wollen jetzt dieses Prinzip der Matrizentransformation zur Berechnung der Transformationsmatrix eines Rechteckmagneten heranziehen. Wie in Fig. 3.20 gezeigt, kann man sich den Rechteckmagneten dadurch erzeugen, daß man von einem Sektormagneten ausgeht, und an beiden Enden die Kantenfokussierung hinzufügt. Dann erhält man die Matrix des Rechteckmagneten durch die Matrixoperation

$$\mathbf{M}_{\text{Rechteck}} = \mathbf{M}_{\text{Kante}} \cdot \mathbf{M}_{\text{Dipol}} \cdot \mathbf{M}_{\text{Kante}}. \qquad (3.91)$$

Die Teilmatrizen für den Sektormagneten und die Kantenfokussierung sind in (3.87) und (3.88) angegeben. Der Ablenkwinkel des Dipols wird durch das Verhältnis von Magnetlänge l zu Biegeradius R bestimmt. Der Winkel Ψ, um den beim Rechteckmagneten die Stirnfläche verdreht wird, ist gerade sein halber Ablenkwinkel, also $\Psi = l/2R$. Zur Vereinfachung wollen wir hierbei ur Ablenkmagnete mit relativ kleinem Ablenkwinkel betrachten, also Magnete mit $l/R \ll 1$. Dann folgt sofort

$$\tan\Psi \approx \Psi = \frac{l}{2R} \quad \text{und} \quad \cos\frac{l}{R} \approx 1 \quad \text{bzw.} \quad \sin\frac{l}{R} \approx \frac{l}{R}. \tag{3.92}$$

Setzt man diese Näherungen in (3.87), bzw. (3.88) ein, so folgt aus (3.91) mit $\kappa = l/2R^2$:

$$\mathbf{M}_{\text{Rechteck}} = \begin{pmatrix} 1 & 0 & 0 & 0 \\ \kappa & 1 & 0 & 0 \\ 0 & 0 & 1 & 0 \\ 0 & 0 & -\kappa & 1 \end{pmatrix} \cdot \begin{pmatrix} 1 & l & 0 & 0 \\ -2\kappa & 1 & 0 & 0 \\ 0 & 0 & 1 & l \\ 0 & 0 & 0 & 1 \end{pmatrix} \cdot \begin{pmatrix} 1 & 0 & 0 & 0 \\ \kappa & 1 & 0 & 0 \\ 0 & 0 & 1 & 0 \\ 0 & 0 & -\kappa & 1 \end{pmatrix} . \tag{3.93}$$

Nach Ausführung der Matrizenmultiplikation werden alle Terme $l^2/2R^2$ vernachlässigt, da diese wegen der Näherung (3.92) erst recht verschwindend klein gegen 1 sind. Dann erhält man schließlich

$$\mathbf{M}_{\text{Rechteck}} = \begin{pmatrix} 1 & l & 0 & 0 \\ 0 & 1 & 0 & 0 \\ 0 & 0 & 1 & l \\ 0 & 0 & -2\kappa & 1 \end{pmatrix} . \tag{3.94}$$

Der Vergleich mit der Matrix des Sektormagneten zeigt, daß beim Rechteckmagneten in der horizontalen Ebene die schwache Fokussierung verschwunden ist, hier verhält sich der Magnet wie eine Driftstrecke. Die schwache Fokussierung ist jetzt in gleicher Stärke in die vertikale Ebene verlagert worden. Man kann also die Wirkung der schwachen Fokussierung durch Drehung der Stirnflächen der Dipole umverteilen.

3.6 Dispersion und Momentum-Compaction-Faktor

Wir wollen nun noch die Bewegung von Teilchen mit Impulsabweichung betrachten, d.h. $\Delta p/p \neq 0$. Nach Gleichung (3.21) hat die Impulsabweichung nur dann eine nennenswerte Wirkung auf die Teilchenbahn, wenn $1/R \neq 0$ ist, wir brauchen die Bewegungsgleichung also nur im Ablenkmagneten zu lösen. Hier nehmen wir wieder ein homogenes Magnetfeld ohne Gradienten an ($k = 0$). Dann folgt aus (3.21)

$$x'' + \frac{1}{R^2}x = \frac{1}{R}\frac{\Delta p}{p}. \tag{3.95}$$

Es hat sich als zweckmäßig erwiesen, eine spezielle Bahn $D(s)$ zu bestimmen mit $\Delta p/p = 1$. Diese spezielle Bahn bezeichnet man als *Dispersionsbahn*. Dann hat (3.95) die Form

$$D''(s) + \frac{1}{R^2}D(s) = \frac{1}{R}. \tag{3.96}$$

Das ist eine inhomogene Differentialgleichung, deren homogene Form bereits bei der Behandling der Teilchenbahn im Ablenkmagneten gelöst wurde. Es muß daher nur noch eine partikuläre Lösung D_p der inhomogenen Gleichung gefunden werden. Da auf der rechten Seite von (3.96) eine Konstante steht, ist

$$D_\mathrm{p} = C = \text{const.} \tag{3.97}$$

ein geeigneter Lösungsansatz. Einsetzen in (3.96) liefert sofort

$$\frac{C}{R^2} = \frac{1}{R} \qquad \longrightarrow \qquad C = R. \tag{3.98}$$

Die allgemeine Lösung der Bahngleichung mit Impulsabweichung ist damit

$$\begin{aligned} D(s) &= A\cos\frac{s}{R} + B\sin\frac{s}{R} + R \\ D'(s) &= -\frac{A}{R}\sin\frac{s}{R} + \frac{B}{R}\cos\frac{s}{R}. \end{aligned} \tag{3.99}$$

Die Integrationskonstanten A und B bestimmt man wieder durch die Anfangsbedingungen bei $s = 0$

$$D(0) = D_0 \qquad \text{und} \qquad D'(0) = D_0'. \tag{3.100}$$

Setzt man diese in (3.99) ein, erhält man

$$A = D_0 - R \qquad \text{und} \qquad B = RD_0'. \tag{3.101}$$

Mit diesem Resultat können wir schließlich die Dispersionsbahn in der Form

$$\begin{aligned} D(s) &= D_0\cos\frac{s}{R} + D_0'R\sin\frac{s}{R} + R\left(1 - \cos\frac{s}{R}\right) \\ D'(s) &= -\frac{D_0}{R}\sin\frac{s}{R} + D_0'\cos\frac{s}{R} + \sin\frac{s}{R} \end{aligned} \tag{3.102}$$

schreiben. Dieses zunächst nur auf die horizontale Ebene beschränkte Gleichungssystem läßt sich nicht mehr durch eine 2×2-Matrix wie in (3.74) angeben. Wir gehen daher zu einer 3×3-Matrix über und erhalten aus (3.102) die

Transformation

$$
\begin{pmatrix} D(s) \\ D'(s) \\ 1 \end{pmatrix} = \begin{pmatrix} \cos\dfrac{s}{R} & R\sin\dfrac{s}{R} & R\left(1-\cos\dfrac{s}{R}\right) \\ -\dfrac{1}{R}\sin\dfrac{s}{R} & \cos\dfrac{s}{R} & \sin\dfrac{s}{R} \\ 0 & 0 & 1 \end{pmatrix} \begin{pmatrix} D_0 \\ D'_0 \\ 1 \end{pmatrix}. \tag{3.103}
$$

An einer Stelle, an der die Dispersion nicht verschwindet, hat ein Teilchen mit Impulsabweichung $\Delta p/p$ die Gesamtablage

$$
x_{\mathrm{g}}(s) = x(s) + x_{\mathrm{D}}(s) = x(s) + D(s)\frac{\Delta p}{p}. \tag{3.104}
$$

Dabei ist $x(s)$ die Ablage, die ein Teilchen mit Sollimpuls hätte, während x_{D} den durch die Impulsabweichung hervorgerufene Anteil liefert. Das Teilchen bewegt sich also jetzt nicht mehr auf dem idealen Orbit, sondern schwingt um eine durch $\Delta p/p$ gegebene Dispersionsbahn. Seine Transformation durch die Magnetstruktur erfordert in der horizontalen Ebene in Analogie zu (3.103) generell 3×3-Matrizen. Um sie zu erhalten, nimmt man hier in guter Näherung an, daß die Fokussierung unabhängig von der Impulsabweichung des Teilchens ist. Diese wird später in Form einer Störungrechnung durch die sogenannte *"Chromatizität"* berücksichtigt (siehe Abschnitt 3.16). Damit erhält man die Teilchenbahn in der horizontalen Ebene durch

$$
\begin{pmatrix} x(s) \\ x'(s) \\ \Delta p/p \end{pmatrix} = \mathbf{M} \cdot \begin{pmatrix} x_0 \\ x'_0 \\ \Delta p/p \end{pmatrix}. \tag{3.105}
$$

$\mathbf{M}$ ist dabei eine 3×3-Matrix, die man für Quadrupole, Driftstrecken und Kantenfokussierung aus den 2×2-Matrizen (3.72) und (3.81) bzw. (3.82) durch Erweiterung in der Art

$$
\mathbf{M} = \begin{pmatrix} a_{1,1} & a_{1,2} & 0 \\ a_{2,1} & a_{2,2} & 0 \\ 0 & 0 & 1 \end{pmatrix} \tag{3.106}
$$

gewinnt. Die $a_{i,k}$ sind die bekannten Elemente der 2×2-Matrizen.

Um wieder die Teilchenbewegung in beiden Ebenen gleichzeitig zu transformieren, muß man zur Berücksichtigung des Teilchenimpulses zu einem fünfdimensionalen Vektor übergehen. Die allgemeine Transformation ist dann

$$
\begin{pmatrix} x(s) \\ x'(s) \\ z(s) \\ z'(s) \\ \Delta p/p \end{pmatrix} = \mathbf{M} \cdot \begin{pmatrix} x_0 \\ x'_0 \\ z_0 \\ z'_0 \\ \Delta p/p \end{pmatrix}. \tag{3.107}
$$

Dabei haben wir wieder für Quadrupole, Driftstrecken und Kantenfokussierung Matrizen der Art

$$\mathbf{M} = \begin{pmatrix} a_{1,1} & a_{1,2} & 0 & 0 & 0 \\ a_{2,1} & a_{2,2} & 0 & 0 & 0 \\ 0 & 0 & a_{3,3} & a_{3,4} & 0 \\ 0 & 0 & a_{4,3} & a_{4,4} & 0 \\ 0 & 0 & 0 & 0 & 1 \end{pmatrix}. \tag{3.108}$$

Für die Bahntransformation durch einen Dipolmagneten in beiden Ebenen folgt aus (3.103) mit $\chi = s/R$

$$\mathbf{M}_{\mathrm{Dipol}} = \begin{pmatrix} \cos\chi & R\sin\chi & 0 & 0 & R(1-\cos\chi) \\ -(1/R)\sin\chi & \cos\chi & 0 & 0 & \sin\chi \\ 0 & 0 & 1 & s & 0 \\ 0 & 0 & 0 & 1 & 0 \\ 0 & 0 & 0 & 0 & 1 \end{pmatrix}. \tag{3.109}$$

Mit diesen 5×5-Matrizen können alle Bahnbewegungen durch eine beliebige Magnetstruktur unter Berücksichtigung einer Impulsabweichung transformiert werden. Daher sind diese Matrizen die wichtigsten Hilfsmittel zur Behandlung der linearen Strahloptik. Wir werden allerdings im folgenden durchaus auch kleinere Teilmatrizen verwenden, vor allem, wenn die Bewegung in nur einer Ebene betrachtet wird.

Wie wir gesehen haben, laufen Teilchen mit Impulsabweichung auf Dispersionsbahnen $x_{\mathrm{D}} = D(s)\Delta p/p$. Diese Bahnen haben im allgemeinen eine andere Länge als der Sollorbit. Daher ist die Bahnlänge eine Funktion des Impulses. Bei Kreisbeschleunigern bewirkt das eine Abhängigkeit der Umlaufzeit von dem Teilchenimpuls. Das spielt bei der longitudinalen Phasenfokussierung der umlaufenden Teilchen eine wichtige Rolle. Das Verhältnis von relativer Bahnlängenänderung $\Delta L/L$ zur relativen Impulsänderung $\Delta p/p$ nennt man den *Momentum-Compaction-Faktor*

$$\alpha = \frac{\Delta L/L}{\Delta p/p}. \tag{3.110}$$

Man kann sich leicht überlegen, daß nur die Ablenkmagnete einen wesentlichen Beitrag zur Bahnlängenänderung liefern. Hier hat ein Teilchen, das im Abstand x vom Orbit fliegt, eine infinitesimale Strecke

$$d\tilde{s} = \frac{R+x}{R}ds \tag{3.111}$$

zurückzulegen, wenn der Ursprung des mitbewegten Koordinatensystems auf dem Orbit das Streckenelement ds zurücklegt. Diese Beziehung folgt direkt aus dem Strahlensatz der Geometrie, wie man an Fig. 3.4 sehen kann. In Quadrupolen ist der Orbit gerade und Bahnlängenänderungen treten nur als Effekte

höherer Ordnung auf, die man hier vernachlässigen kann. Ist die Ablage x in
(3.111) durch Impulsabweichung des Teilchens hervorgerufen, so kann man die
gesamte Bahnlänge schreiben als

$$L = L_0 + \Delta L = \oint \frac{R + x_D}{R} ds = \oint ds + \frac{\Delta p}{p} \oint \frac{D(s)}{R(s)} ds. \qquad (3.112)$$

Es muß hier beachtet werden, daß der Biegeradius $R(s)$ beim Flug durch die
Magnetstruktur vom Ort s abängige Werte annehmen kann. Die Länge des
Sollorbits ist $L_0 = \oint ds$, also ergibt sich als Längenänderung der Bahn

$$\Delta L = \frac{\Delta p}{p} \oint \frac{D(s)}{R(s)} ds. \qquad (3.113)$$

Mit der Definition (3.110) des Momentum-Compaction-Faktors folgt daraus
schließlich

$$\boxed{\alpha = \frac{1}{L_0} \oint \frac{D(s)}{R(s)} ds.} \qquad (3.114)$$

3.7 Betafunktion und Betatronschwingung

Der bisher entwickelte Matrixformalismus erlaubt es zwar, einzelne Teilchenbahnen durch eine beliebige Magnetstruktur auch unter Berücksichtigung einer
Impulsabweichung zu berechnen, gibt aber noch keine Auskunft über die Eigenschaften des Strahls als ein Kollektiv sehr vieler Teilchen. Da diese Frage bei
der Entwicklung einer Strahloptik aber letztlich die entscheidende ist, muß das
Rechenverfahren auf die Behandlung des Gesamtstrahls erweitert werden. Um
das zu erreichen, gehen wir nocheinmal auf die Grundgleichungen (3.21) zurück
und setzen nur noch voraus, daß $1/R = 0$ und $\Delta p/p = 0$. Die Quadrupolstärke
k soll jetzt aber eine Funktion des Ortes s sein. Dann erhalten wir eine Bewegungsgleichung vom *Hill'schen Typ*

$$x''(s) - k(s)\, x(s) \;=\; 0. \qquad (3.115)$$

Die Bahnfunktion $x(s)$ ist im Prinzip eine Schwingung um den Orbit, deren
Amplitude und Phase aber von der Position s auf dem Orbit abhängen. Diese
transversale Schwingung bezeichnet man als *Betatronschwingung*. Daher lösen
wir diese Gleichung mit dem Ansatz

$$x(s) \;=\; A\, u(s)\, \cos[\Psi(s) + \phi]. \qquad (3.116)$$

Der konstante Amplitudenfaktor A und die Phase ϕ sind Integrationskonstanten,
die durch die Anfangsbedingungen festgelegt werden. Setzt man die Lösung

(3.116) und ihre zweite Ableitung in (3.115) ein, erhält man mit $u = u(s)$ und $\Psi = \Psi(s)$

$$A\Big[u'' - u\Psi'^2 - k(s)u\Big]\cos(\Psi + \phi) - A\Big[2u'\Psi' + u\Psi''\Big]\sin(\Psi + \phi) = 0. \qquad (3.117)$$

Da die Phase $\Psi(s)$ an jedem Ort des Orbits andere Werte annimmt und der Amplitudenfaktor $A \neq 0$ ist , kann Gleichung (3.117) nur gelten, wenn

$$u'' - u\Psi'^2 - k(s)u = 0 \qquad (3.118)$$
$$2u'\Psi' + u\Psi'' = 0. \qquad (3.119)$$

Aus (3.119) folgt

$$2\frac{u'}{u} + \frac{\Psi''}{\Psi'} = 0. \qquad (3.120)$$

Diese Gleichung kann diekt integriert werden und man erhält

$$\Psi(s) = \int\limits_0^s \frac{d\sigma}{u^2(\sigma)}. \qquad (3.121)$$

Setzt man dieses Ergebnis in (3.118) ein folgt

$$u'' - \frac{1}{u^3} - k(s)u = 0. \qquad (3.122)$$

Für diese nichtlineare Differentialgleichung gibt es im allgemeinen keine analytische Lösung, ihre Auswertung kann daher nur auf numerischem Wege erfolgen. Das ist aber vor allem bei komplexen Magnetstrukturen mit vielen Einzelelementen ein kaum praktikables Verfahren. Daher soll im folgenden ein Matrixverfahren entwickelt werden, das ähnlich wie bei der Berechnung der Teilchenbahn die gesamte Strahloptik durch Matrizentransformation behandelt. Daher führen wir die *Betafunktion* $\beta(s)$ ein, die auch als *Amplitudenfunktion* bezeichnet wird. Sie wird definiert durch

$$\beta(s) := u^2(s). \qquad (3.123)$$

Außerdem ersetzen wir in (3.116) den Amplitudenfaktor A durch $\sqrt{\varepsilon}$. Die Konstante ε ist die sogenannte *Emittanz*, deren Bedeutung im nächsten Kapitel erläutert wird. Damit schreiben wir schließlich die Lösung der Bahngleichung (3.115) in der Form

$$x(s) = \sqrt{\varepsilon}\sqrt{\beta(s)}\cos[\Psi(s) + \phi] \qquad (3.124)$$

mit

$$\Psi(s) = \int\limits_0^s \frac{d\sigma}{\beta(\sigma)}. \qquad (3.125)$$

Die Teilchen führen in der insgesamt fokussierenden Magnetstruktur also Betatronschwingungen aus, deren ortsabängige Amplitude durch

$$E(s) \;=\; \sqrt{\varepsilon\,\beta(s)} \tag{3.126}$$

beschrieben wird. Die gerade definierte Betafunktion $\beta(s)$ ist dabei von der mit
dem Ort variierenden Strahlfokussierung abhängig. Sie ist ein Maß für den lokalen Strahlquerschnitt, während ε im gesamten Strahltransportsystem unverändert bleibt. Diese Aussage wird im nächsten Kapitel bewiesen. Genaugenommen

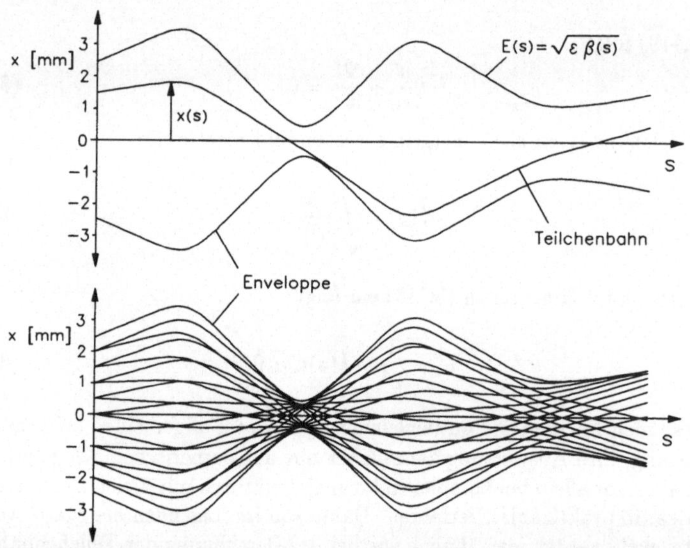

Fig. 3.22 Verlauf der Teilchenbahnen $x(s)$ innerhalb der Enveloppe $E(s)$ des Strahls. Im
oberen Bild ist eine spezielle Bahn gezeigt, während das untere Bild gleichzeitig den Verlauf
von 18 verschieden Bahnen enthält. Die Gesamtheit aller Einzelbahnen bildet den Strahl.

führen die Teilchen transversale Bewegungen um den Orbit aus, wobei die durch
die Relation (3.126) definierte *Enveloppe* $E(s)$ die äußere Grenze der Bewegung
markiert. Da alle Teilchenbahnen innerhalb dieser Grenze liegen, ist durch sie
die transversale Strahldimension festgelegt. Das ist in Fig. 3.22 skizziert. Hier
erkennt man die wichtige Bedeutung der Betafunktion $\beta(s)$. Wenn es gelingt,
$\beta(s)$ ähnlich wie die Teilchenbahn $x(s)$ stückweise durch die Magnetstruktur zu
transformieren, kann man bei gegebener Emittanz ε die Strahldimension an jedem Ort s angeben.

Aus (3.124) berechnen wir noch die erste Ableitung der Bahnfunktion $x(s)$, die wir im folgenden einigemale benötigen werden. Wir schreiben sie in der Form

$$x'(s) \;=\; -\,\frac{\sqrt{\varepsilon}}{\sqrt{\beta(s)}}\Big[\alpha(s)\cos\big(\Psi(s)+\phi\big)+\sin\big(\Psi(s)+\phi\big)\Big] \tag{3.127}$$

mit

$$\alpha(s) \;:=\; -\frac{\beta'(s)}{2}. \tag{3.128}$$

Diese optische Funktion darf nicht mit dem Momentum-Compaction-Faktor verwechselt werden, der aus historischen Gründen auch mit α bezeichnet wird. Mit den Funktionen $\beta(s)$, $\alpha(s)$ und der Dispersion $D(s)$ und ihrer Steigung $D'(s)$ ist in einer Ebene die lineare Strahloptik vollständig beschrieben. Dazu gehört auch noch die nach (3.125) aus der Betafunktion berechnete Phase $\Psi(s)$ der Betatronschwingung.

3.8 Phasenellipse und Liouville'scher Satz

Wie im vorangegangenen Kapitel gezeigt wurde, hat die allgemeine Lösung der Bahngleichung die Form

$$x(s) \;=\; \sqrt{\varepsilon}\sqrt{\beta(s)}\cos\big(\Psi(s)+\phi\big) \tag{3.129}$$

$$x'(s) \;=\; -\frac{\sqrt{\varepsilon}}{\sqrt{\beta(s)}}\Big[\alpha(s)\cos\big(\Psi(s)+\phi\big)+\sin\big(\Psi(s)+\phi\big)\Big]. \tag{3.130}$$

Um zu einem Ausdruck zu gelangen, der die Teilchenbewegung in der $x-x'$-Phasenfläche beschreibt, müssen die von der Phase Ψ abhängenden Terme eliminiert werden. Aus (3.129) erhält man sofort

$$\cos\big(\Psi(s)+\phi\big) = \frac{x}{\sqrt{\varepsilon}\sqrt{\beta(s)}}. \tag{3.131}$$

Setzt man das in (3.130) ein und formt um, folgt

$$\sin\big(\Psi(s)+\phi\big) = \frac{\sqrt{\beta(s)}x'}{\sqrt{\varepsilon}} + \frac{\alpha(s)x}{\sqrt{\varepsilon}\sqrt{\beta(s)}}. \tag{3.132}$$

Wendet man jetzt die allgemeine Beziehung $\sin^2\Theta + \cos^2\Theta = 1$ an, so erhält man

$$\frac{x^2}{\beta(s)} + \left(\frac{\alpha(s)}{\sqrt{\beta(s)}}x + \sqrt{\beta(s)}x'\right)^2 = \varepsilon. \tag{3.133}$$

Führt man jetzt noch die Definition

$$\gamma(s) := \frac{1 + \alpha^2(s)}{\beta(s)} \qquad (3.134)$$

ein, so erhält man aus (3.133)

$$\boxed{\gamma(s)\, x^2(s) + 2\, \alpha(s)\, x(s)\, x'(s) + \beta(s)\, x'^2(s) = \varepsilon.} \qquad (3.135)$$

Das ist, wie im Anhang C detailliert gezeigt wird, die allgemeine Gleichung einer Ellipse in der $x - x'$-Fläche. Sie ist in Fig. 3.23 gezeigt. Die zunächst als Integra-

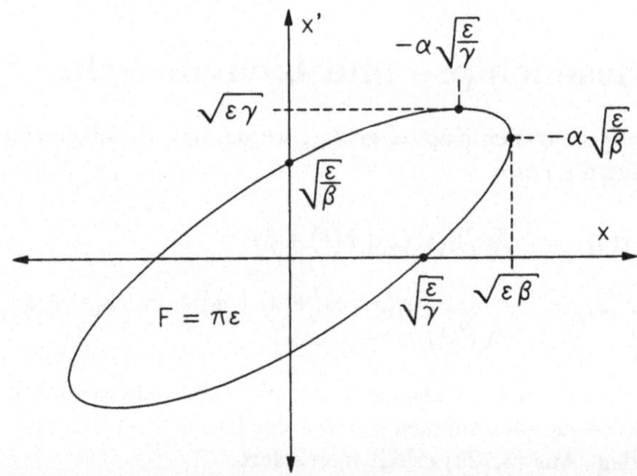

Fig. 3.23 Phasenellipse der Teilchenbewegung in der $x - x'$-Fläche

tionskonstante eingeführte Emittanz ε erhält jetzt eine anschauliche Bedeutung. Sie ist bis auf den Faktor π die *Fläche der Phasenellipse*, nämlich $\varepsilon = F/\pi$. Nun ist nach Aussage des sehr fundamentalen *Liouville'schen Satzes* jedes Volumenelement eines Phasenraumes zeitlich konstant, wenn die Teilchen kanonischen Bewegungsgleichungen gehorchen. Diese Bedingung ist im allgemeinen in Beschleunigern erfüllt. Das bedeutet, daß die Fläche der Phasenellipse und damit die Strahlemittanz Invarianten der Teilchenbewegung sind. Die Ellipse selbst, d.h. ihre Form und Lage wird sich mit der Amplitudenfunktion $\beta(s)$ bei der Bewegung entlang des Orbits ändern, nicht aber ihre Fläche. Dieser Sachverhalt hat erhebliche Konsequenzen für die Berechnung der linearen Strahloptik.

3.9 Strahlquerschnitt und Emittanz

Bisher haben wir den Begriff der Emittanz und die zugeordnete Phasenellipse nur auf die Bewegung eines einzelnen Teilchens angewendet. Startet ein solches Teilchen in einem Kreisbeschleuniger an einer bestimmten Stelle $s = s_0$ mit dem Bahnvektor $\vec{X}_0 = \{x_0, x_0'\}$, so beschreiben die bei jedem neuen Umlauf i resultierenden Bahnvektoren $\vec{X}_i$ eine Ellipse in der $x - x'$-Fläche, wie sie in Fig. 3.23 zu sehen ist. Diesem Teilchen ist damit eine wohldefinierte Emittanz zugeordnet, die sich direkt aus der Fläche der Phasenellipse ergibt.

In einem Strahl gibt es dagegen sehr viele Teilchen, die Bewegungen mit unterschiedlichen Amplituden ausführen, so daß auch die Flächen der Phasenellipsen entsprechend verschieden sind. Daher stellt sich die Frage, welche mittlere Emittanz kann einem Strahl als Gesamtheit sehr vieler Teilchen zugeordnet werden. Speziell bei Elektronen gibt es durch die Emission von Synchrotronstrahlung stochastische Sprünge der individuellen Teilchenemittanz. Um daher zu einer praktikablen Definition der Emittanz eines Teilchenstrahls zu kommen, gehen wir von der Gleichgewichtsverteilung aller Teilchen aus, die zeitlich konstant ist. Diese kann bei Elektronen in sehr guter Näherung durch eine *Gaußverteilung*

$$\rho(x, z) = \frac{Ne}{2\pi\sigma_x\sigma_z} \exp\left(-\frac{x^2}{2\sigma_x^2} - \frac{z^2}{2\sigma_z^2}\right) \tag{3.136}$$

beschrieben werden, die die transversale Ladungsdichte beschreibt. N ist dabei die Anzahl der Teilchen im Strahl und e ihre Ladung. Die horizontale Verteilung $\rho(x)$, die man daraus mit $z = 0$ erhält, ist in Fig. 3.24 gezeigt. σ_x und σ_z wer-

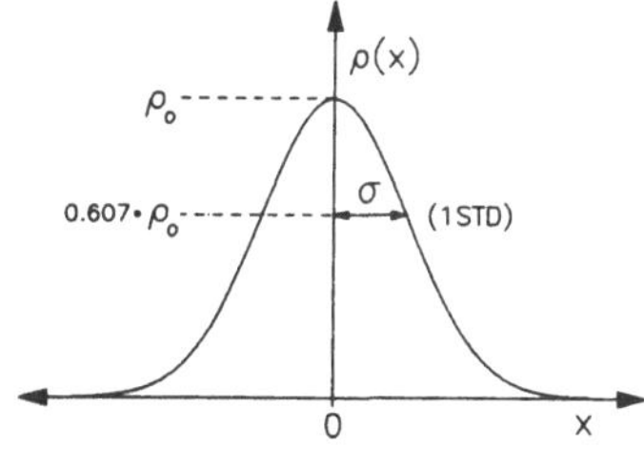

Fig. 3.24 Horizontale Verteilung der Ladungsdichte in einem Elektronenstrahl

den als horizontale bzw. vertikale Strahlbreite bezeichnet. Damit meint man den Abstand von der Strahlachse, bei dem die Ladungsdichte auf $\exp(-\frac{1}{2}) = 0.607$ abgefallen ist. Das entspricht genau einer Standardabweichung (STA) der statistischen Teilchenverteilung. Allen Teilchen, die gerade eine Standartabweichung σ von der Strahlachse entfernt sind, kann man nach

$$\sigma(s) = \sqrt{\varepsilon_{\text{STD}}\, \beta(s)} \tag{3.137}$$

eine bestimmte Emittanz ε_{STD} zuordnen. Der auf diese Weise definierte Wert

$$\varepsilon_{\text{STD}} = \frac{\sigma^2(s)}{\beta(s)} \tag{3.138}$$

soll ab jetzt als Emittanz des Gesamtstrahls verstanden werden. Den Index STD werden wir dabei weglassen, so daß mit ε immer die Emittanz einer Standardabweichung gemeint ist.

Für den Betrieb eines Beschleunigers ist es wichtig, daß der Strahl im transversalen Phasenraum genügend Platz hat. Dann können auch noch solche Teilchen stabil umlaufen, die Betatronschwingungen mit extrem großen Amplituden ausführen. Letztlich läuft das auf die Frage hinaus, wie groß maximal die Phasenellipse eines Teilchens sein darf bevor es durch Auftreffen auf die Wand der Vakuumkammer verlorengeht. Dieser Grenzfall ist in Fig. 3.25 skizziert. Hierbei

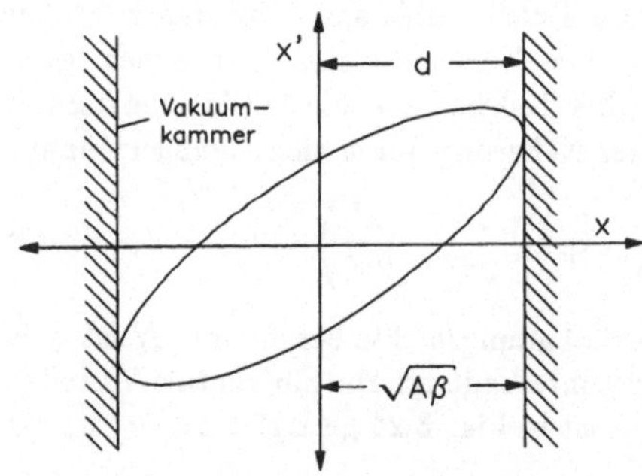

Fig. 3.25 Größte mögliche Phasenellipse eines noch stabil umlaufenden Teilchens in einem Beschleuniger. Die Begrenzung wird im allgemeinen durch die Vakuumkammer gegeben.

muß man bedenken, daß die Breite des Strahls proportional zu $\sqrt{\beta(s)}$ verläuft. Daher ist die Apertur d der Vakuumkammer nicht direkt ein Maß für den Platz, den der Strahl zur Verfügung hat. Wie man in Fig. 3.22 sehen kann, ist an Stellen mit sehr kleiner Betafunktion der Strahl ebenfalls sehr schmal, so daß hier selbst eine relativ enge Vakuumkammer keine Einschränkung bewirkt. Letztlich ist das Verhältnis $d/\sqrt{\beta(s)}$ entscheidend. Dieses Verhältnis variiert entlang des Orbits.

Die Stelle im Beschleuniger, an der $d/\sqrt{\beta(s)}$ den kleinsten Wert erreicht, ist damit die strahloptisch engste Stelle und bewirkt für den Strahl die Beschränkung des transversalen Phasenraums. Derartige Beschränkungen gibt es natürlich in beiden Ebenen, die aber normalerweise nicht an einem Ort zusammenfallen.

In Analogie zur Emittanz des Strahls definieren wir die *transversale Akzeptanz des Beschleunigers*, die der Emittanz des Teilchens mit der größtmöglichen Phasenellipse entspricht. Sie wird gegeben durch

$$A = \left(\frac{d^2}{\beta}\right)_{\min}, \tag{3.139}$$

wobei d und β an der optisch engsten Stelle genommen werden.

Für einen verlustfreien Strahlumlauf muß die Akzeptanz der Maschine deutlich größer sein, als die Emittanz des Strahls. Speziell bei Speicherringen ist ein besonders großes Verhältnis A/ε erforderlich, da sonst bei den vielen Umläufen zu viele Teilchen mit großen Schwingungsamplituden auf die Kammerwand treffen würden und dann verlorengegen. Bei Elektronen ändern wegen der Synchrotronstrahlung alle Teilchen stochastisch ihre Betatronamplitude und können mit einer gewissen Wahrscheinlichkeit dabei auch sehr große Amplitudenwerte erreichen. Daher hat bei zu kleiner Akzeptanz des Beschleunigers letztlich jedes Teilchen eine Chance, innerhalb einer endlichen Zeit verlorenzugehen. Das führt dann zu sehr kurzen Lebensdauern. Daher muß bei einem Elektronenspeicherring an der engsten Stelle die Breite der Vakuumkammer mindestens das 7-fache der Strahlbreite sein, wobei im Interesse eines problemlosen Betriebs tatsächlich deutlich mehr Platz erforderlich ist, d.h. $A > 50 \cdot \varepsilon$.

3.10   Transformation der Betafunktion durch die Magnetstruktur

Wie in den vorangegangenen Kapiteln gezeigt wurde, ist die Betafunktion eine wichtige Größe der linearen Strahloptik, aus der z.B. nach (3.137) die Strahlbreite und nach (3.125) die Phase der Betatronschwingung berechnet werden kann. Wie die Betafunktion selbst in ihrem Verlauf durch die Magnetstruktur ermittelt werden kann, soll jetzt beschrieben werden. Dabei gehen wir zunächst davon aus, daß der Wert dieser Funktion an einem bestimmten Ort $s = s_0$ bekannt oder vorgegeben ist. Ausgehend von diesem bekannten Wert soll dann die Betafunktion mit Hilfe einer geeigneten Transformation schrittweise durch die Struktur der Strahlführungselemente berechnet werden. Wir werden dabei zwei verschiedene Methoden zur Transformation vorstellen.

3.10.1   Methode 1

Die Teilchenbahn kann durch einen Bahnvektor $\vec{X}$ beschrieben werden, der bei der Bewegung entlang des Orbits die Phasenellipse durchläuft. Am Anfang der Struktur, d.h. bei $s = 0$, habe er den Wert $\vec{X} = \vec{X}_0$. Diesen Vektor kann man formal als eine 2×1-Matrix auffassen, also

$$\mathbf{X}_0 = \begin{pmatrix} x_0 \\ x_0' \end{pmatrix} \quad \text{mit der transponierten Matrix} \quad \mathbf{X}_0^{\mathrm{T}} = (x_0\ x_0'). \qquad (3.140)$$

Außerdem definieren wir noch die *Betamatrix*

$$\mathbf{B}_0 := \begin{pmatrix} \beta_0 & -\alpha_0 \\ -\alpha_0 & \gamma_0 \end{pmatrix} \qquad (3.141)$$

mit der Determinante $\det \mathbf{B}_0 = 1$. Damit berechnen wir das Produkt

$$
\begin{aligned}
\mathbf{X}_0^{\mathrm{T}} \cdot \mathbf{B}_0^{-1} \cdot \mathbf{X}_0 &= (x_0 \; x_0') \cdot \begin{pmatrix} \gamma_0 & \alpha_0 \\ \alpha_0 & \beta_0 \end{pmatrix} \cdot \begin{pmatrix} x_0 \\ x_0' \end{pmatrix} \\
&= \gamma_0 \, x_0^2 + 2\alpha_0 \, x_0 \, x_0' + \beta_0 \, x_0'^2 \\
&= \varepsilon
\end{aligned}
\tag{3.142}
$$

Dieses Produkt ergibt nach (3.135) die Strahlemittanz und ist damit eine Invariante des Ortes. Der Bahnvektor kann mit Hilfe der bekannten Transformationsmatrizen und der Beziehung

$$
\vec{X}_1 = \mathbf{M} \, \vec{X}_0
\tag{3.143}
$$

an jedem Ort s berechnet werden. Dabei ist die Matrix $\mathbf{M}$, die die Transformation vom Ort s_0 bis zu einem anderen Ort s_1 angibt, im allgemeinen das Produkt sehr vieler Matrizen. Aus (3.142) erhält man mit $\mathbf{M}^{-1}\mathbf{M} = 1$ und $\mathbf{M}^{\mathrm{T}}(\mathbf{M}^{\mathrm{T}})^{-1} = 1$ die Beziehung

$$
\begin{aligned}
\varepsilon &= \mathbf{X}_0^{\mathrm{T}} \cdot \mathbf{B}_0^{-1} \cdot \mathbf{X}_0 \\
&= \mathbf{X}_0^{\mathrm{T}}(\mathbf{M}^{\mathrm{T}}(\mathbf{M}^{\mathrm{T}})^{-1})\mathbf{B}_0^{-1}(\mathbf{M}^{-1}\mathbf{M})\mathbf{X}_0 \\
&= \mathbf{X}_0^{\mathrm{T}}\mathbf{M}^{\mathrm{T}}((\mathbf{M}^{\mathrm{T}})^{-1}\mathbf{B}_0^{-1}\mathbf{M}^{-1})\mathbf{M}\mathbf{X}_0
\end{aligned}
\tag{3.144}
$$

mit

$$
\mathbf{A}^{\mathrm{T}}\mathbf{B}^{\mathrm{T}} = (\mathbf{B}\mathbf{A})^{\mathrm{T}} \quad \text{und} \quad \mathbf{A}^{-1}\mathbf{B}^{-1} = (\mathbf{B}\mathbf{A})^{-1}
\tag{3.145}
$$

folgt weiter

$$
\begin{aligned}
\varepsilon &= \mathbf{X}_0^{\mathrm{T}}\mathbf{M}^{\mathrm{T}}((\mathbf{M}^{\mathrm{T}})^{-1}(\mathbf{M}\mathbf{B}_0)^{-1})\mathbf{M}\mathbf{X}_0 \\
&= \mathbf{X}_0^{\mathrm{T}}\mathbf{M}^{\mathrm{T}}(\mathbf{M}\mathbf{B}_0\mathbf{M}^{\mathrm{T}})^{-1}\mathbf{M}\mathbf{X}_0 \\
&= (\mathbf{M}\mathbf{X}_0)^{\mathrm{T}}(\mathbf{M}\mathbf{B}_0\mathbf{M}^{\mathrm{T}})^{-1}\mathbf{M}\mathbf{X}_0
\end{aligned}
\tag{3.146}
$$

Nach der Transformationsbeziehung für den Bahnvektor (3.143) ist

$$
\mathbf{X}_1^{\mathrm{T}} = (\mathbf{M}\mathbf{X}_0)^{\mathrm{T}}.
$$

Damit erhält man aus (3.146)

$$
\varepsilon = \mathbf{X}_1^{\mathrm{T}}(\mathbf{M}\mathbf{B}_0\mathbf{M}^{\mathrm{T}})^{-1}\mathbf{X}_1.
\tag{3.147}
$$

An der Stelle $s = s_1$ wird die Teilchenbahn durch den Bahnvektor $\vec{X}_1$ bestimmt und die Betamatrix durch $\mathbf{B}_1$. Dann folgt aus (3.142)

$$
\varepsilon = \mathbf{X}_1^{\mathrm{T}}\mathbf{B}_1^{-1}\mathbf{X}_1.
\tag{3.148}
$$

Vergleicht man diesen Ausdruck mit (3.147), so so ergibt sich schließlich

$$
\boxed{\mathbf{B}_1 = \mathbf{M} \cdot \mathbf{B}_0 \cdot \mathbf{M}^{\mathrm{T}}.}
\tag{3.149}
$$

Das ist die gesuchte Beziehung, mit der man die bekannte Betamatrix $\mathbf{B}_0$ an der Stelle s_0 in eine Matrix $\mathbf{B}_1$ an der Stelle s_1 transformieren kann. Die zur Transformation benutzten 2×2-Matrizen $\mathbf{M}$ sind dieselben, die man auch zur Transformation der Teilchenbahn verwendet.

Zur Veranschaulichung soll die Transformation der Betafunktion jetzt auf ein einfaches Beispiel angewendet werden. Dazu soll der Verlauf der Betafunktion in einer feldfreien Driftstrecke um einen Symmetriepunkt berechnet werden. Dieser Punkt, den wir willkürlich bei $s = 0$ annehmen, zeichnet sich dadurch aus, daß hier die Steigung der Betafunktion verschwindet, also $\alpha^* = 0$. Die Betafunktion selbst habe hier den Wert β^*. Mit der Transformationsmatrix für die Driftstrecke (3.72) folgt aus (3.149)

$$
\begin{aligned}
\mathbf{B}_1(s) &= \begin{pmatrix} 1 & s \\ 0 & 1 \end{pmatrix} \cdot \begin{pmatrix} \beta^* & 0 \\ 0 & 1/\beta^* \end{pmatrix} \cdot \begin{pmatrix} 1 & 0 \\ s & 1 \end{pmatrix} \\[2mm]
&= \begin{pmatrix} \beta^* + \dfrac{s^2}{\beta^*} & \dfrac{s}{\beta^*} \\[3mm] \dfrac{s}{\beta^*} & \dfrac{1}{\beta^*} \end{pmatrix}
\end{aligned}
\tag{3.150}
$$

Daraus erhält man sofort die Betafunktion um einen Symmetriepunkt in einer Driftstrecke

$$
\begin{aligned}
\beta(s) &= \beta^* + \frac{s^2}{\beta^*} \\[2mm]
\alpha(s) &= -\frac{s}{\beta^*},
\end{aligned}
\tag{3.151}
$$

wie sie auch in Fig. 3.26 für verschiedene β^*-Werte aufgetragen ist. Sie wächst quadratisch mit dem Abstand s vom Symmetriepunkt und zwar umso schneller, je kleiner β^* ist. Das ist eine direkte Folge des Liouville'schen Satzes, denn da die Fläche der Phasenellipse durch die Fokussierung nicht verkleinert werden kann, bedeutet eine Abnahme der transversalen Strahldimension gleichzeitig eine Zunahme der Winkeldivergenz des Strahls. Dieser Sachverhalt ist in Fig. 3.27 veranschaulicht.

3.10.2 Methode 2

Zur Entwicklung der zweiten Methode zur Transformation der Betafunktion gehen wir von zwei Bahnvektoren an verschiedenen Orten s_0 und s aus, die wir mit

$$
\vec{X}_0 = \begin{pmatrix} x_0 \\ x_0' \end{pmatrix} \qquad \text{und} \qquad \vec{X} = \begin{pmatrix} x \\ x' \end{pmatrix}
\tag{3.152}
$$

bezeichnen. Die optischen Funktionen werden an den beiden Orten durch β_0, α_0 und γ_0 bzw. durch β, α und γ repräsentiert. Für beide Vektoren kann man die

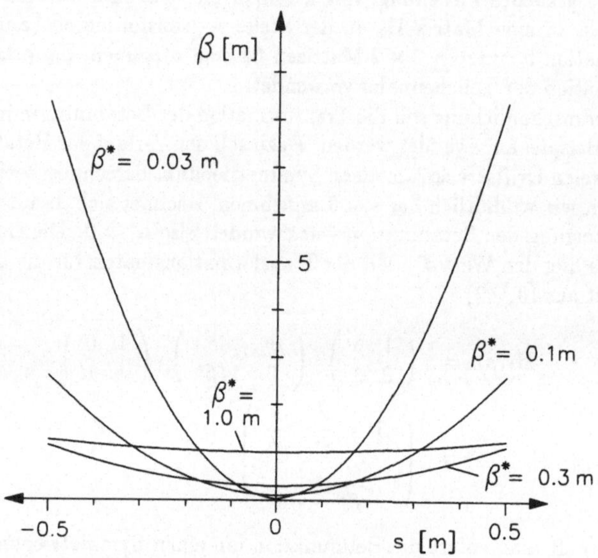

Fig. 3.26 Verlauf der Betafunktion $\beta(s)$ im Bereich um einen Symmetriepunkt der Strahloptik. Der Parameter β^* ist die Betafunktion im Symmetriepunkt bei $s = 0$.

Funktion der Phasenellipse nach (3.135) aufstellen und erhält wegen der Invarianz der Emittanz die Gleichung

$$\varepsilon = \beta\, x'^2 + 2\,\alpha\, x\, x' + \gamma\, x^2 = \beta_0\, x_0'^2 + 2\,\alpha_0\, x_0\, x_0' + \gamma_0\, x_0^2. \tag{3.153}$$

Der Zusammenhang der Bahnvektoren ist durch die Transformationsmatrix $\mathbf{M}$ gegeben in der Art

$$\begin{pmatrix} x \\ x' \end{pmatrix} = \mathbf{M} \begin{pmatrix} x_0 \\ x_0' \end{pmatrix} \quad \text{mit} \quad \mathbf{M} = \begin{pmatrix} m_{11} & m_{12} \\ m_{21} & m_{22} \end{pmatrix}. \tag{3.154}$$

Auflösen nach $\vec{X}_0$ liefert

$$\begin{pmatrix} x_0 \\ x_0' \end{pmatrix} = \mathbf{M}^{-1} \begin{pmatrix} x \\ x' \end{pmatrix} \quad \text{mit} \quad \mathbf{M}^{-1} = \begin{pmatrix} m_{22} & -m_{12} \\ -m_{21} & m_{11} \end{pmatrix} \tag{3.155}$$

oder auch

$$\begin{aligned} x_0 &= m_{22}\, x - m_{12}\, x' \\ x_0' &= -m_{21}\, x + m_{11}\, x'. \end{aligned} \tag{3.156}$$

Setzt man dieses Ergebnis in (3.153) ein, erhält man

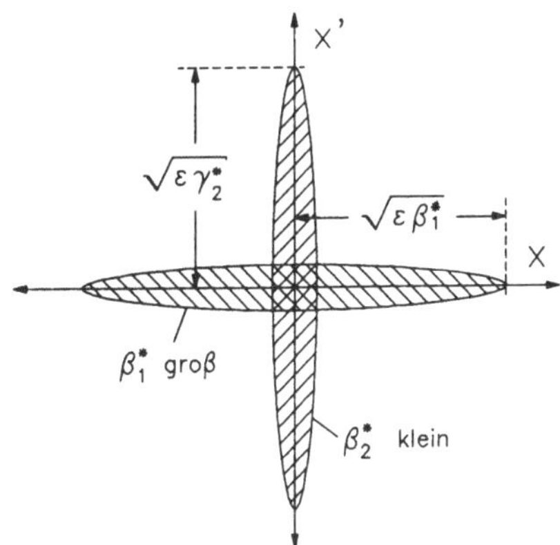

Fig. 3.27 Phasenellipsen im Symmetriepunkt für einen großen und einen kleinen Wert von β^*. Als Folge des Liouville'schen Satzes wächst die Winkeldivergenz mit abnehmendem β^* an.

$$
\begin{aligned}
\varepsilon &= \beta\, x'^2 + 2\,\alpha\, x\, x' + \gamma\, x^2 \\
&= \beta_0(-m_{21}x + m_{11}x')^2 + \\
&\qquad + 2\alpha_0(m_{22}x - m_{12}x')(-m_{21}x + m_{11}x') + \\
&\qquad + \gamma_0(m_{22}x - m_{12}x')^2 \\
&= (\beta_0 m_{21}^2 - 2\alpha_0 m_{22}m_{21} + \gamma_0 m_{22}^2)x^2 + \\
&\qquad + 2(-\beta_0 m_{21}m_{11} + \alpha_0(m_{22}m_{11} + m_{12}m_{21}) - \gamma_0 m_{22}m_{12})xx' + \\
&\qquad + (\beta_0 m_{11}^2 - 2\alpha_0 m_{12}m_{11} + \gamma_0 m_{12}^2)x'^2.
\end{aligned}
\tag{3.157}
$$

Da diese Beziehung für beliebige x und x' gelten muß , folgt durch Koeffizientenvergleich

$$
\begin{aligned}
\beta &= m_{11}^2\beta_0 - 2m_{12}m_{11}\alpha_0 + m_{12}^2\gamma_0 \\
\alpha &= -m_{21}m_{11}\beta_0 + (m_{22}m_{11} + m_{12}m_{21})\alpha_0 - m_{22}m_{12}\gamma_0 \\
\gamma &= m_{21}^2\beta_0 - 2m_{22}m_{21}\alpha_0 + m_{22}^2\gamma_0
\end{aligned}
\tag{3.158}
$$

oder in Matrizenschreibweise

$$
\begin{pmatrix} \beta \\ \alpha \\ \gamma \end{pmatrix} =
\begin{pmatrix}
m_{11}^2 & -2m_{11}m_{12} & m_{12}^2 \\
-m_{11}m_{21} & m_{11}m_{22} + m_{12}m_{21} & -m_{22}m_{12} \\
m_{21}^2 & -2m_{22}m_{21} & m_{22}^2
\end{pmatrix}
\begin{pmatrix} \beta_0 \\ \alpha_0 \\ \gamma_0 \end{pmatrix}.
\tag{3.159}
$$

Das ist die zweite Transformationsmatrix zur Berechnung der Betafunktion durch eine beliebige Magnetstruktur. Auch sie verwendet die Elemente der Matrix, die zur Transformation der Teilchenbahn entwickelt wurde. Die Ergebnisse der beiden vorgestellten Methoden sind natürlich identisch und im Rechnenaufwand etwa vergleichbar.

3.11 Bestimmung der Transformations- matrix aus den Betafunktionen

Wie in dem vorigen Abschnitt gezeigt wurde, kann man bei gegebenen Werten der optischen Funktionen β, α und γ mit Hilfe der Elemente der Transformationsmatrix $\mathbf{M}$ die optischen Funktionswerte am Ende der Struktur eindeutig bestimmen. Das bedeutet, daß umgekehrt mit den Werten für β, α und γ am Beginn und Ende einer Magnetstruktur auch die Transformationsmatrix eindeutig gegeben ist. Deren Elemente müssen sich also durch die optischen Funktionswerte ausdrücken lassen. Das hat den Vorteil, daß man viele Eigenschaften eines Strahltransportweges diskutieren kann, ohne im Detail die Magnetstruktur zu kennen. So gelangt man zu sehr allgemeinen Aussagen über die Strahloptik.

Wir gehen wieder von der Lösung der Bahngleichung (3.129) und (3.130) aus, die wir mit Hilfe der Additionstheoreme trigonometrischer Funktionen auf die Form

$$x(s) = \sqrt{\varepsilon}\sqrt{\beta(s)}\Big[\cos\Psi(s)\cos\phi - \sin\Psi(s)\sin\phi\Big]$$

$$x'(s) = -\frac{\sqrt{\varepsilon}}{\sqrt{\beta(s)}}\Big[\alpha(s)\cos\Psi(s)\cos\phi - \alpha(s)\sin\Psi(s)\sin\phi + \quad (3.160)$$

$$+\sin\Psi(s)\cos\phi + \cos\Psi(s)\sin\phi\Big]$$

bringen. Mit den Anfangsbedingungen $x(0) = x_0$, $x'(0) = x'_0$, $\beta(0) = \beta_0$, $\alpha(0) = \alpha_0$ und $\Psi(0) = 0$ folgt sofort

$$\cos\phi = \frac{x_0}{\sqrt{\varepsilon\,\beta_0}}$$

$$\sin\phi = -\frac{1}{\sqrt{\varepsilon}}\left(x'_0\sqrt{\beta_0} + \frac{\alpha_0 x_0}{\sqrt{\beta_0}}\right). \qquad (3.161)$$

Setzt man das in (3.160) ein, erhält man

$$x(s) = \sqrt{\frac{\beta(s)}{\beta_0}}\Big[\cos\Psi(s) + \alpha_0\sin\Psi(s)\Big]\,x_0 + \sqrt{\beta(s)\beta_0}\,\sin\Psi(s)\,x'_0$$

$$x'(s) = \frac{1}{\sqrt{\beta(s)\beta_0}}\Big[(\alpha_0 - \alpha(s))\cos\Psi(s) - (1 + \alpha_0\alpha(s))\sin\Psi(s)\Big]\,x_0 +$$

$$+\sqrt{\frac{\beta_0}{\beta(s)}}\Big[\cos\Psi(s) - \alpha(s)\sin\Psi(s)\Big]\,x'_0. \qquad (3.162)$$

Diese Gleichungen lassen sich wieder durch eine Transformationsmatrix ausdrücken. Mit den Abkürzungen $\beta = \beta(s)$, $\alpha = \alpha(s)$ und $\Psi = \Psi(s)$ erhält man den Bahnvektor an der Stelle s in der Form

$$\begin{pmatrix} x(s) \\ x'(s) \end{pmatrix} = \mathbf{M}\begin{pmatrix} x_0 \\ x'_0 \end{pmatrix} \qquad (3.163)$$

mit

$$M = \begin{pmatrix} \sqrt{\dfrac{\beta}{\beta_0}}(\cos\Psi + \alpha_0 \sin\Psi) & \sqrt{\beta\beta_0}\,\sin\Psi \\[2ex] \dfrac{(\alpha_0 - \alpha)\cos\Psi - (1 + \alpha_0\alpha)\sin\Psi}{\sqrt{\beta\beta_0}} & \sqrt{\dfrac{\beta_0}{\beta}}(\cos\Psi - \alpha\sin\Psi) \end{pmatrix}. \tag{3.164}$$

Man erkennt an dieser Matrix, daß neben den optischen Funktionswerten am Anfang und Ende der Struktur auch noch der Phasenvorschub Ψ der Betatronschwingung zwischen diesen beiden Punkten berücksichtigt werden muß.

3.12 Anpassung der Strahloptik

Bei der Entwicklung einer Strahloptik sind häufig die Werte der optischen Funktionen am Anfang eines Strahltransportweges vorbestimmt. Sei es, daß diese durch den vorgeschalteten Vorbeschleuniger festgelegt sind oder daß sie durch die Anforderungen eines Experiments gefordert werden. Der weitere Verlauf der optischen Funktionen durch die Magnetstruktur kann dann mit Hilfe der oben hergeleiteten Matrizengleichungen berechnet werden. Darüberhinaus ist es im allgemeinen notwendig, daß die optischen Funktionen auch am Ende der Struktur bestimmte Werte annehmen. Vor allem muß sichergestellt werden, daß z.B. die Betafunktionen innerhalb sinnvoller Grenzen bleiben, da sonst die Strahldimensionen die Apertur der Vakuumkammer überschreiten würden. Daher besteht eine wesentliche Aufgabe bei der Entwicklung von Strahloptiken darin, durch geeignete Wahl der Stärken k der im Transportweg angeordneten Quadrupolmagnete den gewünschten Verlauf der optischen Funktionen und vor allem die geforderten Funktionswerte am Ende der Magnetstruktur einzustellen. Diesen Vorgang bezeichnet man als *Anpassung der Strahloptik*. Fig. 3.28 skizziert dieses Problem. Am Anfang der Struktur sind die Werte β_0, α_0 und γ_0 gegeben und am Ende sollen die Werte β_E, α_E und γ_E mit Hilfe der Quadrupolstärken $k_1, k_2 \ldots k_m$ eingestellt werden. Wir brauchen dazu den Zusammenhang zwischen den Quadrupolstärken k_j und den Werten der optischen Funktionen an beliebigen Orten s. Im Prinzip haben wir die mathematischen Hilfsmittel dazu bereits zusammengestellt. Die Quadrupolstärken bestimmen die Matrixelemente der Transformationsmatrizen (3.84) und (3.85) und diese wiederum nach (3.149) bzw. (3.159) die Betafunktion und ihre Steigung. Auch die Dispersion $D(s)$ und ihre Steigung wird wie eine Teilchenbahn durch die Quadrupolstärken festgelegt. Will man z.B. die Betafunktion $\beta(s)$ am Ort s auf einen bestimmten Wert bringen, muß man den Zusammenhang

$$\beta(s) = f(k_j) \tag{3.165}$$

kennen, wobei k_j die Stärke des j-ten Quadrupols ist. Die Funktion $f(k_j)$ ist allerdings beliebig nichtlinear und daher ist die Auflösung von (3.165) nach k_j

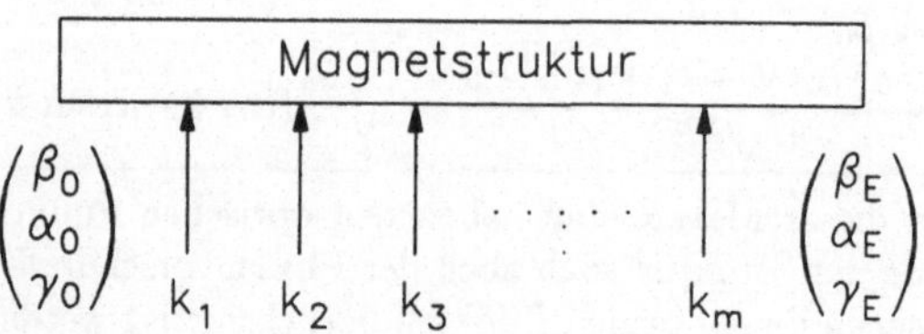

Fig. 3.28 Einstellung der optischen Funktionswerte β_E, α_E und γ_E am Ende einer Magnetstruktur durch geeignete Wahl der Quadrupolstärken k_1, $k_2 \ldots k_m$.

im allgemeinen mit vertretbarem Aufwand analytisch nicht durchführbar. Es soll daher eine Methode entwickelt werden, bei der die Lösung auf iterativem Wege gefunden wird.

3.12.1 Der eindimensionale Fall

Wir nehmen zunächst an, daß nur ein Funktionswert, z.B. β_E, angepaßt wird und zwar auf den Wert β_{soll}. Zur Anpassung wählen wir einen bestimmten Quadrupol aus, der zu Beginn die willkürlich eingestellte Stärke k_0 hat. Am Ende der Magnetstruktur erhält die Betafunktion dadurch den Wert $\beta_E(k_0)$. Dieser stimmt im allgemeinen mit dem geforderten Sollwert nicht überein. Die gesuchte Quadrupolstärke zur Einstellung der richtigen Betafunktion wollen wir mit k bezeichnen. Die Differenz zwischen Soll- und Istwert kann in Abhängigkeit der Differenz der Quadrupolstärken entwickelt werden in der Art

$$\beta_{soll} - \beta_E(k_0) = \frac{d\beta_E}{dk}(k - k_0) + \frac{1}{2}\frac{d^2\beta_E}{dk^2}(k - k_0)^2 + \ldots \ . \tag{3.166}$$

Die Ableitungen der Betafunktion nach k werden jeweils bei $k = k_0$ berechnet. Diese Gleichung kann man natürlich immer noch nicht exakt nach k auflösen, deshalb linearisieren wir sie, indem wir alle quadratischen und höheren Glieder vernachlässigen. Dann folgt

$$\beta_{soll} - \beta_E(k_0) \approx \frac{d\beta_E}{dk}(k - k_0) \tag{3.167}$$

und damit in gewisser Näherung die gesuchte Quadrupolstärke

$$k = k_0 + \frac{\beta_{soll} - \beta_E(k_0)}{\left(\dfrac{d\beta_E}{dk}\right)_{k=k_0}} \tag{3.168}$$

Da alle Glieder höherer Ordnung in der Entwicklung vernachlässigt wurden, ist dies natürlich keine exakte Lösung, sie liefert aber im allgemeinen einen besseren Wert als die Anfangsstärke k_0. Daher liegt es nahe, diesen besseren Wert wieder anstelle von k_0 in die Gleichung (3.168) einzusetzten und auf dieselbe Weise einen noch besseren Wert zu erhalten. Damit haben wir ein Verfahren gefunden, das aus einer noch ungenauen Lösung k_p eine nächstbessere k_{p+1} berechnet, nämlich

$$k_{p+1} = k_p + \frac{\beta_{\text{soll}} - \beta_{\text{E}}(k_p)}{\left(\dfrac{d\beta_{\text{E}}}{dk}\right)_{k=k_p}} \qquad (3.169)$$

Dieses Iterationsverfahren kann man solange wiederholen, bis die geforderte Genauigkeit erreicht ist. Den Startwert k_0 gewinnt man durch Probieren oder durch grobe analytische Abschätzung. Zur Berechnung der Ableitung der Betafunktion ermittelt man zunächst mit der Quadrupolstärke k_p den Funktionswert $\beta_{\text{E}}(k_p)$ am Strukturende und danach mit einer um ein kleines Δk veränderten Stärke den Wert $\beta_{\text{E}}(k_p + \Delta k)$. Mit diesem Wert erhält man

$$\left(\frac{d\beta_{\text{E}}}{dk}\right)_{k=k_p} = \frac{\beta_{\text{E}}(k_p + \Delta k) - \beta_{\text{E}}(k_p)}{\Delta k}. \qquad (3.170)$$

Vor allem bei komplizierten Magnetstrukturen ist dieses Verfahren mit erheblichem numerischen Aufwand verbunden, so daß hier der Einsatz von Computern unerläßlich ist.

3.12.2 Der n-dimensionale Fall

In der Praxis kommt es allerdings sehr selten vor, daß nur eine einzige optische Funktion angepaßt werden muß. Das ist auch mit einem einzelnen Quadrupol gar nicht möglich, da die Variation seiner Stärke im allgemeinen alle optischen Funktionen verändert. Daher ist es bei der Entwicklung von Strahloptiken fast immer erforderlich, alle Funktionen am Ende der Struktur auf vorgegebene Werte anzupassen, wobei beide Ebenen gleichzeitig behandelt werden müssen. In Tabelle 3.3 sind alle optischen Funktionen aufgelistet, die bei einer vollständigen Berechnung der Strahloptik zu berücksichtigen sind. Welche optische Funktionen aus der Tabelle ausgewählt werden, hängt vom jeweiligen Problem ab. So ist es gelegentlich nicht notwendig, die Dispersion besonders anzupassen, oder in einem Strahltransportweg ist der Verlauf der Betatronphase unkritisch und braucht daher nicht berücksichtigt zu werden. Für die Entwicklung eines Verfahrens zur Anpassung von n beliebig ausgewählten Funktionen am Ende der Magnetsruktur wollen wir diese daher mit $f_1, f_2, \ldots f_i, \ldots f_n$ bezeichnen, wie es in Fig. 3.29 gezeigt ist. Zur Variation dieser Funktionswerte stehen m Quadrupole mit den Stärken $k_1, k_2, \ldots k_j, \ldots k_m$ zur Verfügung, wobei $m \geq n$ sein muß.

Tabelle 3.3 Optische Funktionen, die durch Variation der Quadrupolstärken angepaßt werden können oder müssen

optische Funktion	horizontal	vertikal
Betafunktion	$\beta_x(s)$	$\beta_z(s)$
Steigung der Betafunktion	$\alpha_x(s)$	$\alpha_z(s)$
Betatronphase	$\Psi_x(s)$	$\Psi_z(s)$
Disperion	$D_x(s)$	
Steigung der Dispersion	$D'_x(s)$	

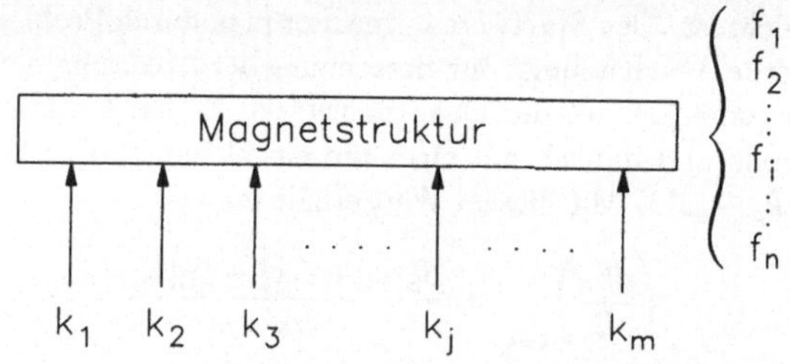

Fig. 3.29 Anpassung der n optischen Funktionen f_i durch die m Quadrupolstärken k_j

Zur Berechnung wählen wir aus den m Quadrupolen immer genau n Magnete aus, wobei man meistens diejenigen nimmt, die besonders wirksam sind.

Jede der n optischen Funktionen f_i hängt von der Stärke aller n ausgewählten Quadrupole ab, also

$$f_i = f_i(k_1,\ k_2,\ldots k_j,\ldots k_n). \tag{3.171}$$

Die zunächst wieder willkürlich gewählten Ausgangswerte der Quadrupolstärken fassen wir in dem Vektor $\vec{K}_0 = (k_{1,0},\ k_{2,0},\ldots k_{n,0})$ zusammen. Damit ergeben sich am Ende der Magnetstruktur die Funktionswerte $\vec{F}_0 = (f_{1,0},\ f_{2,0},\ldots f_{n,0})$. Die gesuchten Sollwerte der optischen Funktionen bezeichnen wir mit $\vec{F}_{\text{soll}} = (f_{1,s},\ f_{2,s},\ldots f_{n,s})$. Die Differenz zwischen Soll- und Istwert entwickeln wir wieder bis zur ersten Ordnung und erhalten

$$
\begin{aligned}
f_{1,s} - f_{1,0} &= \frac{\partial f_1}{\partial k_1}(k_1 - k_{1,0}) + \frac{\partial f_1}{\partial k_2}(k_2 - k_{2,0}) + \cdots + \frac{\partial f_1}{\partial k_n}(k_n - k_{n,0}) \\
f_{2,s} - f_{2,0} &= \frac{\partial f_2}{\partial k_1}(k_1 - k_{1,0}) + \frac{\partial f_2}{\partial k_2}(k_2 - k_{2,0}) + \cdots + \frac{\partial f_2}{\partial k_n}(k_n - k_{n,0}) \\
&\ \ \vdots \\
f_{n,s} - f_{n,0} &= \frac{\partial f_n}{\partial k_1}(k_1 - k_{1,0}) + \frac{\partial f_n}{\partial k_2}(k_2 - k_{2,0}) + \cdots + \frac{\partial f_n}{\partial k_n}(k_n - k_{n,0}).
\end{aligned}
\tag{3.172}
$$

Daraus folgt in Matrizenschreibweise

$$
\begin{pmatrix} f_{1,s} \\ f_{2,s} \\ \vdots \\ f_{n,s} \end{pmatrix}
-
\begin{pmatrix} f_{1,0} \\ f_{2,0} \\ \vdots \\ f_{n,0} \end{pmatrix}
=
\begin{pmatrix}
\dfrac{\partial f_1}{\partial k_1} & \dfrac{\partial f_1}{\partial k_2} & \cdots & \dfrac{\partial f_1}{\partial k_n} \\
\dfrac{\partial f_2}{\partial k_1} & \dfrac{\partial f_2}{\partial k_2} & \cdots & \dfrac{\partial f_2}{\partial k_n} \\
\vdots & \vdots & \ddots & \vdots \\
\dfrac{\partial f_n}{\partial k_1} & \dfrac{\partial f_n}{\partial k_2} & \cdots & \dfrac{\partial f_n}{\partial k_n}
\end{pmatrix}
\cdot
\begin{pmatrix} k_1 - k_{1,0} \\ k_2 - k_{2,0} \\ \vdots \\ k_n - k_{n,0} \end{pmatrix}
\tag{3.173}
$$

Die Matrix entält nur Elemente der Art $\partial f_i/\partial k_j$ und gibt damit an, wie empfindlich eine optische Funktion von der jeweiligen Quadrupolstärke abhängt, daher wird sie auch als *Empfindlichkeitsmatrix* $\mathbf{A}$ bezeichnet. Vereinfacht kann man (3.173) auch schreiben

$$
\vec{F}_{\text{soll}} - \vec{F}_0 = \mathbf{A}(\vec{K} - \vec{K}_0)
\tag{3.174}
$$

oder, indem man nach den gesuchten Quadrupolstärken k_j auflöst

$$
\vec{K} = \vec{K}_0 + \mathbf{A}^{-1}(\vec{F}_{\text{soll}} - \vec{F}_0).
\tag{3.175}
$$

Aus dieser Beziehung gewinnt man sofort die gesuchte Iteration

$$
\boxed{\vec{K}_{p+1} = \vec{K}_p + \mathbf{A}_p^{-1}(\vec{F}_{\text{soll}} - \vec{F}_p).}
\tag{3.176}
$$

Die Matrixelemente von $\mathbf{A}$ werden spaltenweise bestimmt. Man wählt dazu den j-ten Quadrupol aus, dessen Stärke auf den Wert k_j gesetzt wird. Dann werden alle optischen Funktionswerte f_1 bis f_n auf numerischem Wege berechnet. Anschließend verändert man die Quadrupolstärke um einen kleinen Betrag Δk und berechnet wieder alle optischen Funktionen. Die Elemente des j-ten Spaltenvektors folgen daraus nach

$$
\frac{\partial f_i}{\partial k_j} = \frac{f_i(k_1,\ k_2,\ldots,k_j + \Delta k,\ldots,k_n) - f_i(k_1,\ k_2,\ldots,k_j,\ldots,k_n)}{\Delta k},
\tag{3.177}
$$

wobei der Index i den Bereich von 1 bis n durchläuft. Es sollte darauf hingewiesen werden, daß dieses Verfahren nicht immer zu einer brauchbaren Lösung führt. Einmal kann wegen der hochgradigen Nichtlinearität die Iteration in einem Scheinminimum "hängenbleiben", d.h. die Rechnung konvergiert nicht zu einem Grenzwert sondern pendelt um dieses Scheinminimum. Zum anderen kann das Verfahren zu Werten konvergieren, die physikalisch sinnlos oder technisch unrealistisch sind. Das ist dann der Fall, wenn z.B. riesige Werte der Betafunktionen erreicht werden, so daß der Strahl gar nicht mehr in die Apertur der Vakuumkammer paßt oder wenn Quadrupolstärken berechnet werden, die technisch nicht mehr realisierbar sind. In solchen Fällen sollte man versuchen, andere besser geeignete Startwerte für die Quadrupolstärken $k_{j,0}$ zu finden. Ist das nicht möglich, muß die Magnetstruktur modifiziert werden.

3.13 Periodizitätsbedingungen bei Ringbeschleunigern

Bei Ringbeschleunigern gibt es keinen bestimmten Anfang und kein bestimmtes Ende der Magnetstrukrur. Daher existieren im allgemeinen auch keine natürlich vorgegebenen Werte für die optischen Funktionen an besonderen Punkten des Orbits. Auf der anderen Seite ist der Orbit in einem Ringbeschleuniger geschlossen, d.h. die optischen Funktionen müssen nach einem vollen Umlauf in sich selbst übergehen. Eine andere häufig angewendete Möglichkeit ist die Einführung von Symmetriepunkten, an denen die optischen Funktionen gespiegelt werden. Beide Möglichkeiten erlauben es, die optischen Funktionen in besonderen Punkten des Rings und letztlich damit überall entlang des Orbits zu bestimmen.

3.13.1 Die periodische Lösung

Wir wählen auf dem Orbit irgendeinen beliebigen Punkt s_0, in dem die optischen Funktionen zunächst nicht bekannt sind. Wir fordern aber, daß diese nach einem vollen Umlauf, d.h. am Orte $s_0 + L$ wieder dieselben Werte erreichen, die sie am Ausgangspunkt s_0 haben, wobei L der Umfang des Bescheunigers ist. Damit ergeben sich für die optischen Funktionen folgende *Periodizitätsbedingungen*

$$
\begin{aligned}
\beta(s_0 + L) &= \beta(s_0) = \beta_0 \\
\alpha(s_0 + L) &= \alpha(s_0) = \alpha_0 \\
D(s_0 + L) &= D(s_0) = D_0 \\
D'(s_0 + L) &= D'(s_0) = D'_0
\end{aligned}
\tag{3.178}
$$

Die Transformationsmatrix für einen vollen Umlauf der Teilchen sei $\mathbf{M_u}$. Zuerst wollen wir uns mit der Berechnung der Betafunktionen befassen. Wir definieren dazu im Punkt s_0 analog zu (3.141) die Betamatrix $\mathbf{B_0}$ und erhalten mit der

Transformationsgleichung (3.149) aus der Periodizitätsbedingung die Beziehung

$$\mathbf{B}_0 = \mathbf{M}_\mathrm{u} \cdot \mathbf{B}_0 \cdot \mathbf{M}_\mathrm{u}^\mathrm{T} \tag{3.179}$$

oder auch explizit

$$\begin{pmatrix} \beta_0 & -\alpha_0 \\ -\alpha_0 & \gamma_0 \end{pmatrix} = \begin{pmatrix} m_{11} & m_{12} \\ m_{21} & m_{22} \end{pmatrix} \cdot \begin{pmatrix} \beta_0 & -\alpha_0 \\ -\alpha_0 & \gamma_0 \end{pmatrix} \cdot \begin{pmatrix} m_{11} & m_{21} \\ m_{12} & m_{22} \end{pmatrix} \tag{3.180}$$

Ausmultiplikation liefert sofort die Bestimmungsgleichungen für β_0, α_0 und γ_0 und es folgt

$$\begin{aligned} \beta_0 &= \frac{2\,m_{12}}{\sqrt{2 - m_{11}^2 - 2m_{12}m_{21} - m_{22}^2}} \\ \alpha_0 &= \frac{m_{11} - m_{22}}{2m_{12}}\beta_0 \\ \gamma_0 &= \frac{1 + \alpha_0^2}{\beta_0}. \end{aligned} \tag{3.181}$$

Es ist offensichtlich, daß unter diesen Bedingungen nur dann eine Lösung exsistiert, wenn das Argument unter der Wurzel größer als Null ist, also

$$2 - m_{12}^2 - 2m_{12}m_{21} - m_{22}^2 > 0. \tag{3.182}$$

Bei der Berechnung der periodischen Lösung der Dispersion gehen wir ganz analog vor, nur verwenden wir jetzt eine erweiterte 3×3-Matrix für den vollen Umlauf. Sie wird in bekannter Weise durch Multiplikation aller Teilmatrizen der Magnetstruktur gewonnen, wie sie in Kapitel 3.6 für die Transformation der Dispersionsbahn hergeleitet wurde. Die Periodizitätsbedingung liefert in diesem Falle

$$\begin{pmatrix} D_0 \\ D_0' \\ 1 \end{pmatrix} = \begin{pmatrix} m_{11} & m_{12} & m_{13} \\ m_{21} & m_{22} & m_{23} \\ 0 & 0 & 1 \end{pmatrix} \cdot \begin{pmatrix} D_0 \\ D_0' \\ 1 \end{pmatrix}. \tag{3.183}$$

Auflösung nach D und D' ergibt

$$\begin{aligned} D_0' &= \frac{m_{21}m_{13} + m_{23}(1 - m_{11})}{2 - m_{11} - m_{22}} \\ D_0 &= \frac{m_{12}D_0' + m_{13}}{1 - m_{11}}. \end{aligned} \tag{3.184}$$

Hier gibt es praktisch immer eine periodische Lösung, wenn man mal von dem Fall $m_{11} + m_{22} = 2$ bzw. $m_{11} = 1$ absieht.

3.13.2   Die symmetrische Lösung

Bei kreisförmigen Beschleunigern versucht man immer, die Magnetstruktur nach gewissen Symmetrien anzuordnen, um die Berechnung der Strahloptik zu vereinfachen und die Zahl der verschiedenen Magnetstromkreise zu reduzieren. In Fig. 3.30 ist ein Beispiel gezeigt, bei dem der Beschleuniger in vier identische Quadranten geteilt ist, die jeweils um die Symmetriepunkte A und B gespiegelt sind. Die Transformationsmatrix für einen Quadranten ist M_Q. Man braucht in

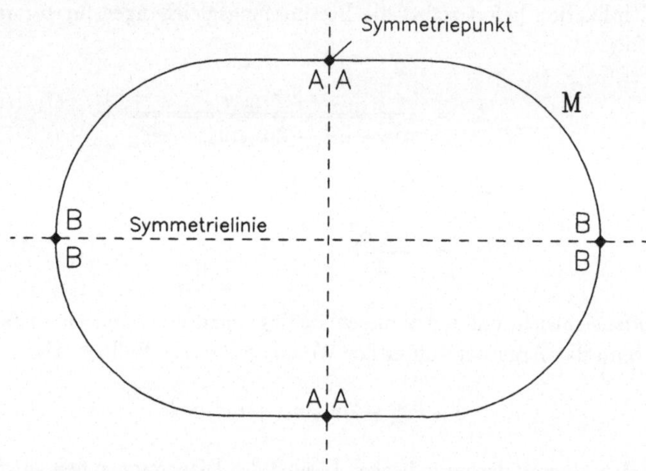

Fig. 3.30 Aufteilung eines kreisförmigen Beschleunigers in vier identische Quadranten, die jeweils um die beiden Symmetrielinien gespiegelt sind.

diesem Falle nur die Strahloptik für einen solchen Quadranten zu berechnen, die Optik in den anderen Quadranten ist dann spiegelsymmetrisch dazu. Bei dieser Anordnung sind der Anfang A und das Ende B jedes Quadranten Symmetriepunkte, d.h. die Steigungen der optischen Funktionen müssen in diesen Punkten verschwinden, also

$$\alpha_A = 0$$
$$\alpha_B = 0$$
$$D'_A = 0$$
$$D'_B = 0 \tag{3.185}$$

Ist $\mathbf{B}_A$ die Betamatrix am Anfang des Quadranten und $\mathbf{B}_B$ am Ende, dann erhält man wieder aus der Transformationsbeziehung (3.149)

$$\mathbf{B}_B = \mathbf{M}_Q \cdot \mathbf{B}_A \cdot \mathbf{M}_Q^T. \tag{3.186}$$

Wegen der Symmetriebedingung (3.185) folgt daraus

$$\begin{pmatrix} \beta_B & 0 \\ 0 & 1/\beta_B \end{pmatrix} = \begin{pmatrix} m_{11} & m_{12} \\ m_{21} & m_{22} \end{pmatrix} \cdot \begin{pmatrix} \beta_A & 0 \\ 0 & 1/\beta_A \end{pmatrix} \cdot \begin{pmatrix} m_{11} & m_{21} \\ m_{12} & m_{22} \end{pmatrix} \qquad (3.187)$$

Berechnet man das Matrizenprodukt auf der rechten Seite und vergleicht die so gewonnenen Matrixelemente mit der Matrix auf der linken Seite, ergibt sich

$$\beta_B = \beta_A m_{11}^2 + \frac{m_{12}^2}{\beta_A}$$
$$0 = \beta_A m_{11} m_{21} + \frac{m_{12} m_{22}}{\beta_A} \qquad (3.188)$$

Das sind die beiden Bestimmungsgleichungen für die Betafunktionen am Anfang und am Ende des Quadranten. Die Auflösung dieser Gleichungen liefert die gesuchten Werte

$$\beta_A = \sqrt{-\frac{m_{12} m_{22}}{m_{21} m_{11}}}$$
$$\beta_B = -\frac{1}{\beta_A} \frac{m_{12}}{m_{21}} \qquad (3.189)$$

wobei zu bedenken ist, daß $\det M_Q = m_{11} m_{22} - m_{12} m_{21} = 1$ ist. Aus diesen Beziehungen entnimmt man sofort die Bedingungen für die Existenz einer symmetrischen Lösung. Da die Betafunktionen immer positiv definit sind, ist

$$\frac{m_{12}}{m_{21}} < 0 \qquad (3.190)$$

und da die Wurzel nur reelle Lösungen haben darf ist

$$\frac{m_{22}}{m_{11}} > 0. \qquad (3.191)$$

Zur Berechnung der symmetrischen Lösung der Dispersion nehmen wir wieder die 3×3-Matrix und erhalten die Transformationsbeziehung

$$\begin{pmatrix} D_0 \\ 0 \\ 1 \end{pmatrix} = \begin{pmatrix} m_{11} & m_{12} & m_{13} \\ m_{21} & m_{22} & m_{23} \\ 0 & 0 & 1 \end{pmatrix} \cdot \begin{pmatrix} D_0 \\ 0 \\ 1 \end{pmatrix}, \qquad (3.192)$$

aus der sich die Bestimmungsgleichungen

$$D_B = m_{11} D_A + m_{13}$$
$$0 = m_{21} D_A + m_{23} \qquad (3.193)$$

ergeben. Die gesuchten Dispersionswerte am Anfang und Ende sind dann

$$D_A = -\frac{m_{23}}{m_{21}}$$

$$D_B = -\frac{m_{11}m_{23}}{m_{21}} + m_{13}. \tag{3.194}$$

Mit den Gleichungen (3.189) und (3.194) können die Betafunktionen und Dispersionen am Anfang und Ende eines Quadranten oder allgemeiner einer beliebigen Magnetstruktur mit Symmetriepunkten berechnet werden. Voraussetzung ist allerdings, daß die Bedingungen (3.190) und (3.191) erfüllt sind. Wenn nicht, existiert keine Lösung und die Quadrupolstärken müssen entsprechend geändert werden, bis eine Lösung gefunden ist.

3.13.3   Beispieloptik: Kreisbeschleuniger mit FODO-Struktur

Es kommt sehr häufig vor, daß Strahlen über einen längeren Weg transportiert werden müssen, wobei der Strahlquerschnitt nicht zu groß werden darf. Das ist z.B. bei Strahltransportwegen der Fall, die einen Vorbeschleuniger mit einem Speicherring verbinden, oder auch innerhalb eines Speicherrings, um die kollidierenden Strahlen unter wohldefinierten Bedingungen von einem Wechselwirkungspunkt zum nächsten zu leiten. Die einfachste Magnetanordnung für diese Aufgabe ist die *FODO-Struktur*, wie sie Fig. 3.31 zeigt. Da Quadrupole immer nur in einer Ebene fokussieren während in der anderen Ebene eine Defokussierung erfolgt, werden die Magnete hintereinander mit abwechselner Polarität angeordnet. Dazwischen befindet sich jeweils ein Ablenkmagnet, der die Strahlablenkung besorgt. Die Quadrupole und Dipole haben im allgemeinen einen gewissen Abstand voneinander, so daß dadurch noch feldfreie Driftstrecken entstehen. Aus der Sicht der Strahlfokussierung ergibt sich hier eine Anordnung aus fokussierenden und defokussierenden Quadrupolen, zwischen denen eine Strecke ohne nennenswerte Fokussierung liegt, die daher mit 0 bezeichnet wird. Dabei wird die schwache Fokussierung und die Kantenfokussierung außer Acht gelassen. Daher ergibt sich eine Anordnung der Art: F 0 D 0 usw., was auch den Namen dieser Magnetstruktur erklärt.

Das in Fig. 3.31 gezeigte Beispiel besteht insgesamt aus 16 Dipolen und einer gleichen Anzahl Quadrupolen. Bei den Dipolen wurden Rechteckmagnete angenommen, so daß an beiden Enden noch die Kantenfokussierung berücksichtigt werden muß. Zusammen mit den 32 Driftstrecken ergibt das eine Gesamtzahl von 96 Transformationsmatrizen. Diese schon bei dem recht kleinen Beispielring große Zahl baucht aber gar nicht berechnet zu werden, da der Ring auf Grund der FODO-Struktur eine Symmetrie besitzt. Er besteht aus insgesamt 8 *Zellen*, die jeweils in der Mitte eines fokussierenden Quadrupols (QF) beginnen und in der

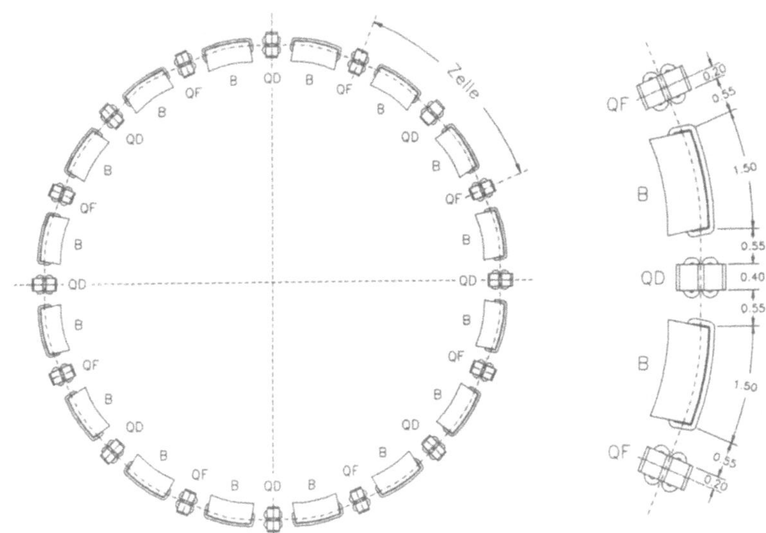

Fig. 3.31 Beispiel eines Ringbeschleunigers mit FODO-Struktur. Der Ring besteht aus einer Anzahl identischer Zellen, die jeweils aus zwei Ablenkmagneten gebildet werden, zwischen denen die Quadrupole mit abwechselnder Polarität angeordnet sind.

Mitte des nächsten QF enden. Dazwischen liegen zwei Ablenkmagnete, der defokussierende Quadrupol QD und vier gleiche Driftstrecken. Eine derartige Zelle ist in Fig. 3.31 mit den in dem Beispiel gewählten mechanischen Abmessungen gesondert gezeichnet. Die Mitte der Quadrupole ist hier immer ein Symmetriepunkt. Daher braucht man die Strahloptik nur für eine derartige Zelle zu berechnen, wobei die in dem vorangegangenen Kapitel erläuterten Symmetriebedingungen erfüllt werden. Die Optik des Gesamtrings erhält man daraus einfach durch das Aneinanderreihen von entsprechend vielen solchen *FODO-Zellen*. Aus wievielen Zellen ein Ring insgesamt besteht, spielt dabei keine Rolle. Die Symmetriebedingungen helfen also, den Rechenaufwand erheblich zu reduzieren.

Die Optik für eine FODO-Zelle des in Fig. 3.31 gezeigten einfachen Ringbeschleunigers soll nun als Beispiel quantitativ durchgerechnet werden. Dabei werden für die einzelnen Elemente der Struktur folgende Daten angenommen:

Quadrupole QF und QD :

$$
\begin{array}{ll}
\text{QF} & \text{QD} \\
k_{\text{QF}} = -1.20\ \text{m}^{-2} & k_{\text{QD}} = 1.20\ \text{m}^{-2} \\
l_{\text{QF}} = 0.20\ \text{m} & l_{\text{QD}} = 0.40\ \text{m}
\end{array}
$$

Dipolmagnet B mit Kantenfokussierung EB :

$$\text{B} \hspace{10em} \text{EB}$$

$$R_{\text{B}} \;=\; 3.8197\,\text{m} \hspace{8em} \Psi_{\text{B}} \;=\; 11.25\,^\circ$$
$$l_{\text{B}} \;=\; 1.50\,\text{m} \hspace{11em} =\; 0.1964\,\text{rad}$$

Driftstrecke D : $\hspace{4em}$ Länge $\hspace{2em}$ $l_{\text{D}} = 0.55\,\text{m}$

Mit Hilfe der Relationen (3.84) bis (3.88) und (3.109) können aus diesen Parametern die Transformationsmatrizen der einzelnen Elemente explizit berechnet werden:

Fokussierende Quadrupole:

$$\mathbf{M}_{\text{QF}} = \begin{pmatrix} 0.9761 & 0.1984 & 0 & 0 & 0 \\ -0.2381 & 0.9761 & 0 & 0 & 0 \\ 0 & 0 & 1.0241 & 0.2106 & 0 \\ 0 & 0 & 0.2419 & 1.0241 & 0 \\ 0 & 0 & 0 & 0 & 1 \end{pmatrix} \hspace{3em} (3.195)$$

Defokussierende Quadrupole:

$$\mathbf{M}_{\text{QD}} = \begin{pmatrix} 1.0975 & 0.4129 & 0 & 0 & 0 \\ 0.4955 & 1.0975 & 0 & 0 & 0 \\ 0 & 0 & 0.9055 & 0.3873 & 0 \\ 0 & 0 & -0.4648 & 0.9055 & 0 \\ 0 & 0 & 0 & 0 & 1 \end{pmatrix} . \hspace{3em} (3.196)$$

Dipole:

$$\mathbf{M}_{\text{B}} = \begin{pmatrix} 0.9239 & 1.4617 & 0 & 0 & 0.2908 \\ -0.1002 & 0.9239 & 0 & 0 & 0.3827 \\ 0 & 0 & 1 & 1.5000 & 0 \\ 0 & 0 & 0 & 1 & 0 \\ 0 & 0 & 0 & 0 & 1 \end{pmatrix} \hspace{3em} (3.197)$$

Kantenfokussierung:

$$\mathbf{M}_{\text{EB}} = \begin{pmatrix} 1 & 0 & 0 & 0 & 0 \\ 0.0521 & 1 & 0 & 0 & 0 \\ 0 & 0 & 1 & 0 & 0 \\ 0 & 0 & -0.0521 & 1 & 0 \\ 0 & 0 & 0 & 0 & 1 \end{pmatrix} . \hspace{3em} (3.198)$$

Driftstrecken:

$$\mathbf{M}_{\text{D}} = \begin{pmatrix} 1 & 0.5500 & 0 & 0 & 0 \\ 0 & 1 & 0 & 0 & 0 \\ 0 & 0 & 1 & 0.5500 & 0 \\ 0 & 0 & 0 & 1 & 0 \\ 0 & 0 & 0 & 0 & 1 \end{pmatrix} . \hspace{3em} (3.199)$$

Mit diesen Einzelmatrizen erhält man schließlich die Transformationsmatrix für die gesamte Zelle nach

$$\mathbf{M_Z} = \mathbf{M_{QF}}\mathbf{M_D}\mathbf{M_{EB}}\mathbf{M_B}\mathbf{M_{EB}}\mathbf{M_D}\mathbf{M_{QD}}\mathbf{M_D}\mathbf{M_{EB}}\mathbf{M_B}\mathbf{M_{EB}}\mathbf{M_D}\mathbf{M_{QF}}$$

$$= \begin{pmatrix} 0.0808 & 9.7855 & 0 & 0 & 3.1424 \\ -0.1015 & 0.0808 & 0 & 0 & 0.3471 \\ 0 & 0 & -0.4114 & 1.1280 & 0 \\ 0 & 0 & -0.7365 & -0.4114 & 0 \\ 0 & 0 & 0 & 0 & 1 \end{pmatrix}. \qquad (3.200)$$

Aus den Matrixelementen berechnet man mit Hilfe der Gleichungen (3.189) die Betafunktionen in der x- und der z-Ebene am Anfang und Ende der Zelle, nämlich

$$\beta_{A,x} = \sqrt{-\frac{m_{12}m_{22}}{m_{21}m_{11}}} = 9.8176 \text{ m}$$

$$\beta_{B,x} = -\frac{1}{\beta_{A,x}}\frac{m_{12}}{m_{21}} = 9.8176 \text{ m} \qquad (3.201)$$

und

$$\beta_{A,z} = \sqrt{-\frac{m_{34}m_{44}}{m_{43}m_{33}}} = 1.2376 \text{ m}$$

$$\beta_{B,z} = -\frac{1}{\beta_{A,z}}\frac{m_{34}}{m_{43}} = 1.2376 \text{ m}. \qquad (3.202)$$

Aus (3.194) erhält man die Dispersion

$$D_{A,x} = -\frac{m_{25}}{m_{21}} = 3.4187 \text{ m}$$

$$D_{B,x} = -\frac{m_{11}m_{25}}{m_{21}} + m_{15} = 3.4187 \text{ m}. \qquad (3.203)$$

Die Betafunktionen und die Dispersion am Anfang und Ende der Zelle sind wegen des symmetrischen Aufbaus jeweils gleich groß. Daher lassen sie sich problemlos hintereinander anordnen, ohne daß sich dadurch die Optik ändert. Der Verlauf der Betafunktionen innerhalb der Zelle kann durch die Transformationsbeziehung (3.149) berechnet werden, während die Dispersion einfach wie eine Teilchenbahn nach (3.105) behandelt wird. Das Ergebnis solcher Rechnungen ist für die Zelle des hier behandelten Beispielrings in Fig. 3.32 gezeigt.

3.14 Arbeitspunkt und optische Resonanzen

Bei Ringbeschleunigern, wie z.B. bei Synchrotrons oder Speicherringen, geht nach jedem vollen Umlauf die Magnetstruktur in sich selbst über. Dadurch

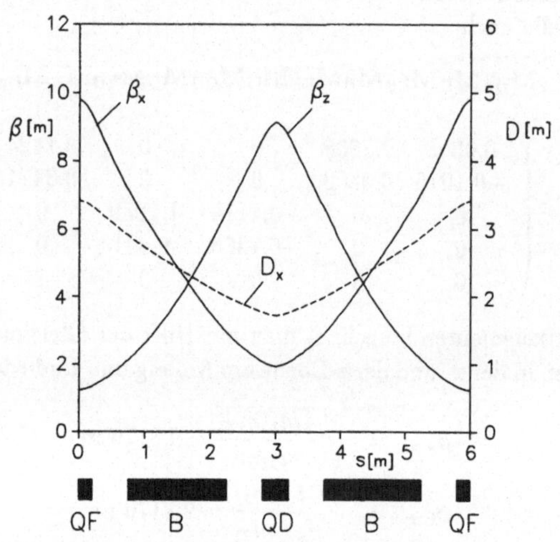

Fig. 3.32 Optische Funktionen der FODO-Zelle des Beispielrings

wirken Kräfte auf den Strahl, die sich periodisch wiederholen. Da andererseits
die Teilchen des Strahls auf Grund der Fokussierung transversale Schwingungen ausführen, kann es unter bestimmten Bedingungen dazu kommen, daß der
umlaufende Strahl mit der Magnetstruktur in Resonanz gerät. Dann wachsen
die Schwingungsamplituden der Teilchen schnell an, was zu Strahlaufweitungen
oder im Extremfall zu Strahlverlust führt. Dieses Phänomen bezeichnet man als
optische Resonanzen, die wir im Folgenden genauer untersuchen wollen.

3.14.1 Periodische Lösung der Hill'schen Differentialgleichung

Wie bei allgemeinen Strahltransportsystemen wird auch bei Ringbeschleunigern
die Bahn der Teilchen mit Sollimpuls, d.h. $\Delta p/p = 0$, durch die Hill'sche Differentialgleichung

$$x''(s) + K(s)x(s) = 0 \tag{3.204}$$

beschrieben. In diesem Fall ist allerdings die fokussierende Funktion $K(s) = 1/R(s) - k(s)$ periodisch mit dem Umlauf:

$$K(s + L) = K(s). \tag{3.205}$$

Folgt man dem *Floquet'schen Theorem*, dann erhält man die schon bekannte Lösung

$$x(s) = \sqrt{\varepsilon}\sqrt{\beta(s)}\cos\left[\Psi(s) + \phi\right], \tag{3.206}$$

wobei die Betafunktion $\beta(s)$ jetzt aber ebenfalls periodisch wird und zwar mit derselben Periode wie $K(s)$. Für das Resonanzverhalten ist die Betatronphase $\Delta\Psi = \Psi(s+L) - \Psi(s)$ über einen vollen Umlauf von entscheidender Bedeutung. Daher definiert man den *Arbeitspunkt* oder auch *Q-Wert* eines Ringbeschleunigers in der Art

$$Q := \frac{\Delta\Psi}{2\pi} = \frac{1}{2\pi}\int_0^L \frac{ds}{\beta(s)} = \frac{1}{2\pi}\oint \frac{ds}{\beta(s)}. \tag{3.207}$$

Er ist wegen der Periodizität von $\beta(s)$ unabhängig vom Ort s. Der Arbeitspunkt gibt anschaulich die Anzahl der Betatronschwingungen an, die ein Teilchen pro Umlauf ausführt. Auf Grund der Periodizitätsbedingungen $\beta(s+L) = \beta(s)$ und $\alpha(s+L) = \alpha(s)$ kann man die Transformationsmatrix für einen vollen Umlauf nach (3.164) vereinfacht schreiben, nämlich

$$\mathbf{M}_{s\to s+L} = \begin{pmatrix} \cos\mu + \alpha(s)\sin\mu & \beta(s)\sin\mu \\[2mm] -\gamma(s)\sin\mu & \cos\mu - \alpha(s)\sin\mu \end{pmatrix} \tag{3.208}$$

mit $\mu = 2\pi Q$. Geht man vom Ort s um eine infinitesimale Strecke zum Ort $s + ds$ über, erhält man aus (3.208)

$$\mathbf{M}_{s+ds\to s+ds+L} = \begin{pmatrix} \cos\mu + \left(\alpha + \dfrac{d\alpha}{ds}ds\right)\sin\mu & \left(\beta + \dfrac{d\beta}{ds}ds\right)\sin\mu \\[4mm] -\left(\gamma + \dfrac{d\gamma}{ds}ds\right)\sin\mu & \cos\mu - \left(\alpha + \dfrac{d\alpha}{ds}ds\right)\sin\mu \end{pmatrix}$$

$$= \mathbf{M}_{s\to s+L} + \begin{pmatrix} \alpha'(s)\sin\mu & \beta'(s)\sin\mu \\[2mm] -\gamma'(s)\sin\mu & -\alpha'(s)\sin\mu \end{pmatrix} ds. \tag{3.209}$$

Dieselbe Matrix kann man auch noch auf eine andere Weise ausdrücken. Dazu betrachtet man einen Ringbeschleuniger auf dessen Orbit zwei Punkte s_1 und s_2 ausgewählt wurden mit $s_2 > s_1$. An Hand der Fig. 3.33 kann man sofort sehen, daß

$$\begin{aligned} \mathbf{M}_{s_1\to s_2+L} &= \mathbf{M}_{s_2\to s_2+L}\,\mathbf{M}_{s_1\to s_2} \\ &= \mathbf{M}_{s_1\to s_2}\,\mathbf{M}_{s_1\to s_1+L}. \end{aligned} \tag{3.210}$$

Daraus erhält man

$$\begin{aligned} \mathbf{M}_{s_2\to s_2+L} &= \mathbf{M}_{s_2\to s_2+L}\,\mathbf{M}_{s_1\to s_2}\,\mathbf{M}_{s_1\to s_2}^{-1} \\ &= \mathbf{M}_{s_1\to s_2}\,\mathbf{M}_{s_1\to s_1+L}\,\mathbf{M}_{s_1\to s_2}^{-1}. \end{aligned} \tag{3.211}$$

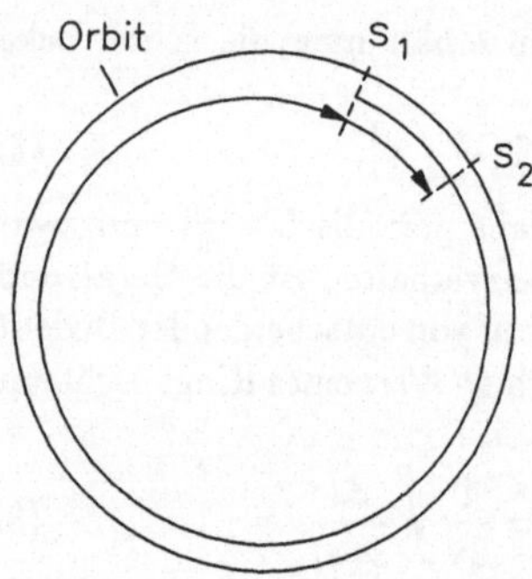

Fig. 3.33 Zur Berechnung der Transformationsmatrix in einem Ringbeschleuniger

Damit kann man die Transformation vom Ort $s + ds$ bis zum Ende des nächsten vollen Umlaufs durch die Matrix

$$\mathbf{M}_{s+ds \to s+ds+L} = \mathbf{M}_{s \to s+ds}\, \mathbf{M}_{s \to s+L}\, \mathbf{M}^{-1}_{s \to d+ds} \tag{3.212}$$

beschreiben. Die Transformation entlang der Strecke ds kann durch die Matrix einer unendlich dünnen Linse

$$\mathbf{M}_{s \to s+ds} = \begin{pmatrix} 1 & ds \\ -K(s)ds & 1 \end{pmatrix} \tag{3.213}$$

beschrieben werden, die man einfach aus einer der Beziehungen (3.84) bis (3.87) ableiten kann, indem man die Variable s gegen sehr kleine Werte ds gehen läßt. Setzt man die Matrizen (3.213) und (3.208) in (3.212) ein, folgt sofort

$$\mathbf{M}_{s+ds \to s+ds+L} =$$

$$= \begin{pmatrix} 1 & ds \\ -K(s)ds & 1 \end{pmatrix} \begin{pmatrix} \cos\mu + \alpha\sin\mu & \beta\sin\mu \\ -\gamma\sin\mu & \cos\mu - \alpha\sin\mu \end{pmatrix} \begin{pmatrix} 1 & -ds \\ K(s)ds & 1 \end{pmatrix}$$

$$= \begin{pmatrix} \cos\mu + \alpha\sin\mu + \\ + (\beta K(s) - \gamma)\sin\mu\, ds & \beta\sin\mu - 2\alpha\sin\mu\, ds \\[2ex] -\gamma\sin\mu - 2K(s)\alpha\sin\mu\, ds & \cos\mu - \alpha\sin\mu - \\ & - (K(s)\beta - \gamma)\sin\mu\, ds \end{pmatrix}$$

$$= \begin{pmatrix} \cos\mu + \alpha\sin\mu & \beta\sin\mu \\ -\gamma\sin\mu & \cos\mu - \alpha\sin\mu \end{pmatrix} + \tag{3.214}$$

$$+ \begin{pmatrix} (\beta K(s) - \gamma)\sin\mu & -2\alpha\sin\mu \\ -2K(s)\alpha\sin\mu & -(\beta K(s) - \gamma)\sin\mu \end{pmatrix} ds.$$

Vergleicht man diese Beziehung mit (3.209), so erhält man

$$
\begin{aligned}
\alpha'(s) &= \beta(s)K(s) - \gamma(s) \\
\beta'(s) &= -2\alpha(s) \\
\gamma'(s) &= 2\alpha(s)K(s).
\end{aligned}
\tag{3.215}
$$

3.14.2 Floquet'sche Transformation

Bei der Behandlung der optischen Resonanzen ist es gelegentlich hilfreich, eine mit dem Umlauf periodische Form der Bewegungsgleichung (3.204) zu haben. Daher führen wir die Variable

$$
\phi(s) := \frac{\Psi(s)}{Q} = \frac{1}{Q} \int \frac{ds}{\beta(s)}
\tag{3.216}
$$

ein, die sich pro Umlauf gerade um den Wert 2π ändert. Ihre Ableitung ist $\dfrac{d\phi}{ds} = \dfrac{1}{Q\beta(s)}$. Außerdem wird die transversale Teilchenablage $x(s)$ durch die normierte Größe

$$
\eta(s) := \frac{x(s)}{\sqrt{\beta(s)}}
\tag{3.217}
$$

ersetzt. Ihre Ableitungen nach der neuen Variablen ϕ sind

$$
\begin{aligned}
\frac{d\eta}{d\phi} &= \frac{d\eta}{ds}\frac{ds}{d\phi} = \frac{d}{ds}\left(\frac{x(s)}{\sqrt{\beta(s)}}\right) Q\beta(s) \\
&= \left(\frac{\alpha(s)}{\sqrt{\beta(s)}}\, x(s) + \sqrt{\beta(s)}\, x'(s)\right) Q
\end{aligned}
\tag{3.218}
$$

und

$$
\begin{aligned}
\frac{d^2\eta}{d\phi^2} &= \frac{d}{d\phi}\left(\frac{d\eta}{d\phi}\right) = \frac{d}{ds}\left(\frac{d\eta}{d\phi}\right) Q\beta(s) \\
&= \left\{\beta^{\frac{3}{2}}(s)\, x''(s) + \frac{\alpha^2(s)}{\sqrt{\beta(s)}}\, x(s) + \alpha'(s)\sqrt{\beta(s)}\, x(s)\right\} Q^2.
\end{aligned}
\tag{3.219}
$$

Mit (3.215) folgt daraus

$$
\begin{aligned}
\frac{d^2\eta}{d\phi^2} &= \left\{\beta^{\frac{3}{2}}(s)x''(s) + \alpha^2(s)\frac{x(s)}{\sqrt{\beta(s)}} + \left[K(s)\beta(s) - \frac{1+\alpha^2(s)}{\beta(s)}\right]\sqrt{\beta(s)}x(s)\right\} Q^2 \\
&= \left\{\beta^{\frac{3}{2}}(s)\big[x''(s) + K(s)x(s)\big] - \frac{x(s)}{\sqrt{\beta(s)}}\right\} Q^2.
\end{aligned}
\tag{3.220}
$$

Mit Hilfe dieser Beziehungen kann man eine geeignete transformierte Form der Bewegungsgleichung entwickeln, die man auch als *Floquet'sche Transformation* bezeichnet. Dazu multipliziert man die Bewegungsgleichung (3.204) mit $\beta^{\frac{3}{2}}(s)Q^2$ und erhält

$$
\begin{aligned}
0 &= \left[x''(s) + K(s)x(s)\right]\beta^{\frac{3}{2}}(s)Q^2 \\
&= \underbrace{\left\{\beta^{\frac{3}{2}}[x''(s) + K(s)x(s)] - \frac{x(s)}{\sqrt{\beta(s)}}\right\}}_{= \, d^2\eta/d\phi^2} Q^2 + \frac{x(s)}{\sqrt{\beta(s)}}Q^2 .
\end{aligned}
\tag{3.221}
$$

Mit der Definition (3.217) folgt daraus schließlich die transformierte Bewegungsgleichung

$$
\boxed{\frac{d^2\eta}{d\phi^2} + Q^2\eta = 0.}
\tag{3.222}
$$

3.14.3 Optische Resonanzen

Das durch die Magnetstruktur einer idealen linearen Maschine um den Strahl erzeugte Magnetfeld kann nach (3.4) in der Form

$$
\frac{e}{p}B_z(x,s) = \frac{e}{p}B_{z0}(s) + \frac{e}{p}\frac{dB_z(s)}{dx}x(s) = \frac{1}{R(s)} + k(s)x(s)
\tag{3.223}
$$

geschrieben werden. Dabei ist $\dfrac{e}{p} = \dfrac{1}{R\,B_{z0}}$. Unter einer idealen Maschine versteht man hier einen Ringbeschleuniger, dessen Magnetfelder unendlich genau mit der theoretischen Vorgabe übereinstimmen. Das ist aber bei realistischen Beschleunigern unmöglich. Einerseits schwanken die relativen Feldwerte von Magnet zu Magnet mindestens um $\Delta B/B > 10^{-4}$ und außerdem haben die Magnete Randfelder, die mit dem bei der Berechnung der Strahloptik zugrundeliegenden Rechteckmodell nur unzureichend beschrieben sind. Diese Feldfehler können unter bestimmten Umständen die Betatronschwingungen der Teilchen resonanzartig anregen, was zu einer instabilen Teilchenbewegung führt. Um den Einfluß der Feldfehler genauer untersuchen zu können, führen wir daher ein realistisches Feld ein, das aus dem theoretischen Idealfeld und den überlagerten Feldfehlern besteht. Wir nehmen daher jetzt einen Feldverlauf der Art

$$
\begin{aligned}
\frac{e}{p}\tilde{B}_z(x,s) &= \frac{1}{R(s)} + k(s)x(s) + \frac{e}{p}\Delta B(x,s) \\
&= \frac{1}{R(s)} + k(s)x(s) + \frac{\Delta B(x,s)}{R\,B_{z0}}
\end{aligned}
\tag{3.224}
$$

an, wobei $\Delta B(x,s)$ die Feldfehler beschreibt. Damit geht für Teilchen mit Sollimpuls die Hill'sche Differentialgleichung (3.204) in die inhomogene Form

$$x''(s) + K(s)x(s) = \frac{\Delta B(x,s)}{R\,B_{z0}} \qquad (3.225)$$

über. Durch die Floquet'sche Transformation folgt daraus sofort

$$\boxed{\frac{d^2\eta}{d\phi^2} + Q^2\eta = \beta^{\frac{3}{2}}Q^2\frac{\Delta B}{R\,B_{z0}}.} \qquad (3.226)$$

Daraus erhält man nach dem Floquet'schen Theorem die periodische Lösung

$$\eta(\phi) = \frac{Q}{2\sin\pi Q}\int\limits_{\phi}^{\phi+2\pi}\beta^{\frac{3}{2}}\frac{\Delta B}{R\,B_{z0}}\cos\left[Q(\pi+\phi+\vartheta)\right]\,d\vartheta. \qquad (3.227)$$

Man sieht sofort, daß die Amplitude der Teilchenschwingung über alle Grenzen wächst, wenn sich der Arbeitspunkt des Ringbeschleunigers Q einer ganzen Zahl nähert. Es ist offensichtlich, daß unter diesen Bedingungen kein Strahl stabil umlaufen kann. Deshalb wird der Bereich um die ganzen Zahlen von Q auch als *ganzzahliges Stoppband* bezeichnet. Diese ganzzahlige Resonanz kann man

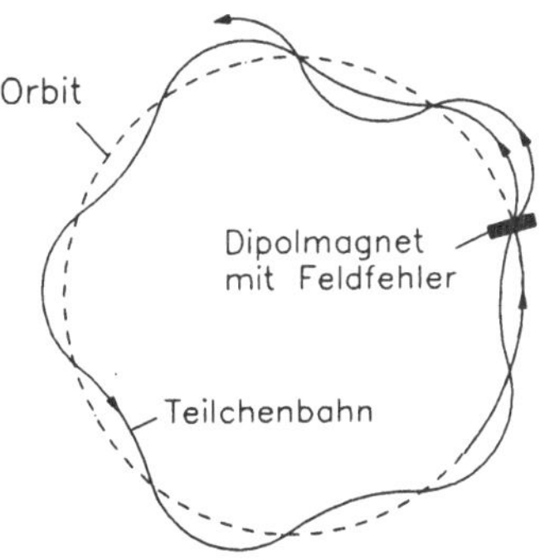

Fig. 3.34 Resonante Anregung von Betatronschwingungen durch einen Dipol-Feldfehler bei ganzzahligem Q-Wert (ganzzahliges Stoppband).

sich leicht an Hand der Fig. 3.34 veranschaulichen. Dabei wird vereinfachend angenommen, daß bis auf einen einzigen Dipol alle anderen Magnete fehlerfrei sind. Ein Teilchen starte zunächst exakt auf dem Orbit, d.h. $\vec{x} = 0$, und würde bei einer idealen Maschine dort auch bleiben. In diesem Fall durchläuft es aber den einen fehlerhaften Magneten und verläßt ihn auf einer neuen Bahn, die gegen den Orbit einen von Null verschiedenen Winkel $\Delta\alpha$ hat. Dieser Winkel ist proportional zur Stärke der Feldstörung. Auf Grund der Fokussierung wird diese Bahn wieder zum Orbit zurückgebogen und das Teilchen führt in der Folge Betatronschwingungen um ihn aus. Nach einem vollen Umlauf erscheint das Teilchen wieder an dem fehlerhaften Magneten und erhält hier nochmal dieselbe Winkelstörung $\Delta\alpha$. Wenn der Arbeitspunkt nun eine ganze Zahl ist, erfolgt die Winkeländerung der Bahn immer bei derselben Betatronphase, so daß sich die Winkel von Umlauf zu Umlauf aufaddieren. Die Schwingungsamplitude wächst also linear mit der Anzahl der Umläufe an, bis die Teilchen an die Wand der Vakuumkammer treffen.

Dieses einfache Beispiel verdeutlicht das Prinzip der optischen Resonanzen, das in Wirklichkeit aber komplizierter ist. Einmal haben alle Magnete Feldfehler, die sich je nach ihrer relativen Lage und der speziellen Strahloptik gegenseitig verstärken oder auch abschwächen können. Außerdem variiert auf Grund der Fokussierung der Strahlquerschnitt entlang des Orbits, was ebenfalls einen Einfluß auf die Stärke der Störung hat. Um daher das Problem noch etwas genauer zu untersuchen, wird der Feldfehler nach seinen Multipolen entwickelt:

$$\Delta B(x) = \Delta B_0 + \frac{d\Delta B}{dx}x + \frac{1}{2}\frac{d^2\Delta B}{dx^2}x^2 + \frac{1}{3}\frac{d^3\Delta B}{dx^3}x^3 + \ldots \tag{3.228}$$

Bedenkt man, daß $\dfrac{d}{d\eta} = \dfrac{d}{dx}\dfrac{dx}{d\eta}$ mit $\dfrac{dx}{d\eta} = \sqrt{\beta}$, so folgt aus (3.228)

$$\Delta B(\eta) = \Delta B_0 + \beta^{\frac{1}{2}}\frac{d\Delta B}{d\eta}\eta + \frac{1}{2}\beta^{\frac{2}{2}}\frac{d^2\Delta B}{d\eta^2}\eta^2 + \ldots \tag{3.229}$$

Setzt man diese Feldentwicklung in (3.226) ein, erhält man

$$\frac{d^2\eta}{d\phi^2} + Q^2\eta = \frac{Q^2}{R\,B_{z0}}\left(\beta^{\frac{3}{2}}\Delta B_0 + \beta^{\frac{4}{2}}\frac{d\Delta B}{d\eta}\eta + \frac{1}{2}\beta^{\frac{5}{2}}\frac{d^2\Delta B}{d\eta^2}\eta^2 + \ldots\right). \tag{3.230}$$

Wenn bei $Q = p$ (p = ganze Zahl) das Produkt $\beta^{\frac{3}{2}}\Delta B$ einen nicht verschwindenden Anteil der p-ten Harmonischen eines vollen Umlaufs besitzt, wird die Betatronschwingung resonant angeregt. Das ist das schon behandelte Problem des ganzzahligen Stoppbandes. Bei einem halbzahligen Arbeitspunkt, d.h. $Q = n+\frac{1}{2}$ mit der ganzen Zahl n, ist $2Q = p$. In diesem Falle kann die p-te Harmonische von $\beta^{\frac{4}{2}}\dfrac{d\Delta B}{d\eta}\eta$ ebenfalls Resonanzen anregen. Der dritte Term repräsentiert den Effekt von Sextupolfeldern. Hier erhält man für $3Q = p$ die Resonanzbedingung, wenn $\beta^{\frac{5}{2}}\dfrac{d^2\Delta B}{d\eta^2}\eta^2$ Komponenten der p-ten Harmonischen enthält. In derselben Weise können noch höhere Multipolfelder entsprechende Resonanzen anregen.

Der Mechanismus der resonanten Anregung von Betatronschwingungen durch höhere Multipole des Strahlführungsfeldes soll für die ersten drei Multipolkomponenten explizit untersucht werden. Dazu gehen wir von der allgemeinen Lösung der Bahngleichungen (3.129) und (3.130) aus, die wir mit $\chi = \Psi + \phi$ in der Form

$$x(s) = \sqrt{\varepsilon}\sqrt{\beta(s)}\cos\chi(s)$$
$$x'(s) = -\frac{\sqrt{\varepsilon}}{\sqrt{\beta(s)}}\big[\alpha(s)\cos\chi(s) + \sin\chi(s)\big] \tag{3.231}$$

schreiben. An der Stelle $s = 0$ sei $a = x(0)$ die Amplitude der Betatronschwingung. Mit $\beta_0 = \beta(0)$ erhält man $\sqrt{\varepsilon} = a/\sqrt{\beta_0}$. Damit kann man die Bahnfunktion in der Form

$$x(s) = a\sqrt{\frac{\beta(s)}{\beta_0}}\cos\chi(s) \tag{3.232}$$

angeben. Aus der zweiten Gleichung von (3.231) folgt

$$\begin{aligned}
\beta(s)x'(s) &= -a\sqrt{\frac{\beta(s)}{\beta_0}}\big[\alpha(s)\cos\chi(s) + \sin\chi(s)\big]\\
&= \underbrace{-a\sqrt{\frac{\beta(s)}{\beta_0}}\cos\chi(s)}_{= \, x(s)}\,\alpha(s) - a\sqrt{\frac{\beta(s)}{\beta_0}}\sin\chi(s).
\end{aligned} \tag{3.233}$$

Mit Hilfe dieser Umformung definieren wir jetzt anstelle von $x'(s)$ die Variable

$$y(s) := \beta(s)x'(s) + \alpha(s)x(s) = -a\sqrt{\frac{\beta(s)}{\beta_0}}\sin\chi(s). \tag{3.234}$$

Bei dieser Wahl der Variablen durchläuft ein Teilchen in der x-y-Phasenfläche exakt einen Kreis mit dem Amplitudenradius a.

Jeder Feldfehler $\Delta B(x,s)$, der über eine Länge Δs wirkt, erzeugt eine Winkeländerung

$$\Delta x'(s) = -\frac{e}{p}\Delta B(x,s)\,\Delta s = -\frac{\Delta B(x,s)}{B_0\,R}\,\Delta s \tag{3.235}$$

der Teilchenbahn. Die entsprechende Änderung der Variablen $y(s)$ ergibt sich durch Einsetzen in die Gleichung (3.234) und man erhält

$$\Delta y(s) = -\beta(s)\frac{\Delta B(x,s)}{B_0\,R}\,\Delta s. \tag{3.236}$$

Andererseits kann man die Variation der Variablen x und y allgemein in der Form

$$\Delta x = \frac{dx}{da}\Delta a + \frac{dx}{d\chi}\Delta\chi = \sqrt{\frac{\beta}{\beta_0}}\big[\cos\chi\,\Delta a - a\sin\chi\,\Delta\chi\big] = 0 \tag{3.237}$$

$$\Delta y = \frac{dy}{da}\Delta a + \frac{dy}{d\chi}\Delta\chi = -\sqrt{\frac{\beta}{\beta_0}}\big[\sin\chi\,\Delta a + a\cos\chi\,\Delta\chi\big] = -\beta\frac{\Delta B}{B_0\,R}\,\Delta s$$

schreiben. Da beim Durchlaufen eines kurzes Magnetfeldes die Teilchenbahn an dieser Stelle nur im Winkel, nicht aber in der Ablage verändert wird, ist in der ersten Gleichung $\Delta x = 0$. Diese beiden Gleichungen sind linear in Δa und $\Delta \chi$ und können daher direkt nach diesen Größen aufgelöst werden. Wir setzten $\chi(s) = \vartheta + \Psi(s) = \vartheta + Q\,\phi(s)$, wobei wieder die Phase $\phi(s) = \int \frac{ds}{Q\,\beta(s)}$ bei jedem Umlauf um 2π zunimmt. Damit folgt

$$\Delta a = \sqrt{\beta_0 \beta(s)}\frac{\Delta B(x,s)}{B_0\,R}\sin\left[\vartheta + Q\,\phi(s)\right]\Delta s$$

$$\Delta \chi = \frac{\sqrt{\beta_0 \beta(s)}}{a}\frac{\Delta B(x,s)}{B_0\,R}\cos\left[\vartheta + Q\,\phi(s)\right]\Delta s. \qquad (3.238)$$

Aus der ersten Gleichung kann man direkt die Amplitudenänderung der Betatronschwingung pro Umlauf ausrechnen, indem man Δa über einen vollen Umlauf integriert. Man erhält

$$\boxed{\frac{da}{dn} = \frac{\sqrt{\beta_0}}{B_0\,R}\oint \sqrt{\beta(s)}\Delta B(x,s)\sin\left[\vartheta + Q\,\phi(s)\right]ds,} \qquad (3.239)$$

wobei $\Delta B(x,s)$ einen beliebigen Feldverlauf beschreibt. Wenn $da/dn \neq 0$ ändert sich die Amplitude der Betatronschwingungen stetig mit jedem Umlauf, d.h. die Schwingung wird resonanzartig angeregt. Im Folgenden soll für die drei wichtigsten Multipolfelder dieses Verhalten explizit untersucht werden.

Die ganzzahlige Resonanz $Q = n$

Als erstes wird ein Dipolfeld als Störung angenommen, das in der horizontalen Ebene konstant ist, und nur entlang der Strahlachse variiert, also

$$\Delta B(x,s) = \Delta B_0(s). \qquad (3.240)$$

Setzt man das in (3.239) ein, ergibt sich

$$\frac{da}{dn} = \frac{\sqrt{\beta_0}}{B_0\,R}\oint \sqrt{\beta(s)}\Delta B_0(s)\sin[\vartheta + Q\phi(s)]ds$$

$$\qquad (3.241)$$

$$= \frac{\sqrt{\beta_0}}{B_0\,R}\oint \sqrt{\beta(s)}\Delta B_0(s)\left[\sin\vartheta\cos Q\phi(s) + \cos\vartheta\sin Q\phi(s)\right]ds.$$

Die Funktion $F(s) = \sqrt{\beta(s)}\,B_0(s)$ ist periodisch mit dem Umlauf und läßt sich daher immer als Fourierreihe darstellen. Da die die Phase $\phi(s)$ pro Umlauf den Betrag 2π durchläuft, ist es sinnvoll, $F(s)$ nach ϕ zu entwickeln, nämlich

$$F(s) = F_0 + \sum_{p=1}^{\infty}\left[a_p\cos(p\phi(s)) + b_p\sin(p\phi(s))\right]. \qquad (3.242)$$

Diese Entwicklung setzt man in (3.241) ein und berücksichtigt nach Ausmultiplikation der trigonometrischen Funktionen, daß $\int_0^{2\pi} \cos mx \sin nx\, dx = 0$. Dann ergibt sich

$$\frac{da}{dn} = \frac{\sqrt{\beta_0}}{B_0\, R}\Big\{ \oint F_0\big[\sin \vartheta \cos Q\phi + \cos \vartheta \sin Q\phi\big]\, ds + \tag{3.243}$$
$$+ \oint \sum_{p=1}^{\infty}\big[a_p \sin \vartheta \cos p\phi \cos Q\phi + b_p \cos \vartheta \sin p\phi \sin Q\phi\big]\, ds\Big\}.$$

Das erste Integral mit dem konstanten Term F_0 liefert im Mittel keinen Beitrag zur Amplitudenänderung der Betatronschwingung. Da die Integrale

$$\int_0^{2\pi} \cos mx \cos nx\, dx \qquad \text{und} \qquad \int_0^{2\pi} \sin mx \sin nx\, dx$$

nur dann von Null verschieden sind, wenn $m = n$, tragen in (3.243) nur die Terme mit $p = Q$ bei. Wenn der Arbeitspunkt des Ringbeschleunigers eine ganze Zahl annimmt, d.h.

$$Q = p \qquad \text{mit } p = \text{ganze Zahl,} \tag{3.244}$$

hat die Amplitudenänderung

$$\frac{da}{dn} = \frac{\sqrt{\beta_0}}{B_0\, R} \oint (a_Q \sin \vartheta \cos^2 Q\phi + b_Q \cos \vartheta \sin^2 Q\phi)\, ds \tag{3.245}$$

einen endlichen Wert. Diese durch Fehler von Dipolmagneten hervorgerufene ganzzahlige Resonanz haben wir oben schon kennengelernt. Sie ist die stärkste aller optischen Resonanzen, daher muß für einen stabilen Betrieb der Arbeitspunkt immer so gewählt werden, daß er hinreichend weit von der ganzen Zahl entfernt ist.

Die halbzahlige Resonanz $Q = n + \frac{1}{2}$.

Als nächstes soll untersucht werden, welche Resonanzen durch Fehler der Quadrupolfelder hervorgerufen werden, die durch

$$\Delta B(x, s) = g(s)\, x(s) \tag{3.246}$$

beschrieben werden. Den Bahnverlauf $x(s)$ erhält man aus (3.232), wenn man für die Phase wieder $\vartheta + Q\phi(s)$ einsetzt:

$$x(s) = a\, \sqrt{\frac{\beta(s)}{\beta_0}}\, \cos[\vartheta + Q\phi(s)]. \tag{3.247}$$

Mit (3.239) ergibt das

$$\frac{da}{dn} = \frac{a}{B_0\,R} \oint \beta(s)g(s)\cos\big[\vartheta + Q\phi(s)\big]\,\sin\big[\vartheta + Q\phi(s)\big]\,ds$$

$$\tag{3.248}$$

$$= \frac{a}{2B_0\,R} \oint \beta(s)g(s)\big[\sin 2\vartheta\cos 2Q\phi(s) + \cos 2\vartheta\sin 2Q\phi(s)\big]\,ds.$$

Da $\beta(s)g(s)$ wieder eine mit dem Umlauf periodische Funktion ist, gibt es im allgemeinen auch einen Term der p-ten Harmonischen, wobei $p = 2Q$. Dieser durch Quadrupolfelder hervorgerufene Term führt mit den $\sin 2Q\phi$ bzw. $\cos 2Q\phi$ im Integral wieder zu einer von Null verschiedenen Amplitudenänderung. Quadrupolfelder können also halbzahlige Resonanzen anregen.

Die drittelzahlige Resonanz $Q = n + \frac{1}{3}$.

Als letztes Beispiel wollen wir den Einfluß der Sextupole auf das Resonanzverhalten der umlaufenden Teilchen studieren. Das Feld hat jetzt die Gestalt

$$\Delta B(x,s) = \frac{1}{2}g'(s)x^2(s), \tag{3.249}$$

oder, wenn man die Bahnfunktion (3.232) einsetzt

$$\Delta B(x,s) = \frac{1}{2}g'(s)a^2\frac{\beta(s)}{\beta_0}\cos^2\big[\vartheta + Q\phi(s)\big]. \tag{3.250}$$

Die Amplitudenänderung ist unter diesen Bedingungen

$$\frac{da}{dn} = \frac{a^2}{2B_0\,R\sqrt{\beta_0}} \oint \beta^{\frac{3}{2}}(s)g'(s)\cos^2\big[\vartheta + Q\phi(s)\big]\,\sin\big[\vartheta + Q\phi(s)\big]\,ds. \tag{3.251}$$

Mit $\cos^2 x \sin x = \frac{1}{4}(\sin 3x + \sin x)$ folgt daraus

$$\frac{da}{dn} = \frac{a^2}{8B_0\,R\sqrt{\beta_0}}\Big\{\oint \beta^{\frac{3}{2}}(s)g'(s)\big[\sin\vartheta\cos Q\phi(s) + \cos\vartheta\sin Q\phi(s)\big]\,ds +$$

$$+ \oint \beta^{\frac{3}{2}}(s)g'(s)\big[\sin 3\vartheta\cos 3Q\phi(s) + \cos 3\vartheta\sin 3Q\phi(s)\big]\,ds\Big\} \tag{3.252}$$

Das erste Integral gibt wieder eine ganzzahlige Resonanz, die wir oben schon behandelt haben. Daher wollen wir jetzt nur das zweite Integral betrachten. Wenn der Arbeitspunkt die Bedingung $3Q = p$ erfüllt, kann der Strahl mit der p-ten Harmonischen der Funktion $\beta^{\frac{3}{2}}(s)g'(s)$ in Resonanz gehen. Diese Bedingung ist für einen drittelzahligen Wert von Q erfüllt, d.h. $Q = n + \frac{1}{3}$. Sextupolfelder erregen also drittelzahlige Resonanzen.

Tabelle 3.4 Optische Resonanzen und die sie treibenden Multipolfelder

treibendes Feld	Bedingung
Dipol	$Q = p$
Quadrupol	$2Q = p$
Sextupol	$3Q = p$
Oktupol	$4Q = p$
usw.	$\vdots$

Das $Q_x - Q_z$-Diagramm

Noch höhere Multipolfelder erregen entsprechend höhere Resonanzen, so kann z.B. ein Oktupolfeld viertelzahlige Resonanzen der Betatronschwingung hervorrufen. Die Berechnung erfolgt auf dieselbe Weise mit Hilfe der Beziehung (3.239). In der Realität ist es allerdings sehr schwierig, die Stärke der Resonanzen genau anzugeben, da die Feldfehler meistens nur sehr ungenau oder gar nicht bekannt sind. Daher sind die Fourierkoeffizienten in (3.242) im allgemeinen unbestimmt. Grundsätzlich läßt sich aber feststellen, daß die Stärke der Resonanzen mit der Ordnung stark abnimmt. Zusammenfassend sind in der Tabelle 3.4 die optischen Resonanzen und die sie treibenden Multipolfelder zusammengestellt.

Da auf Grund der endlichen Fertigungstoleranzen und der begrenzten Polbreiten der Magnete im Prinzip alle Multipolfelder in einem Beschleuniger vorhanden sind, gibt es also immer Resonanzen, wenn $m\,Q = p$. Dabei sind m und p ganze Zahlen. Nun muß man berücksichtigen, daß jeder Ringbeschleuniger zwei Arbeitspunkte hat, nämlich Q_x in der horizontalen und Q_z in der vertikalen Ebene. Diese sind in der Regel nicht gleich. Resonanzbedingungen gibt es also in beiden Ebenen. Da bei höheren Multipolfeldern die Stärke in einer Ebene von der Position des Strahls in der jeweils anderen abhängt, gibt es auch Koppelungen zwischen den Betatronschwingungen und entsprechende *Koppelresonanzen*. Daher kann man die Bedingung für optische Resonanzen in beiden Ebenen in der Art

$$\boxed{m\,Q_x + n\,Q_z = p \qquad (m, n, p = \text{ganze Zahlen})} \tag{3.253}$$

ausdrücken. Die Summe $|m| + |n|$ nennt man die *Ordnung der Resonanz*. Die Stärke der Resonanzen nimmt schnell mit der Ordnung ab. Daher ist es bei der Wahl des Arbeitspunktes im allgemeinen ausreichend, die Resonanzen bis zur 5. Ordnung zu berücksichtigen. Die sich nach (3.253) ergebenden optischen Resonanzen bis zur dritten Ordnung sind für beide Ebenen in dem Diagramm Fig. 3.35 als Linien eingezeichnet. Bei der Wahl des Arbeitspunktes muß darauf geachtet werden, daß er hinreichend weit von den Linien entfernt bleibt. Vor allem bei Speicherringen ist der Arbeitspunkt relativ kritisch, da wegen der lan-

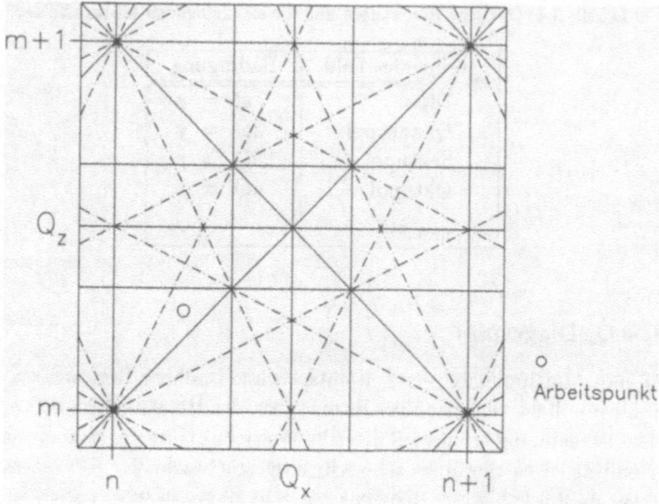

Fig. 3.35 Optische Resonanzen in beiden Schwingungsebenen bis zur 3. Ordnung. Ein möglicher Arbeitspunkt ist in das Diagramm eingezeichnet.

gen Speicherzeiten schon relativ schwache Multipolfelder signifikante resonante Strahlaufweitungen bewirken können. Daher muß er schon bei der Berechnung der Strahloptik sorgfältig gewählt werden.

3.15   Einfluß von Magnetfeldfehlern auf die Strahloptik

Ideale Magnete, die exakt dem bei der Berechnung der linearen Optik zugrundeliegenden Rechteckmodell entsprechen, kann man technisch nicht realisieren. Man hat auf Grund der endlichen Fertigungstoleranzen und der Polenden immer nicht zu vernachlässigende Abweichungen von den Idealfeldern, die wir im folgenden als *Feldfehler* bezeichnen wollen. Schon im vorangegangenen Kapitel über optische Resonanzen haben wir ein wichtiges Beispiel für den Einfluß der Feldfehler auf die Stabilität der Teilchendynamik kennengelernt. Im folgenden soll die Wirkung von Dipol- und Quadrupolfeldfehlern auf die Strahloptik behandelt werden.

3.15.1 Wirkung von störenden Dipolfeldern

Wir nehmen ein störendes Dipolfeld der Stärke ΔB an, das über eine Länge l wirkt. Dieses Feld ändert den Winkel der Teilchenbahn um den Betrag

$$\Delta x' = \frac{e}{p}\,\Delta B\,l. \tag{3.254}$$

Bei nicht zu großer Länge l kann man die Störung durch eine lokale Winkeländerung genau in der Mitte des Störfeldes bei $l/2$ beschreiben. Man kann also eine infinitesimal kurze Störung ansetzen und dadurch die Rechnung wesentlich vereinfachen. Vor dem Störfeld verlaufe ein Einzelteilchen exakt auf dem Orbit, d.h. sein Bahnvektor hat den Wert $\{x, x'\} = \{0, 0\}$. Daher hat dieses Teilchen auch keine Emittanz. Unmittelbar hinter dem Störfeld setzt das Teilchen seine Bewegung unter dem Winkel $\Delta x'$ gegen den Orbit fort. Sein Bahnvektor ist jetzt $\vec{x} = \{0, \Delta x'\}$. Das führt wegen der Teilchenfokussierung zu Betatronschwingungen. Setzt man diesen Bahnvektor in die Ellipsengleichung (3.135) ein, erhält man eine von Null verschiedene *Störemittanz*

$$\varepsilon_{\text{stör}} = \beta\,\Delta x'^2. \tag{3.255}$$

Es ist bemerkenswert, daß bei gleichem Störfeld die Störemittanz proportional zur Betafunktion am Ort der Störung ansteigt. Dieser Sachverhalt wird Fig. 3.36 veranschaulichen. Es ist eine fundamantale Eigenschaft der Strahloptik, daß die Wirkung einer Feldstörung mit der Betafunktion ansteig. Daher muß an Stellen großer Betafunktionen besonders streng auf den sorgfältigen Bau der Magnete geachtet werden. Bei einem Ringbeschleuniger läuft der Strahl bei jedem Umlauf wieder durch dasselbe Störfeld und wird daher jedesmal um denselben Winkel abgelenkt. Nach vielen Umläufen stellt sich ein stabiler Gleichgewichtszustand ein, der einen neuen *gestörten Orbit* ergibt. Er ist im Prinzip eine ortsfeste Betatronschwingung um den idealen ungestörten Orbit mit einem Phasen- bzw. Winkelsprung an der Stelle der Störung, wie es Fig. 3.37 zeigt. Im Gleichgewichtszustand hat der gestörte Orbit am Ort s_0 die Ablage x gegen den idealen Orbit. Sein Winkel ist unmittelbar vor dieser Störung $x' - \Delta x'$ und unmittelbar dahinter x'. Die Bahn startet also vom Ort s_0 mit dem Bahnvektor $\{x, x'\}$ und tritt nach einem vollen Umlauf mit dem Bahnvektor $\{x, x' - \Delta x'\}$ wieder in das Störfeld ein, das als verschwindend kurz angenommen wird. Der gestörte Orbit läßt sich also durch

$$\begin{pmatrix} x \\ x' - \Delta x' \end{pmatrix} = \mathbf{M_u}\begin{pmatrix} x \\ x' \end{pmatrix} \tag{3.256}$$

transformieren. Dabei ist $\mathbf{M_u}$ die Transformationsmatrix für einen vollen Umlauf. Diese kann man leicht aus (3.164) berechnen, wenn man mit Hilfe des Arbeitspunktes Q die Betatronphase für einen Umlauf durch $\Psi = 2\pi Q$ ersetzt,

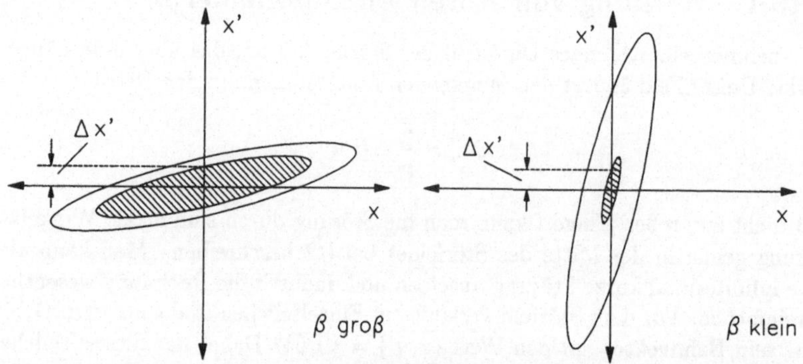

Fig. 3.36 Wirkung eines konstanten Störfeldes auf den Strahl an zwei Stellen mit verschiedenen Betafunktionen. Die Winkeländerung $\Delta x'$ ist in beiden Fällen gleich. Die Winkelakzeptanz ist im Falle einer großen Betafunktion (linke Ellipse) relativ klein, so daß die Winkelstörung $\Delta x'$ wegen des Liouville'schen Theorems eine relativ große Störellipse (schraffiert gezeichnet) hervorruft. Bei kleiner Betafunktion (rechte Ellipse) ist die Störellipse entsprechend klein.

und weiterhin bedenkt, daß die Betafunktion und ihre Ableitung wegen der Periodizitätsbedingung am Anfang und Ende gleich sind, also $\beta(s_0) = \beta_0$ und $\alpha(s_0) = \alpha_0$. Dann folgt

$$\mathbf{M_u} = \begin{pmatrix} \cos 2\pi Q + \alpha(s_0)\sin 2\pi Q & \beta(s_0)\sin 2\pi Q \\[2mm] -\gamma(s_0)\sin 2\pi Q & \cos 2\pi Q - \alpha(s_0)\sin 2\pi Q \end{pmatrix}. \qquad (3.257)$$

Damit erhält man aus (3.256) die beiden Bestimmungsgleichungen für die Komponenten x und x' des gestörten Orbitvektors unmittelbar hinter der Störung

$$\left[\cos 2\pi Q + \alpha(s_0)\sin 2\pi Q - 1\right] x \; + \; \beta(s_0)\sin 2\pi Q \; x' \; = \; 0$$

$$(3.258)$$

$$-\gamma(x_0)\sin 2\pi Q \; x \; + \; \left[\cos 2\pi Q - \alpha(s_0)\sin 2\pi Q - 1\right] x' \; = \; -\Delta x'.$$

Die Lösung dieser beiden Gleichungen liefert nach einfachen trigonometrischen Umformungen schließlich das gesuchte Ergebnis

$$\boxed{\begin{aligned} x &= \Delta x' \frac{\beta(s_0)}{2\tan \pi Q} \\[4mm] x' &= \frac{\Delta x'}{2}\left(1 - \frac{\alpha(s_0)}{\tan \pi Q}\right). \end{aligned}} \qquad (3.259)$$

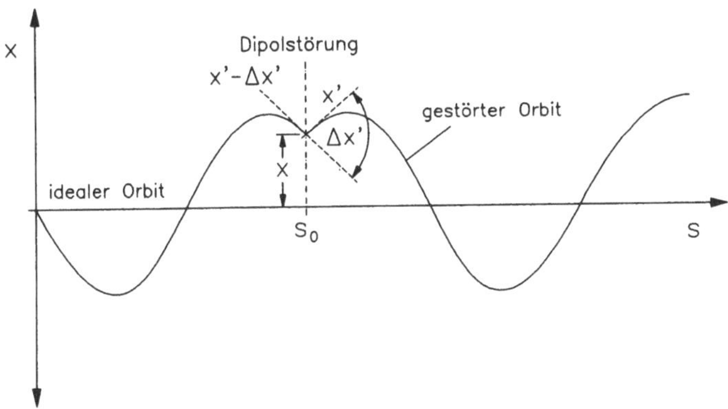

Fig. 3.37 Durch eine Dipolstörung am Ort s_0 hervorgerufener gestörter Orbit. An der Stelle s_0 wird die ortsfeste Bahn um den Winkel $\Delta x'$ abgelenkt.

Aus diesem Anfangsvektor läßt sich mit Hilfe der bekannten Transformationsmatrizen der gestörte Orbit an jedem Ort auf dem Umfang errechnen. Man sieht sofort, daß der gestörte Orbit über alle Grenzen wächst, wenn sich der Arbeitspunkt Q einer ganzen Zahl nähert. Das ist die Folge der schon bekannten ganzzahligen Resonanz. Im allgemeinen hat man viele derartiger Störungen um den Ring, die in derselben Weise einzeln berechnet und aufsummiert werden. Dabei kann es zu erheblichen Orbitverschiebungen kommen, die durch geeignet verteilte kleine Korrekturmagnete wieder kompensiert werden müssen.

3.15.2 Wirkung von störenden Quadrupolfeldern

Der einfachste Fall eines durch einen Quadrupol hervorgerufenen Feldfehlers ist eine transversale Fehlaufstellung, bei der die Achse des Quadrupols zwar parallel zum Orbit verläuft, aber gegen ihn verschoben ist, wie es Fig. 3.38 zeigt. Wenn der Quadrupol den Gradienten $g = \partial B_z/\partial x$ hat, herrscht am Orbit das Feld

$$\begin{pmatrix} \Delta B_x \\ \Delta B_z \end{pmatrix} = g \begin{pmatrix} \Delta z \\ \Delta x \end{pmatrix}. \tag{3.260}$$

Daraus ergibt sich in den beiden Ebenen der Ablenkwinkel

$$\begin{pmatrix} \Delta x' \\ \Delta z' \end{pmatrix} = \frac{e}{p}\, l \begin{pmatrix} \Delta B_z \\ \Delta B_x \end{pmatrix} = \frac{e}{p}\, g\, l \begin{pmatrix} \Delta x \\ \Delta z \end{pmatrix} = k\, l \begin{pmatrix} \Delta x \\ \Delta z \end{pmatrix}. \tag{3.261}$$

Dieser Aufstellungsfehler bewirkt also wie bei einer Dipolstörung eine Winkeländerung der Bahn in beiden Ebenen. Das führt ebenfalls zu einem gestörten Orbit,

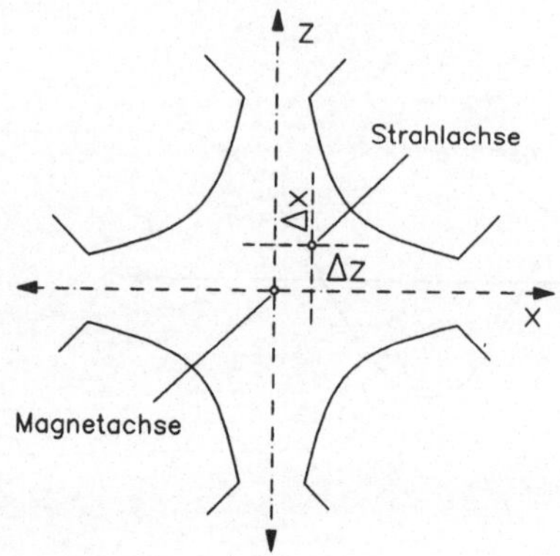

Fig. 3.38 Orbitstörung durch einen Quadrupol mit transversaler Fehlaufstellung. Die zum Orbit parallele Quadrupolachse ist um den Aufstellungsfehler $\Delta\vec{x} = \{\Delta x, \Delta z\}$ verschoben

der sich aus (3.259) berechnen läßt, indem man die Störwinkel von (3.261) einsetzt. Der Orbitfehler ist proportional zur Fehlaufstellung und proportional zur Betafunktion am Ort des Quadrupols.

Ein Fehler des Gradienten g im Quadrupol verändert die Fokussierung und damit den Arbeitspunkt in einem Ringbeschleuniger. Außerdem wird dadurch auch die Betafunktion um den Ring verändert. Dieses Problem soll als Störungsrechnung behandelt werden, indem der Gradientenfehler Δg als sehr klein gegen den Gradienten angenommen wird. Der gestörte Gradient bzw. die gestörte Quadrupolstärke werden dann in der Art

$$g = g_{\text{soll}} + \Delta g \qquad \text{mit} \qquad \Delta g \ll g$$
$$k = k_{\text{soll}} + \Delta k \qquad \text{mit} \qquad \Delta k \ll k \tag{3.262}$$

ausgedrückt. Im ungestörten Fall, d.h. wenn $\Delta k = 0$, ist die Transformationsmatrix für einen vollen Umlauf

$$\mathbf{M_u} = \begin{pmatrix} \cos 2\pi Q + \alpha_0 \sin 2\pi Q & \beta_0 \sin 2\pi Q \\ -\gamma_0 \sin 2\pi Q & \cos 2\pi Q - \alpha_0 \sin 2\pi Q \end{pmatrix}. \tag{3.263}$$

mit dem Arbeitspunkt Q, dem Betatronphasenvorschub $\Psi = 2\pi Q$ pro Umlauf und den optischen Funktionswerten β_0 und α_0 am Ort s_0.

Um nun den Einfluß des Gradientenfehlers zu ermitteln, schneiden wir am Ort s_0 aus der Magnetstruktur ein infinitesimales Quadrupolstück der Länge ds heraus, wie es Fig. 3.39 skizziert. Dabei soll hier ohne Einschränkung der Allgemeinheit ein fokussierender Quadrupol angenommen werden. $\mathbf{M_Q}$ ist die Transformationsmatrix des Quadrupolstücks und $\mathbf{M_R}$ die des restlichen Rings. Die Umlaufmatrix läßt sich daher in der Form

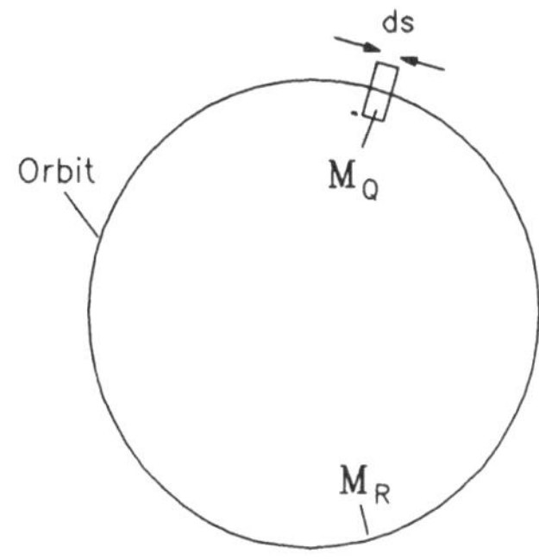

Fig. 3.39 Ringbeschleuniger mit einem abgetrennten infinitesimalen Quadrupolstück

$$\mathbf{M}_\mathrm{u} = \mathbf{M}_\mathrm{Q}\mathbf{M}_\mathrm{R} \qquad (3.264)$$

schreiben. Für das kurze ungestörte Quadrupolstück mit der Länge ds folgt aus (3.84) sofort

$$\mathbf{M}_\mathrm{Q} = \begin{pmatrix} 1 & ds \\ -k\,ds & 1 \end{pmatrix}. \qquad (3.265)$$

Im Falle eines Quadrupolfehlers wird daraus

$$\mathbf{M}_\mathrm{Q}^* = \begin{pmatrix} 1 & ds \\ -(k+\Delta k)\,ds & 1 \end{pmatrix}. \qquad (3.266)$$

Das Matrizenprodukt

$$\begin{pmatrix} 1 & 0 \\ -\Delta k\,ds & 1 \end{pmatrix} \cdot \begin{pmatrix} 1 & ds \\ -k\,ds & 1 \end{pmatrix} = \begin{pmatrix} 1 & ds \\ -(k+\Delta k)\,ds & 1-\Delta k\,ds^2 \end{pmatrix} \qquad (3.267)$$

geht wegen $|\Delta k\,ds^2| \ll 1$ in die gestörte Matrix $\mathbf{M}_\mathrm{Q}^*$ über, die daher die Form

$$\mathbf{M}_\mathrm{Q}^* = \begin{pmatrix} 1 & 0 \\ -\Delta k\,ds & 1 \end{pmatrix} \mathbf{M}_\mathrm{Q} \qquad (3.268)$$

erhält. Die durch den Gradientenfehler hervorgerufene Störung der Umlaufmatrix ist also wegen (3.264)

$$\begin{aligned}
\mathbf{M}_\mathrm{u}^* &= \begin{pmatrix} 1 & 0 \\ -\Delta k\,ds & 1 \end{pmatrix} \mathbf{M}_\mathrm{u} \\[2em]
&= \begin{pmatrix} \cos 2\pi Q + \alpha_0 \sin 2\pi Q & \beta_0 \sin 2\pi Q \\[1.5em] -\Delta k\,ds\,(\cos 2\pi Q - \alpha_0 \sin 2\pi Q) - \gamma_0 \sin 2\pi Q & -\Delta k\,ds\,\beta_0 \sin 2\pi Q + \cos 2\pi Q - \alpha_0 \sin 2\pi Q \end{pmatrix}
\end{aligned} \qquad (3.269)$$

Der Quadrupolfehler Δk bewirkt eine Veränderung der Strahlfokussierung und damit eine Verschiebung des Arbeitspunktes um dQ. Daher kann man die gestörte Umlaufmatrix auch dadurch ausdrücken, daß man in der ungestörten Umlaufmatrix (3.263) Q durch $Q + dQ$ ersetzt, also folgt mit $\chi = 2\pi(Q + dQ)$

$$\mathbf{M_u}(Q + dQ) = \begin{pmatrix} \cos\chi + \alpha_0\sin\chi & \beta_0\sin\chi \\ -\gamma_0\sin\chi & \cos\chi - \alpha_0\sin\chi \end{pmatrix}. \tag{3.270}$$

Die Matrizen $\mathbf{M_u^*}$ und $\mathbf{M_u}(Q+dQ)$ sind zwei verschiedene Abbildungen derselben physikalischen Größen. Da sie nicht notwendigerweise demselben Koordinatensystem zugeordnet sind, führt die einfache Identität $\mathbf{M_u^*} = \mathbf{M_u}(Q+dQ)$, d.h. die Gleichheit der entsprechenden Matrixelemente, nicht zum gewünschten Ergebnis. Man muß nach einer Identität der Matrizen suchen, die dieselbe Transformation des Raumes bewirkt bei beliebiger Wahl der Koordinatensysteme. Genau das leistet die Äquivalenzrelation der *Ähnlichkeit*. Nach den Regeln der linearen Algebra sind Matrizen *ähnlich*, wenn ihre Spuren, d.h. die Summen der Diagonalelemente, übereinstimmen. Mit dieser Forderung erhält man

$$\text{Spur } \mathbf{M_u^*} = \text{Spur } \mathbf{M_u}(Q + dQ). \tag{3.271}$$

Daraus folgt sofort mit (3.269) und (3.270)

$$2\cos 2\pi Q - \Delta k\,\beta_0\,\sin 2\pi Q\ ds = 2\cos 2\pi(Q + dQ). \tag{3.272}$$

Wegen der sehr kleinen Q-Verschiebung ist $\cos 2\pi dQ \approx 1$ und $\sin 2\pi dQ \approx 2\pi dQ$ wodurch sich (3.272) auf den Ausdruck

$$4\pi\ dQ = \Delta k\,\beta_0\,ds. \tag{3.273}$$

reduziert. Die Arbeitspunktverschiebung ΔQ, die ein Quadrupol mit der endlichen Länge l und dem Fehler Δk hervorruft, gewinnt man daraus durch einfache Integration über die Länge des Magneten, also

$$\boxed{\Delta Q = \frac{1}{4\pi}\int_{s_0}^{s_0+l} \Delta k\,\beta(s)\,ds.} \tag{3.274}$$

Es ist wichtig, darauf hinzuweisen, daß diese Formel nur für sehr kleine Quadrupolfehler Δk gilt.

Neben der Verschiebung des Q-Wertes hat ein Quadrupolfehler auch Auswirkungen auf die Betafunktion. Deren Wert soll an einer Stelle s_0 im Ring berechnet werden, wenn die wieder als infinitesimal kurz angenommene Quadrupolstörung an einem anderen Ort s_1 wirkt (Fig. 3.40). Zwischen s_0 und s_1 ändert sich die Betatronphase um den Betrag Ψ. Die Magnetstruktur zwischen

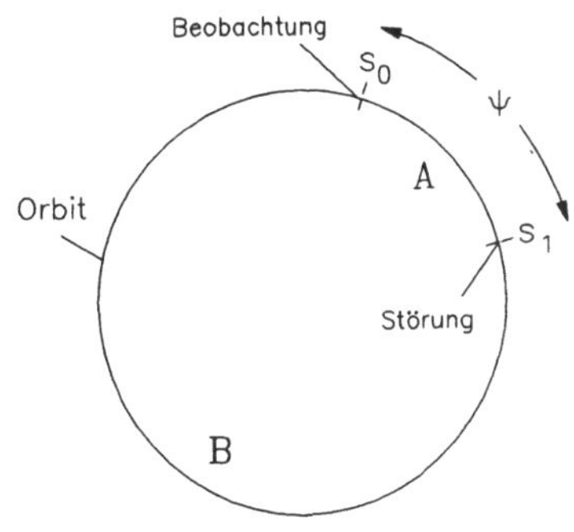

Fig. 3.40 Zur Berechnung der Störung der Betafunktion am Ort s_0 durch einen Quadrupolfehler am Ort s_1 bei einem Ringbeschleuniger

den Punkten s_0 und s_1 wird durch die Matrix $\mathbf{A}$ und zwischen s_1 und s_0 durch die Matrix $\mathbf{B}$ repräsentiert. Die ungestörte Umlaufmatrix am Punkt s_0 ist

$$\mathbf{M}_u(s_0) = \begin{pmatrix} m_{11} & m_{12} \\ m_{21} & m_{22} \end{pmatrix} = \mathbf{B} \cdot \mathbf{A} \tag{3.275}$$

mit

$$\mathbf{A} = \begin{pmatrix} a_{11} & a_{12} \\ a_{21} & a_{22} \end{pmatrix} \qquad \mathbf{B} = \begin{pmatrix} b_{11} & b_{12} \\ b_{21} & b_{22} \end{pmatrix} \tag{3.276}$$

Die Störung führen wir jetzt wieder wie in (3.268) durch Multiplikation mit der Störmatrix ein und erhalten

$$\mathbf{M}_u^*(s_0) = \begin{pmatrix} m_{11}^* & m_{12}^* \\ m_{21}^* & m_{22}^* \end{pmatrix} = \mathbf{B} \cdot \begin{pmatrix} 1 & 0 \\ -\Delta k\, ds & 1 \end{pmatrix} \cdot \mathbf{A}. \tag{3.277}$$

Für die weiteren Betrachtungen genügt es, nur noch die Matrixelemente m_{12} bzw. m_{12}^* zu betrachten. Berücksichtigt man die Beziehung (3.164) und setzt außerdem $\beta_0 = \beta(s_0)$, kann man m_{12} in der Art

$$m_{12} = \beta_0\, \sin 2\pi Q \tag{3.278}$$

schreiben. Mit der Quadrupolstörung verändern sich sowohl die Betafunktion als auch der Arbeitspunkt um einen kleinen Betrag. Daher kann man das gestörte Matixelement m_{12}^* analog zu (3.278) in der allgemeinen Form

$$m_{12}^* = (\beta_0 + d\beta)\, \sin 2\pi(Q + dQ) \tag{3.279}$$

ausdrücken. Andererseits erhält man m_{12}^* aus dem Matrizenprodukt (3.277)

$$\begin{aligned} m_{12}^* &= \underbrace{b_{11}a_{12} + b_{12}a_{22}}_{= m_{12}} - a_{12}b_{12}\Delta k\, ds \\[4pt] &= \beta_0\, \sin 2\pi Q - a_{12}b_{12}\Delta k\, ds. \end{aligned} \tag{3.280}$$

Setzt man nun (3.279) und (3.280) gleich und berücksichtigt noch die Näherungen $\cos 2\pi dQ \approx 1$ und $\sin 2\pi dQ \approx 2\pi dQ$, folgt

$$(\beta_0 + d\beta)[\sin 2\pi Q + 2\pi dQ \cos 2\pi Q] = \beta_0 \sin 2\pi Q - a_{12} b_{12} \Delta k \, ds. \qquad (3.281)$$

Da dQ und $d\beta$ infinitesimal kleine Beträge sind, kann man Glieder mit Produkten $dQ \cdot d\beta$ vernachlässigen und erhält

$$2\pi dQ \beta_0 \cos 2\pi Q + d\beta \sin 2\pi Q = -a_{12} b_{12} \Delta k \, ds. \qquad (3.282)$$

Mit der Arbeitspunktverschiebung (3.273) kann man diesen Ausdruck weiter umformen, so daß

$$\frac{1}{2}\beta_0 \beta(s_1) \Delta k \, ds \ \cos 2\pi Q + d\beta \sin 2\pi Q = -a_{12} b_{12} \Delta k \, ds. \qquad (3.283)$$

Auflösen nach $d\beta$ liefert schließlich

$$d\beta = -\frac{1}{2 \sin 2\pi Q}\Big[2a_{12} b_{12} + \beta_0 \beta(s_1) \cos 2\pi Q \Big] \Delta k \, ds. \qquad (3.284)$$

Es müssen jetzt noch die Matrixelemente a_{12} und b_{12} berechnet werden. Dazu benutzen wir die am Ort s_0 und s_1 bereits vorgegeben Betafunktionen und bezeichnen außerdem den Phasenvorschub über die Strecke (s_0, s_1) mit Ψ und den über die Strecke (s_1, s_0) mit $2\pi Q - \Psi$. Einsetzen in (3.164) führt zu

$$\begin{aligned} a_{12} &= \sqrt{\beta_0 \, \beta(s_1)} \sin \Psi \\ b_{12} &= \sqrt{\beta_0 \, \beta(s_1)} \sin(2\pi Q - \Psi). \end{aligned} \qquad (3.285)$$

Mit (3.284) folgt daraus

$$d\beta = -\frac{\beta_0 \, \beta(s_1)}{2 \sin 2\pi Q} \underbrace{\big[2\sin \Psi \sin(2\pi Q - \Psi) + \cos 2\pi Q \big]}_{= \cos(2\Psi - 2\pi Q)} \Delta k \, ds. \qquad (3.286)$$

Die Betatronphase am Ort s_0 sei mit Ψ_0 bezeichnet. Dann gibt $\Psi = \Psi(s_1) - \Psi_0$ die Phasendifferenz zum Ort s_1 an. In einer realen Maschine ist ein Quadrupolfehler immer über eine endliche Strecke verteilt, die hier von s_1 bis $s_1 + l$ angenommen wird. Die durch diesen Fehler Δk hervorgerufene Änderung der Betafunktion am Orte s_0 ist damit

$$\boxed{\ \Delta\beta(s_0) = -\frac{\beta_0}{2 \sin 2\pi Q} \int\limits_{s_1}^{s_1 + l} \beta(s)\, \Delta k(s) \cos\big[2\big(\Psi(s) - \Psi_0\big) - 2\pi Q \big]\, ds. \ } \qquad (3.287)$$

Man sieht wieder, daß $\Delta\beta$ über alle Grenzen wächst, wenn $\sin 2\pi Q \to 0$. Der Arbeitspunkt darf also keine ganzzahligen und keine halbzahligen Werte annehmen. Dieses schon von den optischen Resonanzen her bekannte Phänomen führt also auch zu einem unbegrenzten Anwachsen der Betafunktionen und damit der Strahldimensionen. Ein stabiler Betrieb ist dabei nicht möglich.

Es muß noch einmal darauf hingewiesen werden, daß die in diesem Abschnitt entwickelten Formeln wirklich nur für sehr kleine Störungen Δk gelten, bei denen die Betafunktionen im wesentlichen erhalten bleiben. Größere Änderungen verschieben die gesamte Strahloptik und die hier angenommenen Näherungen sind nicht mehr gültig. In diesem Fall muß die Optik komplett neu berechnet werden. Auch beim praktischen Betrieb eines Ringbeschleunigers muß immer bedacht werden, daß eine größere Veränderung einzelner Quadrupolstärken die Optik erheblich verändern kann.

3.16 Chromatizität der Strahloptik und ihre Kompensation

Die Strahloptik wird zunächst immer für Teilchen mit Sollimpuls p_0 berechnet. Da man in einem realistischen Teilchenstrahl aber immer eine gewisse Impulsverteilung um den Sollwert hat, ist es wichtig zu untersuchen, wie sich die Strahloptik für Teilchen mit Impulsabweichung Δp verändert. Dabei können wir von sehr kleinen Impulsabweichungen $\Delta p \ll p_0$ ausgehen, denn die gaußförmigen Verteilungsfunktion eines Teilchenstrahls ist im allgemeinen nicht viel breiter als $\Delta p/p_0 \approx 10^{-3}$. Teilchen mit dem Impuls $p = p_0 + \Delta p$ sehen die gegenüber der Solloptik veränderte Quadrupolstärke

$$k(p) = \frac{e}{p}g = \frac{e}{p_0 + \Delta p}g \approx \frac{e}{p_0}\left(1 - \frac{\Delta p}{p_0}\right)g = k_0 + \Delta k. \qquad (3.288)$$

Man kann also die Auswirkung der Impulsabweichung als einen Quadrupolfehler Δk auffassen, der durch

$$\Delta k = -\frac{\Delta p}{p}k_0 \qquad (3.289)$$

gegeben ist. Dieser Quadrupolfehler bewirkt pro Wegelement ds nach (3.273) die infinitesimale Arbeitspunktverschiebung

$$dQ = -\frac{\Delta p}{p}\frac{1}{4\pi}k_0\,\beta(s)\,ds. \qquad (3.290)$$

Da das Teilchen seine Impulsabweichung während vieler Umläufe beibehält, haben für dieses Teilchen *alle* Quadrupole des Rings einen zu $\Delta p/p$ proportionalen

Quadrupolfehler. Um die entsprechende Q-Verschiebung zu berechnen, muß daher über alle Quadrupole des Rings integriert werden. Dann folgt aus (3.290)

$$\xi := \frac{\Delta Q}{\Delta p/p} = -\frac{1}{4\pi} \oint k(s)\,\beta(s)\,ds. \tag{3.291}$$

Diese dimensionslose Größe nennt man in Anlehnung an die Farbfehler lichtoptischer Systeme die *Chromatizität* einer Strahloptik. Sie nimmt mit der Stärke der Strahlfokussierung zu. Besonders große Beiträge liefern starke Quadrupole, in denen die Betafunktionen ebenfalls große Werte erreichen.

Vor allem bei Speicherringen treten wegen ihrer Größe und ihrer meist relativ starken Fokussierung große Chromatizitäten ξ_x und ξ_z in beiden Ebenen auf. Das bewirkt einmal wegen $\Delta Q = \xi \frac{\Delta p}{p}$ selbst bei kleinen Impulsabweichungen beträchtliche Q-Verschiebungen, so daß diese Teilchen auf schädliche optische Resonanzen treffen und dadurch verlorengehen. Ein weiterer begrenzender Effekt ist die sogenannte *Head-Tail-Instabilität*, die immer dann auftritt, wenn die Chromatizität negative Werte hat. Das ist, wie man an Formel (3.291) erkennen kann, in der Regel bei allen Ringbeschleunigern der Fall. Diese Instabilität begrenzt den Strahlstrom bei relativ kleinen Werten. Aus diesen Gründen ist es vor allem bei den stark fokussierenden Maschinen unbedingt erforderlich, die Chromatizität zu kompensieren.

Die Kompensation wird an Stellen vorgenommen, wo die Teilchen nach ihrem Impuls sortiert auftreten. Das passiert überall da, wo es eine von Null verschiedene Dispersion gibt. Hier laufen die Teilchen in Abhängigkeit ihres Impulses im Mittel auf den Dispersionsbahnen

$$x_{\mathrm{D}}(s) = D(s)\frac{\Delta p}{p}. \tag{3.292}$$

An solchen Stellen installiert man zusätzlich Magnete, die eine von der transversalen Strahllage abhängige Fokussierungsstärke haben, d.h. $k \propto x$. Eine solche Eigenschaft haben gerade die *Sextupolmagnete*. Deren Feld kann man aus dem Potential (3.49) berechnen, nämlich

$$\begin{aligned}
B_x &= \frac{\partial \Phi}{\partial x} = g'\,x\,z \\[2mm]
B_z &= \frac{\partial \Phi}{\partial z} = \frac{1}{2}\,g'\,(x^2 - z^2)
\end{aligned} \tag{3.293}$$

Daraus erhält man den Gradienten entlang der x- bzw. der z-Achse sofort zu

$$\left.\begin{aligned}
\frac{\partial B_z}{\partial x} &= g'\,x \\[2mm]
\frac{\partial B_x}{\partial z} &= g'\,x
\end{aligned}\right\} \qquad k_{\mathrm{sext}} = \frac{e}{p}\,g'\,x = m\,x \tag{3.294}$$

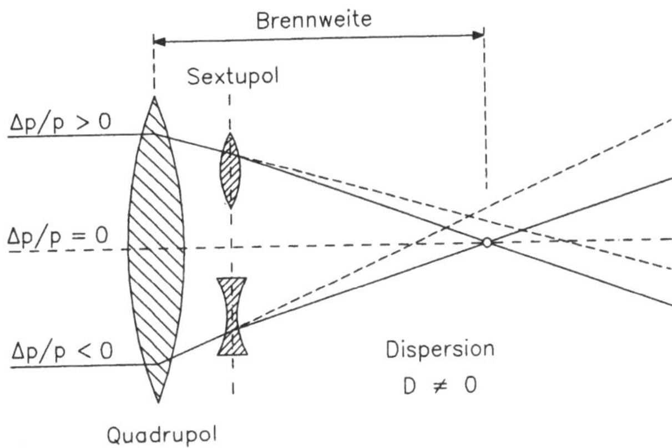

Fig. 3.41 Prinzip der Kompensation der durch Quadrupolmagnete hervorgerufenen Chromatizität durch Sextupole

Die Wirkungsweise der Chromatizitätskompensation ist in Fig. 3.41 veranschaulicht. Teilchen mit Sollimpuls $\Delta p/p = 0$ haben die korrekte Fokussierung. Sie laufen auf dem Sollorbit, d.h. bei $x = 0$, und werden daher von dem hinter dem Quadrupol stehenden Sextupol nicht beeinflußt, da dessen Feldgradient auf der Achse verschwindet. Sextupole beeinflussen daher die Sollteilchen nicht. Bei zu großem Teilchenimpuls $\Delta p/p > 0$ wirken alle Quadrupole zu schwach. Da das Teilchen aber auf einer Dispersionsbahn $x_D > 0$ läuft, passiert es den Sextupol mit einer Ablage $x = \frac{\Delta p}{p} D > 0$. Dieser fügt hier auf Grund der Ablage eine zusätzliche Quadrupolstärke

$$k_{\text{sext}} = m\, D\, \frac{\Delta p}{p} \tag{3.295}$$

hinzu, die durch die Sextupolstärke m so bemessen wird, daß der chromatische Effekt des Quadrupols verschwindet. Bei Teilchen mit zu kleinem Impuls funktioniert die Kompensation genauso, nur mit umgekehrtem Vorzeichen.

Mit den im Ring verteilten Sextupolen ergibt sich die Gesamtchromatizität aus der Summe von impulsabhängigem Quadrupolfehler $\Delta k = -\frac{\Delta P}{p}$ und der Wirkung der Sextupole $k_{\text{sext}} = m\, D\, \frac{\Delta p}{p} k_0$. Da alle Quadrupole und Sextupole im Ring beitragen, muß wieder über einen ganzen Umlauf integriert werden. Die effektive Gesamtchromatizität erhält man mit (3.291) als

$$\boxed{\xi_{\text{ges}} = \frac{1}{4\pi} \oint \left[m(s)\, D(s) - k(s) \right] \beta(s)\, ds.} \tag{3.296}$$

Im Prinzip ist es immer möglich, durch die Anzahl, die Positionen und die Stärken m der Sextupole dieses Integral zum Verschwinden zu bringen. In der Praxis hat es sich aber als zweckmäßig erwiesen, eine gewisse Überkompensation der Chromatizität einzustellen, so daß man leicht positive Werte von

$$\xi_{ges} \approx +1 \ldots +3 \tag{3.297}$$

erhält. Einmal wird dadurch vermieden, daß durch leichte Veränderung der Optik die Chromatizität wieder negativ wird und außerdem führt ein positiver Wert von ξ_{ges} zu einer *Head-Tail-Dämpfung*.

3.17 Einschränkung der dynamischen Apertur durch Sextupole

Die für die Kompensation der Chromatizität erforderlichen Sextupolmagnete haben leider auf das dynamische Verhalten des Strahls auch nachteilige Effekte. Im wesentlichen liegt das an der Tatsache, daß die Sextupole mit ihrem quadratischen Feldverlauf nichtlineare Kräfte auf die Teilchen ausüben, die zu anharmonischen Betatronschwingungen führen. Deren Frequenz und damit auch der Arbeitspunkt sind dann abängig von der Amplitude der Schwingung. Auf diese Weise können nichtlineare Resonanzen entstehen, die ab einer gewissen Betatronamplitude einen plötzlichen Teilchenverlust hervorrufen. Teilchen mit Sollimpuls p_0 aber großen Schwingungsamplituden werden daher durch die Sextupolfelder so beinflußt, daß keine stabilen Bahnen über beliebig viele Umläufe mehr möglich sind. Hier hat man das Phänomen der *chaotischen Teilchendynamik.*

Eine analytische Behandlung dieses nichtlinearen Problems ist nicht möglich, hier ist man auf numerische Verfahren angewiesen. Das einfachste Verfahren soll an Hand von Fig. 3.42 erläutert werden. Wir nehmen dazu in guter Übereinstim-

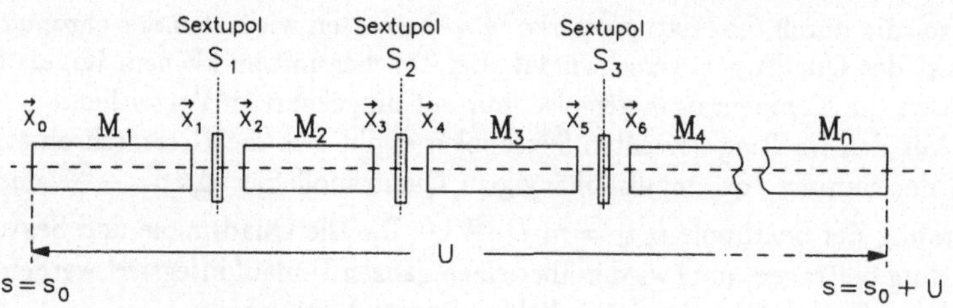

Fig. 3.42 Berechnung der Teilchenbahn durch eine Magnetstruktur mit einzelnen Sextupolen, die als unendlich dünn angenommen werden.

mung mit der Realität an, daß die Magnetstruktur eines Ringes stückweise aus linearen Sektionen besteht, die durch einzelne Sextupolmagnete getrennt sind. Die Sektionen werden in bekannter Weise durch ihre Transformationsmatrizen $\mathbf{M}_i$ repräsentiert. Die Sextupole können dabei als dünne Linsen ohne longitudinale Ausdehnung angenähert werden.

Am Beginn der Struktur startet man mit einem vierdimensionalen Bahnvektor

$$\vec{X}_0 = \begin{pmatrix} x_0 \\ x_0' \\ z_0 \\ z_0' \end{pmatrix}, \tag{3.298}$$

dessen Komponenten innerhalb des durch die Akzeptanzellipse begrenzten Bereichs durch einen Zufallsgenerator gewürfelt werden. Unmittelbar vor dem ersten Sextupol S_1 erhält man den Bahnvektor durch die Transformation

$$\vec{X}_1 = \begin{pmatrix} x_1 \\ x_1' \\ z_1 \\ z_1' \end{pmatrix} = \mathbf{M}_1 \cdot \vec{X}_0. \tag{3.299}$$

Mit den Ablagen x_1 und z_1 durchfliegt das Teilchen den Sextupol, der am Ort des Teilchens nach (3.293) das Feld

$$\vec{B} = \begin{pmatrix} g'\, x_1\, z_1 \\ \dfrac{1}{2}\, g'\, (x_1^2 - z_1^2) \end{pmatrix} \tag{3.300}$$

erzeugt. Ist l die effektive Länge des Sextupols, so ist die durch das Sextupolfeld hervorgerufene Winkeländerung der Bahn in den beiden Ebenen

$$\begin{aligned} \Delta x_1' &= \frac{e}{p}\, B_z\, l = \frac{1}{2}\, (ml)\, (x_1^2 - z_1^2) \\ \Delta z_1' &= \frac{e}{p}\, B_x\, l = (ml)\, x_1\, z_1. \end{aligned} \tag{3.301}$$

Die Transformation der Bahn durch den Sextupol kann nicht durch den bekannten Matrixformalismus beschrieben werden, da die Matrixelemente dann selbst wieder von den Anfangswerten des Bahnvektors abhängig wären. Die durch den Sextupol bewirkten Winkeländerungen müssen explizit zum Bahnvektor hinzuaddiert werden. Dadurch erhält man hinter dem Sextupol den neuen Vektor

$$\vec{X}_2 = \begin{pmatrix} x_1 \\ x_1' + \Delta x_1' \\ z_1 \\ z_1' + \Delta z_1' \end{pmatrix}, \tag{3.302}$$

den man anschließend mit der Matrix $\mathbf{M}_2$ zum nächsten Sextupol S_2 transformiert. Hier werden auf dieselbe Weise wieder die Winkeländerungen der Teilchenbahn berechnet. Dieses Verfahren, das man als *Teilchentracking* bezeichnet, wiederholt man so oft, bis hinreichend viele Umläufe durchgerechnet sind. Üblicherweise nimmt man einige tausend Umläufe. Das Ergebnis einer solchen Computerrechnung ist für die horizontale Ebene in Fig. 3.43 gezeigt. Es ist

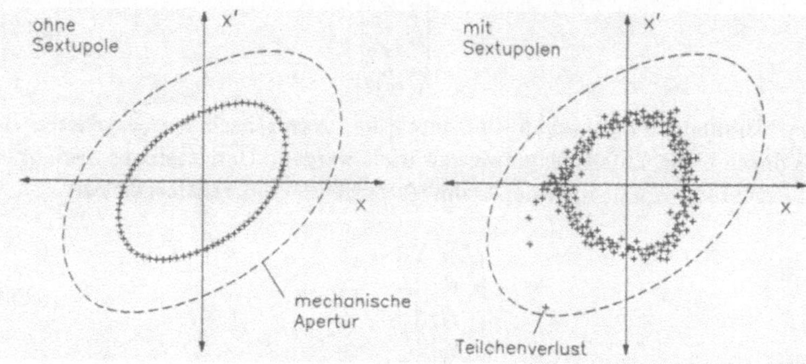

Fig. 3.43 Teilchentracking durch einen Ringbeschleuniger (links ohne Sextupole, rechts mit Sextupolen). Dargestellt wird hier exemplarisch nur die horizontale Phasenebene. Bei jedem Umlauf wird die an einer bestimmten Stelle s erreichte transversale Teilchenposition als kleines Kreuz in das Phasendiagramm eingetragen. Die gestrichelte Ellipse markiert die Akzeptanz des Rings. Ohne Sextupole erhält man die erwartete Ellipsenform. Mit Sextupolen ist die Teilchenbewegung sehr viel komplizierter und führt in diesem Beispiel zu einem plötzlichen Anwachsen der Betatronamplitude und damit zu Strahlverlust.

an diesem Beispiel sofort zu sehen, daß die Sextupole den stabilen Bereich innerhalb des Phasenraums einschränken. Nur für kleine Schwingungsamplituden gibt es stabile Teilchenbewegungen. Überschreitet man einen bestimmten Wert, der durchaus sehr viel kleiner sein kann als die durch die Vakuumkammer vorgegebene Akzeptanz, geht das Teilchen verloren. In diesem Fall steht dem Strahl deutlich weniger Platz zur Verfügung, als durch die mechanische Apertur vorgegeben ist. Die nichtlineare Teilchendynamik begrenzt die effektive für die Teilchenbewegung nutzbare Apertur, die man daher auch als *dynamische Apertur* bezeichnet.

Für einen stabilen und zuverlässigen Beschleunigerbetrieb ist es wichtig, eine möglichst große dynamische Apertur zu haben. Dazu müssen die Sextupole in geeigneter Weise angeordnet werden. Leider läßt sich diese Anordnung wegen der Nichtlinearitäten nicht auf analytischem Wege finden. Im Prinzip beginnt man mit einer bestimmten Sextupolverteilung und berechnet dann durch numerisches Teilchentracking, wie groß die dynamische Apertur ist. Ist diese nicht ausreichend, probiert man eine andere Verteilung und wiederholt das Teilchentracking. Auf diese Weise kann man die dynamische Apertur bis zu einem gewissen Wert schrittweise vergrößern. Gelingt es nicht, damit ausreichende Aperturen zu erhalten, muß die lineare Optik oder gar die gesamte Magnetstruktur geändert werden.

Obwohl es bis jetzt keine analytische Lösung für die optimale Sextupolverteilung in Ringbeschleunigern gibt, kann man sich dabei nach einigen allgemeinen Erfahrungen richten. Das soll an dem in Kapitel 3.13.3 als Modell vorgestellten Ringbeschleunigers demonstriert werden. Die verwendete lineare Strahloptik hat in den beiden Ebenen die Chromatizitäten $\xi_x = -2.35$ und $\xi_z' = -2.36$, die durch Einsatz von Sextupolen auf die Werte $\xi_x = \xi_z = +1$ gebracht werden sollen.

Im Prinzip reichen dafür zwei Sextupole aus, einen für die horizontale und einen für die vertikale Ebene, wie es in der linken Zeichnung von Fig. 3.44 skizziert ist. Die Sextupole sind in unmittelbarer Nähe eines horizontal (QF) und eines vertikal (QD) fokussierenden Quadrupols montiert. Hier sind die Betafunktionen in der entsprechenden Ebene jeweils relativ groß, was nach (3.296) zu einer wirksamen Kompensation der Chromatizität durch die Sextupole führt. Im zweiten Fall werden viele Sextupole gleichmäßig um den Ring verteilt, wobei wieder die horizontal wirkenden Sextupole (SF) den horizontal fokussierenden Quadrupolen zugeordnet werden und entsprechend die vertikal wirkenden Sextupole (SD) den vertikal fokussierenden Quadrupolen. Dabei wird vorausgesetzt, daß alle horizontal und alle vertikal wirkenden Sextupole jeweils die gleiche Stärke haben. Dieser Fall ist in der rechten Zeichnung von Fig. 3.44 skizziert.

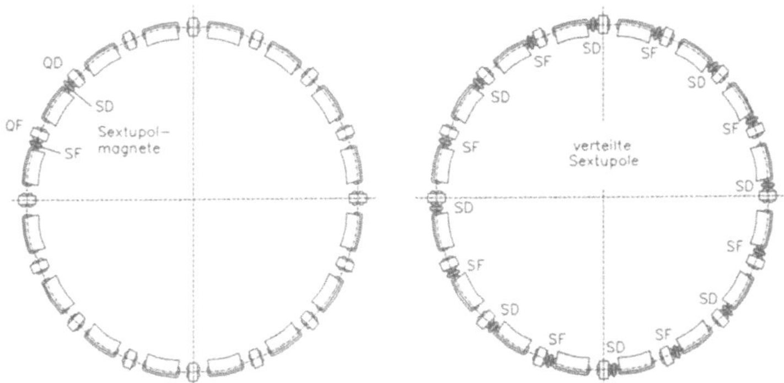

Fig. 3.44 Mögliche Sextupolverteilungen zur Kompensation der Chromatizität im Modellring. Im linken Fall werden für jede Ebene nur ein Sextupol eingesetzt, während im rechten Fall alle Positionen neben den Quadrupolen rund um den Ring mit Sextupolen besetzt sind. In beiden Fällen ist die kompensierte Chromatizität $\xi_x = \xi_z = +1$.

Bei Verwendung von nur zwei einzelnen Sextupolen sind die erforderlichen integrierten Sextupolstärken $(m\,l)_{SF} = -2.34$ m^{-2} und $(m\,l)_{SD} = 3.81$ m^{-2}.

Daß der Betrag in der vertikalen Ebene deutlich höher ist als in der horizontalen,
liegt an der kleineren Dispersion an der Stelle von SD, wie man den optischen
Funktionen in Fig. 3.32 entnehmen kann. Mit dieser Anordnung wurde ein
Teilchentracking über jeweils 500 Umläufe vorgenommen, wobei die Emittanz
der zum Bahnvektor $\vec{X}_0$ gehörenden Phasenellipse in kleinen Schritten sowohl
in der vertikalen wie in der horizontalen Ebene verändert wurde. Auf diese
Weise wurde die gesamte Apertur der Vakuumkammer ausgeleuchtet. Nach jeder
Trackingrechnung wurde festgestellt, ob das Teilchen noch stabil umläuft, oder
bereits verlorengegangen ist. Damit war es möglich, die obere Grenze der stabilen
Teilchenbewegung zu bestimmen. Im Fall der beiden Einzelsextupole ist diese
Grenze extrem niedrig, sie beträgt horizontal nur 15 mm und vertikal nur 4 mm
(Fig. 3.45). Das sind Werte, die einen Beschleunigerbetrieb unmöglich machen.

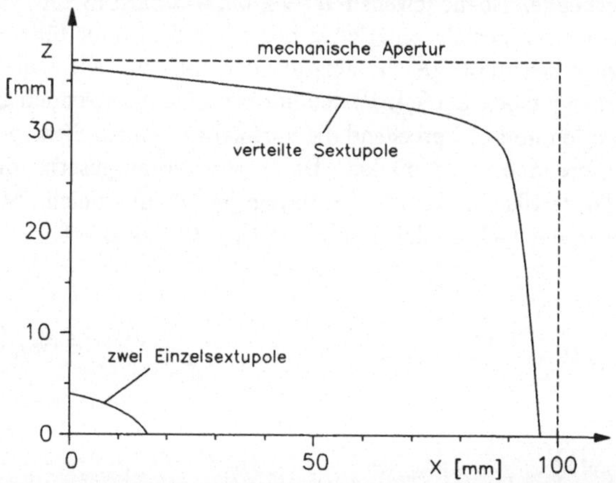

Fig. 3.45 Bestimmung der dynamischen Apertur mit Hilfe des numerischen Teilchentracking
für den Modellring. Die mechanische Apertur ist durch die gestrichelte Linie angezeigt. Die
beiden Kurven geben die Grenze der stabilen Teilchenbewegung für zwei Einzelsextupole und
für gleichmäßig verteilte Sextupole an.

Ganz anders liegt der Fall, wenn man zu den vielen verteilten Sextupolen übergeht. Dabei reduzieren sich die Stärken der Sextupole auf Werte von
$(m\,l)_{\mathrm{SF}} = -0.29\ \mathrm{m}^{-2}$ und $(m\,l)_{\mathrm{SD}} = 0.48\ \mathrm{m}^{-2}$, und außerdem kompensieren sich
die durch die Sextupole bewirkten Störungen weitgehend auf Grund der Pha-
senunterschiede der Betatronschwingungen zwischen den einzelnen Sextupolen.
Wie Fig. 3.45 zeigt, ist jetzt die dynamische Apertur erheblich größer, sie ist nur
geringfügig kleiner als die mechanische Begrenzung durch die Vakuumkammer.
Mit dieser Sextupolanordnung wird der Beschleuniger daher problemlos arbeiten.
An diesem Beispiel kann man sofort erkennen, daß es immer wichtig ist, mög-

lichst viele und entsprechend schwache Sextupole gleichmäßig um den Ring zu verteilen. Eine weitere Verbesserung kann man erzielen, indem man die in einer Ebene wirkenden Sextupole in mehrere Stromkreise bzw. mehrere *Sextupolfamilien* aufteilt, die unterschiedlich stark eingestellt werden. Wieviel Familien erforderlich sind und welche Sextupolstärken die größte dynamische Apertur geben, kann dann wieder nur mit Hilfe des numerischen Teilchentracking entschieden werden.

Es sollte hier noch erwähnt werden, daß dieses Problem der Aperturbegrenzung durch nichtlineare Teilchendynamik eines der wichtigsten und schwierigsten Probleme der heutigen Teilchenoptik darstellt. Dabei spielen nicht nur die Sextupolfelder sondern alle höheren Multipolfelder eine Rolle.

3.18 Lokale Orbitbeulen

Es ist sehr häufig erforderlich, die transversale Position des Strahls in einem begrenzten Bereich gezielt zu verschieben. Dazu benutzt man sogenannte *Orbitbeulen*, die die Strahllage in wohldefinierter Weise verschieben, ohne den Rest des Rings zu beeinflussen. Das Grundprinzip derartiger Orbitbeulen soll zunächst an dem in Fig. 3.46 gezeigten einfachsten Fall erläutert werden. Die Strahlverschie-

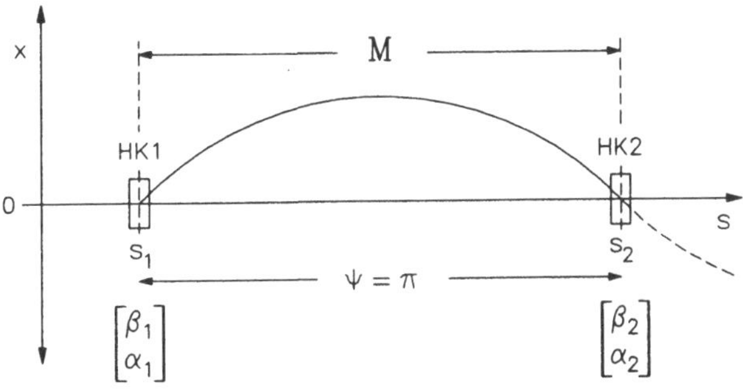

Fig. 3.46 Das einfachste Beispiel einer abgeschlossenen Orbitbeule. Sie verwendet zwei Steuerspulen HK1 und HK2, zwischen denen der Phasenvorschub der Betatronschwingung gerade 180° beträgt.

bung wird immer durch kleine zusätzlich in den Ring installierte Dipolmagnete bewirkt, die als *Steuer-* oder *Korrekrurspulen* bezeichnet werden. Sie sind mit HK1 und HK2 gekennzeichnet. Der zunächst exakt auf der Achse liegende Strahl läuft von links durch die an der Position s_1 montierten Korrekturspule HK1 und wird durch sie um den Winkel κ_1 abgelenkt. Anschließend beginnt er wegen der Fokussierung um die Strahlachse Schwingungen auszuführen und kreuzt nach einem Phasenvorschub von $\Psi = \pi$ an der Stelle s_2 wieder den Orbit unter einem Winkel x_2'. Genau an dieser Stelle ist jezt eine zweite Steuerspule HK2 montiert, die den Strahl um den Winkel $\kappa_2 = -x_2'$ ablenkt und dabei wieder auf den Orbit zurückführt. Danach verläuft der Strahl wieder exakt auf der Idealbahn. Mit diesem Prinzip ist es möglich, die Lage des umlaufenden Teilchenstrahls nur in dem durch die beiden Steuerspulen eingeschlossenen Bereich s_1 bis s_2 zu verändern.

Eine derart abgeschlossene Orbitbeule erfordert ein ganz bestimmtes Verhältnis zwischen den beiden Spulenstärken κ_1 und κ_2. Um dieses zu berechnen, benutzt man die Transformationsmatrix $\mathbf{M}$ von s_1 nach s_2, die nach (3.164) durch die optischen Funktionen in diesen beiden Punkten eindeutig bestimmt ist, d.h. durch β_1, α_1 und β_2, α_2. Da die Phase gerade $\Psi = \pi$ ist, erhält man den Bahnvektor am Ort s_2

$$\vec{X}_2 = \begin{pmatrix} -\sqrt{\dfrac{\beta_2}{\beta_1}} & 0 \\ -\dfrac{\alpha_1 - \alpha_2}{\sqrt{\beta_1 \beta_2}} & -\sqrt{\dfrac{\beta_1}{\beta_2}} \end{pmatrix} \cdot \begin{pmatrix} 0 \\ \kappa_1 \end{pmatrix} = \begin{pmatrix} 0 \\ -\sqrt{\dfrac{\beta_1}{\beta_2}}\,\kappa_1 \end{pmatrix} . \tag{3.303}$$

Um den Bahnwinkel durch die Korrekturspule HK2 gerade zu kompensieren, muß diese den Ablenkwinkel

$$\kappa_2 = +\sqrt{\dfrac{\beta_1}{\beta_2}}\,\kappa_1 \tag{3.304}$$

haben. Mit dieser Abgleichbedingung für die zwei Steuerspulen erhält man eine abgeschlossene Orbitbeule, die wegen der speziellen Wahl der Phase Ψ auch 180°-*Beule* genannt wird.

Diese einfachste Form der lokal begrenzten Orbitbeule spielt in der Praxis eine eher geringe Rolle, da es im allgemeinen nicht möglich ist, den exakten Phasenabstand zwischen den Steuerspulen einzuhalten. Daher erweitert man das Prinzip auf drei Spulen HK1, HK2 und HK3, wie es Fig. 3.47 zeigt. Die erste Steuerspule HK1 lenkt den Strahl um den Winkel κ_1 ab. An der Stelle s_3 hat die Bahn dadurch den Bahnvektor

$$\vec{X}_{1 \to 3} = \mathbf{M}_{1 \to 3} \cdot \begin{pmatrix} 0 \\ \kappa_1 \end{pmatrix} , \tag{3.305}$$

wobei $\mathbf{M}_{1 \to 3}$ die Transformation von s_1 nach s_3 angibt. Da die Positionen der Steuerspulen im Prinzip beliebig gewählt werden können, hat die so erzeugte Orbitstörung bei s_3 im allgemeinen sowohl eine Ablage x_2 wie einen Winkel x_3' gegen den idealen Orbit. Daher wird mit Hilfe der zweiten Steuerspule HK2 eine weitere Störung des Orbits überlagert, die für sich allein bei s_3 den Bahnvektor

$$\vec{X}_{2 \to 3} = \mathbf{M}_{2 \to 3} \cdot \begin{pmatrix} 0 \\ \kappa_2 \end{pmatrix} . \tag{3.306}$$

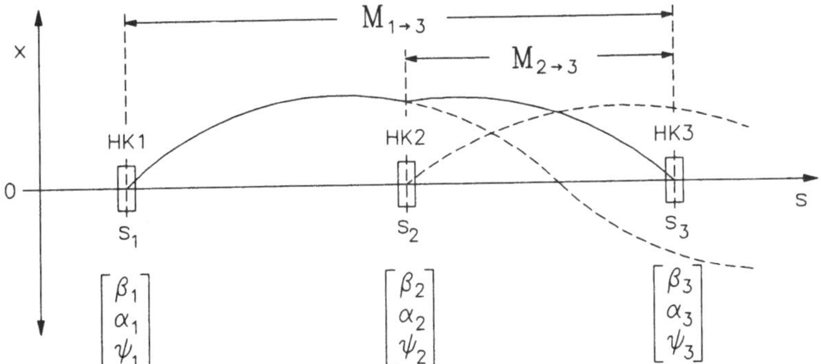

Fig. 3.47 Prinzip einer aus drei Korrekturspulen gebildeten Orbitbeule. In diesem Fall ist ein Abgleich unabhängig von der Phase zwischen den einzelnen Spulen immer möglich.

erzeugt. Dabei ist $\mathbf{M}_{2\to3}$ die Transformationsmatrix von s_2 nach s_3. Beide Bahnablenkungen zusammen werden so eingestellt, daß bei s_3 die Ablage verschwindet und der verbleibende Bahnwinkel mit dem Ablenkwinkel κ_3 der Steuerspule HK3 kompensiert wird. Damit erhält man die folgende Beziehung

$$\begin{aligned}
\vec{X}_3 &= \mathbf{M}_{1\to3}\cdot\begin{pmatrix} 0 \\ \kappa_1 \end{pmatrix} + \mathbf{M}_{2\to3}\cdot\begin{pmatrix} 0 \\ \kappa_2 \end{pmatrix} \\
&= \begin{pmatrix} a_{11} & a_{12} \\ a_{21} & a_{22} \end{pmatrix}\cdot\begin{pmatrix} 0 \\ \kappa_1 \end{pmatrix} + \begin{pmatrix} b_{11} & b_{12} \\ b_{21} & b_{22} \end{pmatrix}\cdot\begin{pmatrix} 0 \\ \kappa_2 \end{pmatrix} \\
&= \begin{pmatrix} a_{12}\kappa_1 + b_{12}\kappa_2 \\ a_{22}\kappa_1 + b_{22}\kappa_2 \end{pmatrix}
\end{aligned} \tag{3.307}$$

Mit der Bedingung

$$\vec{X}_3 = \begin{pmatrix} 0 \\ -\kappa_3 \end{pmatrix} \tag{3.308}$$

folgen daraus die Bestimmungsgleichungen

$$\begin{aligned}
a_{12}\kappa_1 + b_{12}\kappa_2 &= 0 \\
a_{22}\kappa_1 + b_{22}\kappa_2 &= -\kappa_3.
\end{aligned} \tag{3.309}$$

Bei vorgegebenem κ_1 kann man damit die beiden anderen Spulenstärken berechnen. Dabei ermittelt man wieder mit Hilfe der Matrix (3.164) die Elemente a_{ij} und b_{ij} aus den optischen Funktionen an den Orten s_1, s_2 und s_3. Es folgt

$$\kappa_2 = -\frac{a_{12}}{b_{12}} = -\sqrt{\frac{\beta_1}{\beta_2}}\,\frac{\sin(\Psi_3 - \Psi_1)}{\sin(\Psi_3 - \Psi_2)} \tag{3.310}$$

und

$$\kappa_3 \;=\; -a_{22}\kappa_1 - b_{22}\kappa_2$$

$$=\; \kappa_1 \sqrt{\frac{\beta_1}{\beta_3}}\left\{\frac{\sin(\Psi_3 - \Psi_1)}{\tan(\Psi_3 - \Psi_2)} - \cos(\Psi_3 - \Psi_1)\right\}. \tag{3.311}$$

Man sieht, daß mit einer aus drei Steuerspulen gebildeten.Orbitbeule praktisch immer ein Abgleich möglich ist, unabhängig von der Position der Spulen.

Die universellste Form einer Orbitbeule besteht aus vier Steuerspulen. Mit ihr kann man an einem ausgewählten Punkt s_p des Rings den Strahl definiert um eine ganz bestimmte Ablage x_p und gleichzeitig um einen ganz bestimmten Winkel x'_p verschieben. Das spielt z.B. bei der genauen Justierung eines Photonenstrahls aus einem Undulator eine wichtige Rolle. Das Prinzip dieser Orbitbeule ist in Fig. 3.48 skizziert. Die beiden Steuerspulen HK1 und HK2 mit den Stärken κ_1

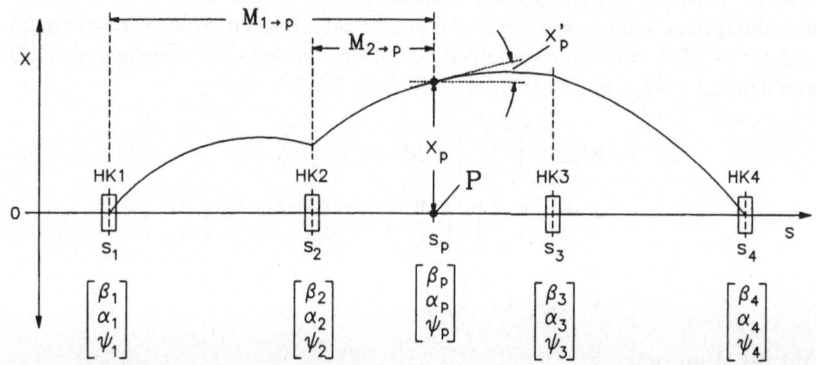

Fig. 3.48 Prinzip einer abgeschlossenen Orbitbeule mit vier Korrekturspulen. Diese Beulenform gestattet es, am Punkt P sowohl die Ablage x_p als auch den Winkel x'_p gleichzeitig in wohldefinierter Weise zu verändern.

und κ_2 erzeugen am Ort s_p den Bahnvektor

$$\vec{X}_p \;=\; \begin{pmatrix} x_p \\ x'_p \end{pmatrix} = \mathbf{M}_{1\to p}\cdot\begin{pmatrix} 0 \\ \kappa_1 \end{pmatrix} + \mathbf{M}_{2\to p}\cdot\begin{pmatrix} 0 \\ \kappa_2 \end{pmatrix}$$

$$=\; \begin{pmatrix} a_{11} & a_{12} \\ a_{21} & a_{22} \end{pmatrix}\cdot\begin{pmatrix} 0 \\ \kappa_1 \end{pmatrix} + \begin{pmatrix} b_{11} & b_{12} \\ b_{21} & b_{22} \end{pmatrix}\cdot\begin{pmatrix} 0 \\ \kappa_2 \end{pmatrix} \tag{3.312}$$

$$=\; \begin{pmatrix} a_{12}\kappa_1 + b_{12}\kappa_2 \\ a_{22}\kappa_1 + b_{22}\kappa_2 \end{pmatrix}.$$

Daraus folgen sofort die Bestimmungsgleichungen

$$
\begin{aligned}
x_\mathrm{p} &= a_{12}\kappa_1 + b_{12}\kappa_2 \\
x'_\mathrm{p} &= a_{22}\kappa_1 + b_{22}\kappa_2
\end{aligned}
\tag{3.313}
$$

Da jetzt x_p und x'_p vorgegeben sind, erhält man aus diesen Beziehungen sofort die erforderlichen Ablenkwinkel der Steuerspulen

$$
\kappa_1 = \frac{b_{22}x_\mathrm{p} - b_{12}x'_\mathrm{p}}{a_{12}b_{22} - a_{22}b_{12}}
$$

$$
\kappa_2 = \frac{a_{12}x'_\mathrm{p} - a_{22}x_\mathrm{p}}{a_{12}b_{22} - a_{22}b_{12}}.
\tag{3.314}
$$

Drückt man jetzt wieder die Matrixelemente a_{ij} und b_{ij} durch die optischen Funktionen an den Stellen s_1, s_2 und s_p aus, so folgt daraus

$$
\kappa_1 = \frac{1}{\sqrt{\beta_1\,\beta_\mathrm{p}}}\,\frac{\cos(\Psi_\mathrm{p} - \Psi_2) - \alpha_\mathrm{p}\sin(\Psi_\mathrm{p} - \Psi_2)}{\sin(\Psi_2 - \Psi_1)}\,x_\mathrm{p} -
$$

$$
- \sqrt{\frac{\beta_\mathrm{p}}{\beta_1}}\,\frac{\sin(\Psi_\mathrm{p} - \Psi_2)}{\sin(\Psi_2 - \Psi_1)}\,x'_\mathrm{p}
\tag{3.315}
$$

und

$$
\kappa_2 = -\frac{1}{\sqrt{\beta_2\,\beta_\mathrm{p}}}\,\frac{\cos(\Psi_\mathrm{p} - \Psi_1) - \alpha_\mathrm{p}\sin(\Psi_\mathrm{p} - \Psi_1)}{\sin(\Psi_2 - \Psi_1)}\,x_\mathrm{p} +
$$

$$
+ \sqrt{\frac{\beta_\mathrm{p}}{\beta_2}}\,\frac{\sin(\Psi_\mathrm{p} - \Psi_1)}{\sin(\Psi_2 - \Psi_1)}\,x'_\mathrm{p}.
\tag{3.316}
$$

Die zum Abgleich der geschlossenen Beule erforderlichen Ablenkwinkel der Steuerspulen HK3 und HK4 kann man aus (3.315) und (3.316) gewinnen, indem man einfach das Problem um den Punkt P spiegelt, d.h. man ersetzt β_1 durch β_4, β_2 durch β_3, Ψ_1 durch Ψ_4 und Ψ_2 durch Ψ_3. Außerdem ändern sich dabei das Vorzeichen der Steigungen der Betafunktion und der Orbitverschiebung, d.h. α_p geht in $-\alpha_\mathrm{p}$ und x_p in $-x_\mathrm{p}$ über. Damit folgt

$$
\kappa_3 = -\frac{1}{\sqrt{\beta_3\,\beta_\mathrm{p}}}\,\frac{\cos(\Psi_4 - \Psi_\mathrm{p}) + \alpha_\mathrm{p}\sin(\Psi_4 - \Psi_\mathrm{p})}{\sin(\Psi_4 - \Psi_3)}\,x_\mathrm{p} -
$$

$$
- \sqrt{\frac{\beta_\mathrm{p}}{\beta_3}}\,\frac{\sin(\Psi_4 - \Psi_\mathrm{p})}{\sin(\Psi_4 - \Psi_3)}\,x'_\mathrm{p}
\tag{3.317}
$$

und

$$
\kappa_4 = \frac{1}{\sqrt{\beta_4\,\beta_\mathrm{p}}}\,\frac{\cos(\Psi_3 - \Psi_\mathrm{p}) + \alpha_\mathrm{p}\sin(\Psi_3 - \Psi_\mathrm{p})}{\sin(\Psi_4 - \Psi_3)}\,x_\mathrm{p} +
$$

$$
+ \sqrt{\frac{\beta_\mathrm{p}}{\beta_4}}\,\frac{\sin(\Psi_3 - \Psi_\mathrm{p})}{\sin(\Psi_4 - \Psi_3)}\,x'_\mathrm{p}.
\tag{3.318}
$$

Tabelle 3.5 Optische Funktionen am Ort der drei Steuerspulen, die eine abgeschlossene Orbitbeule im Modellring bilden.

optische Funktionen		HK1	HK2	HK3
β_i	[m]	8.16328	2.43100	8.16328
α_i	[rad]	2.08209	0.76732	-2.08209
Ψ_i	[rad]	0.05217	2.01063	4.41756

Auch für diese Orbitbeule ist im allgemeinen immer eine Lösung möglich. Praktische Grenzen gibt es aber, wenn der errechnete Ablenkwinkel einer oder mehrerer Steuerspulen die technisch vorgegebenen Grenzwerte überschreitet, oder
wenn die Strahlbeule an bestimmten Stellen so große Ablagewerte erreicht, daß
der Strahl an der Vakuumkammer·abgestreift wird. In diesen Fällen muß eine
andere Spulenkombination versucht werden.

3.18.1   Beispiele für lokale Orbitbeulen

Da bei gegebenem Ablenkwinkel κ die transversale Strahlverschiebung proportional zu $\sqrt{\beta(s)}$ verläuft, ist die tatsächliche Form einer Orbitbeule komplizierter,
als es die vereinfachenden Skizzen Fig. 3.46 bis 3.48 zeigen. Deshalb sollen hier
zwei durchgerechnete Beispiele mit realistischen Werten angegeben werden.

Dazu nehmen wir den in Kapitel 3.13.3 beschriebenen Modellbeschleuniger
mit seiner FODO-Struktur und beschränken uns ausschließlich auf horizontale Orbitverschiebungen. Die zur Bildung der Beulen erforderlichen Steuerspulen
werden jeweils genau in der Mitte der feldfreien Driftstrecke zwischen Quadrupol-
und Dipolmagnet montiert. Bei der Positionierung ist darauf zu achten, daß zwischen den Steuerspulen hinreichend große Phasenvorschübe der Betatronschwingungen liegen, da sonst die Wirkung der Spulen relativ schwach ist. Als Richtwert
sollte ein Phasenabstand von ungefähr $\pi/2$ gewählt werden. Als erstes betrachten wir eine Beule aus den drei Steuerspulen HK1, HK2 und HK3. Die Spulen
sind im Abstand von $1\frac{1}{2}$ FODO-Zellen montiert, wie es Fig. 3.49 zeigt. Die optischen Funktionen an den drei Spulenorten sind in Tabelle 3.5 zusammengestellt.
Setzt man diese Werte in die Gleichungen (3.310) und (3.311) ein, kann man die
zum Abgleich der Beule erforderlichen Ablenkwinkel der Spulen HK2 und HK3
berechnen. Der Wert der ersten Steuerspule HK1 wurde dabei willkürlich auf
$\kappa_1 = 1.000$ mrad gesetzt. Die Ergebnisse dieser Rechnung findet man in Tabelle
3.6.

Die Berechnung des Gesamtverlaufs der Orbitbeule geschieht mit Hilfe der
üblichen Matrizentransformation. Man muß lediglich an den Stellen s_1, s_2 und s_3
die durch die Steuerspulen hervorgerufenen Winkeländerungen zum Bahnvektor

Tabelle 3.6 Ablenkwinkel für die Steuerspulen der Orbitbeule. Der Ablenkwinkel der ersten Steuerspule wurde dabei willkürlich auf $\kappa_1 = 1.000$ mrad gesetzt.

Steuerspulen	Winkel κ_i [mrad]
HK1	1.00000
HK2	2.57075
HK3	1.38109

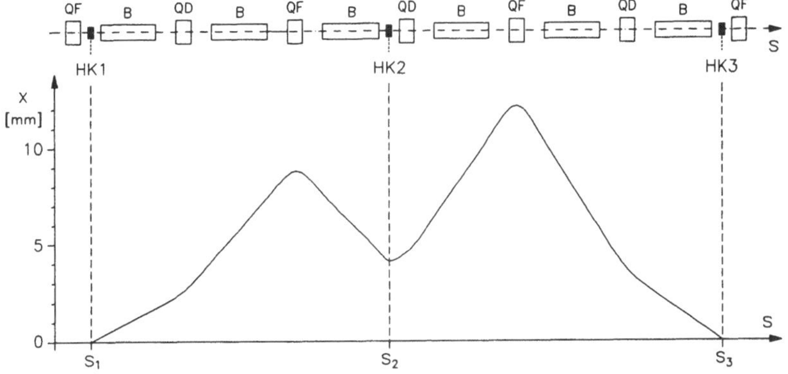

Fig. 3.49 Beispiel einer aus den drei Steuerspulen HK1, HK2 und HK3 gebildeten lokalen Orbitbeule

hinzuaddieren. Das Ergebnis zeigt die Kurve in Fig. 3.49.

Fügt man im Ring noch eine vierte Steuerspule HK4 ein, so kann man in einem Bereich zwischen den beiden inneren Spulen einen beliebigen Punkt P auswählen, in dem der Strahl definiert um eine vorgegebene Ablage und einen vorgegebenen Winkel verschoben werden kann. Das ist in Fig. 3.50 dargestellt. Dazu wird der ausgewählte Bahnpunkt an der Stelle s_p genau in der Mitte eines Ablenkmagneten gewählt. Die erforderlichen optischen Funktionen an allen Steuerspulen und im Punkt P sind in Tabelle 3.7 aufgelistet.

Zunächst wird der Strahl im Punkt P nur transversal verschoben, ohne dabei seinen Winkel zum Idealorbit zu verändern. Diese Beule erzeugt eine reine Ablage und wird daher auch als *Ablagebeule* bezeichnet. In P wird also der Bahnvektor

$$\vec{X}_\mathrm{p} = \begin{pmatrix} x_\mathrm{p} \\ x'_\mathrm{p} \end{pmatrix} = \begin{pmatrix} 10\ \mathrm{mm} \\ 0 \end{pmatrix}$$

gefordert. Mit diesen Werten und den optischen Funktionen aus Tabelle 3.7 kann man nach (3.315) bis (3.318) die zum Abgleich erforderlichen Ablenkwinkel

Tabelle 3.7 Optische Funktionen am Ort der vier Steuerspulen HK1 bis HK4 und am ausgewählten Punkt P

opt. Funktionen		HK1	HK2	HK3	HK4	P
β_i	[m]	8.16328	2.43100	8.16328	2.43100	4.81931
α_i	[rad]	2.08209	0.76732	-2.08209	0.76732	1.42471
Ψ_i	[rad]	0.05217	2.01063	4.41756	6.48037	3.19624

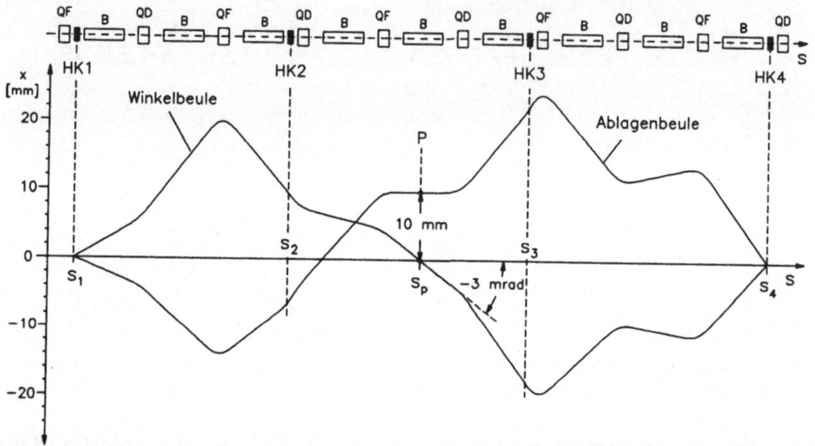

Fig. 3.50 Beispiel einer aus vier Steuerspulen gebildeten lokalen Orbitbeule. Es sind zwei verschiedene Beulen dargestellt, die dieselben Spulen benutzen. In einem Fall wird der Strahl ohne Winkeländerung im Punkt P um die Ablage $x_p = 10$ mm verschoben während im anderen Fall die transversale Position des Strahls erhalten bleibt. Dafür wird aber sein Winkel um den Betrag $x'_p = -3$ mrad verändert.

der Steuerspulen berechnen. Diese sind in Tabelle 3.8 aufgelistet. Die damit ermittelte Orbitverschiebung im Bereich der Beule ist in Fig. 3.50 aufgetragen. Dieselbe Rechnung wird nocheinmal wiederholt, indem aber diesmal am Punkt P nur eine Winkeländerung gefordert wird, ohne transversale Verschiebung des Strahls. Der geforderte Bahnvektor ist jetzt

$$\vec{X}_p = \begin{pmatrix} x_p \\ x'_p \end{pmatrix} = \begin{pmatrix} 0 \\ -3 \text{ mrad} \end{pmatrix}.$$

Die Rechnung liefert jetzt eine andere aus denselben Steuerspulen bestehende Orbitbeule. Die Ablenkwinkel der Steuerspulen findet man in Tabelle 3.9. Dieses Beispiel einer reinen *Winkelbeule* ist ebenfalls in Fig. 3.50 eingezeichnet.

Tabelle 3.8 Ablenkwinkel der vier Steuerspulen, wenn am Punkt P der Strahl um den vorgegebenen Wert $x_\mathrm{p} = 10$ mm verschoben wird, ohne an diesem Ort den Winkel des Strahls zu ändern

Steuerspulen	Winkel κ_i [mrad]
HK1	-1.62667
HK2	3.14459
HK3	2.15661
HK4	5.57203

Tabelle 3.9 Ablenkwinkel der vier Steuerspulen, wenn am Punkt P der Strahl um den vorgegebenen Winkel $x'_\mathrm{p} = -3$ mrad verschoben wird, ohne an diesem Ort die transversale Position des Strahls zu ändern, d.h. $x_\mathrm{p} = 0$.

Steuerspulen	Winkel κ_i [mrad]
HK1	2.30738
HK2	0.01130
HK3	-0.37150
HK4	-4.50274

4 Injektion und Ejektion

4.1 Aufgabe der Injektion und Ejektion

Bei Kreisbeschleunigern und vor allem bei Speicherringanlagen durchlaufen die
Teilchen von ihrer Quelle bis zum Experiment einen relativ komplizierten Weg.
Das kann man an Hand von Fig. 4.1 gut verfolgen. Die Teilchenquelle liefert je
nach Aufbau entweder Elektronen oder Ionen mit zunächst sehr kleiner Energie.
Sie werden dann in einem Vorbeschleuniger — einem Linac oder einem Microtron — auf hinreichend hohe Energie gebracht, um möglichst verlustfrei in den
ringförmigen Hauptbeschleuniger eingeschossen (oder *injiziert*) zu werden. Hier
werden sie auf die erforderliche Endenergie gebracht und danach wieder aus dem
Ring ausgelenkt (oder *ejiziert*) und dann entweder direkt zum Experiment geleitet oder ein weiteres Mal in einen nachfolgenden Speicherring injiziert. Beim
Speicherring wird dieser Prozeß, wie wir in Kapitel 1.4.2 gesehen haben, sehr oft
wiederholt, um hohe Strahlströme zu akkumulieren.

Die komplexe Strahlführung macht es erforderlich, den Teilchenstrahl von
außen in den Ringbeschleuniger einzuführen und nach einer gewissen Zeit wieder
nach außen herauszuholen, wobei Teilchenverluste möglichst vermieden werden
sollen. Der Prozeß der Injektion und Ejektion ist nicht trivial, da zunächst jedes
außerhalb der Vakuumkammer befindliche Teilchen auf Grund des Liouville'schen
Theorems auch außerhalb der Akzeptanz des Ringbeschleunigers liegt und ohne
weiteres Zutun auf jeden Fall irgendwo wieder auf die Vakuumkammer stößt und
verlorengeht.

Daher muß ein geeignetes Verfahren zur Strahlablenkung gefunden werden,
das die Bahn des *ankommenden* Strahls auf den Orbit des Ringbeschleunigers
oder zumindest in seine Nähe einlenken, ohne dabei den mit hoher Geschwindigkeit *umlaufenden* Strahl nennenswert zu beeinflussen. Vor allem während der
Beschleunigung im Synchrotron und beim stabilen Umlauf im Speicherring darf
diese Ablenkung nicht wirksam sein. Die wichtigsten Grundprinzipien der Injektion und Ejektion und die fundamentalen Probleme sollen in diesem Kapitel
behandelt werden. Dabei genügt es, sich auf die Injektion zu beschränken, da die
Ejektion im wesentlichen nur die Umkehrung der Injektion ist und auf denselben
Prinzipien und derselben Technik beruht.

Doch zunächst wollen wir uns kurz der Erzeugung von Teilchenstrahlen zu-

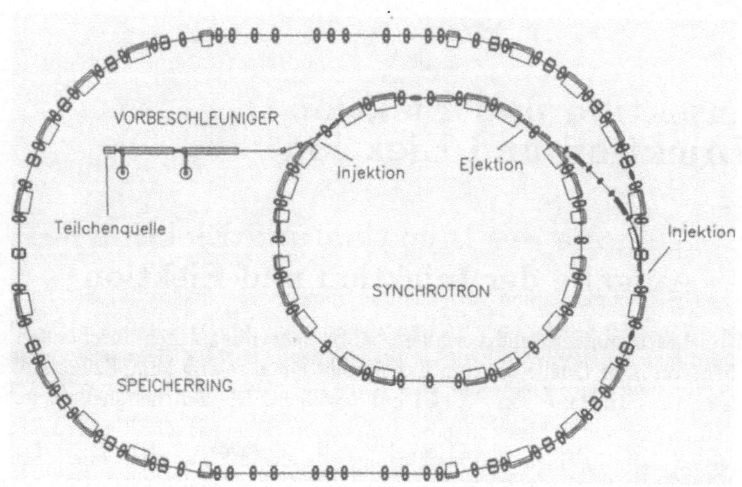

Fig. 4.1 Generelle Anordnung einer Speicherringanlage. Die Teilchen treten aus einer Quelle aus und werden dann im Vorbeschleuniger und dem Hauptbeschleuniger (Synchrotron) auf die Endenergie gebracht, mit der sie zum Speicherring geschossen werden.

wenden und einige der wichtigsten Teilchenquellen betrachten.

4.2 Teilchenquellen

Die Erzeugung von Elektronenstrahlen geschieht, von wenigen Außnahmen abgesehen, fast immer mit Hilfe von thermischen Kathoden. Um die für Beschleuniger erforderlichen hohen Strahlströme zu erhalten, verwendet man meistens großflächige runde Kathoden, wie sie auch in der Technik bei Hochleistungsröhren (z.B. Klystrons) in Gebrauch sind. Die einfachste Elektronenquelle ist die in Fig. 4.2 skizzierte Diode. Die runde im Vakuum montierte Kathode wird elektrisch mit einem Glühdraht (Filament) geheizt, bis hinreichend viele Elektronen austreten. In geringem Abstand von der Kathode liegt die auf Erdpotential gehaltene Anode, in deren Mitte eine Bohrung für den austretenden Strahl ist. Beim Betrieb liegt zwischen Kathode und Anode eine Spannung von $U = 100$ bis 150 kV, die einen Strom von einigen A hervorruft. Zwischen Strom und Spannung besteht hier in guter Näherung die aus dem Raumladungsgesetz von *Langmuir* und *Schottky* folgende Abhängigkeit

$$I \propto U^{\frac{3}{2}}. \tag{4.1}$$

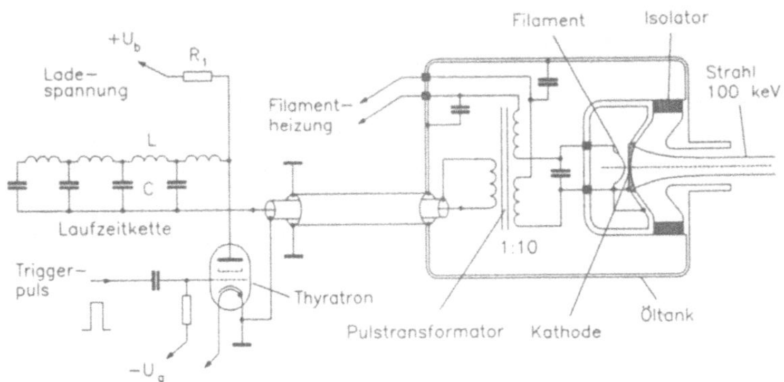

Fig. 4.2 Prinzip einer als Diode aufgebauten Elektronenquelle. Die Spannung zwischen Kathode und Anode wird pulsartig durch Entladung der LC-Laufzeitkette über das Thyratron erzeugt

Wegen der hohen Strahlströme muß die Raumladung auch bei der Strahlführung zwischen Kathode und Anode berücksichtigt werden. Durch geeignete Formgebung der Elektroden wird bei den sogenannten *Pierce*-Systemen [56] erreicht, daß die raumladungsbedingten Verbiegungen der Potentialflächen gerade kompensiert werden. Daher sind im allgemeinen die häufig auch als *Dioden-Gun* bezeichneten Elektronenquellen nach dem Pierce-Prinzip aufgebaut.

Hohe Ströme können bei der Dioden-Gun wegen der damit verbundenen sehr hohen Leistungen nur in kurzen Pulsen erzeugt werden. Das ist aber im Prinzip keine wirkliche Einschränkung, da z.B. der nachfolgende Linac auch im Pulsbetrieb läuft. Wesentliche Bestandteile des Leistungspulsers, der Impulsdauern von einigen μs erzeugt, sind eine LC-Laufzeitkette mit Hochspannungsladegerät, ein Thyratron als schneller Hochstromschalter und der Pulstransformator. Im Ruhezustand werden die Kondensatoren der Laufzeitkette auf eine Spannung $U_b = $ 10 bis 20 kV aufgeladen. Danach kann das Thyratron, eine Gasentladungsröhre, mit einem Triggerpuls gezündet werden, was zu einer stoßartigen Entladung der Laufzeitkette über die Primärwindung des Pulstransformators führt. Bei der gewählten Schaltung ist die Länge des Strompulses gleich der doppelten Laufzeit der LC-Kette. Entsprechend dem Windungsverhältnis des Pulstransformators (z.B. 1:10) wird dabei in der Sekundärspule, die direkt mit der Kathode verbunden ist, die erforderliche Hochspannung erzeugt. Um Überschläge zu vermeiden, befindet sich der Pulstransformator und die hochspannungsführenden Teile der Kathode in einem mit Öl gefüllten Tank. Die Kathode selbst ist natürlich im Vakuum.

Die Diode ist eine relativ einfache Konstruktion, hat aber den Nachteil, daß sie minimale Pulslängen von $\tau_{min} \approx 1$ μs nicht unterschreiten können. Das liegt an der erforderlichen Leistung, die nur durch Laufzeitkettenkondensatoren hinreichender Kapazität realisiert werden können, und an der begrenzten Bandbreite der Pulstransformators. Außerdem erschwert der Öltank im praktischen Betrieb die in gewissen Zeitabständen notwendigen Kathodenwechsel erheblich.

Um Elektronenstrahlen mit Pulsdauern im Bereich um 1 ns zu erzeugen, verwendet man heute Trioden-Guns, bei denen zwischen Kathode und Anode ein engmaschiges Drahtnetz, das *Gitter*, montiert ist. Der Aufbau einer derartigen Elektronenquelle ist in Fig. 4.3 gezeigt. In diesem Fall liegt zwischen Anode und der das Gitter tragenden Elektrode eine Gleichspannung, die aus Gründen der Überschlagssicherheit meistens nicht höher ist als etwa 50 kV. Die Gitterelektrode ist mit einem leitenden Gehäuse verbunden, das im Innern wie ein Faraday-Käfig wirkt. Hier befindet sich auch die Kathode dicht hinter dem Gitter, das aber die äußeren Felder wirksam abschirmt. Im Ruhezustand liegt die

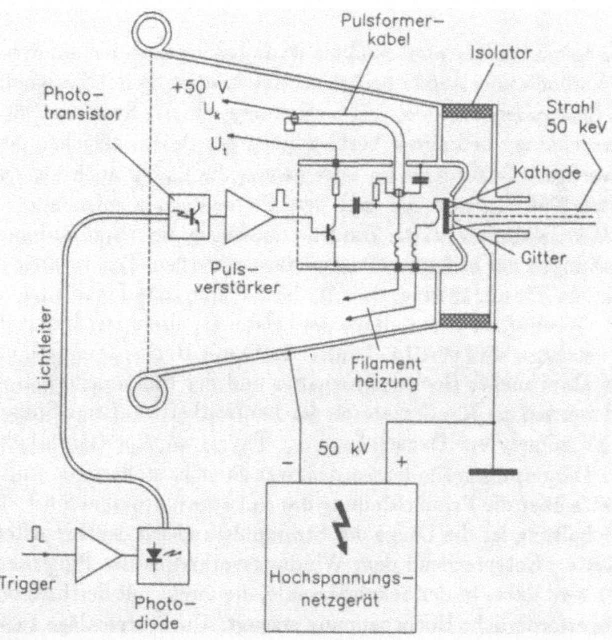

Fig. 4.3 Prinzip einer als Triode aufgebauten Elektronenquelle. Ein Potential von +50 V zwischen Kathode und Gitter sperrt im Ruhezustand den Elektronenfluß. Ein sehr kurzer durch die Länge des Pulsformerkabels definierter Puls hebt dieses Sperrpotential kurzzeitig auf, so daß dabei Elektronen durch das Gitter in den Beschleunigungsraum dringen können.

Kathode gegenüber dem Gitter auf einem Potential von etwa $U_k \approx +50$ V, so daß praktisch keine Elektronen aus dem Bereich der Kathodenoberfläche austreten können. Mit Hilfe eines schnellen Schalttransistors oder einer Verstärkerröhre wird kurzzeitig diese Kathodenvorspannung auf 0 V geschaltet, so daß während dieser Zeit Elektronen durch das Gitter in den Bereich hoher Feldstärke treten und dann in Richtung Anode beschleunigt werden. Ein am Ende kurzgeschossenes Pulsformerkabel sorgt dafür, daß das Kathodenpotential sehr schnell wieder den Ruhewert erreicht und dadurch die Elektronenemission unterdrückt. Der erforderliche Pulsverstärker und die Triggerelektronik befinden sich gut abgeschirmt im Kathodengehäuse. Die externe Steuerung der Triggerpulse erfolgt über Trenntransformatoren oder Lichtleiter, um die hohe Potentialdifferenz von 50 kV zu überbrücken.

Da bei der Trioden-Gun im Gegensatz zu den ca. 100 kV bei der Dioden-Gun nur Spannungen von ca. 50 V geschaltet werden müssen, ist es offensichtlich, daß hier um Größenordnungen kürzere Elektronenpulse erzeugt werden können. Andererseits verhindert dieses Prinzip natürlich nicht die Erzeugung sehr viel längerer Pulse, es muß in diesem Fall nur ein anderer Pulsverstärker ohne Pulsformerkabel verwendet werden. Wegen der größeren Flexibilität wird daher heute meistens die Trioden-Gun eingesetzt.

Ohne weiter in die Details einzugehen, soll hier noch erwähnt werden, daß auch gelegentlich Laser-Guns verwendet werden. Die Kathode aus Metall oder Halbleitermaterial (z.B. Gallium-Arsenit) wird dabei mit einem intensiven Laserstrahl beschossen, wobei sich auf der Oberfläche eine Art Plasma ausbildet. Die erreichbaren Stöme sind sehr hoch, sie können mehrere 100 A betragen, wobei die Pulsdauer durch die Länge des Laserpulses gegeben ist. Das können extrem kurze Zeiten von einigen 10 bis 100 ps sein. Eine weitere Besonderheit der Laser-Guns liegt wegen der wohldefinierten Polarisation der elektromagnetischen Wellen des Lasers in der Erzeugung polarisierter Elektronenstrahlen.

Positronen werden mit Hilfe von intensiven Elektronenstrahlen hinreichender Energie durch Anwendung der Paarerzeugung (Fig. 1.2) gebildet. In einem Linac werden die Elektronen auf die optimale Energie um $E_e \approx 200$ MeV beschleunigt, und dann auf ein Wolframtarget geschossen. Dabei entsteht zunächst hochenergetische Bremsstrahlung, die weitgehend durch den Prozeß der Paarerzeugung in demselben Wolframtarget wieder absorbiert wird. Hierbei spielt auch Mehrfachstreuung eine wichtige Rolle. Letztlich treten aus dem Target e^+-e^--Paare aus, die ein breites Energiespektrum von 0 bis 30 MeV aufweisen. Von diesen Paaren werden jeweils durch geeignete Polung des nachfolgenden Linacs nur die Positronen weiterbeschleunigt.

Protonenstrahlen bzw. allgemein Strahlen aus leichten bis schweren Ionen werden in *Ionenquellen* erzeugt. Die einfachste Form einer solchen Quelle zeigt Fig. 4.4. Es handelt sich um eine PIG-Quelle (Philips Ion Gauge), die auf dem bekannten von Penning [57] entwickelten Prinzip beruht. In einem Entladungs-

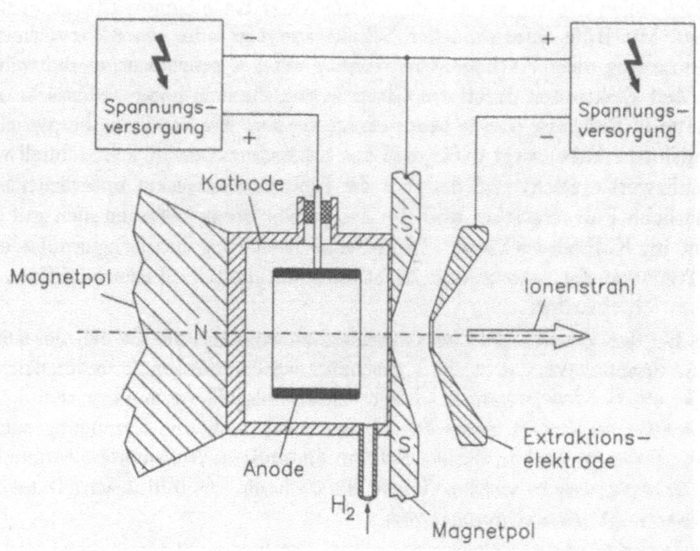

Fig. 4.4 Querschnitt durch eine auf dem Penning-Prinzip beruhende PIG-Ionenquelle

raum liegt zwischen der zylinderförmigen Anode und der Kathode eine Spannung
von einigen 100 V. Darüberhinaus erzeugen zwei Magnetpole in diesem Bereich
ein senkrecht zu dem elektrischen Feld stehendes Magnetfeld von ca. 0.01 T.
Hier wird Gas, z.B. H_2, unter einem Druck von einigen 10 bis 100 Pa eingeleitet,
das im Entladungsraum ionisiert wird. Das Material im Entladungsraum wird so
gewählt, daß möglichst wenig Rekombinationen von Elektronen und Ionen stattfinden. Ein Teil der Ionen tritt aus der axialen Öffnung des Entladungsraumes
aus und wird durch ein externes elektrisches Feld in Richtung der Extraktions-
elektrode beschleunigt.

Moderne Ionenquellen sind teilweise wesentlich komplizierter aufgebaut, vor
allem, wenn bestimmte Ionen mit einer wohldefinierten Ladung bzw. einem
festgelegten Verhältnis e/m erzeugt werden sollen. Zur Ionisation werden dabei
häufig auch Hochfrequenzfelder benutzt, die meistens über Spulen eingekoppelt
werden.

4.3 Grundproblem der Injektion

Bei der Injektion besteht die Aufgabe darin, einen Teilchenstrahl mit einer wohldefinierten Energie vom Vorbeschleuniger in den nachfolgenden Ringbeschleuniger einzuführen, ohne daß nennenswerte Teilchenverluste auftreten. Das erfordert besondere Maßnahmen, da ein von außen kommender Teilchenstrahl immer
außerhalb der Akzeptanz des Beschleunigers liegt, wie in Fig. 4.5 verdeutlicht
ist. Kurz vor Eintritt in die Vakuumkammer habe der Strahl den Abstand $a > d$

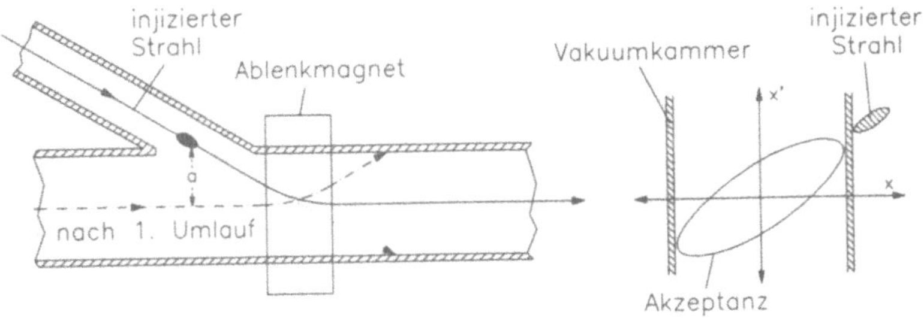

Fig. 4.5 Injektion in einen Ringbeschleuniger. Der injizierte Strahl liegt außerhalb der Akzeptanzellipse des Beschleunigers, er muß daher mit einem gepulsten Magneten auf den Orbit
gebogen werden.

vom Orbit, wobei d die Apertur der Vakuumkammer ist. Dann ist nach (3.139)
die untere Grenze der Akzeptanz gegeben durch

$$A_{\text{inj}} \geq \frac{a^2}{\beta} > \frac{d^2}{\beta}, \tag{4.2}$$

wenn β die Amplitudenfunktion des Ringbeschleunigers an dieser Stelle angibt.
Der tatsächliche Wert ist im allgemeinen noch viel größer, da der injizierte Strahl
unter einem beträchtlichen Winkel in den Beschleuniger eintritt, der in 4.2 gar
nicht berücksichtigt ist. Der injizierte Strahl würde daher den Orbit kreuzen
und eine gewisse Entfernung hinter dem Injektionspunkt auf die Vakuumkammer
treffen und quantitativ verlorengehen.

Aus diesem Grunde ist es erforderlich, unmittelbar hinter dem Injektionspunkt einen Ablenkmagneten aufzustellen, dessen Position und Stärke so bemessen wird, daß der ankommende Strahl möglichst exakt auf den Orbit gebogen
wird. Mit Hilfe dieses Magneten wird die Akzeptanzellipse so gegenüber der
Ruhelage verschoben, daß ihr Zentrum mit dem des injizierten Strahls übereinstimmt. Leider wird damit das Problem noch nicht gelöst, denn nach einem

vollen Umlauf sieht der Strahl wieder dieses Feld und wird um denselben Winkel
vom Orbit weg nach außen gegen die Vakuumkammer gelenkt. Die Verwendung
eines statischen magnetischen Feldes ist daher hier nicht möglich.

Wenn man allerdings sehr schnelle gepulste Magnete verwendet, sogenannte
Kickermagnete, deren Feld innerhalb eines Umlaufs aufgebaut wird und nach der
Injektion innerhalb des nächsten Umlaufs wieder verschwindet, ist eine verlustfreie Injektion von Teilchenstrahlen möglich. Dann wird der ankommende Strahl
nur einmal beim Eintritt in den Ringbeschleuniger abgelenkt, aber nicht mehr
nach dem ersten Umlauf, da dann das Feld des Kichermagneten bereits wieder
abgeklungen ist. Die Pulsdauer des Kickermagneten muß dabei kürzer sein als
die doppelte Umlaufzeit der Teilchen im Ring. Bei einem Synchrotron mit einem
Umfang von $L = 150$ m ist damit die Pulsdauer des Kickers $\tau_{\text{kick}} < 1~\mu$s.

Vor allem bei Speicherringen ist es erforderlich, mehrfach hintereinander zu
injizieren, um die hohen Teilchenströme zu erhalten. Das ist aber mit der in
Fig. 4.5 skizzierten Anordnung nicht zu realisieren, denn wenn bei der zweiten
Injektion der Kickermagnet eingeschaltet wird, werden natürlich alle entlang des
Orbits fliegenden Teilchen der ersten Injektion gleichzeitig nach außen gelenkt
und gehen somit wieder verloren.

Dies ist ein Beispiel einer generellen Problematik bei der Teilcheninjektion,
wenn über mehrere Umläufe oder über mehrere in beliebigen Zeitabständen erfolgenden Injektionen Teilchen eingeschossen werden sollen. Der injizierte Strahl
nimmt ein endliches Volumen im Phasenraum ein, der aus vier transversalen und
zwei longitudinalen Dimensionen besteht. Man kann dieses Phasenvolumen mit
den schon bekannten Koordinaten in folgender Weise angeben:

$$\Delta V = \Delta x \cdot \Delta x' \cdot \Delta z \cdot \Delta z' \cdot \frac{\Delta p}{p} \cdot \Delta s \tag{4.3}$$

Damit läßt sich eine allgemeine Grundregel für die Injektion aufstellen:

Grundregel der Injektion :

In ein schon durch Teilchen besetztes Phasenvolumen
kann kein zweites Mal injiziert werden, ohne die schon
darin enthaltenen Teilchen quantitativ zu verlieren.

4.4 Injektion hoher Protonen- und Ionen-
ströme durch "Stacking"

Ein Prinzip, hohe Strahlströme im Ringbeschleuniger durch mehrfache nacheinander erfolgende Injektionen zu erzielen, ist das "Stacking" (engl. = Stapeln),
das vor allem bei Protonen und Ionen verwendet wird. Diese Teilchen erzeugen,

wie wir in Kapitel 2 gesehen haben, praktisch keine Synchrotronstrahlung. Daher geben diese Teilchen beim Umlauf keine Energie ab und die beim Einschuß angeregte Betatronschwingung bleibt unbegrenzt erhalten, sie wird nicht gedämpft. Das Stacking kann dann eingesetzt werden, wenn das vom injizierten Strahl eingenommene Phasenvolumen kleiner ist als das im Ringbeschleuniger verfügbare. Dann kann dieses in einzelne, benachbarte aber getrennte Volumina aufgeteilt werden, die nacheinander bei jeder Injektion mit Teilchen gefüllt werden. Ganz anschaulich gesprochen "stapelt" man die einzelnen injizierten Strahlen in die verschiedenen freien Teilvolumina des Phasenraums, bis alle gefüllt sind.

Dieses Verfahren soll an zwei Beispielen verdeutlicht werden. Beim ersten Beispiel wird der Umfang L des Ringbeschleunigers in n gleiche Abschnitte unterteilt, deren Länge $\Delta L = \tau_s\, v$ ist, wobei τ_s die Zeit angibt, die ein Teilchen mit der Geschwindigkeit v braucht, um die Strecke ΔL zu durchfliegen. Man hat auf diese Weise n zunächst freie Phasenvolumina, wie es Fig. 4.6 zeigt. Nun wird vor-

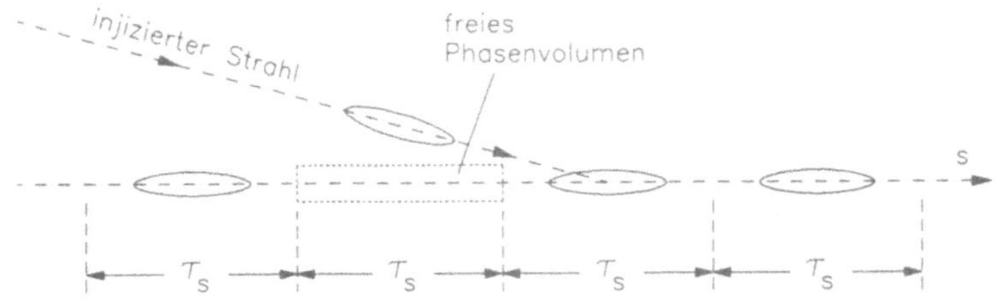

Fig. 4.6 Beispiel einer Injektion mit Stacking im longitudinalen Phasenraum

ausgesetzt, daß der injizierte Strahl etwas kürzer ist als ΔL. Dann kann bei der ersten Injektion gerade ein bestimmtes Teilvolumen mit Teilchen gefüllt werden. Bei der nächsten Injektion wird der Zeitpunkt um τ_s verschoben, so daß jetzt das benachbarte Teilvolumen gefüllt wird. Insgesamt kann man diesen Vorgang genau n mal wiederholen, dann ist das im Ringbeschleuniger verfügbare Phasenvolumen komplett mit Teilchen gefüllt. Der jetzt umlaufende Gesamtstrom ist n mal so hoch, wie der einer einmaligen Injektion.

Das Problem bei diesem Verfahren besteht darin, daß der Kickermagnet Rechteckpulse erzeugen muß, die nicht länger als τ_s sein dürfen und deren Anstiegs- und Abfallflanken sehr kurz sein müssen gegen die Pulsdauer. Auf keinen Fall darf der Kicker die in den beiden Nachbarvolumina umlaufenden Teilchen beeinflussen. Dieses Problem ist vor allem bei sehr großen Beschleunigern leichter zu lösen, da selbst bei einer großen Anzahl von Teilvolumina die Zeitdauer τ_s verhältnismäßig lang ist. Bei sehr kleinen Maschinen ist dieses Verfahren dagegen nicht sehr sinnvoll.

Anstelle des longitudinalen Phasenraumes kann beim Stacking auch der transversale Phasenraum aufgefüllt werden, wie es Fig. 4.7 zeigt. Dabei wird nach dem in Kapitel 3.18 erläuterten Verfahren aus zwei oder drei Kickermagneten eine lokale abgeschlossene Orbitbeule für eine kurze Zeit erzeugt, wobei die Stärke der Kicker von Einschuß zu Einschuß variiert.

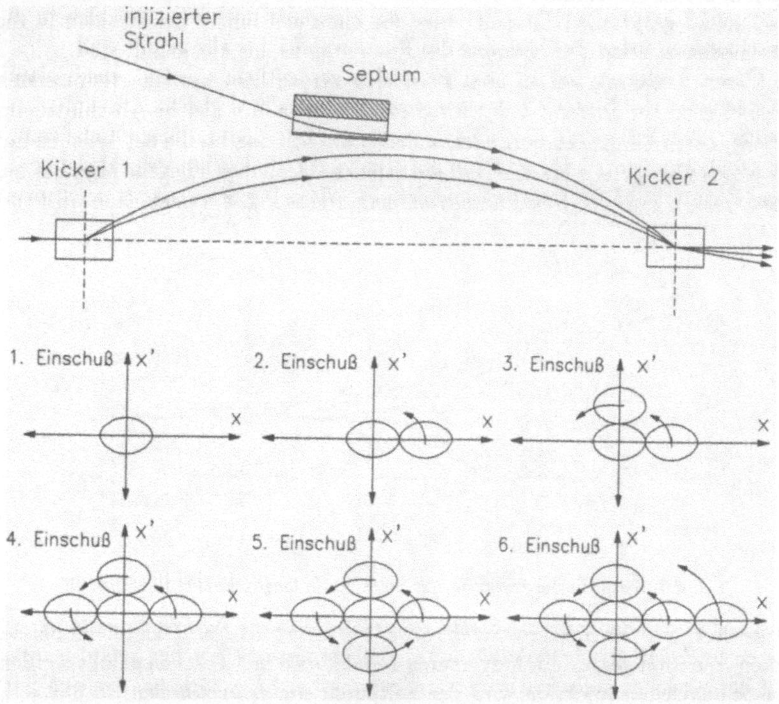

Fig. 4.7 Beispiel einer Injektion mit Stacking im transversalen Phasenraum. Der 1. Einschuß erfolgt auf den Orbit und alle folgenden in dichtem Abstand daneben.

Ein als *Septum* bezeichneter Ablenkmagnet biegt den injizierten Stahl ungefähr parallel zum Orbit, so daß er in die Akzeptanzellipse des Beschleunigers fällt und einer Bahn folgt, die im Kicker 2 gerade den Orbit kreuzt. Die Stärke dieses Kickers ist beim ersten Einschuß so gewählt, daß der Strahl genau auf den Orbit gebogen wird und diesem dann folgt. Beim zweiten Einschuß wird die Stärke der beiden Kicker so reduziert, daß die durch sie gebildete Orbitbeule den Strahl so dicht wie möglich an das Septum bringt, ohne aber dabei Teilchen zu verlieren. In dieser Position kann jetzt ein zweiter Strahl von außen durch das Septum injiziert werden, der dann dicht neben dem zuerst eingeschossenen liegt. Mit dieser Beuleneinstellung wird der Vorgang, je nach Wahl des Arbeitspunktes Q, mehrfach wiederholt, denn der Schwerpunkt des injizierten Strahls wandert wegen der Betatronschwingungen bei jedem Umlauf um einen bestimmten Phasenwinkel um den Orbit, so daß immer wieder ein freies Phasenvolumen zur Verfügung steht, das mit Teilchen gefüllt werden kann.

Ist diese "Schale" voll, kann durch weitere Reduktion der Kickerstärken und damit der Beulenamplitude eine neue Schale begonnen und aufgefüllt werden. Auf diese Weise wird nach und nach die gesamte im Beschleuniger verfügbare Apertur mit Teilchen gefüllt. Auch hier werden wieder sehr hohe Strahlströme erreicht.

Es sollte hier erwähnt werden, daß man ein transversales Stacking statt durch eine Kickerbeule mit variabler Amplitude auch durch Variation der Teilchenenergie erreichen kann, wenn am Injektionspunkt eine ausreichende Dispersion D vorhanden ist. Durch Variation des Teilchenimpulses wird dabei auf verschiedene Dispersionsbahnen injiziert, die einen Abstand $x_\mathrm{D} = D\frac{\Delta p}{p}$ vom Orbit haben. Ansonsten verläuft der Injektionsprozeß genau so, wie er am Beispiel der Kickerbeule beschrieben wurde.

4.5 Injektion von Protonenstrahlen durch "Stripping"-Folie

Eine sehr elegante Methode, praktisch kontinuierlich in einen Ringbeschleuniger einzuschießen, bietet die Verwendung einer dünnen, sogenannten "Stripping"-Folie. Dieses Verfahren, das nicht bei Elektronenstrahlen verwendbar ist, wird vor allem bei der Injektion von Protonen eingesetzt. Es basiert auf einem sehr einfachen Prinzip, das in Fig. 4.8 skizziert ist.

In einer Ionenquelle werden mit Elektronen angereicherte H^--Ionen erzeugt und in einem Vorbeschleuniger auf höhere Energie gebracht. Nach dem Eintritt in den Ringbeschleuniger durchlaufen sie einen Ablenkmagneten, der sie auf den Orbit biegt. Danach treffen sie auf eine Folie, in der die H^--Ionen durch Wechselwirkung mit der Materie ihre Elektronen abstreifen. Aus der Folie treten dann positiv geladene Protonen aus. Wenn diese nach einem vollen Umlauf wieder den ersten Ablenkmagneten erreichen, werden sie wegen der Ladungsänderung genau andersherum abgelenkt. Die Trennung zwischen dem injizierten Strahl und dem umlaufenden ergibt sich daher automatisch. Es ist dabei nicht erforderlich, gepulste Kickermagnete zu verwenden.

Dieses Beispiel macht deutlich, daß die oben vorgestellte Grundregel der Injektion nur bei Ladungserhaltung gilt. Teilchen mit unterschiedlicher Ladung können sehr wohl in dasselbe Phasenvolumen eingeschossen werden, ohne daß Teilchenverluste auftreten.

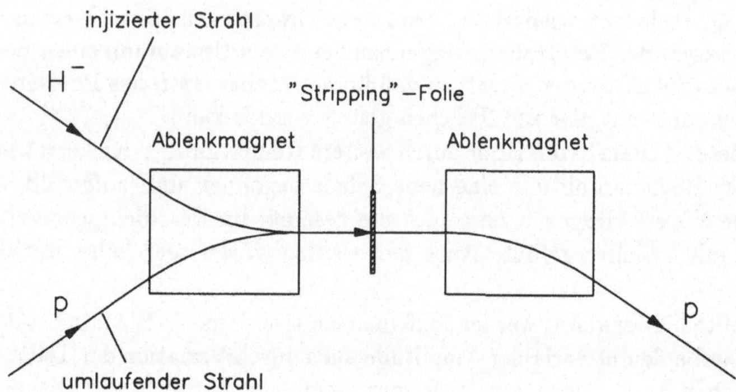

Fig. 4.8 Einschuß von Protonenstrahlen durch Verwendung einer "Stripping"-Folie

4.6 Injektion in einen Elektronenspeicherring

Bei Elektronenspeicherringen wendet man ein anderes Verfahren an, in ein bestimmtes Phasenvolumen des Beschleunigers ohne wesentlichen Teilchenverlust
beliebig oft einzuschießen. Dabei bedient man sich der Tatsache, daß die Betatronschwingung von Elektronen auf Grund der Synchrotronstrahlung gedämpft
ist. Mit diesem Phänomen werden wir uns in Kapitel 6.2 eingehend beschäftigen.
Hier genügt im Moment die Feststellung, daß jede transversale Teilchenschwingung im Fokussierungsfeld des Elektronenrings mit einer bestimmten Zeitkon-
stante abklingt, da dem System durch Abstrahlung von Photonen Energie ent-
zogen wird. Es ist offensichtlich, daß dieses Verfahren nicht bei Protonen und
Ionen anwendbar ist.

Die Wirkungsweise dieser zur Erzielung von hohen Teilchenströmen in Elektronenspeicherringen benutzten Methode soll an Hand von Fig. 4.9 erläutert
werden. Auch hier verwenden wir wieder eine lokale Orbitbeule, die kurzzeitig
durch schnelle Kickermagnete erzeugt wird. Die Pulsdauer ist dabei in der Regel etwa eine Umlaufzeit. In diesem Fall gehen wir davon aus, daß bereits ein
gespeicherter Strahl im Ring umläuft, der insgesamt einen transversalen Bereich
von mindestens 7 σ benötigt, um lange Strahllebensdauern zu gewährleisten.
Die Akzeptanzellipse ist natürlich deutlich größer. Sie reicht bis an die Vakuumkammer, die hier durch die sogenannte *Septumschiene* gegeben ist. Das ist
ein möglichst dünnes Metallblech, das das Ablenkfeld des Septums gegen den
gespeicherten Strahl abschirmt. In dieser Stellung kann nicht injiziert werden.

Während der Injektion wird die Kickerbeule ausgelöst und der Strahl für
einen kurzen Augenblick so dicht an das Septum herangeschoben, wie es ohne

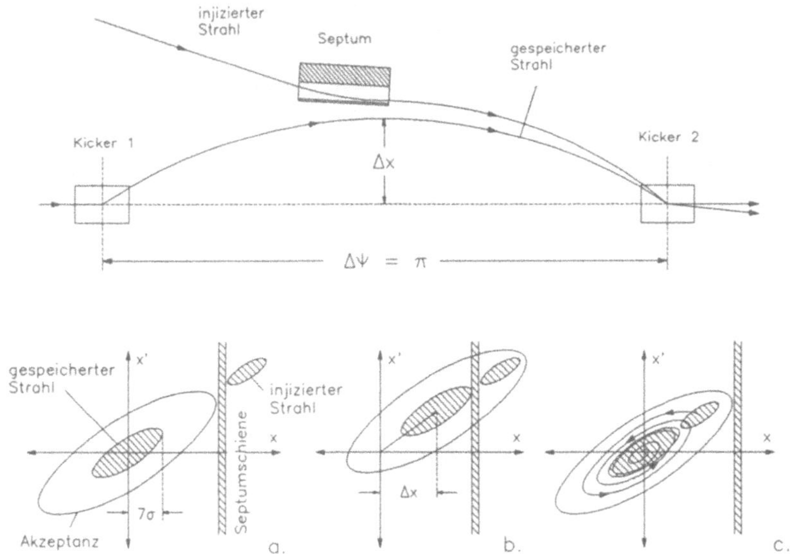

Fig. 4.9 Prinzip der Elektronenakkumulation. Das durch den injizierten Strahl gefüllte Phasen-volumen wird durch Strahlungsdämpfung freigemacht und steht zur nächsten Injektion wieder zur Verfügung. (a.) ist das Phasendiagramm im Ruhezustand vor der Injektion, (b.) zeigt den Zustand während der Injektion und (c.) den in den folgenden Umläufen.

nennenswerten Teilchenverlust möglich ist. Die mit Teilchen gefüllte Phasenel-lipse wird dabei um eine Ablage Δx in Richtung Septum verschoben, wobei im allgemeinen auch noch der Bahnwinkel verändert wird. Wesentlich ist dabei, daß mit dem Orbit auch die gesamte Akzeptanzellipse um denselben Betrag im Phasendiagramm verschoben wird. Sie ragt jetzt über die Septumschiene und erfaßt dabei den injizierten Strahl, der neben dem gespeicherten Strahl eingefan-gen wird. Beim nächsten Umlauf sind die Kickerpulse wieder abgeklungen und der gespeicherte Strahl ist in seine Ruheposition auf dem Orbit zurückgekehrt.

Der injizierte Strahl führt nach der Injektion große Betatronschwingungen um den gespeicherten Strahl aus, die aber stabil sind, da sie innerhalb der Ak-zeptanz des Speicherrings liegen. Auf Grund der o.g. Dämpfung nimmt die Amplitude dieser Schwingungen aber mit der Zeit ab und die neuen Teilchen be-wegen sich auf einer spiralförmigen Kurve in der Phasenellipse auf den Orbit zu. Nach einigen Dämpfungszeiten, die im Bereich von ms bis einigen 10 ms liegen können, sind so die injizierten Teilchen im gespeicherten Strahl aufgenommen worden und haben dessen Intensität um einen gewissen Betrag erhöht. Das bei der Injektion eingenommene Phasenvolumen ist danach wieder frei. Man kann daher diesen Vorgang im Prinzip beliebig oft wiederholen, und dadurch sehr ho-

he Teilchenströme erzielen, bis physikalischen oder technischen Grenzen erreicht
sind.

Bei diesem Injektionsprinzip wird die oben aufgestellte Grundregel der Injektion durch Energieabstrahlung umgangen, womit das Lioville'sche Theorem
nicht mehr erfüllt ist.

4.7 Kicker- und Septummagnete

Die beschriebenen Injektionskonzepte machen, wenn man einmal von dem speziellen Fall der Stripping-Folie absieht, immer Gebrauch von sehr schnellen gepulsten Magneten, den Kickern. Diese sind die wichtigsten technischen Komponenten der Injektion und daher sollen ihr Aufbau und ihre Wirkungsweise hier
vorgestellt werden, wobei die Darstellung auf die physikalischen und technischen
Grundlagen beschränkt bleibt.

Die Dauer des Kickerpulses hängt von dem Umfang des Beschleunigers und
der Auslegung des Injektionsprinzips ab, wobei aber die Werte im allgemeinen
im Bereich von μs liegen. Derart kurze Pulse lassen sich nur mit Magneten erreichen, die eine extrem kleine Induktivität besitzten, da sonst die erforderlichen
Spannungen die technisch beherrschbaren Grenzen überschreiten. Im einfachsten
Fall benutzt man daher eine aus wenigen Leitern gebildete eisenlose Spule, wie
sie in Fig. 4.10 skizziert ist. In dem gezeigten Beispiel besteht der Kickermagnet

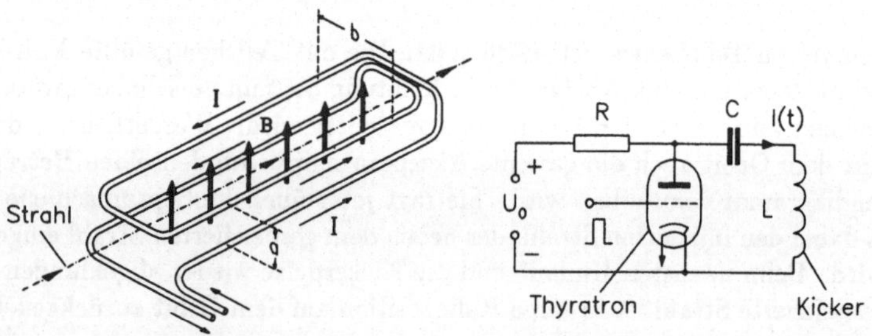

Fig. 4.10 Prinzip eines gepulsten Kickermagneten aus vier parallelen stromführenden Leitern.
Der erforderliche Strompuls wird durch Entladung eines Kondensators über ein Thyratron
erzeugt.

aus vier parallelen Leitern, die einen horizontalen Abstand b und einen vertikalen
Abstand a voneinander haben. Sie sind symmetrisch um den Orbit angeordnet,
so daß sie zum Orbit den Abstand

$$r = \frac{1}{2}\sqrt{a^2 + b^2}$$

$$(4.4)$$

haben. Das von einem Leiter in diesem Abstand erzeugte Feld berechnet sich einfach nach

$$\mu_0 I = \oint \vec{B} d\vec{r} = 2\pi r |\vec{B}| \qquad \longrightarrow \qquad |\vec{B}| = \frac{\mu_0 I}{2\pi r}. \tag{4.5}$$

Wegen der symmetrischen Anordnung heben sich am Orbit die x-Komponenten der durch die vier Leiter erzeugten Felder auf und es verbleibt insgesamt ein in z-Richtung weisendes Feld der Stärke

$$B_{\rm z} = \frac{4\mu_0 b}{\pi(a^2 + b^2)} I. \tag{4.6}$$

Hierbei wird angenommen, daß der Kicker sehr lang ist im Vergleich zu seinen transversalen Dimensionen, so daß der Einluß der longitidinalen Endfelder vernachlässigt werden kann. Die Induktivität des Kickers berechnet man einfach, indem man die durch das zeitlich veränderliche Magnetfeld erzeugte Spannung berechnet. Sie ergibt sich mit (4.6) nach

$$U = n \iint_A \dot{\vec{B}} d\vec{f} = n \frac{4\mu_0 b^2 l}{\pi(a^2 + b^2)} \dot{I}. \tag{4.7}$$

Dabei ist l die Länge des Kickermagneten, $A = l \cdot b$ seine Querschnittsfläche und $n = 2$ die Anzahl der Leiterwindungen. Dann erhält man aus (4.7) sofort die gesuchte Induktivität

$$L = \frac{U}{\dot{I}} = \frac{8\mu_0 b^2 l}{\pi(a^2 + b^2)}. \tag{4.8}$$

Diese hier angegebenen Beziehungen für das Kickerfeld und die Induktivität sind natürlich nur relativ grobe Abschätzung, da vereinfachende Annahmen über die Geometrie gemacht wurden. Sie reichen aber im allgemeinen aus, um eine erste brauchbare Dimensionierung zu erhalten. In vielen Fällen muß auch noch bedacht werden, daß die den Kickermagneten bildenden Leiter im Vakuum montiert sind. Daher sind sie von einem Vakuumtank umgeben, der auf das Feld eine gewisse Abschirmwirkung hat. Das Feld ist also schwächer, als es nach (4.6) angegeben wird. Diesen Effekt kann man ganz gut mit einer empirischen Korrektur berücksichtigen, wobei angenommen wird, daß der umgebende Vakuumtank aus einem runden Rohr mit dem Radius R_0 besteht. Das effektive Kickerfeld am Orbit ist dann

$$B_{\rm eff} = k_{\rm c} B_{\rm z} \qquad \text{mit} \qquad k_{\rm c} = 1 - \frac{a\,b}{4\arctan\dfrac{a}{b}\;R_0^2}. \tag{4.9}$$

Die Dimensionierung eines typischen Kickermagneten ohne Vakuumkammer soll an einem Beispiel gezeigt werden. Dabei wird der von dem Kicker zu erzeugende

Ablenkwinkel κ vorgegeben, der sich aus dem Magnetfeld und der Teilchenenergie mit Hilfe von Gleichung (3.4) nach

$$\kappa = \frac{l}{R} = \frac{e}{p} B_z l = 0.2998 \frac{B_z l}{E} \qquad \text{mit } E \text{ in [GeV]} \tag{4.10}$$

berechnet. Die anderen Werte folgen direkt aus (4.6) und (4.8):

Daten des Kickers: berechnete Werte :

$\kappa = 3$ mrad

$a = 0.04$ m

$b = 0.08$ m $\longrightarrow$ $B_z = \dfrac{\cdot \kappa E}{0.2998 l} = 0.05$ T

$l = 1.0$ m $I = 3127$ A

$E = 5.0$ GeV $L = 2.56 \ \mu$H

Wegen der wenigen Leiter wird ein Pulsstrom von einigen tausend Ampere benötigt, den man am einfachsten dadurch erhält, daß man einen mit hoher Spannung geladenen Kondensator über den Kickermagneten entläd. Das Prinzipschaltbild zeigt Fig. 4.10. Der Kondensator C wird über einen Widerstand R auf die Spannung U_0 aufgeladen und dann zum Zeitpunkt der Injektion mit Hilfe eines Thyratrons entladen. Thyratrons sind Gasentladungsröhren, die sehr hohe Ströme bei entsprechend hohen Spannungen schalten können. Nach dem Zünden des Thyratrons hat man einen LC-Schwingkreis, in dem ein zeitlich veränderlicher Strom $I(t)$ fließt. Dieser gehorcht der bekannten Beziehung

$$\ddot{I}(t) + \omega I(t) = 0 \qquad \text{mit} \qquad \omega = \frac{1}{\sqrt{LC}} \tag{4.11}$$

und der allgemeinen Lösung

$$I(t) = I_1 \cos \omega t + I_2 \sin \omega t. \tag{4.12}$$

Zum Zeitpunkt $t = 0$ ist $I(0) = 0$, also folgt sofort $I_1 = 0$. Damit ist $I(t) = I_2 \sin \omega t$. Der Strom verläuft also wie eine Sinusschwingung, wobei I_2 den Maximalwert angibt. Nachdem eine halbe Schwingung durchlaufen ist, bricht der Vorgang ab, da das Thyratron keine negativen Ströme übertragen kann. Man erhält also einen Halbwellenpuls der Dauer

$$\tau_{\text{kick}} = \frac{\pi}{\omega} = \pi \sqrt{LC} \qquad \longrightarrow \qquad C = \left(\frac{\tau_{\text{kick}}}{\pi}\right)^2 \frac{1}{L} \tag{4.13}$$

Um einen vorgegebenen Maximalstrom $I_{\text{max}} = I_2$ zu erhalten, muß eine bestimmte Spannung U_0 zum Zeitpunkt $t = 0$ am Kondensator anliegen. Der Spannungsverlauf ergibt sich aus (4.12) zu

$$U(t) = L\dot{I} = \omega L I_{\text{max}} \cos \omega t. \tag{4.14}$$

Die erforderliche Ladespannung ist also

$$U_0 = \omega L I_{\mathrm{max}} = \sqrt{\frac{L}{C}} I_{\mathrm{max}}. \tag{4.15}$$

Fordert man für den hier als Beispiel vorgestellten Kicker eine Pulsdauer $\tau_{\mathrm{kick}} = 1~\mu$s, so kann man mit (4.13)) und (4.15) die Kapazität des Kondensators und die erforderliche Ladespannung berechnen. Für dieses Beispiel erhält man

$$\begin{aligned} C &= \left(\frac{\tau_{\mathrm{kick}}}{\pi}\right)^2 \frac{1}{L} = 39.6~\mathrm{nF} \\ U_0 &= \sqrt{\frac{L}{C}} I_{\mathrm{max}} = 25.1~\mathrm{kV} \end{aligned} \tag{4.16}$$

Kickermagnete müssen trotz der relativ kleinen Induktivität mit hohen Spannungen betrieben werden, wenn sehr kurze Pulse erforderlich sind.

Neben dem Kicker gibt es als speziellen Magnettyp der Injektion noch das Septum. Es hat, wie wir gesehen haben, die Aufgabe, den injizierten Strahl unmittelbar vor Eintritt in der Ringbeschleuniger so abzulenken, daß er möglichst nahe an den schon umlaufenden Strahl kommt wobei er zu diesem nur sehr kleine Winkel haben darf. Das Septum ist also im Prinzip ein Ablenkmagnet, bei dem das Feld nur innerhalb seines Spaltes wirksam ist und der damit praktisch nur den injizierten Strahl ablenkt. Den dicht außerhalb vorbeifliegenden Strahl des Rings beeinflußt er aber nicht.

Ein einfacher Magnet mit offenem Spalt, wie er z.B. in Fig. 3.8 skizziert ist, ist dazu nicht geeignet, da sein Streufeld weit aus dem Spalt herausdringt und natürlich auch den umlaufenden Strahl ablenken würde. Das gibt teilweise erhebliche Orbitstörungen. Ein Weg, das Feld nach außen abzuschirmen, besteht darin, den Spalt an der offenen Seite mit einer Stromschiene abzudecken, die in Gegenrichtung denselben Strom führt, wie der das Feld erregende Leiter (Fig. 4.11). Da der Abstand zwischen injiziertem und umlaufenden Strahl bei der Injektion sehr klein sein muß, ist die Stromschine sehr dünn, im allgemeinen beträgt ihre Dicke nur wenige mm. Das führt wegen der hohen Ströme zu sehr hohen Stromdichten, die bei Gleichstrombetrieb eine aufwendige Kühlung erforderlich machen. Andererseits wird das Septum immer nur für den kurzen Augenblick der Injektion benötigt. Daher liegt es nahe, das Septum ähnlich wie die Kickermagnete mit kurzen Strompulsen zu betreiben. Dann ist die über die Zeit integrierte mittlere Leistung sehr viel kleiner und auf eine Leiterkühlung kann ganz verzichtet werden. Beim Septum brauchen die Strompulse allerdings nicht so extrem kurz zu sein, wie bei den Kickermagneten. Die Pulsdauern liegen zwischen einigen 10 μs bis zu ms.

Eine andere sehr interessante Lösung, das Streufeld am Septum abzuschirmen, ist der Wirbelstromschild, der die offene Seite des Septums abschließt (rechtes Beispiel in Fig. 4.11). Es handelt sich dabei im wesentlichen um ein Blech aus

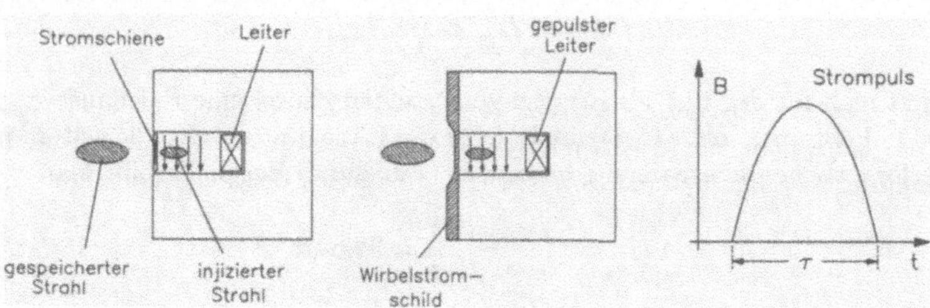

Fig. 4.11 Septummagnete mit Stromschine und Wirbelstromfeld. Im linken Beispiel wird das Feld im Spalt des Septums durch eine dünne Stromschiene abgeschiermt. Dieser Magnet kann mit Gleichstrom und gepulst betrieben werden. Das rechte Septum nutzt einen aus gut leitendem Material gefertigten Wirbelstromschild. Dieser Septumtyp kann nur im Pulsbetrieb verwendet werden.

gut leitendem Material, wie z.B. Kupfer. Wenn dieser Magnet mit einem Halbwellenpuls der Dauer τ betrieben wird, entstehen in dem Blech Wirbelströme, die dem durchdringenden Magnetfeld entgegenwirken und es schwächen. Bei hinreichend kurzer Pulsdauer τ und ausreichender Dicke des Schildes kann das Streufeld wirkungsvoll unterdrückt werden.

Um eine grobe Abschätzung der Abschirmwirkung zu erhalten, gehen wir von einem Halbwellenpuls der Länge τ aus, dessen niedrigste relevante Fourierkomponente die Frequenz

$$\omega = \frac{\pi}{\tau} \tag{4.17}$$

besitzt. Bedingt durch den *Skineffekt* ist die Stromdichte und damit die Feldverteilung in dem Kupferblech

$$i(x) = i_0 \exp\left(-\frac{x}{d_s}\right), \tag{4.18}$$

wobei

$$d_s = \sqrt{\frac{2}{\omega \sigma \mu_r \mu_0}} \tag{4.19}$$

die Eindringtiefe angibt. Es ist sofort zu sehen, daß hohe Frequenz ω und gute Leitfähigkeit des Wirbelstromschildes die besten Abschirmwirkungen geben. Nimmt man eine Pulsdauer von $\tau = 50$ μs, so ist die niedrigste Frequenzkomponente nach (4.17) $\omega = 6.3 \cdot 10^4$ s^{-1}. Mit der Leitfähigkeit von Kupfer $\sigma_{Cu} = 5.9 \cdot 10^7$ Ω^{-1} m^{-1} und der relativen Permeabilität $\mu_r = 1$ folgt aus (4.19) $d_s = 0.66$ mm. Für einen 2 mm dicken Wirbelstromschild ergibt sich daraus nach (4.18) eine Schwächung des Streufeldes auf etwa 5 % des Wertes ohne Schild. In

Wirklichkeit ist die Abschirmung deutlich besser, wie sich in Messungen gezeigt hat. Der Grund liegt vor allem darin, daß die geometrische Verteilung der Streufelder viel komplizierter ist, als bei der Berechnung der Skintiefe angenommen wurde. Für eine erste Abschätzung, die um den Faktor 2 bis 3 auf der sicheren Seite liegt, ist diese Berechnung aber durchaus geeignet.

5 Hochfrequenzsysteme zur Teilchenbeschleunigung

In Kapitel 1 wurde gezeigt, daß die fundamentale Energiegrenze der statischen Beschleuniger durch Verwendung von hochfrequenten Spannungen prinzipiell beseitigt werden kann. Daher verwenden heute praktisch alle Beschleuniger leistungsfähige Hochfrequenzsysteme, um die erforderlichen starken elektrischen Felder zu erzeugen. Die Frequenzen reichen dabei von einigen hundert MHz bis zu etlichen GHz. In diesem Bereich setzt man vorzugsweise Hohlleiterelemente zur Wellenleitung und als Resonatoren ein, da sie die geringsten Verluste haben und sehr hohe Leistungen verkraften können. Daher werden wir uns zunächst mit der Physik und den wichtigsten Eigenschaften der Hohlleiter und Hohlraumresonatoren beschäftigen. Ergänzende detaillierte Darstellungen zu diesem Thema findet man z.B. in [58].

5.1 Hohlleiter und ihre Eigenschaften

Die Ausbreitung der elektromagnetischen Wellen im Hohlleiter gehorcht der allgemeinen Wellengleichung

$$\Delta \vec{E} - \frac{1}{c^2}\ddot{\vec{E}} = 0. \tag{5.1}$$

Da für die weiteren Betrachtungen nur noch die räumliche Verteilung der Wellen interessant ist, wird der zeitlich periodische Anteil mit der Frequenz ω durch den Ansatz

$$\vec{E}(\vec{r},t) = \vec{E}(\vec{r})e^{i\omega t} \qquad \text{mit} \qquad \vec{r} = (x,y,z) \tag{5.2}$$

abgespalten. Das Koordinatensystem ist dabei so gewählt, daß x und y die horizontale und vertikale Koordinaten bezeichnen und z die Ausbreitung entlang des Hohlleiters (Fig. 5.1). Einsetzten in (5.1) liefert die zeitunabhängige Wellengleichung

$$\Delta \vec{E}(\vec{r}) + k^2 \vec{E}(\vec{r}) = 0 \tag{5.3}$$

mit der Wellenzahl

$$k = \frac{\omega}{c} = \frac{2\pi}{\lambda}. \tag{5.4}$$

Wenn man zunächst nur die z-Komponente des Feldes betrachtet, folgt aus (5.3) die Gleichung

$$\frac{\partial^2 E_z}{\partial x^2} + \frac{\partial^2 E_z}{\partial y^2} + \frac{\partial^2 E_z}{\partial z^2} = -k^2 E_z, \tag{5.5}$$

die wir durch den Ansatz

$$E_z(x, y, z) = f_x(x)\, f_y(y)\, f_z(z) \tag{5.6}$$

lösen. Damit folgt aus (5.5)

$$\frac{f_x''}{f_x} + \frac{f_y''}{f_y} + \frac{f_z''}{f_z} = -k^2. \tag{5.7}$$

Mit der Definition

$$k_x^2 := \frac{f_x''}{f_x} \qquad k_y^2 := \frac{f_y''}{f_y} \qquad k_z^2 := \frac{f_z''}{f_z} \tag{5.8}$$

erhält man aus (5.7) die Beziehung

$$k_x^2 + k_y^2 + k_z^2 = -k^2, \tag{5.9}$$

aus der man mit der Festlegung

$$k_x^2 + k_y^2 = -k_c^2 \tag{5.10}$$

die Relation

$$k_z = \sqrt{k_c^2 - k^2} \tag{5.11}$$

erhält. Die Wellenausbreitung entlang des Hohlleiters kann nach (5.8) durch die Gleichung

$$f_z'' = k_z^2\, f_z \tag{5.12}$$

beschrieben werden. Multipliziert man diese noch mit $f_x \cdot f_y$, so erhält man mit (5.6) eine Differentialgleichung, die die elektrische Feldkomponente in Richtung des Hohlleiters angibt, nämlich

$$\frac{\partial^2 E_z}{\partial z^2} = k_z^2\, E_z. \tag{5.13}$$

Diese Gleichung wird durch die Funktion

$$E_z = E_0\, e^{-k_z z} \tag{5.14}$$

gelöst, wie man leicht durch Einsetzen zeigt. Wenn die Wellenzahl k_z dabei reell ist, nimmt die Amplitude der durch den Hohlleiter laufenden Welle exponentiell ab, d.h. eine verlustfreie Wellenausbreitung ist in diesem Fall nicht möglich. Das geht nur, wenn k_z komplex ist. Nach (5.11) kann man daher für den Hohlleiter zwei Bereiche festlegen in der Art

$$
k_z = \begin{cases} \text{reell} & \text{wenn} & k_c^2 \geq k^2 & \text{(Dämpfung)} \\ \text{komplex} & \text{wenn} & k_c^2 < k^2 & \text{(Wellenausbreitung)} \end{cases}
\tag{5.15}
$$

Die spezielle Wellenzahl k_c wird *Grenzwellenzahl* genannt und trennt beim Hohlleiter den Bereich der freien Wellenausbreitung von dem der Dämpfung. Für die praktische Anwendung der Hohlleiter ist es daher entscheidend, ob die Wellenzahl k der sich im freien Raum ausbreitenden elektromagnetischen Welle größer oder kleiner ist, als die Grenzwellenzahl. Mit

$$
k_c = \frac{2\pi}{\lambda_c}
\tag{5.16}
$$

kann auch die zugehörige *Grenzwellenlänge* λ_c definiert werden. Dann folgt mit (5.11)

$$
\frac{1}{\lambda^2} = \frac{1}{\lambda_c^2} + \frac{1}{\lambda_z^2}
\tag{5.17}
$$

oder aufgelöst nach λ_z

$$
\lambda_z = \frac{\lambda}{\sqrt{1 - \left(\dfrac{\lambda}{\lambda_c}\right)^2}}.
\tag{5.18}
$$

Es ist bemerkenswert, daß die Wellenlänge λ_z im Hohlleiter im Bereich verlustfreier Wellenausbreitung immer größer ist, als die Wellenlänge im freien Raum. Das bedeutet, daß die *Phasengeschwindigkeit* der Hohlleiterwelle größer ist als die des Lichtes:

$$
v_\varphi = \frac{\omega\,\lambda_z}{2\pi} > c.
\tag{5.19}
$$

Formt man (5.17) mit $\omega = 2\pi c/\lambda$ um und löst nach der Frequenz auf, erhält man die wichtige *Dispersionsbeziehung* für Hohlleiter

$$
\boxed{\;\omega = c\sqrt{k_z^2 + \left(\frac{2\pi}{\lambda_c}\right)^2}\;}
\tag{5.20}
$$

5.1.1 Rechteckhohlleiter

Nach den wesentlichen allgemeinen Eigenschaften der Wellenausbreitung in einem Hohlleiter sollen nun die beiden wichtigsten in Beschleunigern verwendeten Bauformen näher betrachtet werden. Zum Transport der Welle vom Sender zum Beschleuniger setzt man, wie auch in der Nachrichtentechnik, *Rechteckhohlleiter* ein (Fig. 5.1). Wie wir gesehen haben, ist die Kenntnis der Grenzwellenlänge für die Dimensionierung der Hohlleiter von entscheidender Bedeutung. Um diese

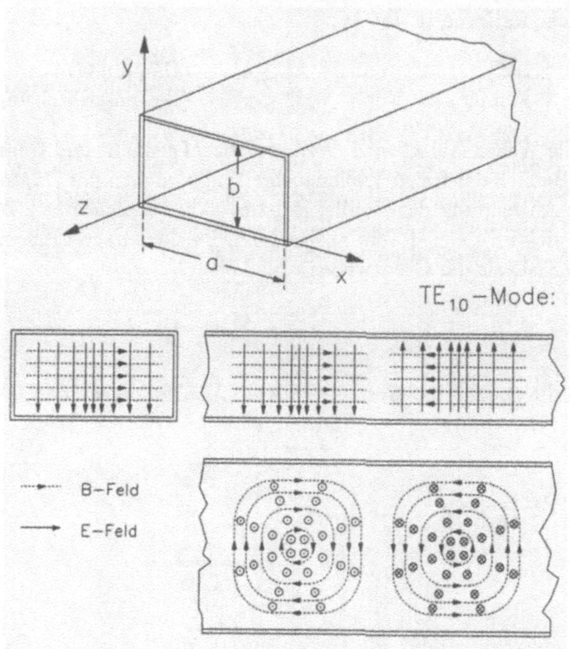

Fig. 5.1 Rechteckhohlleiter mit TE$_{10}$-Welle

für den Rechteckhohlleiter zu berechnen, gehen wir von den aus (5.8) folgenden
Gleichungen

$$f_x'' = k_x^2\, f_x$$
$$f_y'' = k_y^2\, f_y \tag{5.21}$$

aus. Die allgemeine Lösung hat dann die Form

$$f_x(x) = A\sin(i\,k_x\,x) + B\cos(i\,k_x\,x)$$
$$f_y(y) = C\sin(i\,k_y\,y) + D\cos(i\,k_y\,y). \tag{5.22}$$

Die Integrationskonstanten A, B, C und D werden durch die Randbedingungen
der Wellenausbreitung im Hohlleiter bestimmt. Diese ergeben sich dadurch, daß
alle senkrecht zu den leitenden Hohlleiterwänden stehenden elektrischen Felder
an deren Oberfläche verschwinden, d.h. $f_x(0) = 0$ und $f_y(0) = 0$. Daraus folgt

sofort $B = D = 0$. Wenn a die Breite und b die Höhe des Hohlleiters angibt, gilt außerdem $f_x(a) = 0$ und $f_y(b) = 0$. Diese Bedingung wird erfüllt durch

$$j\,k_x\,a \;=\; m\,\pi$$

$$\text{mit} \qquad m, n = \text{ganze Zahlen.} \tag{5.23}$$

$$j\,k_y\,b \;=\; n\,\pi$$

Setzt man das in die Definition der Grenzwellenzahl (5.10) ein, ergeben sich

$$k_c^2 = \left(\frac{m\,\pi}{a}\right)^2 + \left(\frac{n\,\pi}{b}\right)^2. \tag{5.24}$$

und die Grenzwellenlänge

$$\lambda_c = \frac{2}{\sqrt{\left(\dfrac{m}{a}\right)^2 + \left(\dfrac{n}{b}\right)^2}}. \tag{5.25}$$

Mit Hilfe der o.g. Randbedingungen für die elektrischen Felder und mit der Zusatzbedingung, daß alle senkrecht auf den leitenden Flächen stehenden magnetischen Feldlinien wegen der Wirbelströme auf der Oberfläche verschwinden, kann man die möglichen Feldkonfigurationen der Wellen im Hohlleiter berechnen. Wie man aus (5.23) schon erkennen kann, ist deren Zahl praktisch unbegrenzt. Man spricht hier von *Hohlleitermoden*. Technisch genutzt werden allerdings nur einige wenige. Das Feldlinienbild für den wichtigsten Mode im Rechteckhohlleiter ist in Fig. 5.1 zu sehen. Da bei ihm die elektrischen Feldlininen nur senkrecht zur Wellenausbreitung auftreten, spricht man vom einem TE_{10}-Moden (transversal elektrisch) bzw. von einer H_{10}-Welle, da Magnetfelder in Richtung des Hohlleiters auftreten. Der Index von TE_{10} gibt die Anzahl der Knoten in der horizontalen und vertikalen Richtung des Hohlleiterquerschnitts an. Die einzelnen elektrischen und magnetischen Feldkomponenten dieses Modes sind:

$$
\begin{aligned}
E_x &= 0 \\[4pt]
E_y &= \hat{E}\sin\left(\frac{\pi\,x}{a}\right) e^{-i\,k_z\,z} \\[4pt]
E_z &= 0 \\[4pt]
H_x &= \frac{\hat{E}}{Z_0}\frac{\lambda}{\lambda_z}\sin\left(\frac{\pi\,x}{a}\right) e^{-i\,k_z\,z} \\[4pt]
H_y &= 0 \\[4pt]
H_z &= -i\,\frac{\hat{E}}{Z_0}\frac{\lambda}{2a}\cos\left(\frac{\pi\,x}{a}\right) e^{-i\,k_z\,z}
\end{aligned}
\tag{5.26}
$$

Dabei ist $\hat{E}$ eine beliebige Amplitude und Z_0 der Wellenwiderstand des Hohlleiters. Weitere Einzelheiten über Hohlleitertypen und ihre Bezeichnungen finded man in [58].

5.1.2   Runde Hohlleiter

Elektromagnetische Wellen können sich natürlich auch in runden Hohlleitern ausbreiten. Dabei wählt man zweckmäßig zur Berechnung des Wellenbildes ein in
Fig. 5.3 gezeigtes Zylinderkoordinatensystem $\{\Theta, r, z\}$. In diesem System liefert
die Lösung der Wellengleichung statt der trigonometrischen Funktionen die Bes-
selfunktionen $J_n(x)$. Ansonsten gelten an der Oberfläche der leitenden Zylinder-
wand im Prinzip dieselben Randbedingungen wie beim Rechteckhohlleiter. Beim

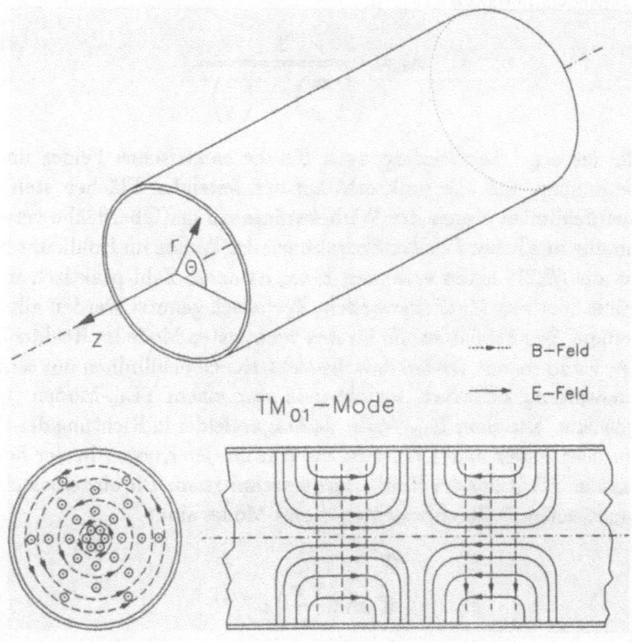

Fig. 5.2 Runder Hohlleiter mit TM$_{01}$-Welle

runden Hohlleiter ist vor allem in der Beschleunigerphysik der TM$_{01}$-Mode von
Bedeutung, bei dem nur transversale magnetische Feldlinien auftreten. Dafür hat
man parallel zur Zylinderachse elektrische Felder, die die durch den Hohlleiter
fliegenden geladenen Teilchen beschleunigen können. Die Feldkonfiguration dieser TM$_{01}$-Welle, die wegen des longitudinalen elektrischen Feldes auch E$_{01}$-Welle
genannt wird, ist in Fig. 5.2 dargestellt. Ihre komponentenweise Berechnung

liefert analog zu (5.26)

$$\begin{aligned}
E_{\mathrm{r}} &= -i\,\hat{E}\frac{k_{\mathrm{z}}}{k_{\mathrm{c}}}\,J_0'(k_{\mathrm{c}}r)e^{-ik_{\mathrm{z}}z} \\
E_{\Theta} &= 0 \\
E_{\mathrm{z}} &= \hat{E}J_0(k_{\mathrm{c}}r)e^{-ik_{\mathrm{z}}z} \\
H_{\mathrm{r}} &= 0 \\
H_{\Theta} &= -i\,\frac{\hat{E}}{Z_0}\frac{k}{k_{\mathrm{c}}}\,J_0'(k_{\mathrm{c}}r)e^{-ik_{\mathrm{z}}z} \\
H_{\mathrm{z}} &= 0
\end{aligned} \tag{5.27}$$

Aus diesen Beziehungen können wir noch die wichtige Grenzwellenzahl k_{c} ermitteln. Wie schon erwähnt, muß auf der Oberfläche des leitenden Zylindermantels die parallel dazu verlaufende elektrische Feldstärke verschwinden. Wenn D der Durchmesser des runden Hohlleiters ist, folgt damit die Bedingung

$$E_{\mathrm{z}}\left(\frac{D}{2}\right) = 0. \tag{5.28}$$

Diese kann nach (5.27) nur erfüllt sein, wenn die Besselfunktion hier ebenfalls verschwindet, also

$$J_0\left(k_{\mathrm{c}}\frac{D}{2}\right) = 0. \tag{5.29}$$

Wenn x_1 die 1-te Nullstelle der Besselfunktion angibt, gilt

$$k_{\mathrm{c}} = \frac{2\,x_1}{D} \qquad \text{mit} \qquad x_1 = 2.40483 \tag{5.30}$$

Die zugehörige Grenzwellenlänge ist dann

$$\lambda_{\mathrm{c}} = \frac{\pi\,D}{x_1} \tag{5.31}$$

5.2 Hohlraumresonatoren (Cavities)

Die allgemeine Lösung der Wellengleichung (5.1) kann immer in der Form

$$W(\vec{r},t) = Ae^{i(\omega t + \vec{k}\vec{r})} + Be^{i(\omega t - \vec{k}\vec{r})} \tag{5.32}$$

geschrieben werden. Das beschreibt eine hin- und eine in Gegenrichtung rücklaufende Welle mit beliebigen Amplituden A und B. Wird eine Welle an einer Fläche vollständig reflektiert, sind beide Amplituden gleich, d.h. $A = B$ und man erhält aus (5.32)

$$\begin{aligned}
W(\vec{r},t) &= Ae^{i\omega t}\left(e^{i\vec{k}\vec{r}} + e^{-i\vec{k}\vec{r}}\right) \\
&= 2A\cos(\vec{k}\vec{r})\,e^{i\omega t}. \tag{5.33}
\end{aligned}$$

Die durch Überlagerung einer hin- und einer rücklaufenden Welle entstandene Feldkonfiguration hat also eine *ortsfeste* Amplitude $2A\cos\vec{k}\vec{r}$, d.h. es handelt sich um eine *stehende Welle*. Es gibt daher auch Stellen, an denen diese Amplitude verschwindet, nämlich wenn $\vec{k}\vec{r} = (n + \frac{1}{2})\pi$. Wenn man an diesen Stellen metallene Wände anbringt, wird die Feldkonfiguration nicht verändert. Dasselbe passiert in einem Hohlleiter, wenn man diesen am Eingang und am Ausgang durch zwei senkrechte leitende Bleche abschließt, die einen Abstand l voneinander haben. Eine stabile stehende Welle kann sich immer dann in diesem vollständig geschlossenen Hohlraum ausbilden, wenn die Bedingung

$$l = q\frac{\lambda_z}{2} \quad \text{mit} \quad q = 0,1,2,\ldots \tag{5.34}$$

erfüllt ist. Es gibt also im Hohlraum nur bestimmte genau definierte Wellenlängen λ_r, die man auch als *Resonanzwellenlänge* bezeichnet. Setzt man (5.34) in (5.17) ein, erhält man die allgemeine Resonanzbedingung für einen *Hohlraumresonator*

$$\boxed{\frac{1}{\lambda_r^2} = \frac{1}{\lambda_c^2} + \frac{1}{4}\left(\frac{q}{l}\right)^2.} \tag{5.35}$$

Hohlraumresonatoren verhalten sich in der Umgebung der Resonanzwellenlänge wie elektrische Schwingkreise, haben aber im Vergleich zu den aus einzelnen Spulen und Kondensatoren aufgebauten Resonatoren sehr viel höhere Güten und entsprechend geringe Verluste. Darin liegt ihr wesentlicher Vorteil, der auch zur Erzeugung hoher Beschleunigungsspannungen ausgenutzt wird. In Beschleunigern werden die Hohlraumresonatoren auch häufig mit dem englischen Begriff *Cavity* bezeichnet.

5.2.1   Hohlraumresonatoren aus Rechteckhohlleitern

Für einen Rechteckhohlleiter kann man die Grenzwellenlänge nach (5.25) sofort angeben und erhält

$$\left(\frac{2}{\lambda_c}\right) = \left(\frac{m}{a}\right)^2 + \left(\frac{n}{b}\right)^2. \tag{5.36}$$

Diesen Ausdruck braucht man nur in die Resonanzbedingung (5.35) einzusetzen, um die gesuchte Resonanzwellenlänge

$$\lambda_r = \frac{2}{\sqrt{\left(\frac{m}{a}\right)^2 + \left(\frac{n}{b}\right) + \left(\frac{q}{l}\right)^2}} \quad \text{mit} \quad m,n,q = \text{ganze Zahlen} \tag{5.37}$$

zu erhalten. Die m,n und q definieren wieder die verschiedenen Moden des Hohlraumresonators, deren Zahl praktisch unbegrenzt ist. Für die technische Anwendung werden allerdings nur einige wenige Moden genutzt, wobei m,n und q zwischen 0 und maximal 2 liegen.

5.2.2 Kreiszylindrische Resonatoren

In derselben Weise lassen sich auch aus zylindrischen Hohlleitern Resonatoren aufbauen. Vor allem zur Erzeugung der beschleunigenden Spannungen werden vorzugsweise diese Bauformen eingesetzt. Bei der weiteren Betrachtung beschränken wir uns hier wieder nur auf die TM_{01}-Welle. Die Resonanzwellenlänge erhält man sofort, indem man den Ausdruck für die Grenzwellenlänge (5.31) in die allgemeine Resonanzbedingung (5.35) einsetzt. Dann ergibt sich

$$\frac{1}{\lambda_r^2} = \left(\frac{x_1}{\pi D}\right)^2 + \frac{1}{4}\left(\frac{q}{l}\right)^2 \qquad \text{mit} \qquad q = 0, 1, 2, \ldots \tag{5.38}$$

oder auch

$$\lambda_r = \frac{1}{\sqrt{\left(\dfrac{x_1}{\pi D}\right)^2 + \dfrac{1}{4}\left(\dfrac{q}{l}\right)^2}}. \tag{5.39}$$

$x_1 = 2.40483$ ist wieder die erste Nullstelle der Besselfunktion. Bei den in Beschleunigern verwendeten zylindrischen Resonatoren wird der Mode mit $q = 0$ verwendet, der als TM_{010}-Mode bezeichnet wird. Dadurch reduziert sich die Berechnung der Resonanzwellenlänge auf die einfache Form

$$\lambda_r = \frac{\pi D}{x_1} \tag{5.40}$$

Bei diesem TM_{010}-Mode ist die Länge l des Resonators ohne Einfluß auf die Resonanzwellenlänge. Daher kann l relativ frei gewählt werden. Als Beispiel für einen derartigen Resonator, für den wir auch allgemeiner Gewohnheit folgend, den Begriff "Cavity" verwenden wollen, wählen wir die für den Speicherring DORIS beim Deutschen Elektronen-Synchrotron entwickelte einzellige Beschleunigungsstruktur, wie sie in Fig. 5.3 skizziert ist.

Der Innendurchmesser beträgt $D = 462$ mm und die Länge $l = 276$ mm. Setzt man diese Werte in (5.40) ein, so erhält man im Resonanzfall die folgende Wellenlänge und zugehörige Frequenz

$$\begin{aligned}
\lambda_r &= 0.60354 \ \text{m} \\
f_r &= \frac{c}{\lambda_r} = 496.7 \ \text{MHz}.
\end{aligned}$$

Diese Frequenz ist etwas niedriger, als die Arbeitsfrequenz von $f = 500$ MHz. Das ist aber durchaus beabsichtigt, denn die exakte Frequenz wird mit Hilfe eines Stempels eingestellt, der durch eine runde Öffnung von außen radial in den Resonator geschoben wird (Fig. 5.4). Dadurch verringert sich das Volumen im Cavity und die Frequenz steigt entsprechend an. Im zylindrischen Resonator, der im TM_{010}-Mode betrieben wird, laufen die magnetischen Feldlinien als konzentrische Kreise um die Strahlachse, wobei die Stärke des Feldes mit dem Radius

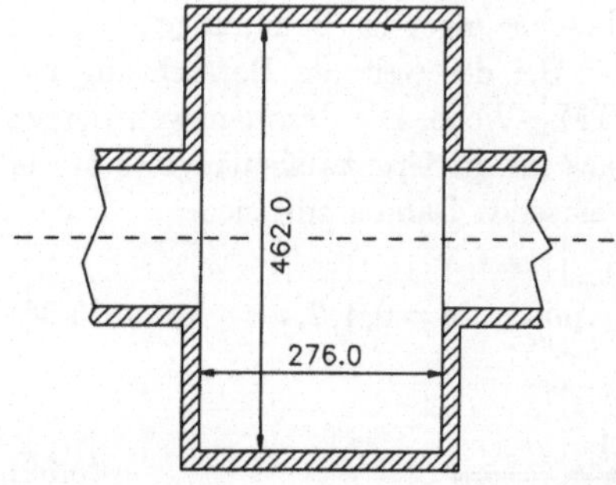

Fig. 5.3 Beispiel eines einzelligen Cavity's. Es wurden mit $D = 462$ mm und $l = 276$ mm die Maße der für den Speicherring DORIS entwickelten Beschleunigungsstruktur gewählt, die für eine Resonanzfrequenz von 500 MHz ausgelegt ist.

zunimmt und an der Wand ihr Maximum erreicht. Daher kann man hier mit einer induktiven Schleife recht wirkungsvoll an das Feld ankoppeln. Die Erregung der Schleife erfolgt von außen über einen Koaxialleiter. Mit dieser Anordnung kann man in dem Cavity die beschleunigende TM_{010}-Welle anregen.

Bei größeren Entfernungen zwischen Leistungssender und Cavity oder bei sehr hohen Senderleistungen über 100 kW ist die Verwendung von Koaxialleitern zum Transport der HF-Leistung nicht mehr sinnvoll. Der relativ dünne Innenleiter bringt durch seinen nicht vernachlässigbaren ohmschen Widerstand höhere Verluste, die bei extremen Belastungen zu kritischen Erwärmungen führen. Deshalb setzt man hier Rechteckhohlleiter ein, die im TE_{10}-Mode betrieben werden. Wegen der großen Oberfläche haben diese Hohlleiter erheblich geringere Verluste und können im Bedarfsfall auch leicht von außen gekühlt werden. Nur unmittelbar am Cavity wird zur Einkoppelung ein ganz kurzes koaxiales Leiterstück benutzt, dessen Innenleiter besonders gekühlt wird.

Der Übergang vom Hohlleiter auf den Koaxialleiter geschieht in der aus der Nachrichtentechnik bekannnen Weise. Der Hohlleiter wird am Ende durch eine leitende Wand abgeschlossen, so daß sich eine stehende Welle ausbildet, die einen Spannungsbauch (Maximum der elektrischen Feldstärke) im Abstand $\lambda/4$ von der Wand hat. Hier wird der Koaxialleiter mit dem Hohlleiter verbunden, wie es Fig. 5.4 zeigt. Durch geeignete Formgebung der Übergänge wird erreicht, daß keine Reflexionen entstehen und die Welle praktisch ohne Verluste vom Hohlleiter in den Koaxialleiter übergeht. Im Koaxialleiter sorgt noch ein keramisches Fenster dafür, daß der Bereich des Hohlleiters mit normalem Luftdruck vom Bereich des Ultrahochvakuums im Cavity getrennt wird, ohne den Durchtritt der HF-Welle zu behindern. Es sollte nicht unerwähnt bleiben, daß dieses *Cavityfenster* ein relativ kritisches Teil in der Anordnung ist, da hier sehr hohe Leistungen und Spannungen auf engstem Raume auftreten. Dazu kommt innerhalb des Vaku-

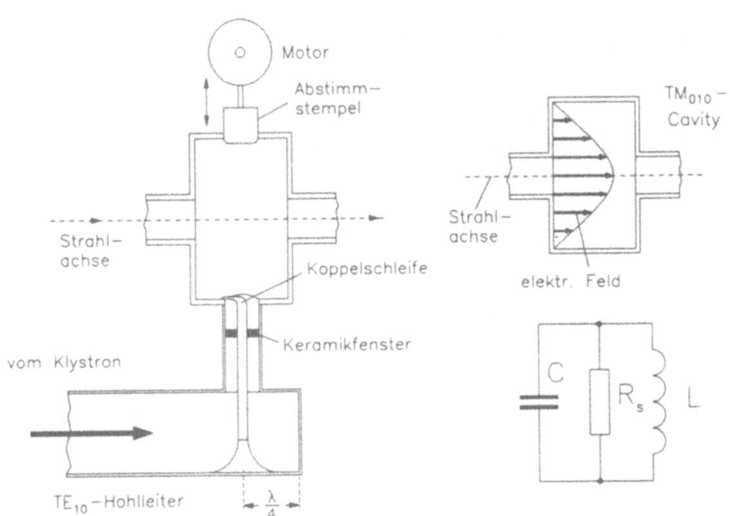

Fig. 5.4 Aufbau einer einzelligen Beschleunigungsstruktur im TM$_{010}$-Mode. Die genaue Resonanzfrequenz wird durch einen Abstimmstempel erreicht. Erregt wird der Resonator über eine induktive Koppelschleife.

umbereichs die Gefahr der plötzlichen Glimmentladung und damit Überhitzung des Fensters, wenn bei hoher HF-Leistung im Cavity spontane Gasausbrüche aus der Oberfläche auftreten.

Die stehende Welle kann sich in dem Cavity nur dann stabil ausbilden, wenn die Resonanzbedingung (5.39) bzw. (5.40) streng erfüllt ist. Schon sehr kleine Abweichungen der eingekoppelten Wellenlänge vom exakten Wert führt zu einer deutlichen Reduktion der Amplitude. Das Cavity verhält sich also wie ein elektrischer Schwingkreis, der aber über eine sehr hohe Güte

$$Q = \frac{\omega_r}{\Delta\omega} = \frac{R_s}{Z} \tag{5.41}$$

verfügt. Dabei ist ω_r die Resonanzfrequenz und $\Delta\omega$ die Frequenzabweichung, bei der die Amplitude um -3 dB gegenüber dem Resonanzfall abgenommen hat. Ein Cavity kann in seinem elektrischen Verhalten durch eine Parallelschaltung von C, L und R_s beschrieben werden, wie in Fig. 5.4 angedeutet. Bei Resonanz sind die Beträge der Impedanzen

$$Z = \omega\,L = \frac{1}{\omega\,C} \tag{5.42}$$

und R_s ist die sogenannte *Shuntimpedanz*, die den ohmschen Verlust des Cavity's
angibt. Auf der Resonanz wird die gesamte eingekoppelte mittlere HF-Leistung
P_{HF} in der Shuntimpedanz R_s in Wärme umgesetzt. Dabei entsteht im Cavity
die Spitzenspannung

$$U_{cav} = \sqrt{2 P_{HF} R_s}. \tag{5.43}$$

Die heute routinemäßig erreichbaren Cavityspannungen sollen wieder am Beispiel
des einzelligen DORIS-Cavity's (Fig. 5.3) demonstriert werden, das vollständig
aus Kupfer gefertigt wurde:

$$
\begin{aligned}
f_{HF} &= 500 \text{ MHz} \\
R_s &= 3.0 \cdot 10^6 \ \Omega \\
Z &= 80 \ \Omega \\
Q &= 38000
\end{aligned}
\qquad
\begin{aligned}
P_{HF} &= 50 \text{ kW} \\[1em]
U_{cav} &= 548 \text{ kV}
\end{aligned}
$$

Bei heutigen Elektronenbeschleunigern mit Endenergien weit über 10 GeV werden sehr viel höhere Spannungen bis zu einigen 100 MV benötigt, wie man
z.B. der Tabelle 2.1 in Kapitel 2 entnehmen kann. Die Zahl der dann erforderlichen einzelligen Beschleunigungsstrecken liegt bei einigen hundert und entsprechend lange freie Plätze sind dafür im Beschleuniger vorzusehen. Um den
technischen Aufwand und den Platzbedarf zu reduzieren, wurden kompaktere
Einheiten konzipiert, bei denen drei oder fünf Einzelzellen kombiniert wurden.
Fig. 5.5 zeigt als Beispiel das für den Speicherring PETRA beim Deutschen
Elektronen-Synchrotron entwickelte fünfzellige Cavity [59]. Die Hochfrequenzleistung wird wie beim Einzeller über eine induktive Schleife in der mittleren Zelle
eingekoppelt. Die Verbindung zu den Nachbarzellen erfolgt durch entsprechend
dimensionierte Koppelschlitze in den Trennwänden zwischen den Zellen. Um die
Strahlachse sind die Driftstrecken in den Trennwänden länger, so daß hier keine
HF-Welle durchtreten kann. Auf diese Weise kann man die vom Strahl durchlaufenen Bereiche nach den Erfordernissen der Strahloptik gestalten, ohne auf die
HF-Koppelung zwischen den Zellen Rücksicht nehmen zu müssen. Diese wird
unabhängig davon durch die Koppelschlitze eingestellt.

Zur Abstimmung der fünf Zellen sind nur zwei Abstimmstempel erforderlich,
die in der zweiten und der vierten Zelle eingebaut sind. Die anderen Zellen
werden über die Koppelung mit abgestimmt. In diesem Fall ist allerdings die
Abstimmregelung aufwendiger als beim einzelligen Cavity, denn es muß einmal
die Resonanzfrequenz eingestellt werden und zum anderen muß dafür gesorgt
werden, daß die HF-Leistung gleichmäßig in den fünf Zellen verteilt wird. Insgesamt aber ist der technische Aufwand deutlich geringer, als bei Verwendung von
fünf einzelligen Strukturen.

Als Beispiel für eine fünfzellige Beschleunigungsstrecke sollen hier die wichtigsten Daten des PETRA-Cavity's (Fig. 5.5) angegeben werden, das ebenfalls
aus Kupfer gefertigt wurde:

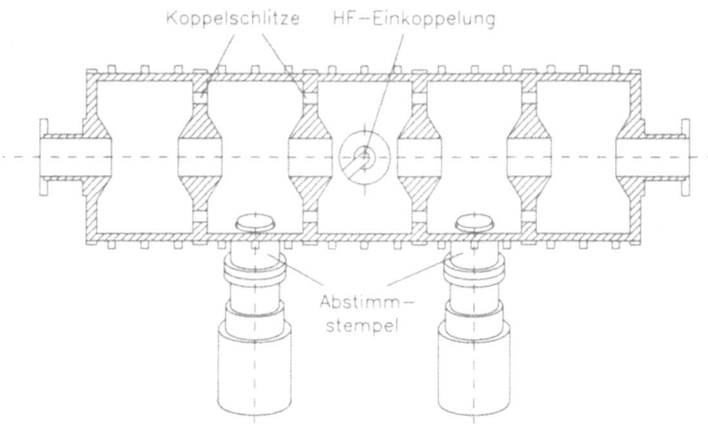

Fig. 5.5 Aufbau einer fünfzelligen Beschleunigungsstruktur. Die Einkoppelung erfolgt in der mittleren Zelle und zur Abstimmung genügen zwei Abstimmstempel.

$$f_{\mathrm{HF}} \;=\; 500\,\mathrm{MHz} \qquad\qquad P_{\mathrm{HF}} \;=\; 125\,\mathrm{kW}$$

$$R_{\mathrm{s}} \;=\; 18.0 \cdot 10^6\,\Omega \qquad\qquad U_{\mathrm{cav}} \;=\; 2.12\,\mathrm{MV}$$

Es sollte hier noch kurz erwähnt werden, daß bei voller Leistung die Shuntimpedanz geringer ist, als sie im Labor bei kleinen Leistungen gemessen wird. Das liegt an der starken Erwärmung der Cavitywände, die die Leitgähigkeit des Kupfers verschlechtert. Daher stellt sich im Dauerbetrieb mit 125 kW ein Wert um $R_{\mathrm{s}} \approx 14.5 \cdot 10^6\,\Omega$ ein und die Cavityspannung reduziert sich auf $U_{\mathrm{cav}} = 1.90\,\mathrm{MV}$.

5.3 Beschleunigungsstrukturen für Linacs

Für Linacs bieten sich zur Beschleunigung zylindrische Hohlleiter an, in denen eine TM_{01}-Welle angeregt wird. Diese hat entlang der Achse ein longitidinales elektrisches Feld, das hier sein Maximum erreicht. Eine Teilchenbeschleunigung ist allerdings damit noch nicht möglich, da nach (5.19) die Phasengeschwindigkeit der Welle größer ist als die des Lichtes. Daher erfahren die langsamer fliegenden Teilchen von der vorbeilaufenden Welle für eine Halbperiode eine Beschleunigung und anschließend eine gleichgroße Abbremsung. Insgesamt wird über längere Zeiten gemittelt keine Energie übertragen. Die Phasengeschwindigkeiten von Welle und Teilchen müssen daher gleich sein, um auf längeren Strecken kontinuierlich Energie auf den Strahl zu übertragen.

Es ist also erforderlich, durch Modifikation des Hohlleiters die Phasengeschwindigkeit der Welle auf Werte $v_\varphi \leq c$ zu reduzieren. Das geschieht durch Irisblenden, die bei normalen Linac-Strukturen in konstanten Abständen in den Hohlleiter eingebaut werden. Der Querschnitt durch eine solche Struktur ist in Fig. 5.6 gezeigt, die gelegentlich auch als "Runzelröhre" bezeichnet wird. Die

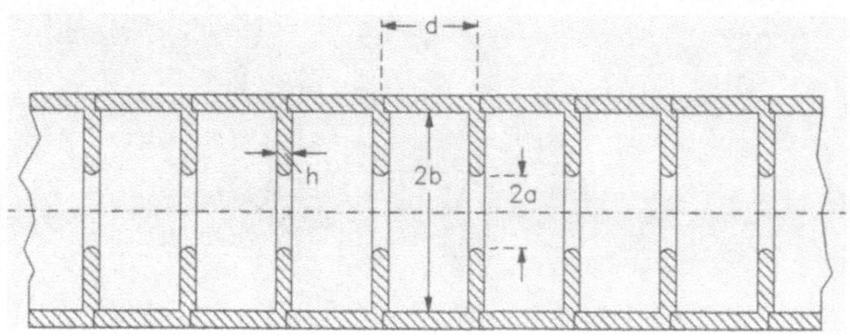

Fig. 5.6 Querschnitt durch eine typische Linac-Struktur. Die Phasengeschwindigkeit der HF-Welle wird durch Einbau der Irisblenden auf die Geschwindigkeit der Teilchen reduziert.

Wirkung der Irisblenden kann an Hand von Fig. 5.7 gezeigt werden, in der der Zusammenhang von Wellenzahl k_z und Frequenz ω aufgetragen ist. Nach (5.20) ist die Dispersionsbeziehung im Hohlleiter

$$\omega = c \sqrt{k_z^2 + \left(\frac{2\pi}{\lambda_c}\right)^2}$$

und die Kurve verläuft immer im Bereich $v_\varphi > c$. Nach Einbau der Irisblenden flacht die Kurve ab und kreuzt bei $k_z = \pi/d$ die Grenzlinie $v_\varphi = c$, wobei d den Abstand der Irisblenden angibt. Oberhalb dieses Wertes ist die Phasengeschwindigkeit der Welle kleiner als die des Lichtes. Hier ist die Domäne der Teilchenbeschleunigung. Durch geeignete Wahl des Abstandes d der Irisblenden kann die Phasengeschwindigkeit auf im Prinzip beliebige Werte eingestellt werden. So werden ganz am Anfang bei jedem Linac die Irisblenden in sehr geringem Abstand angeordnet, da hier die Teilchen praktisch noch nichtrelativistische Geschwindigkeiten ($\beta = v/c \ll 1$) haben. v_φ wird dann durch immer größere Abstände d der Geschwindigkeit der beschleunigten Teilchen angepaßt ("Beta Matching"), ähnlich wie wir es schon beim Wideröe'schen Linac in Kapitel 1.3.5 kennengelernt haben. Nachdem die Teilchen praktisch die Lichtgeschwindigkeit erreicht haben, werden auch nur noch Hohlleiterstrukturen mit konstante Blendenabständen eingesetzt.

Standardmäßig werden die Linac-Strukturen im S-Band betrieben und zwar bei einer Wellenlänge von exakt $\lambda = 0.100$ m, was einer Frequenz von $f_{HF} = 2.998$

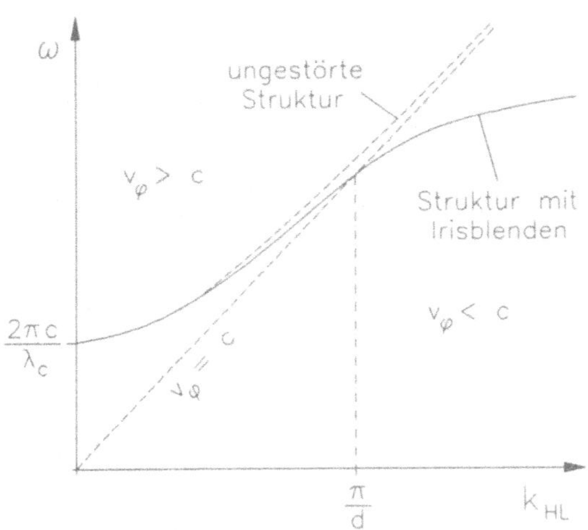

Fig. 5.7 Dispersionskurve eines zylindrischen Hohlleiters ohne und mit Irisblenden. Es ist die Frequenz ω über der Wellenzahl k_z des Hohlleiters aufgetragen.

GHz entspricht. Die HF-Leistung wird, wie z.B. in der Radartechnik, in meist gepulsten Leistungsröhren, wie z.B. Klystrons, erzeugt und über Rechteckhohlleiter durch eine TE_{10}-Welle der Linac-Struktur zugeführt. Die Einkoppelung geschieht dadurch, daß der TE_{10}-Hohlleiter senkrecht auf den runden TM_{01}-Hohlleiter gesetzt wird, wie es Fig. 5.8 zeigt. Man sieht sofort, daß bei dieser Anordnung die Feldkonfiguration beider Wellen an der Übergangsstelle im wesentlichen gleich ist. Daher kann die Welle von dem einen Mode in den anderen übergehen. Da die Geometrie aber nicht völlig identisch ist, gibt es an der Einkoppelstelle Reflexionen, die durch einen geeignet dimensionierten Koppelschlitz kompensiert werden müssen.

Linac-Strukturen können sowohl mit Wanderwellen ("travelling wave") als auch mit stehenden Wellen ("standing wave") betrieben werden. Welche Betriebsart gewählt wird, hängt nur davon ab, ob die Stuktur reflexionsfrei abgeschlossen ist oder nicht. Die beiden Betriebsarten sind in Fig. 5.9 dargestellt. In den meisten Fällen wird am Ende der Struktur die Welle wieder ausgekoppelt und dann in einen Absorber geleitet. Bei richtiger Anpassung gibt es dann keine Reflexion und die Lösung der Wellengleichung liefert nur eine hinlaufende Welle. Im anderen Fall wird die Welle am Ende der Struktur praktisch verlustfrei reflektiert, so daß sich durch Überlagerung eine stehende Welle in der Struktur ausbildet.

Im glatten Hohlleiter können sich in einem breiten Frequenzbereich Wellen

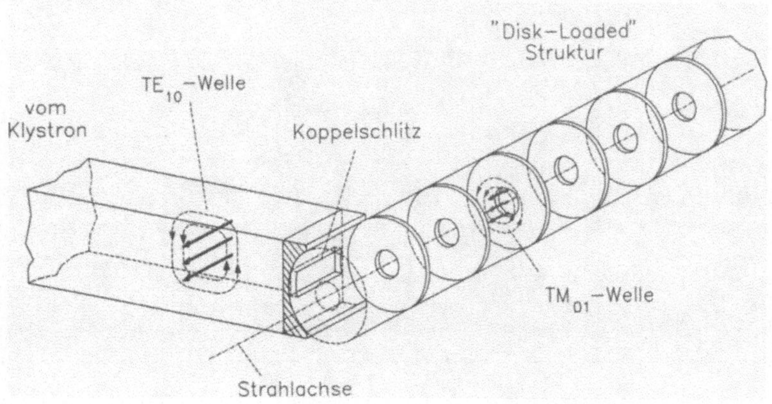

Fig. 5.8 Ankoppelung des TE$_{10}$-Hohlleiters an die Linac-Struktur. Der reflexionsfreie Übergang der Welle wird durch einen ensprechend dimensionierten Koppelschlitz eingestellt.

verlustfrei ausbreiten, sobald die Wellenlänge unterhalb der Grenzwellenlänge liegt. Das ist bei einer Linac-Struktur nicht mehr der Fall. Die Irisblenden bilden innerhalb des Hohlleiters eine periodische Struktur, an der die durchlaufende Welle reflektiert wird, was zu Interferenzen führt. Dieser Vorgang ist z.B. vergleichbar den Interferenzerscheinungen von Licht an Beugungsgittern. Nur dann, wenn die Wellenlänge ein ganzzahliges Vielfaches des Blendenabstandes d ist, kann verlustfreie Wellenausbreitung stattfinden, also

$$\lambda_z = p\,d \qquad \text{mit} \qquad p = 1, 2, 3, \dots \qquad (5.44)$$

Daraus folgt sofort

$$\frac{2\pi}{p} = \frac{2\pi}{\lambda_z}\,d = k_z\,d \qquad \text{mit} \qquad p = 1, 2, 3, \dots \qquad (5.45)$$

Die Irisblenden lassen also in longitudinaler Richtung nur ganz bestimmte Wellenlängen zu, die durch die Zahl p charakterisiert wird. Die dadurch festgelegten Wellenkonfigurationen werden auch wieder als Moden bezeichnet. Es gibt zwar im Prinzip beliebig viele davon, aber zur Beschleunigung werden eigentlich nur

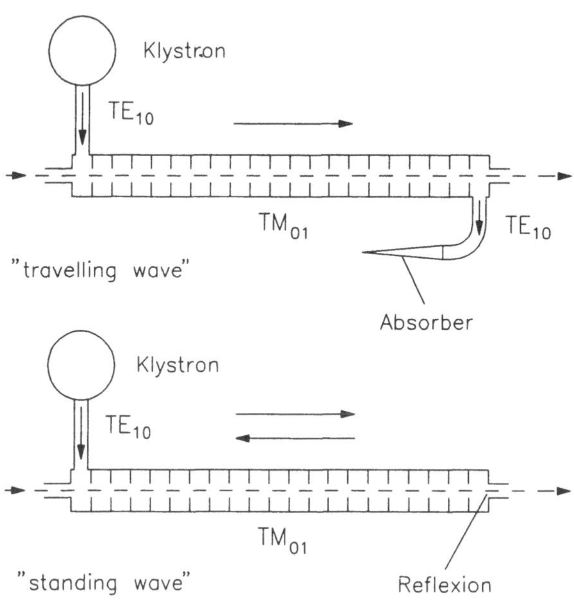

Fig. 5.9 Die beiden Betriebsarten der Linac-Struktur. Das obere Bild zeigt den meistens benutzten Fall der Wanderwelle (travelling wave), bei dem am Ende ein reflexionsfreier Absorber installiert ist. Beim zweiten Fall wird die Welle praktisch verlustfrei reflektiert, was zu einer stehenden Welle führt (standing wave).

die drei folgenden Moden verwendet:

$$
k_z\, d = \begin{cases}
\pi & (\pi - \text{Mode} \quad \text{d.h.} \quad \lambda_z = 2d) & \text{wenn} \quad p = 2 \\[2mm]
\dfrac{2\pi}{3} & (2\pi/3 - \text{Mode} \quad \text{d.h.} \quad \lambda_z = 3d) & \text{wenn} \quad p = 3 \\[2mm]
\dfrac{\pi}{2} & (\pi/2 - \text{Mode} \quad \text{d.h.} \quad \lambda_z = 4d) & \text{wenn} \quad p = 4
\end{cases}
\tag{5.46}
$$

Der π-Mode benötigt relativ lange "Füllzeiten", d.h. es dauert relativ lange, bis die Einschwingvorgänge abgeklungen sind und ein stationärer Zustand erreicht ist. Daher ist dieser Mode für schnellen Pulsbetrieb nicht geeignet. Die $\pi/2$ Welle hat eine verhältnismäßig kleine Shuntimpedanz pro Einheitslänge und damit ist der Energiegewinn pro Struktur bei fester HF-Leistung ebenfalls klein. Den günstigsten Kompromiß zwischen kurzer Füllzeit und hoher Shuntimpedanz

liefert der $2\pi/3$-Mode, der daher heute bei Linacs vorzugsweise verwendet wird.
Die Feldkonfigurationen der drei beschriebenen Moden sind zur Verdeutlichung
in Fig. 5.10 skizziert. Eine wichtige Größe der Linac-Struktur ist der maximal

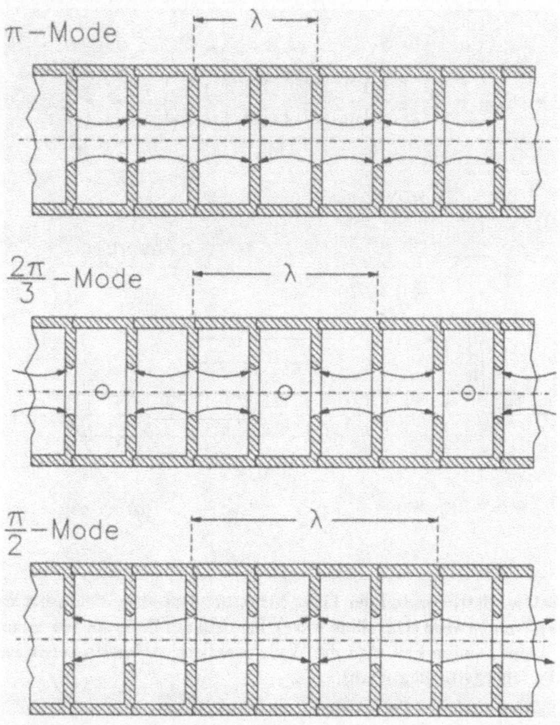

Fig. 5.10 Die Feldkonfigurationen der drei wichtigsten Moden von Linac-Strukturen

mögliche Energiegewinn, den ein Teilchen erhält, wenn es innerhalb der Struktur
eine Strecke l zurücklegt. Dieser Wert ist eindeutig durch die vom Teilchen dabei
durchlaufene Spannung bestimmt, die sich nach

$$U = K \sqrt{P_{\mathrm{HF}}\, l\, r_0} \tag{5.47}$$

berechnet. Dabei ist P_{HF} die eingekoppelte HF-Leistung, l die Länge der Stuktur,
r_0 die Shuntimpedanz pro Meter und K ein Korrekturfaktor, der im allgemeinen
Werte um $K \approx 0.8$ hat. Die Shuntimpedanz pro Meter kann durch die folgende

empirische Formel mit brauchbarer Genauigkeit abgeschätzt werden:

$$r_0 = 5.12 \cdot 10^8 \frac{\beta_z(1-\eta)^2}{p + 2.61\beta_z(1-\eta)} \left(\frac{\sin D/2}{D/2}\right)^2 \tag{5.48}$$

mit (siehe Fig. 5.6)

$$\beta_z = \frac{v_\varphi}{c} \qquad \text{Phasengeschwindigkeit}$$

$$\eta = \frac{h}{d} \qquad (h = \text{Dicke}, \ d = \text{Abstand der Irisblende})$$

$$p = \text{Anzahl der Blenden pro Wellenlänge (identisch mit der Modezahl)}$$

$$D = \frac{2\pi}{p}(1-\eta)$$

Als Beispiel soll die inzwischen als eine Art Standard geltende SLAC- Struktur berechnet werden, die vom Stanford Linear Accelerator Center in Kalifornien entwickelt wurde und in dem dortigen ca. 3 km langen Linac verwendet wird. Sie entspricht Fig. 5.6 und hat folgende Abmessungen

$$2b = 82.474 \text{ mm}$$
$$2a = 22.606 \text{ mm}$$
$$h = 5.842 \text{ mm}$$
$$d = 35.001 \text{ mm}$$

Setzt man für die Phasengeschwindigkeit $\beta_z = 1$ und benutzt den $2\pi/3$-Mode (d.h. $p = 3$), so erhält man mit diesen Werten nach Gleichung (5.48) die Shuntimpedanz der SLAC-Struktur pro Meter zu

$$r_0 = 53 \cdot 10^6 \ \frac{\Omega}{\text{m}}.$$

Die gesamte Beschleunigungsspannung für eine Struktur mit der Länge $l = 3$ m ist nach (5.47)

$$U = K \sqrt{P_{\text{HF}} \, l \, r_0} = 59.7 \text{ MV},$$

wenn man eine Leistung von $P_{\text{HF}} = 35$ MW einspeist. Diese hohe Leistung kann natürlich nur im Pulsbetrieb für eine Zeitdauer von wenigen μs gehalten werden, da sonst die thermischen Probleme nicht mehr beherrschbar sind. In jedem Falle müssen die Linac-Strukturen bei einer wohldefinierten Temperatur betrieben werden, die durch eine entsprechende Regelung innerhalb der engen Grenzen von $\Delta T = \pm 0.1°$ konstant gehalten wird. Das ist nötig, da eine mechanische Abstimmung der sehr vielen einzelnen Zellen während des Betriebs mit vertretbarem Aufwand nicht möglich ist.

Der Gradient, d.h. der Energiegewinn pro Meter, ist für die SLAC-Struktur in diesem Falle

$$\frac{dE}{ds} = 19.9 \text{ MeV/m}.$$

Standardmäßig werden heute Werte zwischen 15 MeV/m und 20 MeV/m erreicht, in Labortest an sehr kurzen Strukturen liegen die bisher gemessenen Werte oberhalb von 100 MeV/m. Die Entwicklung von Linac-Strukturen mit extrem hohen Gradienten ist erforderlich, wenn man Linacs für Energien von etlichen 100 GeV oder gar einigen TeV bauen will. Daher wird auf diesem Gebiet in mehreren Großforschungsinstituten intensiv gearbeitet. Eine ausführliche Darstellung der Physik und Technik der Linacs findet man z.B. in [60].

5.4 Klystrons als Leistungstreiber für Beschleuniger

Die in Ringbeschleunigern eingesetzten Cavities wie auch die Linac-Strukturen brauchen HF-Leistungen, die im Minimum bei einigen 10 kW liegen und bei großen Hochenergiebeschleunigern oder Linacs etliche MW erreichen können. Als wirkungsvollster Leistungstreiber für diese Beschleunigeraufgaben hat sich das Klystron erwiesen, dessen Prinzip hier ganz kurz beschrieben werden soll. Eine ausführliche Darstellung der Grundlagen und der Technik der Klystrons findet man z.B. in [61].

Das klassische Prinzip dieser Leistungsröhre veranschaulicht Fig. 5.11. Aus einer großflächigen runden Kathode treten Elektronen aus, die durch eine Spannung von einigen 10 kV beschleunigt werden. Dadurch erhält man einen runden Strahl, der je nach Leistung der Röhre Ströme von einigen Ampere bis über 10 Ampere hat. Durch geeignete Formgebung der Elektroden im Bereich der Kathode wird der Strahl in derselben Weise fokussiert, wie wir es bei den Elektronenquellen in Kapitel 4.2 gesehen haben. Zusätzlich sorgen noch mehrere entlang der Röhre angeordnete Solenoidspulen für eine gute Strahlbündelung.

Der von der Kathode kommende Strahl mit einer sehr scharf definierten Teilchengeschwindigkeit durchläuft einen ersten zylindrischen Hohlraumresonator, der nicht im bekannten TM_{010}-Mode betrieben wird, sondern im TM_{011}- oder sogar TM_{012}-Mode, um eine bessere Koppelung an den Strahl zu erhalten. In diesem Resonator wird von außen durch einen Vorverstärker mit einer Leistung von einigen 10 Watt eine Welle erregt, die je nach Phasenlage die Teilchen des Strahls beschleunigt, abbremst oder auch unbeeinflußt läßt. Die Teilchen sind also in ihrer Geschwindigkeit durch das Cavity moduliert worden und zwar mit einer Frequenz, die gleich der Resonanzfrequenz ist. In der nachfolgenden feldfreien Driftstrecke laufen die schnelleren Teilchen voraus, während die langsameren zurückbleiben. Das führt zu einer Veränderung der vorher gleichmäßigen Dichte-

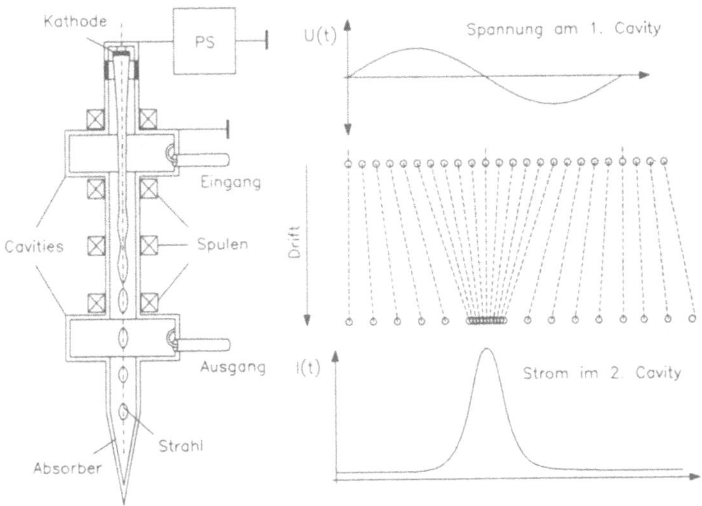

Fig. 5.11 Prinzip des klassischen Mikrowellenklystrons für den Dezimeterwellenbereich

verteilung im Strahl. Nach einer gewissen Laufstrecke haben sich die Teilchen zu
Paketen (engl. *bunches*) geformt, die im Abstand der Wellenlänge der erregenden
Welle fliegen.

Dadurch ist aus dem aus der Kathode austretenden Gleichstrom ein gepulster
Strom geworden, dessen Pulsfrequenz gleich der Frequenz der eingekoppelten
Steuerleistung ist. Ein an dieser Stelle montiertes zweites Cavity wird durch den
pulsartigen Strom resonant angeregt und die in ihm entstehende HF-Welle kann
wieder ausgekoppelt werden. Bei optimaler Auslegung wird der Strahl durch das
von ihm im zweiten Cavity erregte HF-Feld bis auf einen kleine Restenergie fast
völlig abgebremst. Die im Strahl gespeicherte Bewegungsenergie wird dabei in
HF-Energie umgewandelt. Die ausgekoppelte Leistung des Klystrons kann dann
allgemein geschrieben werden in der einfachen Form

$$P_{\text{Klystron}} = \eta \, U_0 \, I_{\text{Strahl}}. \tag{5.49}$$

U_0 ist die Versorgungsspannung des Klystrons, I_{Strahl} der Strahlstrom und η der
Wirkungsgrad des Klystrons, der heute zwischen 45 % und 65 % liegt. Ein typisches Beschleunigerklystron der mittleren Leistung arbeitet mit Spannungen
um $U_0 = 45$ kV und hat Strahlstöme von $I_{\text{Strahl}} = 12.5$ A und einen Wirkungsgrad von $\eta = 0.45$. Dann hat die ausgekoppelte Hochfrequenz nach (5.49) die
Leistung von $P_{\text{Klystron}} = 253$ kW. Spitzenwerte von bis zu 1.2 MW pro Röhre

werden heute im Dauerstrichbetrieb erreicht. Diese Röhren arbeiten meistens im Frequenzbereich zwischen 350 und 500 MHz.

Eine bessere Ankoppelung des Strahl an das Ausgangscavity wird erreicht, wenn man zwischen die in Fig. 5.11 gezeichneten Resonatoren noch zwei oder drei weitere einfügt, die ebenfalls auf Frequenzen in der Nähe der Arbeitsfrequenz abgeglichen werden. Daher verfügen alle Hochleistungsklystrons heute über eine Anordnung aus mehreren Resonatoren.

Wie wir schon gesehen haben, kann eine höhere Ausgangsleistung nur durch eine höhere Spannung im Ausgangscavity erreicht werden. Da sie aber niemals wesentlich höher sein kann, als die Beschleunigungsspannung an der Kathode, muß sie entsprechend erhöht werden. Vor allem bei Klystrons zum Treiben von Linac-Strukturen, die im S-Band mit einer häufig verwendeten Frequenz von 2.998 GHz betrieben werden, sind Spannungen zwischen 250 und 300 kV erforderlich, wobei Strahlströme um 250 A auftreten. Bei einem Wirkungsgrad von $\eta = 45\,\%$ ergibt das eine Ausgangsleistung von $P_{kl} = 30 - 35$ MW. Diese hohe Leistung kann natürlich nur noch im Pulsbetrieb beherrscht werden. Die Pulsdauern bei Linacs sind einige μs bei einer Wiederholrate von einigen 100 Hz. Dabei ergibt sich eine mittlere Leistung von einigen 10 kW, die relativ problemlos gehandhabt werden kann.

Ein zur Zeit in der Entwicklung befindliches Klystron arbeitet mit noch wesentlich höheren Strahlenergien von einigen MeV, die aber nicht mehr durch einfache Hochspannung erzeugt werden. Wegen der hohen Energie haben die Elektronen praktisch relativistische Geschwindigkeiten, weswegen man hier auch vom *relativiatischen Klystron* spricht. Das Grundprinzip wird in Fig. 5.12 erläutert. Die aus der Hochstromkathode austretenden Elektronen werden in mehreren Stufen auf die gewünschte Energie von einigen MeV beschleunigt. Das kann wegen der hohen Strahlströme von mehreren tausend Ampere nicht mehr mit Resonatoren erreicht werden, sondern hier setzt man induktive Beschleunigungsstrecken ein, die eine sehr kleine Impedanz haben und eigentlich nur aus einer Windung bestehen, die einen Ferritkern umschließt. Durch sehr starke Pulsstöme wird hier eine Spannung von einigen 100 kV für kurze Zeit erzeugt, die die durchlaufenden Teilchen beschleunigt. Eine ganze Reihe derartiger induktiver Besschleunigungsstrecken sind hintereinander angeordnet, um die gewünschte Endenergie zu erhalten.

Danach werden in der schon bekannten Weise mit Hilfe eines Modulatorcavities die Elektronen in ihrer Energie moduliert, wobei ihre Geschwindigkeit sich kaum noch ändert. Daher wird durch eine Umlenkung in mehreren Ablenkmagneten eine dispersive Strecke geschaffen, in der Teilchen unterschiedlicher Energie entsprechend unterschiedliche Wege zurücklegen. Das führt ebenfalls zu einer Bunchung des Strahls, wie wir es schon bei der Driftstrecke in klassischen Klystron kennengelernt haben. Danach folgen die Ausgangscavities, zwischen denen die in Form von HF-Leistung abgegebene Teilchennergie durch Nachbeschleuni-

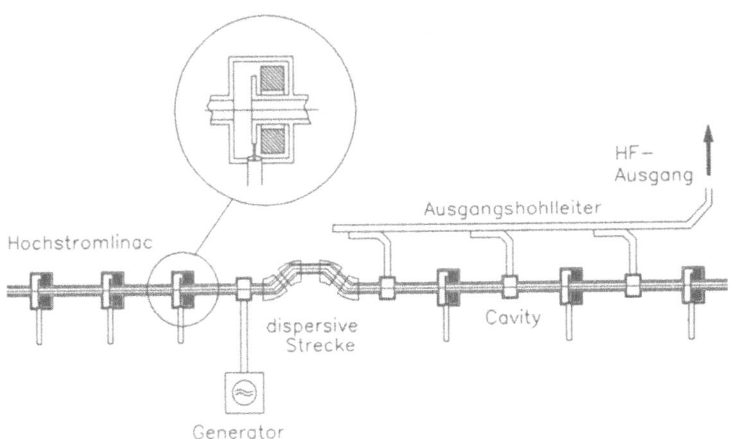

Fig. 5.12 Prinzip eines relativistischen Klystrons. Ein induktiver Hochstromlinac bringt die Elektronen auf Energien von einigen MeV, wobei der Strahlstrom einige tausend Ampere erreichen kann. Die Energiemodulation geschieht in bekannter Weise durch ein Modulatorcavity, dem eine dispersive Strecke zur Strahlbunchung folgt. Dieser Strahl mit seiner Hochfrequenzstruktur durchläuft anschließend mehrere Ausgangscavities, zwischen denen zur Kompensation des Energieverlustes immer eine Nachbeschleunigung erfolgt.

gung ausgeglichen wird. Auf diese Weise kann man extrem hohe Gesamtleistungen auskoppeln. Erste Versuche mit solchen Klystrons sind in einigen Labors erfolgreich gemacht worden.

5.5 Klystronmodulator

Die elektrische Versorgung von Hochleistungsklystrons an Speicherringen erfolgt durch thyristorgeregelte Netzgeräte, die eine zeitlich konstante Hochspannung liefern. Auch an Elektronen-Synchrotronen, bei denen die Klystronleistung periodisch in jedem Beschleunigungszyklus mit der Teilchenenergie hochgefahren wird, setzt man dieselbe Technik ein. Für den Pulsbetrieb von Linac-Klystrons ist dagegen ein grundlegend anderes Verfahren erforderlich. Hier muß für die Dauer von wenigen μs eine Spannung bis zu 300 kV und ein Strom um 250 A geliefert werden. Das entspricht einer Pulsleistung von bis zu 80 MW. Die Geräte, die die S-Band-Klystrons mit derartigen elektrischen Pulsleistungen versorgen, nennt man *Klystronodulatoren*. Mit ihnen wollen wir uns jetzt beschäftigen.

Kurze Pulse extrem hoher Leistung werden in der Technik fast immer dadurch erzeugt, daß man Kondensatoren auf hohe Spannungen auflädt und sie
dann mit Hilfe eines geeigneten Schalters über eine sehr niederohmige Last entläd. Dieses Verfahren wird auch bei den Klystronmodulatoren angewendet, deren
prinzipieller Aufbau in Fig. 5.13 skizziert ist. Wenn P_k die vom Klystron benötig-

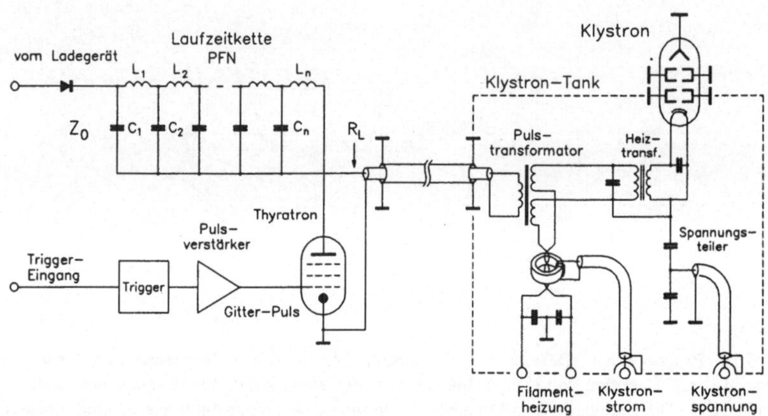

Fig. 5.13 Prinzip des in Klystronmodulatoren verwendeten Leistungspulsers. Die für den
Einzelpuls erforderliche Energie ist in den Kondensatoren der Laufzeitkette (PFN) gespeichert.
Der durch Entladung der Laufzeitkette entstehende Impuls wird über einen Transformator auf
die vom Klystron erforderlichen hohe Spannung gebracht.

te Primärleistung angibt, dann ist bei einer Pulsdauer von τ_{ges} die Energie von
$W = P_k \tau_{\mathrm{ges}}$ erforderlich. Diese wird vor Pulsbeginn in den Kondensatoren C_1, C_2
bis C_n der Laufzeitkette (oder auch PFN = Pulse Forming Network) gespeichert,
die man auf eine Spannung U_L auflädt. Eine aus L und C aufgebaute Laufzeitkette hat gegenüber einem einfachen Kondensator den Vorteil, daß damit beim
Entladen ein relativ guter Rechtechimpuls entsteht mit steilen Anstiegs- und
Abfallflanken. Sie verhält sich praktisch wie ein offenes Kabel, das aufgeladen
und dann an einem Ende plötzlich durch eine im Idealfall ohmsche Last entladen
wird. Dabei läuft die durch die Entladung erzeugte Wellenfront bis zum Ende
des Kabels, wird dort reflektiert und kehrt schließlich zum Kabelanfang zurück,
womit der Entladestrom abbricht. Bei dieser Art Entladung ist die Pulsdauer
genau doppelt so lang wie die einmalige Laufzeit der Welle vom Kabelanfang
bis zum Ende. Bei der LC-Laufzeitkette ist es im Prinzip egal, auf wieviel Einzelelemente die Gesamtkapazität und die Gesamtinduktivität aufgeteilt werden.
Generell nimmt die Flankensteilheit des Pulses zu je mehr LC-Glieder die Kette
besitzt, d.h. je kleiner die Einzelwerte von L und C sind. Die in einer solchen

Laufzeitkette gespeicherte Energie ist also

$$E = P_\mathrm{k}\tau_\mathrm{ges} = \frac{1}{2}C_\mathrm{ges}U_\mathrm{L}^2 \quad \text{mit} \quad C_\mathrm{ges} = \sum_{i=1}^{n} C_i. \tag{5.50}$$

Daraus folgt sofort der Wert für die Gesamtkapazität

$$C_\mathrm{ges} = \frac{2P_\mathrm{k}\tau_\mathrm{ges}}{U_\mathrm{L}^2}. \tag{5.51}$$

Für die weitere Dimensionierung der Laufzeitkette ist noch die Berechnung der Induktivitäten L_i erforderlich, die hier genauso wie die Kapazitäten C_i untereinander gleich sein sollen. Bei Entladung der Laufzeitkette fließt der Pulsstrom über eine als reell angenommene Last R_L. Um eine optimale Energieanpassung zu erzielen, muß die eine Kette abschließende Last gleich ihrer Impedanz Z_0 sein, also

$$Z_0 = \sqrt{\frac{L_i}{C_i}} = \sqrt{\frac{L_\mathrm{ges}}{C_\mathrm{ges}}} = R_\mathrm{L}. \tag{5.52}$$

Dabei fällt an R_L gerade die halbe Ladespannung $U_\mathrm{L}/2$ ab. Die an die Last abgegebene Leistung ist also

$$P_\mathrm{L} = P_\mathrm{k} = \left(\frac{U_\mathrm{L}}{2}\right)^2 \frac{1}{R_\mathrm{L}} \quad \longrightarrow \quad R_\mathrm{L} = \frac{U_\mathrm{L}^2}{4P_\mathrm{k}}. \tag{5.53}$$

Damit haben wir die Größe der Last bestimmt. Wegen $Z_0 = R_\mathrm{L}$ folgt daraus mit (5.52) die erforderliche Gesamtinduktivität

$$L_\mathrm{ges} = Z_0^2 C_\mathrm{ges}. \tag{5.54}$$

Die Laufzeit der Kette ist damit

$$\tau_\mathrm{PFN} = \sqrt{L_\mathrm{ges}C_\mathrm{ges}} = Z_0 C_\mathrm{ges} = \frac{\tau_\mathrm{ges}}{2}, \tag{5.55}$$

wie oben schon erwähnt wurde. Die Entladung besorgt ein Thyratron, eine Gasentladungsröhre, die Spannungen von mehreren $10\,\mathrm{kV}$ und Ströme von mehrerem kA schalten kann. Diese Röhre wird durch einen auf das Steuergitter gegebenen Triggerpuls gezündet. Dieser Schaltvorgang dauert weniger als eine $\mu\mathrm{s}$. Der von der Laufzeitkette kommende Entladestrom fließt dann über die Last R_L ab, die in Wirklichkeit die Primärwindung eines Impulstransformators ist. Sie hat je nach Auslegung zwischen 4 bis 6 Windungen. Sekundär hat der Trafo zwei gleiche bifilar gewickelte Spulen mit je etwa 70 Windungen. Über diese beiden voneinander isolierten Windungen kann die Versorgungsspannung für die Klystronheizung auf das Hochspannungspotential zugeführt werden. Hier ist meistens noch ein Heiztransformator installiert, um die Sekundärwindungen des Pulstrafos nicht mit zu hohem Heizstrom zu belasten.

Der Sekundärstrom und die Sekundärspannung werden zur Kontrolle über
einen Ringkerntrafo bzw. einen kapazitiven Spannungsteiler überwacht. Da auf
der Sekundärseite des Pulstrafos und an allen damit verbundenen Teilen Spannungen bis zu 300 kV gegen Erde auftreten, befindet sich dieser Bereich in einem mit Öl gefüllten Tank, wie es allgemein bei Hochspannungstransformatoren
üblich ist. Als Beispiel ist in Tabelle 5.1 die Dimensionierung eines typischen
Klystronmodulators angegeben.

Tabelle 5.1 Dimensionierung eines typischen Klystronmodulators

Bezeichnung	Wert
Pulsleistung	$P_k = 80$ MW
Ladespannung	$U_L = 40$ kV
Pulsdauer	$\tau_{ges} = 3$ μs
Impedanz des PFN	$Z_0 = 5$ Ω
Gesamtkapazität	$C_{ges} = 300$ nF
Gesamtinduktivität	$L_{ges} = 7.5$ μH
Pulstrafo :	
Primärwindungszahl	$n_p = 5$
Sekundärwindungszahl	$n_s = 72$
Primärspannung	$U_p = 20$ kV
Primärstrom	$I_p = 4000$ A
Sekundärspannung	$U_s = 288$ kV
Sekundärstrom	$I_s = 278$ A

Das Aufladen der Laufzeitkette auf U_L kann im Prinzip durch ein geeignetes
Netzgerät mit der erforderlichen Spannung geschehen. Wesentlich eleganter und
auch vom Standpunkt des Energiesparens wesentlich ökonomischer ist aber das
Prinzip der *Resonanzaufladung*, wie es in Fig. 5.14 dargestellt ist. Dabei benutzt
man ein Netzgerät, das nur die halbe Ladespannung erzeugt, also $U_0 = U_L/2$.
Zwischen Netzgerät und Laufzeitkette ist eine Induktivität L geschaltet, die sehr
viel größer ist als die Induktivitäten L_i der Kette. Daher können wir in guter
Näherung annehmen, die Kapazitäten C_i seien einfach nur parallelgeschaltet.
Die Induktivität L ist am Ausgang durch die Gesamtkapazität der Laufzeitkette
C_{ges} belastet. Die Spannung an dieser Kapazität hängt vom Ladestrom $I(t)$ ab
und ist allgemein

$$U_c(t) = \frac{1}{C_{ges}} \int I(t)\, dt = \frac{1}{C_{ges}} \xi(t). \tag{5.56}$$

Der Ladestrom fließt über die Induktivität L, wobei die ohmschen Verluste durch
den zur Induktivität in Serie liegenden Widerstand R_v charakterisiert sein sollen.

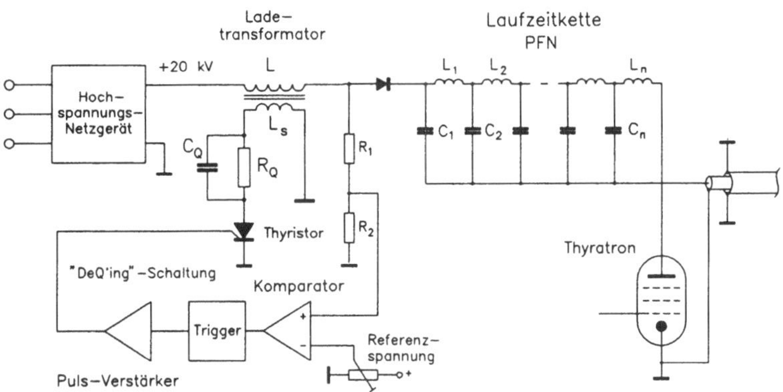

Fig. 5.14 Prinzip der Resonanzaufladung der Laufzeitkette. Durch die "DeQ'ing"-Schaltung wird ein genau definierter Spannungswert eingehalten.

Dann folgt mit $\xi(t) = \int I(t)dt$ die den Ladevorgang bestimmende Gleichung

$$\ddot{\xi}(t) + \frac{R_{\mathrm{v}}}{L}\dot{\xi}(t) + \frac{1}{LC_{\mathrm{ges}}}\xi(t) = \frac{U_0}{L} = \text{const.} \tag{5.57}$$

Diese inhomogene Gleichung hat die Lösung

$$U_{\mathrm{c}}(t) = (A\cos\omega t + B\sin\omega t)e^{-\zeta t} + U_0 \qquad \text{mit} \qquad \begin{cases} \omega &= \sqrt{\omega_0^2 - \zeta^2} \\ \omega_0 &= \dfrac{1}{\sqrt{LC_{\mathrm{ges}}}} \\ \zeta &= \dfrac{R_{\mathrm{v}}}{2L} \end{cases} \tag{5.58}$$

Nimmt man eine sehr geringe Dämpfung an, also $\zeta \ll \omega_0$, so folgt mit den Anfangsbedingungen

$$\begin{aligned} U_{\mathrm{c}}(0) &= 0 \\ \dot{U}_{\mathrm{c}}(0) &= 0 \end{aligned} \qquad \longrightarrow \qquad \begin{aligned} A &= -U_0 \\ B &= 0 \end{aligned}$$

Für diesen praktisch ungedämpften Schwingungsfall ist der Spannungsverlauf am Kondensator damit

$$U_{\mathrm{c}}(t) = U_0(1 - \cos\omega t). \tag{5.59}$$

Eine halbe Schwingungsperiode nach der Entladung der Laufzeitkette hat die Spannung an den Kondensatoren den Maximalwert $U_{\mathrm{max}} = 2\,U_0$ erreicht. Man hat also eine Ladespannung erhalten, die doppelt so hoch ist, wie der vom Netzgerät gelieferte Wert. Die mit der Induktivität L in Serie geschaltete Diode verhindert, daß nach Erreichen des Spitzenwertes der Kreis weiterschwingt und dabei die Laufzeitkette wieder entläd.

Die bei der Resonanzaufladung erreichte Ladespannung ist von Haus aus nicht sehr konstant, da das im allgemeinen ungeregelte Hochspannungsgerät die im Versorgungsnetz auftretenden Schwankungen an den Ausgang weitergibt. Eine präzise Regelung in diesem Gerät ist wegen der hohen Spannungen relativ aufwendig. Außerdem erfaßt sie nicht die Schwankungen, die durch Temperaturdriften der an der Resonanzaufladung beteiligten Elemente hervorgerufen wird. Daher wurde ein im Amerikanischen als "DeQ'ing" bezeichnetes Prinzip entwickelt, das auch in Fig. 5.14 eingezeichnet ist. Es basiert auf der Idee, zunächst durch etwas höhere Eingangsspannung U_0 auch die Ladespannung entsprechend höher einzustellen, so daß eine gewisse Spannungsreserve entsteht. Während der resonanzartigen Aufladung wird die Spannung an der Laufzeitkette ständig überwacht. Nach einer bestimmten Zeit hat die Ladespannung die Schwelle des Sollwertes erreicht. Sobald das geschehen ist, wird der Ladevorgang gestoppt, indem man die in der Induktivität L noch gespeicherte Restenergie schnell in Wärme umwandelt. Dadurch bricht der Ladevorgang bei einer wohldefinierten Spannung ab.

Im einfachsten Fall wird parallel zur Induktivität L ein Widerstand und ein Thyratron geschaltet. Bei Überschreiten des Sollwertes wird das zunächst gesperrte Thyratron durchgeschaltet und der relativ kleine Widerstand ruft dadurch einen sehr starken Verlust in dem Schwingungssystem hervor, so daß man praktisch eine adiabatische Dämpfung hat. Die Güte Q des Kreises wird dabei drastisch auf Werte um $Q \approx 1$ reduziert. Daher kommt auch die Bezeichnung "DeQ'ing"-Schaltung. Wegen der schlechten Güte bricht die Resonanzaufladung dann sofort ab.

Man kann, wie es in Fig. 5.14 gezeigt ist, dasselbe auch erreichen, indem man die Ladeinduktivität mit einer Sekundäuspule L_s versieht und diese durch Parallelschaltung der Kapazität C_Q und des Widerstandes R_Q zu einem stark gedämpften Schwingkreis erweitert. Der Vorteil dieser Anordnung liegt in der geringeren Spannung, so daß Halbleiterschalter (Thyristoren) verwendet werden können. Die Überwachung der Ladespannung erfolgt durch den Spannungsteiler R_1 und R_2 auf dem Niederspannungspotential. Der Vergleich mit einer den Sollwert definierenden Referenzspannung löst bei Überschreiten den Trigger aus, der den Thyristor schaltet. Mit dieser Anordnung lassen sich die Ladespannungen an der Laufzeitkette auf etwa 0.1 % genau stabilisieren.

5.6 Phasenfokussierung und Synchrotronfrequenz

Genau so, wie in einem Linac muß auch in einem Ringbeschleuniger dafür gesorgt werden, daß die umlaufenden Teilchen im Mittel eine wohldefinierte feste Phase bezüglich der beschleunigenden Hochfrequenzspannung einhalten. Dazu ist eine *Phasenfokussierung* erforderlich, deren Prinzip an Hand von Fig. 5.15 zunächst qualitativ erläutert werden soll. Zur Vereinfachung nehmen wir dazu an, daß die Teilchen relativistische Geschwindigkeiten haben ($v = c$). Ein ideales

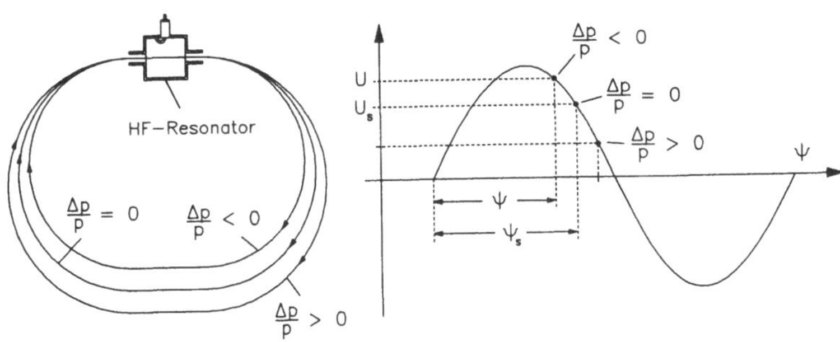

Fig. 5.15 Prinzip der Phasenfokussierung bei Ringbeschleunigern mit relativistischen Teilchen.

Teilchen ohne Impulsabweichung ($\Delta p/p = 0$) läuft auf der durch die Konstruktion des Ringes festgelegten Sollbahn und hat beim Passieren des HF-Resonators die Sollphase Ψ_s zur HF-Spannung. Dadurch wird exakt der Energiebedarf des Teilchens gedeckt, der durch die Beschleunigung und die Synchrotronstrahlung entsteht. Ein Teilchen mit zu geringem Impuls $\Delta p/p < 0$ läuft auf einer inneren Dispersionsbahn, die kürzer als die Sollbahn ist. Es kommt daher etwas früher im Cavity an bei einer kleineren Phase $\Psi = \Psi_s - \Delta\Psi$ und sieht eine entsprechend höhere Spannung. Daher wird es stärker beschleunigt als das Sollteilchen und nähert sich somit wieder der Sollphase. Umgekehrtes passiert bei Teilchen mit zu hoher Energie. Tatsächlich schwingen die Teilchen um die Sollphase und werden auf diese Weise stabil im Beschleuniger gehalten. Diese periodische longitudinale Teilchenbewegung um die Sollphase nennt man *Synchrotronschwingung*.

Um zu einer quantitativen Behandlung zu kommen, stellen wir die Energiebilanz der Teilchen für einen vollen Umlauf auf. Für das Sollteilchen ($\Delta p/p = 0$) erhält man

$$E_0 = eU_0 \sin \Psi_s - W_0. \tag{5.60}$$

Dabei ist U_0 die Spitzenspannung im Cavity und W_0 der Energiebedarf pro Umlauf. Ein beliebiges Teilchen hat einen geringfügig abweichenden Impuls und eine um $\Delta\Psi$ abweichende Phase. In diesem Fall ist die Energiebilanz

$$E = eU_0 \sin(\Psi_s + \Delta\Psi) - W, \tag{5.61}$$

wobei man den Energiebedarf in linearer Näherung in der Form

$$W = W_0 + \frac{dW}{dE}\Delta E \tag{5.62}$$

schreibt. Die Differenz von (5.60) und (5.61) liefert

$$\Delta E = E - E_0 = eU_0\left[\sin(\Psi_s + \Delta\Psi) - \sin\Psi_s\right] - \frac{dW}{dE}\Delta E. \tag{5.63}$$

Die Dauer der Synchrotronschwingung ist im Vergleich zur Umlaufzeit sehr lang, denn eine Schwingungsperiode erstreckt sich im allgemeinen über einige hundert Umläufe. Daher kann man die zeitliche Differentation einfach durch Division durch die Umlaufzeit T_0 ersetzen und erhält

$$\Delta\dot{E} = \frac{\Delta E}{T_0} = \frac{eU_0}{T_0}\left[\sin(\Psi_s + \Delta\Psi) - \sin\Psi_s\right] - \frac{dW}{dE}\frac{\Delta E}{T_0}. \tag{5.64}$$

Die Phasenabweichung $\Delta\Psi$ ergibt sich aus der unterschiedlichen Umlaufzeit der Teilchen mit verschiedenem Impuls. Die Umlaufzeit des Sollteilchens ist

$$T_0 = \frac{L_0}{v_0}, \tag{5.65}$$

wobei L_0 die Länge der Sollbahn angibt und v_0 die Geschwindigkeit des Sollteilchens. Zu diesen Sollwerten haben die Teilchen gewisse meist sehr kleine Abweichungen ΔL und Δv, so daß die allgemeine Umlaufzeit für ein beliebiges Teilchen den Wert

$$T = \frac{L_0 + \Delta L}{v_0 + \Delta v} \approx (L_0 + \Delta L)\frac{v_0 - \Delta v}{v_0^2} \approx \frac{1}{v_0^2}(L_0 v_0 + v_0\Delta L - L_0\Delta v) \tag{5.66}$$

hat. Daraus ergibt sich die Zeitdifferenz

$$\Delta T = T - T_0 = \frac{v_0\Delta L - L_0\Delta v}{v_0^2} \tag{5.67}$$

und weiter

$$\frac{\Delta T}{T_0} = \frac{\Delta L}{L_0} - \frac{\Delta v}{v_0}. \tag{5.68}$$

Mit dem Momentum-Compaction-Faktor α ist nach (3.110)

$$\frac{\Delta L}{L_0} = \alpha\frac{\Delta p}{p} \tag{5.69}$$

und aus (B.11) (siehe Anhang) folgt die relativistische Beziehung

$$\frac{\Delta v}{v_0} = \frac{1}{\gamma^2}\frac{\Delta p}{p}.$$ (5.70)

Damit erhält man aus (5.68) die relative Zeitschwankung für ein beliebiges relativistisches Teilchen zu

$$\frac{\Delta T}{T_0} = \left(\alpha - \frac{1}{\gamma^2}\right)\frac{\Delta p}{p}.$$ (5.71)

Da die beschleunigende Frequenz die Periodendauer T_{HF} hat, kann man die resultierende Phasenverschiebung sofort berechnen. Sie ist

$$\Delta\Psi = 2\pi\,\frac{\Delta T}{T_{\mathrm{HF}}} = \omega_{\mathrm{HF}}\Delta T.$$ (5.72)

Damit das Sollteilchen nach jedem Umlauf wieder exakt die Sollphase der HF-Spannung trifft, müssen Hochfrequenz ω_{HF} und Umlaufsfrequenz ω_{u} ein ganzzahliges Verältnis zueinander haben, also

$$q = \frac{\omega_{\mathrm{HF}}}{\omega_{\mathrm{u}}} \qquad \text{mit} \qquad q = \text{ganze Zahl.}$$ (5.73)

Dieses Verhältnis q bezeichnet man als *Harmonischenzahl* des Rings. Damit folgt aus (5.71) und (5.72)

$$\Delta\Psi = q\omega_{\mathrm{u}}\Delta T = 2\pi q\frac{\Delta T}{T_0} = 2\pi q\left(\alpha - \frac{1}{\gamma^2}\right)\frac{\Delta p}{p}.$$ (5.74)

Nun ersetzen wir noch den Impuls nach (B.16) durch

$$\frac{\Delta p}{p} = \frac{1}{\beta^2}\frac{\Delta E}{E}$$ (5.75)

und erhalten für die Phasenänderung eines beliebigen Teilchens beim Umlauf um den Ring die Gleichung

$$\Delta\Psi = \frac{2\pi q}{\beta^2}\left(\alpha - \frac{1}{\gamma^2}\right)\frac{\Delta E}{E},$$ (5.76)

aus der sich durch Differentation nach der Zeit der Ausdruck

$$\Delta\dot\Psi = \frac{\Delta\Psi}{T_0} = \frac{2\pi q}{\beta^2 T_0}\left(\alpha - \frac{1}{\gamma^2}\right)\frac{\Delta E}{E}$$ (5.77)

ergibt. Die Bewegung des Teilchens soll nun zunächst nur für sehr kleine Abweichungen von der Sollphase berechnet werden, also für $\Delta\Psi \ll \Psi_s$. In diesem Fall vereinfachen sich die trigonometrischen Ausdrücke in (5.64) nach

$$\sin(\Psi_s + \Delta\Psi) - \sin\Psi_s = \sin\Psi_s\cos\Delta\Psi + \cos\Psi_s\sin\Delta\Psi - \sin\Psi_s \approx \Delta\Psi\cos\Psi_s$$
  (5.78)

und man erhält

$$\Delta \dot{E} = \frac{eU_0}{T_0}\, \Delta \Psi\, \cos \Psi_s - \frac{dW}{dE}\frac{\Delta E}{T_0}. \tag{5.79}$$

Um zu der Bewegungsgleichung zu gelangen, differenzieren wir diesen Ausdruck nocheinmal nach der Zeit, so daß

$$\Delta \ddot{E} = \frac{eU_0}{T_0}\, \Delta \dot{\Psi}\, \cos \Psi_s - \frac{dW}{dE}\frac{\Delta \dot{E}}{T_0}. \tag{5.80}$$

Setzt man noch (5.77) ein, folgt schließlich

$$\boxed{\Delta \ddot{E} + 2a_s\, \Delta \dot{E} + \Omega^2\, \Delta E = 0} \tag{5.81}$$

mit

$$a_s = \frac{1}{2T_0}\frac{dW}{dE} \tag{5.82}$$

und

$$\Omega = \omega_u \sqrt{-\frac{eU_0 q \cos \Psi_s}{2\pi \beta^2 E}\left(\alpha - \frac{1}{\gamma^2}\right)}. \tag{5.83}$$

Diese Gleichung beschreibt eine harmonische Schwingung, denn sie kann durch den allgemeinen Ansatz

$$\Delta E(t) = \Delta E_0\, e^{\omega t} \tag{5.84}$$

gelöst werden. Einsetzen führt zu der charachteristischen Gleichung $\omega^2 + 2a_s\omega + \Omega^2 = 0$, aus der die Unbekannte $\omega = -a_s \pm \sqrt{a_s^2 - \Omega^2}$ folgt. Die Dämpfung ist generell sehr klein, d.h. $a_s \ll \Omega$, so daß man als Lösung für (5.81) schließlich die schwach gedämpfte Schwingung

$$\Delta E(t) = \Delta E_0\, e^{-a_s t}\, e^{i\Omega t} \tag{5.85}$$

erhält. Der Ausdruck (5.83) für Ω gibt dabei die Frequenz dieser Synchrotronschwingung an. Es ist sofort zu sehen, daß es eine stabile Schwingung nur geben kann, wenn

$$\left(\alpha - \frac{1}{\gamma^2}\right)\cos \Psi_s < 0 \tag{5.86}$$

ist. Je nach Teilchenenergie ergeben sich daraus zwei verschiedene Bereiche für die Sollphase, nämlich

$$\begin{aligned} \frac{\pi}{2} < \Psi_s < \frac{3\pi}{2} \qquad &\text{wenn} \qquad \alpha > \frac{1}{\gamma^2}\\[2mm] -\frac{\pi}{2} < \Psi_s < \frac{\pi}{2} \qquad &\text{wenn} \qquad \alpha < \frac{1}{\gamma^2}. \end{aligned} \tag{5.87}$$

Die kritische Übergangsenergie von einem Bereich in den anderen

$$\gamma_t = \frac{1}{\sqrt{\alpha}} \tag{5.88}$$

bezeichnet man im Englischen auch als *transition enery*. Hier verschwindet die Synchrotronfrequenz ($\Omega \to 0$) und damit auch die Phasenfokussierung, ein stabiler Maschinenbetrieb ist nicht mehr möglich. Daher muß beim Beschleunigen nach Möglichkeit ein Kreuzen der kritischen Energie vermieden werden, oder durch spezielle Maßnahmen muß sichergestellt sein, daß die Teilchen sich nur sehr kurze Zeit in diesem Bereich aufhalten. Bei Elektronenbeschleunigern ist das kein Problem, da die Elektronen praktisch immer relativistische Energien haben, die weit über γ_t liegen. Anders ist das vor allem bei Protonensynchrotrons, bei denen man das Kreuzen der kritischen Energie häufig nicht umgehen kann.

5.7 Phasenstabiler Bereich (Separatrix)

Im vorangegangenen Abschnitt wurden die Phasenschwingungen oder, was dasselbe bedeutet, die Energieschwingungen nur für sehr kleine Amplituden berechnet, für die man in guter Näherung eine lineare Bewegung annehmen kann. In Ringbeschleunigern haben aber immer etliche Teilchen des Strahls so große Phasenamplituden, daß sie in den nichtlinearen Bereich des durch die sinusförmige HF-Spannung erzeugten Potentials gelangen. Bei sehr großen Amplituden kann dabei sogar der stabile Bereich überschritten werden, was zum Teilchenverlust führt. Die Grenze zwischen dem stabilen und dem instabilen Bereich in der ΔE-$\Delta\Psi$-Phasenebene nennt man *Separatrix*. Aus ihr kann direkt die Phasen- und Energieakzeptanz des Beschleunigers bestimmt werden. Daher wollen wir im folgenden das nichtlineare Oszillatorpotential und die Separatrix der Sychrotronschwingung berechnen. Dabei gehen wir von den beiden Gleichungen (5.64) und (5.77) aus, wobei wir jedoch in diesem Fall die ohnehin sehr schwache Dämpfung vernachlässigen:

$$\Delta\dot{E} = \frac{eU_0}{T_0}\Big[\sin(\Psi_s + \Delta\Psi) - \sin\Psi_s\Big]$$

$$\Delta\dot{\Psi} = \frac{2\pi q}{\beta^2 T_0 E}\left(\alpha - \frac{1}{\gamma^2}\right)\Delta E. \tag{5.89}$$

Aus der zweiten Gleichung von (5.89) kann man sofort entnehmen, daß die Winkelgeschwindigkeit proportional zur Energieabweichung ist. Differenziert man diese Gleichung nocheinmal nach der Zeit und setzt das Ergebnis in die erste Gleichung ein, so folgt

$$\Delta\ddot{\Psi} = \frac{2\pi q}{\beta^2 T_0 E}\left(\alpha - \frac{1}{\gamma^2}\right)\Delta\dot{E}$$

$$= \frac{2\pi qeU_0}{\beta^2 T_0^2 E} \left(\alpha - \frac{1}{\gamma^2}\right) \left[\sin(\Psi_s + \Delta\Psi) - \sin\Psi_s\right]. \qquad (5.90)$$

Die nichtlineare Bewegungsgleichung hat also die Form

$$\Delta\ddot{\Psi}(t) + \chi\left[\sin(\Psi_s + \Delta\Psi(t)) - \sin\Psi_s\right] = 0 \qquad (5.91)$$

mit

$$\chi = -\frac{2\pi qeU_0}{\beta^2 T_0^2 E}\left(\alpha - \frac{1}{\gamma^2}\right). \qquad (5.92)$$

Sie kann auf analytischem Wege nicht gelöste werden. Hier müssen zur Berechnung der Teilchenbewegung im beschleunigenden Potential numerische Methoden eingesetzt werden. Als Anfangsbedingungen für die Rechnung ist es im allgemeinen zweckmäßig, zur Zeit $t = 0$ die Winkelabweichung $\Delta\Psi(0)$ und die Energieabweichung $\Delta E(0)$ anzugeben. Die Winkelgeschwindigkeit $\Delta\dot{\Psi}(0)$ kann daraus mit Hilfe von (5.89) direkt berechnet werden. In Fig. 5.17 sind einige Teilchenbahnen mit unterschiedlichen Anfangsbedingungen in der $\Delta\Psi$-ΔE-Phasenebene eingezeichnet, die mit (5.91) berechnet wurden.

Trotz der Nichtlinearität der Teilchenbewegung im beschleunigenden HF-Feld können aber das Oszillatorpotential und die Gleichung der Separatrix analytisch berechnet werden. Dazu nehmen wir wieder die Ausgangsgleichungen (5.89) und multiplizieren sie kreuzweise miteinander. Dann erhält man

$$\underbrace{2\Delta E\Delta\dot{E}}_{=\frac{d}{dt}(\Delta E)^2} = \frac{\beta^2 eU_0 E}{\pi q\left(\alpha - \dfrac{1}{\gamma^2}\right)} \Big[\underbrace{\Delta\dot{\Psi}\sin(\Psi_s + \Delta\Psi) - \Delta\dot{\Psi}\sin\Psi_s}_{=-\frac{d}{dt}\cos(\Psi_s+\Delta\Psi)}\Big]. \qquad (5.93)$$

In dieser Form kann man die Gleichung analytisch über die Zeit integrieren und erhält

$$(\Delta E)^2 = -\frac{\beta^2 eU_0 E}{\pi q\left(\alpha - \dfrac{1}{\gamma^2}\right)}\Big[\cos(\Psi_s + \Delta\Psi) + \Delta\Psi\,\sin\Psi_s\Big] + H. \qquad (5.94)$$

Die Integrationskonstente H ist die *Hamiltonfunktion* der Schwingung, $(\Delta E)^2$ die kinetische Energie und

$$V(\Delta\Psi) = \frac{\beta^2 eU_0 E}{\pi q\left(\alpha - \dfrac{1}{\gamma^2}\right)}\Big[\cos(\Psi_s + \Delta\Psi) + \Delta\Psi\,\sin\Psi_s\Big] \qquad (5.95)$$

die potentielle Energie. Fig. 5.16 zeigt den Verlauf dieses Potentials. Für kleine Amplituden $\Delta\Psi \ll \pi$ ist es nahezu identisch mit dem Potential eines idealen harmonischen Oszillators. Wachsen die Amplituden aber auf immer größere Werte an, gerät man mehr und mehr in den nichtlinearen Bereich, in dem das Potential auch unsymmetrisch wird. Der maximale phasenstabile Bereich ist durch die Punkte A und B gekennzeichnet. Wird er überschritten, können die Teilchen nicht mehr gehalten werden und verlaufen asynchron zur HF-Phase des beschleunigenden Feldes. Der Punkt A markiert ein Extremum der Potentialfunktion.

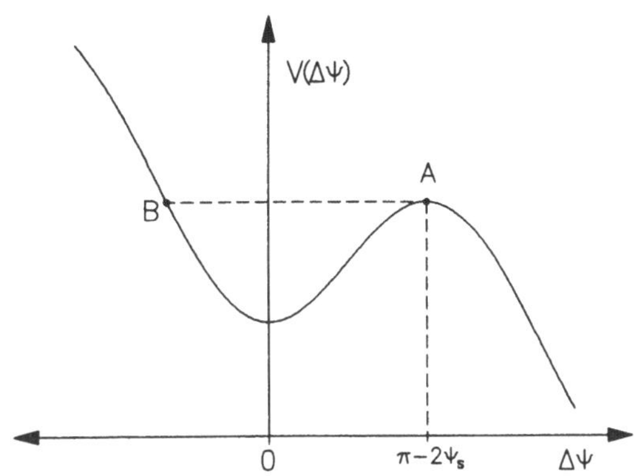

Fig. 5.16 Verlauf des durch die beschleunigende HF-Spannung erzeugten Potentials. Der maximale phasenstabile Bereich wird durch die Punkte A und B markiert.

Daher kann seine Lage leicht durch die Bedingung

$$\frac{dV}{d(\Delta\Psi)} = \frac{\beta^2 e U_0 E}{\pi q \left(\alpha - \dfrac{1}{\gamma^2}\right)}\left[-\sin(\Psi_s + \Delta\Psi) + \sin\Psi_s\right] = 0 \qquad (5.96)$$

bestimmt werden. Die triviale Lösung $\Delta\Psi = 0$ ist hier nicht interessant. Eine weitere Lösung findet man, indem man das Argument der Sinusfunktion geeignet umschreibt und zwar in der Art

$$\sin\Psi_s = \sin(\pi - \Psi_s) = \sin(\Psi_s + \underbrace{\pi - 2\Psi_s}_{= \Delta\Psi}) \qquad (5.97)$$

d.h. es existiert die zweite Lösung

$$\Delta\Psi_{\max} = \pi - 2\Psi_s. \qquad (5.98)$$

Diese Phase legt für $\Delta E = 0$ den maximalen Phasenhub der Schwingung fest. Bewegungen mit $\Delta\Psi < \Delta\Psi_{\max}$ sind stabil, alle anderen instabil. Die Grenze

zwischen dem stabilen und dem instabilen Bereich markiert die schon oben er-
wähnte Separatrix. Man berechnet sie aus der Gleichung (5.94), indem man bei
der Maximalphase $\Delta\Psi = \Delta\Psi_{\max} = \pi - 2\Psi_s$ die Energieabweichung $\Delta E = 0$
setzt. Dann erhält man die Hamiltonfunktion

$$H = \frac{\beta^2 e U_0 E}{\pi q \left(\alpha - \dfrac{1}{\gamma^2}\right)}\left[\cos(\pi - \Psi_s) + (\pi - 2\Psi_s)\,\sin\Psi_s\right], \qquad (5.99)$$

die die Teilchenbewegung an der Grenze des stabilen Bereichs festlegt. Einsetzen
in (5.94) liefert die Gleichung der Separatrix

$$(\Delta E)^2 + \frac{\beta^2 e U_0 E}{\pi q \left(\alpha - \dfrac{1}{\gamma^2}\right)}\left[\cos(\Psi_s + \Delta\Psi) + \cos\Psi_s + (2\Psi_s + \Delta\Psi - \pi)\sin\Psi_s\right] = 0,$$

$$(5.100)$$

bzw.

$$\Delta E = \pm\sqrt{-\frac{\beta^2 e U_0 E}{\pi q \left(\alpha - \dfrac{1}{\gamma^2}\right)}\left[\cos(\Psi_s + \Delta\Psi) + \cos\Psi_s + (2\Psi_s + \Delta\Psi - \pi)\sin\Psi_s\right]}.$$

$$(5.101)$$

Man sieht an dieser Beziehung wieder, daß eine reelle Lösung nur möglich ist,
wenn Ψ_s in einem bestimmten Phasenbereich liegt und zwar

$$\frac{\pi}{2} < \Psi_s < \frac{3\pi}{2} \qquad \text{wenn} \qquad \alpha > \frac{1}{\gamma^2}$$

$$(5.102)$$

$$-\frac{\pi}{2} < \Psi_s < \frac{\pi}{2} \qquad \text{wenn} \qquad \alpha < \frac{1}{\gamma^2}.$$

Zeichnet man die nach (5.101) berechnete Separatrix in ein $\Delta\Psi$-ΔE-Diagramm
ein, so erhält man Fig. 5.17. Es ist dabei zu bedenken, daß es wegen der Periodizität der Beschleunigungsspannung eine Folge von stabilen Bereichen gibt,
die einen Phasenabstand von jeweils 2π voneinander haben. Insgesamt hat ein
Ringbeschleuniger auf dem Umfang q derartige Bereiche, in denen die Teilchen
Synchrotronschwingungen ausführen und die sie ohne äußere Einwirkung daher
nicht verlassen können. Sie sind hier gefangen, wie z.B. Wassertropfen in einem
Eimer. Daher bezeichnet man im Englischen die phasenstabilen Bereiche innerhalb einer Separatrix auch als *buckets*. In Fig. 5.17 sind noch etliche nach (5.91)
berechneten Teilchenbahnen innerhalb und außerhalb der Separatrix eingezeichnet. Aus der Gleichung der Separatrix (5.101) kann man direkt die Energieakzeptanz des Beschleunigers berechnen, soweit sie durch die HF-Beschleunigung
bestimmt ist[1]. Das ist die maximale Energieabweichung, die ein exakt auf der

---

[1]Die Energieakzeptanz kann natürlich auch durch die Magnetstruktur bestimmt sein, wenn
z.B. große Dispersionen oder große Chromatizitäten auftreten.

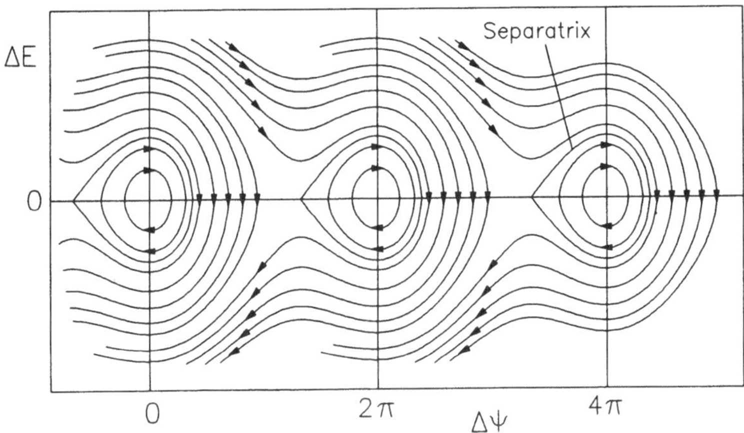

Fig. 5.17 Teilchenbewegung im beschleunigenden HF-Feld. Die Separatrix legt die Grenze zwischen der stabilen Synchrotronschwingung und der instabilen, für die Beschleunigung ungeeigneten Teilchenbewegung fest.

Sollphase (d.h. $\Delta\Psi = 0$), stabil umlaufendes Teilchen haben darf, also

$$\Delta E_{\mathrm{max}} = \pm \sqrt{\frac{2\beta^2 e U_0 E}{\pi q \left(\alpha - \dfrac{1}{\gamma^2}\right)} \left[\cos\Psi_s + \left(\Psi_s - \frac{\pi}{2}\right)\sin\Psi_s\right]}. \qquad (5.103)$$

Man sieht sofort, daß die Energieakzeptanz mit zunehmender HF-Spannung ansteigt und zwar im wesentlichen nach

$$\Delta E_{\mathrm{max}} \propto \sqrt{U_0}. \qquad (5.104)$$

Ganz streng stimmt diese Relation nicht, da sich mit steigender HF-Spannung U_0 auch die Sollphase Ψ_s verändert. Da dieser Effekt schwächer ist, kann man zur Abschätzung in guter Näherung von (5.104) ausgehen. In jedem Fall ist es günstig, durch eine hinreichend hohe Überspannung eine große Energieakzeptanz vorzugeben. Umgekehrt kann man mit Hilfe von (5.103) die mindestens von den Beschleunigungsstrecken zu erzeugende Gesamtspannung berechnen, wenn man die maximale Energieabweichung der Teilchen im Strahl kennt.

6 Strahlungseffekte

Im Kapitel 2 wurde gezeigt, daß Elektronenstrahlen hinreichend hoher Energie nach (2.15) Synchrotronstrahlung mit einer Leistung

$$P_s = \frac{e^2 c}{6\pi\varepsilon_0} \frac{1}{(m_0 c^2)^4} \frac{E^4}{R^2}$$

abstrahlen. Bei Protonen spielt dieser Effekt wegen ihrer hohen Ruhemasse praktisch keine Rolle, es sei denn, man überschreitet Energien von mindestens 1 TeV. Diese Abstrahlung bestimmt wesentlich die Eigenschaften der Elektronenstrahlen, wobei vor allem die Dämpfung der Synchrotron- und Betatronschwingungen eine wichtige Rolle spielt. Damit wollen wir uns in diesem Abschnitt befassen. Für die weiteren Betrachtungen ist es zweckmäßig, in (2.15) den Biegeradius R nach der Beziehung

$$\frac{1}{R} = \frac{e}{p} B = \frac{ec}{E} B \quad \Longrightarrow \quad \frac{E^2}{R^2} = e^2 c^2 B^2. \tag{6.1}$$

durch das Magnetfeld zu ersetzen. Nach Einsetzen erhält man

$$P_s = C E^2 B^2 \quad \text{mit} \quad C = \frac{e^4 c^3}{6\pi\varepsilon_0 (m_0 c^2)^4} \tag{6.2}$$

Diese Strahlungsformel soll im folgenden bei der Behandlung der Strahlungseffekte benutzt werden.

6.1 Dämpfung der Synchrotronschwingung

Der Energieverlust durch Synchrotronstrahlung bewirkt eine Dämpfung der Teilchenschwingung, die wir zunächst für den Fall der Synchrotronschwingung untersuchen wollen. Dabei gehen wir von der Bewegungsgleichung (5.81)

$$\Delta\ddot{E} + 2a_s \Delta\dot{E} + \Omega^2 \Delta E = 0$$

aus, deren Dämpfungsterm in der Form

$$a_s = \frac{1}{2T_0} \frac{dW}{dE} \tag{6.3}$$

geschrieben wurde. Um diesen anzugeben, muß das Verhältnis dW/dE bekannt sein. Wir berechnen es, indem wir die Strahlung eines Teilchens mit Energieabweichung bestimmen, wobei wir die Tatsache ausnutzen, daß ein solches Teilchen auf einer Dispersionsbahn umläuft. Das in einem Ablenkmagneten mit dem Biegeradius R auf einer um Δx verschobenen Dispersionsbahn liegende Bahnelement ds' ist nach dem Strahlensatz

$$ds' = \left(1 + \frac{\Delta x}{R}\right) ds, \tag{6.4}$$

wobei ds das zugehörige Bahnelement auf dem Orbit angibt. Mit $ds'/dt = c$ kann man den Energieverlust pro Umlauf angeben in der Form

$$W = \int\limits_0^{T_0} P_s dt = \oint P_s \frac{ds'}{c} = \frac{1}{c} \oint P_s \left(1 + \frac{\Delta x}{R}\right) ds. \tag{6.5}$$

Die durch die Energieabweichung an einer Stelle mit Dispersion D hervorgerufene transversale Strahlablage ist

$$\Delta x = D \frac{\Delta E}{E} \tag{6.6}$$

und man erhält

$$W = \frac{1}{c} \oint P_s \left(1 + \frac{D}{R}\frac{\Delta E}{E}\right) ds. \tag{6.7}$$

Durch Differentation nach der Energie folgt schließlich der gesuchte Ausdruck

$$\frac{dW}{dE} = \frac{1}{c} \oint \left[\frac{dP_s}{dE} + \frac{D}{R}\left(\frac{dP_s}{dE}\frac{\Delta E}{E} + P_s\frac{1}{E}\right)\right] ds. \tag{6.8}$$

Da die Energieabweichung ΔE periodische Schwingungen um den Sollwert ausführt, ist im Mittel $\langle \Delta E/E \rangle = 0$. Also fällt dieser Term bei der Gesamtbilanz heraus und man kann schreiben

$$\frac{dW}{dE} = \frac{1}{c} \oint \left[\frac{dP_s}{dE} + \frac{DP_s}{RE}\right] ds. \tag{6.9}$$

In dieser Relation fehlt noch die Kenntnis von dP_s/dE, die man durch Differentation von (6.2) berechnen kann. Es folgt

$$\begin{aligned}
\frac{dP_s}{dE} &= 2CEB^2 + 2CE^2B\frac{dB}{dE} \\
&= 2\left(\frac{CE^2B^2}{E} + \frac{CE^2B^2}{B}\frac{dB}{dE}\right) \\
&= 2P_s\left(\frac{1}{E} + \frac{1}{B}\frac{dB}{dE}\right)
\end{aligned} \tag{6.10}$$

In Quadrupolmagneten mit einer von Null verschiedenen Dispersion ändert sich
das Magnetfeld mit der Energie entsprechend

$$\frac{dB}{dE} = \frac{dB}{dx}\frac{dx}{dE}.$$

(6.11)

Da $dx = DdE/E$ folgt

$$\frac{dB}{dE} = \frac{dB}{dx}\frac{D}{E}.$$

(6.12)

Setzt man das in (6.10) ein, erhält man

$$\begin{aligned}
\frac{dW}{dE} &= \frac{1}{c}\oint\left[2P_s\left(\frac{1}{E}+\frac{D}{BE}\frac{dB}{dx}\right)+P_s\frac{D}{RE}\right]ds\\[2mm]
&= \underbrace{\frac{2}{cE}\oint P_s\,ds}_{=\frac{2W_0}{E}}+\frac{1}{cE}\oint DP_s\left(\frac{2}{B}\frac{dB}{dx}+\frac{1}{R}\right)ds.
\end{aligned}$$

(6.13)

Dieses Resultat liefert mit der Beziehung (6.3) die gesuchte Dämpfungskonstante

$$a_s = \frac{1}{2T_0}\frac{dW}{dE} = \frac{W_0}{2T_0E}\left[2+\frac{1}{cW_0}\oint DP_s\left(\frac{2}{B}\frac{dB}{dx}+\frac{1}{R}\right)ds\right],$$

(6.14)

oder auch

$$a_s = \frac{W_0}{2T_0E}(2+\mathcal{D})$$

(6.15)

mit

$$\mathcal{D} = \frac{1}{cW_0}\oint DP_s\left(\frac{2}{B}\frac{dB}{dx}+\frac{1}{R}\right)ds.$$

Das Integral kann noch vereinfacht werden, indem man dB/dx durch die Quadrupolstärke k und das Magnetfeld B durch den zugeordneten Biegeradius R
ersetzt:

$$\left.\begin{aligned}
k &= \frac{ec}{E}\frac{dB}{dx} &\rightarrow& \quad \frac{dB}{dx} = \frac{kE}{ec}\\[2mm]
\frac{1}{R} &= \frac{ec}{E}B &\rightarrow& \quad \frac{1}{B} = \frac{ec}{E}R
\end{aligned}\right\} \Longrightarrow \frac{1}{B}\frac{dB}{dx} = kR.$$

(6.16)

Außerdem kann man die Strahlungsleistung P_s nach (2.15) und (6.2) in der Form

$$P_s = \frac{C}{e^2c^2}\frac{E^4}{R^2}$$

(6.17)

schreiben. Damit erhält das Integral in (6.15) die Gestalt

$$\begin{aligned}
\oint DP_s\left(\frac{2}{B}\frac{dB}{dx}+\frac{1}{R}\right)ds &= \frac{CE^4}{e^2c^2}\oint\frac{D}{R^2}\left(2kR+\frac{1}{R}\right)ds\\[2mm]
&= \frac{CE^4}{e^2c^2}\oint\left[\frac{D}{R}\left(2k+\frac{1}{R^2}\right)\right]ds.
\end{aligned}$$

(6.18)

Die von den Sollteilchen abgestrahlte Energie ist

$$W_0 = \int\limits_0^{T_0} P_s\, dt = \frac{1}{c} \oint P_s\, ds = \frac{CE^4}{e^2 c^3} \oint \frac{ds}{R^2}.$$ (6.19)

Setzt man das in (6.15) ein, folgt die Dämpfung der Synchrotronschwingung in der endgültigen Form:

$$a_s = \frac{W_0}{2T_0 E}(2 + \mathcal{D})$$

$$\text{mit} \qquad \mathcal{D} = \frac{\oint \left[\frac{D}{R}\left(2k + \frac{1}{R^2}\right)\right] ds}{\oint \frac{ds}{R^2}}$$ (6.20)

Es ist bemerkenswert, daß die Dämpfung der Synchrotronschwingung bei gegebener Strahlenergie E ausschließlich durch die Magnetstruktur bestimmt ist, denn außer dem Biegeradius R und der Quadrupolstärke k enthält (6.20) nur noch die Dispersion, die aber auch durch die Magnetstruktur vollständig bestimmt ist.

Bei den Ringbeschleunigern mit getrennten Ablenkmagneten und Quadrupolen ("separated function") sind niemals gleichzeitig $k \neq 0$ und $1/R \neq 0$. Daher ist bei solchen Beschleunigern im allgemeinen $|\mathcal{D}| \ll 1$. In diesem Fall ist die Dämpfungskonstante a_s eine positive Größe und die Synchrotronschwingung ist gedämpft. Ganz anders können die Verhältnisse werden, wenn Dipol- und Quadrupolfeld in einem Magneten kombiniert werden und $\mathcal{D}$ sehr große Beträge erreicht, wobei auch negative Vorzeichen möglich sind. Für $\mathcal{D} < -2$ wird die Dämpfungskonstante negativ und die Schwingung ist entdämpft. Die Synchrotronschwingung wächst also mit der Zeit an. Ein Betrieb als Speicherring für Elektronen ist unter diesen Bedingungen natürlich nicht möglich.

6.2 Dämpfung der Betatronschwingung

Die Synchrotronstrahlung hat auch dämpfende Wirkung auf die transversalen Teilchenschwingungen. Diesen Effekt wollen wir jetzt untersuchen, wobei wir zur Vereinfachung die vertikale Schwingung in einem ebenen Beschleuniger betrachten, der keine vertikale Dispersion hat. Außerdem wird angenommen, daß die Betafunktion relativ konstant ist, also $\alpha = -\beta'(s)/2 \approx 0$. Dann kann man die Ablage z des Teilchens in der Form

$$\left.\begin{array}{l} z = b\sqrt{\beta(s)}\cos\phi \\ z' = -\dfrac{b}{\sqrt{\beta(s)}}\sin\phi \end{array}\right\} \qquad \begin{array}{l} A := b\sqrt{\beta(s)} \\ \Longrightarrow \end{array} \qquad \left\{\begin{array}{l} z = A\cos\phi \\ z' = -\dfrac{A}{\beta(s)}\sin\phi \end{array}\right.$$ (6.21)

schreiben. Daraus folgt dann sofort

$$A^2 = A^2 \cos^2 \phi + A^2 \sin^2 \phi = z^2 + \left[\beta(s)\, z'\right]^2. \tag{6.22}$$

Man kann damit die Amplitude A aus z und z' berechnen. Die Synchrotronstrahlung wird in Flugrichtung des Elektrons ausgesendet, wobei sich der Impuls $\vec{p}$ des Teilchens um $\delta\vec{p}$ ändert, nicht aber seine Richtung (Fig. 6.1). Nach der

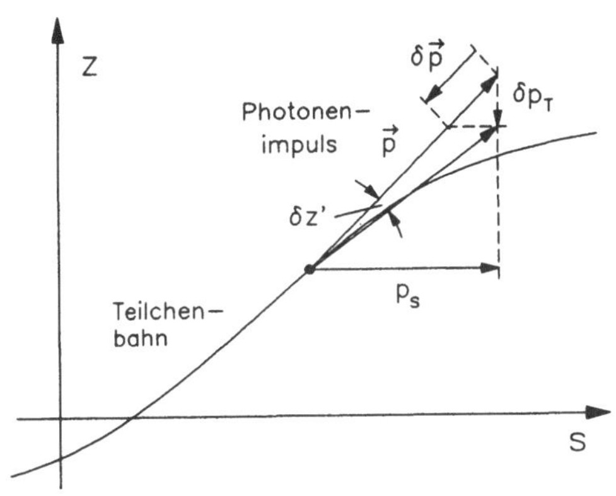

Fig. 6.1 Dämpfung der Betatronschwingung durch Emission eines Photons und Restaurierung des longitudinalen Impulses p_s durch Nachbeschleunigung

Emission eines Photons hat das Elektron den Impuls

$$\vec{p}^* = \vec{p} - \delta\vec{p} \tag{6.23}$$

Die longitudinale Komponente p_s wird durch die Beschleunigung in den Cavities wieder restauriert, während die Transversalkomponente unverändert bleibt. Dadurch hat sich der generell sehr kleine Winkel z' des Teilchenimpulses zur s-Achse um den Betrag

$$\delta z' = -\frac{\delta p_\perp}{|\vec{p}|} \tag{6.24}$$

reduziert. Die Energieänderung des in jedem Falle extrem relativistischen Teilchens $(\beta = 1)$ ist dabei

$$\delta E = \frac{c^2}{v}\delta p_\perp \tag{6.25}$$

oder mit $v = z'c$

$$\delta E = \frac{c}{z'}\delta p_\perp. \tag{6.26}$$

Mit $E = c|\vec{p}|$ folgt schließlich

$$\delta z' = -\frac{\delta E}{E} z'. \tag{6.27}$$

Durch den Photonenimpuls ändert sich die Amplitude A der Betatronschwingung. Aus (6.22) kann man sofort die Variation ermitteln:

$$\delta(A^2) = \underbrace{\delta(z^2)}_{=0} + \delta(z'^2 \beta^2(s)) = \beta^2(s)\delta(z'^2). \tag{6.28}$$

Dabei ist $\delta(z^2) = 0$, da nur z' geändert wird, nicht aber z. Daraus folgt weiter

$$2A\delta A = 2\beta^2(s)z'\delta z' \qquad \Longrightarrow \qquad A\delta A = \beta^2(s)z'\delta z' \tag{6.29}$$

Setzt man (6.27) ein, erhält man

$$A\delta A = -\beta^2(s)z'^2\frac{\delta E}{E}. \tag{6.30}$$

Da z' eine Schwingung ausführt, muß über z'^2 gemittelt werden, wobei z' in (6.21) angegeben ist. Die Mittelung erfolgt in der Art

$$\langle z'^2 \rangle = \frac{A^2}{2\pi\beta^2(s)} \int\limits_0^{2\pi} \sin^2\phi \, d\phi = \frac{A^2}{2\beta^2(s)} \tag{6.31}$$

Damit erhält man aus (6.30)

$$A\langle\delta A\rangle = -\frac{A^2}{2\beta^2(s)}\beta^2(s)\frac{\delta E}{E} = -\frac{A^2}{2}\frac{\delta E}{E}. \tag{6.32}$$

Bei einem vollen Umlauf haben sich im Mittel die einzelnen Teilenergieverluste δE insgesamt zu dem Gesamtverlust W_0 aufsummiert. Die mittlere Amplitudenänderung pro Umlauf ist dann $\sum\langle\delta A\rangle = \Delta A$. Dann folgt damit aus (6.32)

$$\frac{\Delta A}{A} = -\frac{W_0}{2E}. \tag{6.33}$$

Die Amplitude nimmt also ab, d.h. wir haben eine Dämpfung der vertikalen Betatronschwingung. Die vertikale Dämpfungskonstante a_z gewinnt man daraus sofort durch die allgemeine Beziehung

$$\frac{dA}{A} = -a_z \, dt. \tag{6.34}$$

Mit der Umlaufszeit $\Delta t = T_0$ erhält die gesuchte Dämpfungskonstante die Form

$$a_z = -\frac{\Delta A}{A\,\Delta t} = \frac{W_0}{2ET_0}. \tag{6.35}$$

Bei gegebener Teilchenenergie E hängt die Dämpfungskonstante nur noch von der durch die Photonen pro Umlauf abgestrahlten Energie W_0 ab.

In derselben Weise kann man auch die Dämpfungskonstante a_x der horizontalen Betatronschwingung berechnen, wobei hier aber noch der Einfluß der Dispersion berücksichtigt werden muß. Für weitere Einzelheiten sei z.B. auf die Herleitung von M. Sands [51] verwiesen. Das Ergebnis der Rechnung liefert den Wert

$$a_x = \frac{W_0}{2ET_0}(1 - \mathcal{D}), \qquad (6.36)$$

wobei $\mathcal{D}$ in (6.20) definiert ist.

6.3 Das Robinsontheorem

Stellt man die in (6.20), (6.35) und (6.36) berechneten Dämpfungskonstanten nocheinmal zusammen, ergibt sich das folgende Bild:

$$
\begin{aligned}
a_s &= \frac{W_0}{2ET_0}(2 + \mathcal{D}) = \frac{W_0}{2ET_0}J_s \qquad &\text{mit} \qquad J_s &= 2 + \mathcal{D} \\[2mm]
a_z &= \frac{W_0}{2ET_0} \phantom{(2 + \mathcal{D})} = \frac{W_0}{2ET_0}J_z \qquad &\text{mit} \qquad J_s &= 1 \\[2mm]
a_x &= \frac{W_0}{2ET_0}(1 - \mathcal{D}) = \frac{W_0}{2ET_0}J_x \qquad &\text{mit} \qquad J_x &= 1 - \mathcal{D}
\end{aligned}
\qquad (6.37)
$$

Daraus folgt unmittelbar das wichtige von *K.W. Robinson* gefundene Theorem [62] :

$$\boxed{J_x + J_z + J_s = 4} \qquad (6.38)$$

Die Summe aller Dämpfungskonstanten ist eine invariante Größe. Bei einer ebenen Maschine können J_x und J_s bzw. a_x und a_s je nach Betrag von $\mathcal{D}$ verändert werden, die Bedingung (6.38) bleibt aber immer streng erhalten.

Bei Maschinen mit getrennten Dipolen und Quadrupolen (separated function) ist im allgemeinen $\mathcal{D} \ll 1$ und man spricht von einer *natürlichen Dämpfungsverteilung*, d.h. $J_x = 1$, $J_z = 1$ und $J_s = 2$. Eine derartige Maschine ist immer in allen drei Schwingungsebenen gedämpft. Bei den klassischen Synchrotrons, deren Magnetstruktur aus kombinierten Ablenkmagneten und Quadrupolen mit abwechselnden Gradienten besteht, ist dagegen $\mathcal{D} \approx 1$, so daß als Folge des Robinsontheorems die Werte $J_s \approx 3$ und $J_x \approx 0$ vorliegen. Die horizontale Betatronschwingung ist also nicht mehr gedämpft, sie kann sogar entdämpft sein. Daher sind Maschinen mit einer derartigen Magnetstruktur nicht als Elektronenspeicherringe geeignet.

Es ist möglich, die Dämpfungsverteilung in einem Ringbeschleuniger für Elektronen zu verändern. Dazu verschiebt man den Strahl auf eine Dispersionsbahn, wodurch er eine geringfügig andere Energie erhält. Der Schwerpunkt des Strahls verläuft dabei um den Betrag $\Delta x_D = D\,\Delta p/p$ außerhalb der Achse durch die Quadrupole, so daß diese wie eine Überlagerung eines Quadrupols mit einem Dipol wirken. Die Maschine geht also mit zunehmender Energieabweichung in einen "combined function"-Beschleuniger über. Dabei ändert sich $\mathcal{D}$ und damit auch die Dämpfungsverteilung.

Den Strahl kann man gezielt auf eine Dispersionsbahn verschieben, indem man die Hochfrequenz des Beschleunigungssystems geeignet variiert. Dabei ändert sich konsequenterweise auch die Wellenlänge und damit der Umfang der Bahn. In jedem Falle kann der Umfang nur ein ganzzahliges Vielfaches der HF-Wellenlänge sein, so daß bei Variation der Frequenz die Harmonischenzahl q erhalten bleibt, also

$$L = q\,\lambda = q\,\frac{c}{f_{\mathrm{HF}}} \quad\Longrightarrow\quad dL = -qc\frac{df}{f^2}. \tag{6.39}$$

Daraus folgt sofort

$$\frac{\Delta L}{L} = -\frac{qc}{L}\frac{\Delta f}{f^2} = -\frac{\Delta f}{f}. \tag{6.40}$$

Andererseits wird der Zusammenhang zwischen Bahnlängenänderung und Energieverschiebung durch den Momentum-Compaction-Faktor (3.110) gegeben:

$$\frac{\Delta L}{L} = \alpha\frac{\Delta E}{E} \quad\Longrightarrow\quad \frac{\Delta E}{E} = \frac{1}{\alpha}\frac{\Delta L}{L} = -\frac{1}{\alpha}\frac{\Delta f}{f}. \tag{6.41}$$

Die relative Frequenzänderung verschiebt den Orbit also auf die Dispersionsbahn

$$x_D(s) = -D(s)\frac{1}{\alpha}\frac{\Delta f}{f}. \tag{6.42}$$

Der Zusammenhang von Frequenzverschiebung $\Delta f/f$ und der Dämpfungsverteilung zwischen J_s und J_x ist in den Kurven in Fig. 6.2 gezeigt.

6.4 Die Strahlemittanz

Wie in Kapitel 3 gezeigt wurde, wird der Strahlquerschnitt durch den Ausdruck $\sigma = \sqrt{\varepsilon\,\beta}$ berechnet. Dabei ist β eine ortsabhängige Größe, die die lokale Strahlfokussierung beschreibt. Sie kann durch die Wahl der Magnetstruktur und die Stärke der Quadrupolmagnete in weiten Grenzen variiert werden. Die *Emittanz* ε hatten wir als Fläche der Phasenellipse kennengelernt, die als Folge des Liouville'schen Theorems an jeder Stelle des Strahlführungssystems oder des Ringbeschleunigers dieselbe Größe hat. Dabei hatten wir die Emittanz zunächst als irgendwie vorgegeben angenommen, ohne zu diskutieren, wie eine bestimmte

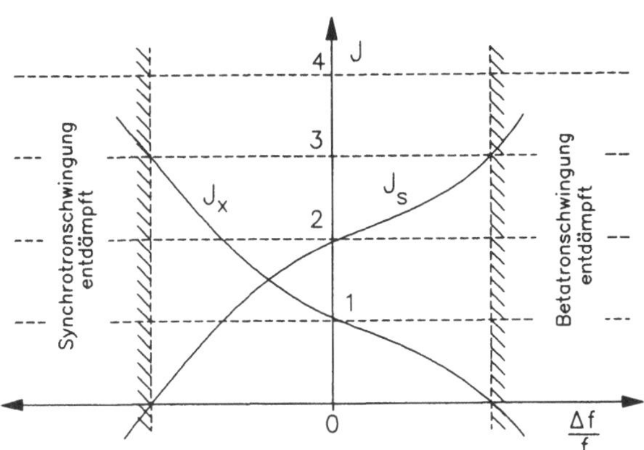

Fig. 6.2 Veränderung der Dämpfungsverteilung durch Variation der Frequenz des Beschleunigungssystems

Emittanz entsteht und wodurch ihr Wert festgelegt wird. Dieser Frage wollen wir uns in diesem Kapitel zuwenden.

Vorher soll jedoch in einer kurzen Übersicht die Bedeutung der Emittanz für die Experimente speziell an Speicherringen erläutert werden. Dabei beginnen wir mit der Erzeugung der Synchrotronstrahlung. Für die meisten Experimente, die diese Art der Strahlung nutzen, ist die Intensität eine der wichtigsten Größen. Sie gibt an, wieviele Photonen pro Sekunde innerhalb eines bestimmten Energieintervalls emittiert werden. Dabei hat es sich als zweckmäßig erwiesen, als Energieintervall einen Bereich von 0.1% um die benutzte Photonenenergie anzusetzten (0.1% BW). Der dadurch definierte *Fluß* F (oder im Englischen: *flux*) wird im allgemeinen noch auf einen Strahlstrom von 1 A normiert. Dann erhält man die Definition

$$F = \frac{\text{Photonen}}{\text{s } 0.1\% \text{ BW A}}.\tag{6.43}$$

Diese Definition ist aber z.B. für Untersuchungen mit hoher Ortsauflösung unzureichend. Hier kommt es darauf an, daß die Strahlungsquelle praktisch punktförmig ist, d.h. die transversale Ausdehnung und Divergenz des Synchrotronstrahls sollten extrem klein sein. Daher werden zur Festlegung der Strahlqualität die *Leuchtdichte* (englisch: *brightness*) und die *Brillanz* (englisch: *brilliance*) angegeben. Die Leuchtdichte berücksichtigt nur die Winkeldivergenz des Strahls, die durch $\sigma'_{\mathrm{x,z}} = \sqrt{\varepsilon_{\mathrm{x,z}}/\beta_{\mathrm{x,z}}}$ bestimmt ist. Sie wird definiert durch

$$
\begin{aligned}
S &= \frac{F}{2\pi\,\sigma'_{\mathrm{x}}\,\sigma'_{\mathrm{z}}} = \frac{F\sqrt{\beta_{\mathrm{x}}\,\beta_{\mathrm{z}}}}{2\pi\,\sqrt{\varepsilon_{\mathrm{x}}\,\varepsilon_{\mathrm{z}}}} \\[2mm]
&= \frac{\text{Photonen}}{\text{s}\;0.1\%\;\text{BW mrad}^2\;\text{A}}\,.
\end{aligned}
\tag{6.44}
$$

Die Brillanz bezieht auch noch die transversalen Strahldimensionen

$$
\sigma_{\mathrm{x,z}} = \sqrt{\varepsilon_{\mathrm{x,z}}\,\beta_{\mathrm{x,z}}}
$$

ein und wird daher in Erweiterung der Leuchtdichte in der Art

$$
\begin{aligned}
B &= \frac{F}{4\pi^2\,\sigma_{\mathrm{x}}\,\sigma_{\mathrm{z}}\,\sigma'_{\mathrm{x}}\,\sigma'_{\mathrm{z}}} = \frac{F}{4\pi^2\,\varepsilon_{\mathrm{x}}\,\varepsilon_{\mathrm{z}}} \\[2mm]
&= \frac{\text{Photonen}}{\text{s}\;0.1\%\;\text{BW mm}^2\;\text{mrad}^2\;\text{A}}
\end{aligned}
\tag{6.45}
$$

definiert. Es sollte hier erwähnt werden, daß sich diese Definitionen nur auf gaußförmige Elektronenstrahlen beziehen. Außerdem sind die Definitionen in der Literatur nicht immer einheitlich. In diesem Zusammenhang ist es aber wichtig, daß sowohl die Leuchtdichte (6.44) als auch die Brillanz (6.45) wesentlich durch die Strahlemittanzen bestimmt wird. Generell sollten daher Speicherringe für Synchrotronstrahlung möglichst kleine Emittanzen $\varepsilon_{\mathrm{x,z}}$ haben.

Ganz anders liegen die Verhältnisse bei Speicherringen für die Hochenergiephysik, in denen zwei gegeneinander umlaufende Teilchenstrahlen in einigen Wechselwirkungspunkten kollidieren. Der dabei mögliche Maximalstrom wird durch die Raumladungskräfte begrenzt, die die beiden Strahlen während der Kollision aufeinander ausüben. Im Kapitel 7 wird dieser Effekt quantitativ behandelt werden. Es zeigt sich dabei, daß die höchsten Ereignisraten im Detektor dann erreicht werden, wenn die Emittanzen besonders groß sind, so daß praktisch die gesamte verfügbare Apertur des Rings ausgefüllt ist.

Es ist damit offenkundig, daß Hochenergiephysik und Forschungen mit Synchrotronstrahlung nicht gleichzeitig an demselben Speicherring gemacht werden können, wenn beide Bereiche jeweils extreme Anforderungen an den Strahl stellen. Aus diesem Grunde werden heute auch ganz unterschiedliche Konzeptionen bei der Planung von Hochenergiemaschinen und von Quellen für Synchrotronstrahlung gewählt. Dabei ist die Strahlemittanz eine wesentliche Größe.

6.4.1　Entstehung der natürlichen Strahlemittanz

Bei Protonen wird die Strahlemittanz durch die Teilchenerzeugung und den Beschleunigungsprozeß bestimmt. Da keine Synchrotronstrahlung ausgesendet

wird, gibt es auch keine Anregungs- und Dämpfungseffekte, die die Amplitude der Teilchenschwingungen verändern könnten. Die Emittanz eines in einem
Ringbeschleuniger umlaufenden Teilchenstrahls wird daher "von außen" vorgegeben und hat daher mit der Strahloptik des Rings nichts zu tun[1]. Daher soll
auf die Emittanz von Protonen- und Ionenstrahlen hier nicht näher eingegangen
werden.

Bei Elektronenstrahlen wird dagegen die Amplitude der Betatronschwingungen durch Abstrahlung von Synchrotronstrahlung gedämpft, wie in diesem Kapitel bereits gezeigt wurde. Würde nur diese Dämpfung wirken, wären nach einigen
Dämpfungszeiten die Schwingungsamplituden verschwunden und der Strahl hätte eine vernachlässigbare Emittanz. Das ist aber nicht der Fall, denn die Abstrahlung der Photonen geschieht nicht kontinuierlich in beliebig kleinen Energiepor-
tionen, sondern, wie man schon aus dem sehr breiten Spektrum schließen kann,
stochastisch mit teilweise recht beträchtlichen Energiesprüngen. Dadurch werden immer wieder die Betatronschwingungen angeregt. Das Gleichgewicht zwischen Schwingungsanregung und Dämpfung bestimmt die Strahlemittanz. Diese
wird, wie noch gezeigt wird, ausschließlich durch die Magnetstruktur definiert.
Während Protonen und noch schwerere Teilchen mangels Synchrotronstrahlung
durch ihre Vorgeschichte festgelegt sind, "vergessen" Elektronen nach wenigen
Dämpfungszeiten alles, was vorher war. Das hat den Vorteil, daß man bei Elektronenspeicherringen bezüglich der Emittanz keine besonderen Anforderungen
an die Vorbeschleuniger stellen muß.

Um die Entstehung der natürlichen, d.h. nur durch die Magnetstruktur festgelegten Emittanz zu verstehen, ist es wichtig, sich klarzumachen, auf welche
Weise nach Aussenden eines Photons transversale Teilchenschwingungen angeregt werden. Das kann anschaulich an Hand von Fig. 6.3 erläutert werden. Da
Synchrotronstrahlung nur in Ablenkmagneten emittiert wird, braucht man sich
nur auf diesen Bereich zu beschränken. Zur Vereinfachung nehmen wir an, daß
das Elektron mit Sollimpuls p_0 vor Eintritt in den Magneten exakt auf dem Orbit
verläuft. Es hat demnach die Emittanz $\varepsilon_i = 0$. Nachdem es eine gewisse Strecke
im Magneten zurückgelegt hat, sendet es spontan ein Photon mit dem Impuls Δp
aus. Das Teilchen fliegt also mit dem verringerten Impuls $p_0 - \Delta p$ weiter. Jetzt
kann es aber nicht mehr auf dem Orbit bleiben, da die neue Gleichgewichtsbahn
im Abstand

$$\delta x = D\,\frac{\delta p}{p} \qquad \text{und Winkel} \qquad \delta x' = D'\,\frac{\delta p}{p} \tag{6.46}$$

zum Orbit verläuft, wobei D die Dispersion an der Stelle der Photonenemission
und D' ihre Steigung angibt. Das Teilchen führt in den folgenden Umläufen auf

---

[1]Diese Aussage ist nicht ganz richtig, da die Emittanz z.B. durch Streuung der Teilchen
am Restgas langsam aufgeweitet werden kann. Außerdem gibt es Verfahren, die Emittanz von
Protonen- und Ionenstrahlen im Speicherring durch sogenanntes *stochastisches Kühlen* bzw.
durch *Elektronenkühlung* drastisch zu reduzieren.

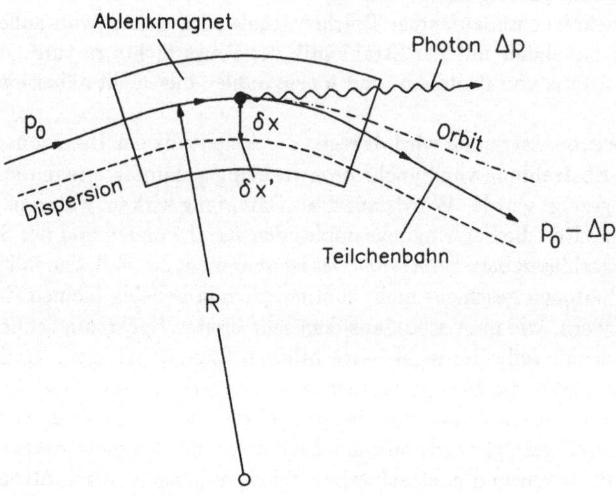

Fig. 6.3   Entstehung der natürlichen Emittanz durch Aussenden eines Photons in einem Ablenkmagneten.

Grund der Fokussierung und Ablenkung um die neue Bahn Schwingungen aus. Es hat damit offensichtlich eine von Null verschiedene Emittanz erhalten. Die zugehörige Phasenellipse ist in Fig. 6.4 gezeichnet und kann nach (3.135) berechnet werden, indem man einfach (6.46) einsetzt. Man erhält für die Emittanz des Einzelteilchens

$$
\begin{aligned}
\varepsilon_i \;&=\; \gamma\,\delta x^2 + 2\,\alpha\,\delta x\,\delta x' + \beta\,\delta x'^2 \\[2mm]
&=\; \left(\frac{\delta p}{p}\right)^2 \left(\gamma\,D^2 + 2\,\alpha\,D\,D' + \beta\,D'^2\right) \\[2mm]
&=\; \left(\frac{\delta p}{p}\right)^2 \mathcal{H}(s).
\end{aligned}
\tag{6.47}
$$

Die optischen Funktionen β, α und γ sind an der Stelle der Photonenemission zu nehmen. Wesentlich für die Emittanz ist offensichtlich die Funktion $\mathcal{H}(s)$, die die Form der Ellipsengleichung hat.

Mit der bisherigen Überlegung haben wir die Emittanz eines einzelnen Elektrons nach Aussenden einen wohldefinierten Photons berechnet. Um die Emittanz eines ganzen Strahls zu berechnen, muß man über alle möglichen Photonenenergien und Emissionswahrscheinlichkeiten mitteln. Das ist eine etwas längere Rechnung, auf die hier verzichtet werden soll. Eine gute Ableitung findet man

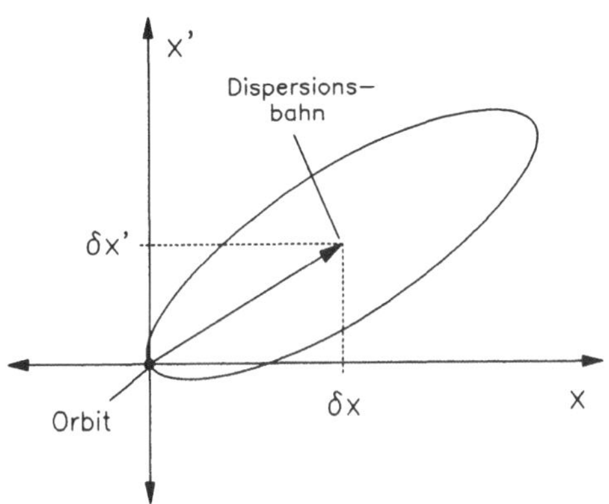

Fig. 6.4 Die durch Photonenemission erzeugte Phasenellipse um die Dispersionsbahn

z.B. bei M. Sands [51]. Als Ergebnis der Rechnungen erhält man schließlich den allgemeinen Ausdruck für die horizontale Emittanz eines Elektronenstrahls, wobei ein Ring mit ausschließlich horizontaler Ablenkung vorausgesetzt wird

$$\varepsilon_{\mathbf{x}} = \frac{55}{32\sqrt{3}}\,\frac{\hbar}{mc}\gamma^2 \frac{\left\langle \dfrac{1}{R^3}\mathcal{H}(s) \right\rangle}{J_{\mathbf{x}}\left\langle \dfrac{1}{R^2} \right\rangle}.$$
(6.48)

Dabei ist $J_{\mathbf{x}} = 1 - \mathcal{D}$. Die Mittelung $\langle\ldots\rangle$ braucht nur über die Ablenkmagnete erstreckt zu werden, da nur in ihnen der Ablenkradius R einen endlichen Wert hat. Da die meisten Speicherringe Ablenkmagnete mit identischem Radius verwenden und bei den stark fokussierenden Maschinen im allgemeinen $J_{\mathbf{x}} \approx 1$ ist, kann man für die meisten Anwendungen den Ausdruck (6.48) in die handlichere Form

$$\varepsilon_{\mathbf{x}} = 1.47 \cdot 10^{-6}\frac{E^2}{R}\frac{1}{l}\int\limits_0^l \mathcal{H}(s)\, ds$$
(6.49)

umschreiben, wobei die Energie E in [GeV], der Ablenkradius R in [m] und die Emittanz $\varepsilon_{\mathbf{x}}$ in [m rad] angegeben wird. Es ist sofort zu sehen, daß ein großer Biegeradius und kleine Funktionswerte für $\mathcal{H}(s)$ zu kleinen Emittanzen führen. Betrachtet man $\mathcal{H}(s)$ in (6.47) genauer, erkennt man, daß dabei die Dispersion und die Betafunktion im Magneten möglichst kleine Werte annehmen sollte.

Durch Variation der Quadrupolstärken in einem Ring werden Betafunktionen und Dispersion verändert und damit auch die Emittanz. Der Einfluß ist relativ

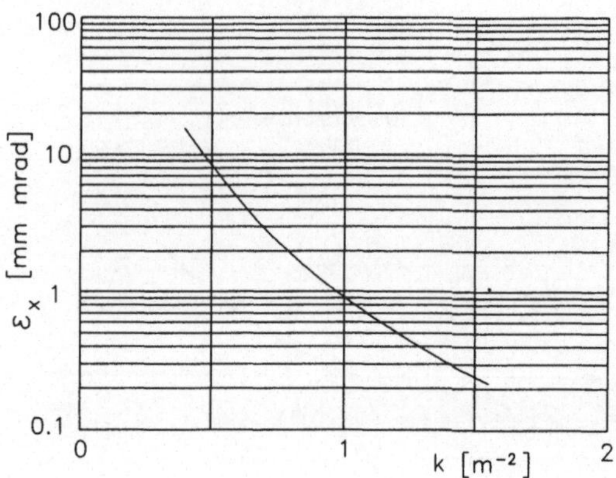

Fig. 6.5 Verlauf der horizontalen Emittanz des FODO-Modellrings als Funktion der Quadrupolstärke k.

stark, da vor allem die Dispersion quadratisch in die Emittanz eingeht. Quantitativ soll dieser Effekt am Beispiel des Modellrings mit der einfachen FODO-Struktur (Kapitel 3.13.3) demonstriert werden. Wenn man für beide Quadrupolkreise QF und QD bis auf das Vorzeichen dieselben Quadrupolstärken wählt, erhält man im Bereich $0.4\ \mathrm{m}^{-2} < k < 1.55\ \mathrm{m}^{-2}$ stabile Bedingungen für die Optik, d.h. es existieren symmetrische Lösungen. Berechnet man für die verschiedenen k-Werte jeweils nach (6.48) bzw. (6.49) die Emittanz ε_x, dann erhält man einen Verlauf, wie ihn Fig. 6.5 zeigt. Es ist bemerkenswert, daß sich ε_x um nahezu zwei Größenordnungen verringert, wenn die Quadrupolstärken vom kleinsten stabilen Wert bis zum Maximum erhöht werden. Kleine Emittanzen erfordern also immer relativ starke Quadrupole.

Der Emittanzminimierung durch starke Quadrupole sind aber harte Grenzen gesetzt, wie man den Kurven von Fig. 6.6 entnehmen kann, die den Verlauf der Chromatizitäten zeigt. Oberhalb von $k = 1.3\ \mathrm{m}^{-2}$ steigt die vertikale Chromatizität stark an. Damit sind auch entsprechend starke Sextupole zur Kompensation erforderlich, die die dynamische Apertur drastisch einschränken. Es hat dann offensichtlich keinen Sinn mehr, die Emittanz durch noch weitere Erhöhung der Quadrupolstärken zu verkleinern.

Die heutigen Speicherringe mit extrem kleinen Emittanzen speziell für die Erzeugung von Synchrotronstrahlung arbeiten alle an der durch die Chromatizität gegebenen Emittanzgrenze. Dabei werden teilweise sehr aufwendige Sextupolanordnungen gewählt, um diese Grenze möglichst weit zu verschieben.

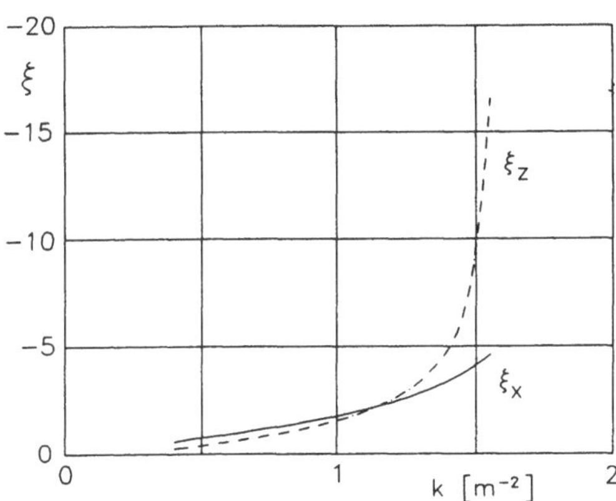

Fig. 6.6 Verlauf der horizontalen Chromatizitäten $\xi_{x,z}$ des FODO-Modellrings als Funktion der Quadrupolstärke k.

6.4.2 Unterste Grenze der Strahlemittanz "Low Emittance Lattice"

Die Erhöhung der Quadrupolstärken führt zwar ganz allgemein zu kleineren Emittanzen, allerdings ist dabei keineswegs sicher, daß der so erreichte Wert wirklich die in dem Speicherring mögliche untere Grenze erreicht. Daher soll im folgenden das bei gegebenen notwendigen Randbedingungen theoretisch mögliche Minimum der Emittanz berechnet werden. Es genügt dabei, sich die Strahloptik in einem Ablenkmagneten anzusehen, wobei wir vereinfachend voraussetzen wollen, daß der Verlauf der optischen Funktionen in allen Ablenkmagneten gleich ist, eine Bedingung, die bei den meisten Speicherringen mit extrem kleinen Emittanzen durch die Wahl geeigneter Symmetrien erfüllt ist. Außerdem nehmen wir hier nur ebene Maschinen an, so daß sich die weitere Betrachtung auf die horizontale Ebene beschränken kann.

Der Ablenkmagnet wird optisch durch seinen Biegeradius R und seine Länge l vollständig beschrieben. Wenn am Anfang des Magneten bei $s_0 = 0$ die Amplitudenfunktion durch die Werte β_0 und α_0 und die Dispersion durch D_0 und D_0' vorgegeben sind, ist deren gesamter weiterer Verlauf im Dipol eindeutig festgelegt (Fig. 6.7). Nach (6.48) liegt dann auch die Emittanz eindeutig fest. Die Bestimmung des Emittanzminimums beruht jetzt einfach darauf, daß man diese optischen Anfangswerte variiert, bis das Extremum der Strahlemittanz gefunden ist. Im Prinzip hat man zur Variation die vier genannten Anfangswerte β_0, α_0, D_0 und D_0' zur Verfügung. Es ist aber zweckmäßig, auf der einen Seite des Magneten eine gerade Strecke anzusetzten, in der die Dispersion und ihre Stei-

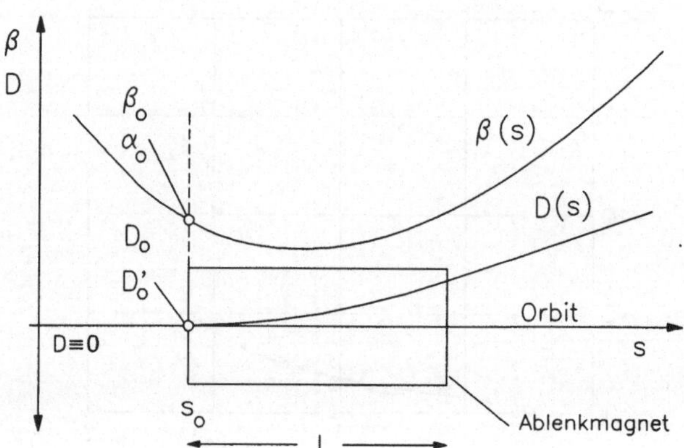

Fig. 6.7 Verlauf der optischen Funktionen in einem Ablenkmagneten bei gegebenen Anfangswerten β_0, α_0, D_0 und D_0'

gung identisch verschwinden. Auf dieser Seite werden dann die Undulator- oder
Wigglermagnete installiert. Da diese Magnete intensive Synchrotronstrahlung
aussenden, würde eine in diesem Bereich von Null verschiedene Dispersion die
Emittanz deutlich aufweiten. Mit der Forderung nach dispersionsfreien Strecken
hat man die Anfangswerte der Dispersion mit $D_0 = 0$ und $D_0' = 0$ festgelegt.
Damit kann man auch deren weiteren Verlauf im Ablenkmagneten quantitativ
angeben, wie aus (3.102) folgt:

$$D(s) = R\left(1 - \cos\frac{s}{R}\right) \approx \frac{s^2}{2R}$$

$$D'(s) = \sin\frac{s}{R} \approx \frac{s}{R} \tag{6.50}$$

Die Näherungen sind im allgemeinen gut erfüllt, da die Magnetlängen klein sind
gegen den Biegeradius und somit die Bedingung $s/R \ll 1$ praktisch immer gilt-
. Die Minimierung der Emittanz kann daher nur noch durch die Anfangswerte
der Betafunktion erfolgen. Zur Vereinfachung soll dabei außerdem die schwache
Fokussierung vernachlässigt werden, die im allgemeinen einen nur sehr kleinen
Einfluß auf die Emittanz hat. Daher verhält sich der Dipolmagnet im Hinblick
auf die Strahlfokussierung praktisch wie eine Driftstrecke, deren Transformationsmatrix M in (3.72) gegeben ist. Mit den Anfangswerten β_0 und α_0 erhält
man nach (3.149) die Transformation

$$\begin{pmatrix} \beta(s) & -\alpha(s) \\ -\alpha(s) & \gamma(s) \end{pmatrix} = \begin{pmatrix} 1 & s \\ 0 & 1 \end{pmatrix} \cdot \begin{pmatrix} \beta_0 & -\alpha_0 \\ -\alpha_0 & \gamma_0 \end{pmatrix} \cdot \begin{pmatrix} 1 & 0 \\ s & 1 \end{pmatrix}, \tag{6.51}$$

aus der man direkt den Verlauf der optischen Funktionen erhält:

$$\begin{aligned}
\beta(s) &= \beta_0 - 2\alpha_0 s + \gamma_0 s^2 \\
\alpha(s) &= \alpha_0 - \gamma_0 s \\
\gamma(s) &= \gamma_0 = \text{const.}
\end{aligned} \tag{6.52}$$

Mit der Dispersionsfunktion (6.50) und der Betafunktion (6.52) kann man die für die Berechnung der Emittanz nach (6.48) wichtige Funktion $\mathcal{H}(s)$ explizit angeben, nämlich

$$\begin{aligned}
\mathcal{H}(s) &= \gamma(s)D^2(s) + 2\alpha(s)D(s)D'(s) + \beta(s)D'^2(s) \\
&= \frac{1}{R^2}\left(\frac{\gamma_0}{4}s^4 - \alpha_0 s^3 + \beta_0 s^2\right).
\end{aligned} \tag{6.53}$$

Nimmt man wieder an, daß alle Ablenkmagnete im Ring gleich sind und daß die Dämpfungszahl $J_x \approx 1$ ist, folgt aus (6.48) und (6.53)

$$\varepsilon_x = C_\gamma \frac{\gamma^2}{R}\frac{1}{l}\int_0^l \mathcal{H}(s)\,ds = C_\gamma \gamma^2 \left(\frac{l}{R}\right)^3 \left(\frac{\gamma_0 l}{20} - \frac{\alpha_0}{4} + \frac{\beta_0}{3l}\right) \tag{6.54}$$

mit

$$C_\gamma = \frac{55}{32\sqrt{3}}\frac{\hbar}{mc} = 3.832 \cdot 10^{-13}\ \text{m}.$$

Wenn man noch bedenkt, daß das Verhältnis $l/R = \Theta$ gerade der Ablenkwinkel pro Dipolmagnet ist, dann kann man die Emittanz auch in der Form

$$\boxed{\varepsilon_x = C_\gamma \gamma^2 \Theta^3 \left(\frac{\gamma_0 l}{20} - \frac{\alpha_0}{4} + \frac{\beta_0}{3l}\right)} \tag{6.55}$$

schreiben. Da Θ mit der dritten Potenz in die Emittanz eingeht, ist es offensichtlich günstiger, viele periodische Zellen mit kurzen Ablenkmagneten zu nehmen, als wenige mit relativ langen Dipolen, wenn es auf kleine Emittanzen ankommt. Die Relation $\varepsilon_x \propto \Theta^3$ gilt übrigens für alle denkbaren periodischen Magnetanordnungen.

Da die Magnete und die Strahlenergie fest vorgegeben sind, ist in (6.55) die Emittanz nur noch eine Funktion der optischen Anfangswerte β_0 und α_0. Das durch sie theoretisch erreichbare Minimum gewinnt man auf übliche Weise durch die Bedingungen

$$\frac{\partial \varepsilon_x}{\partial \alpha_0} = A\frac{\partial}{\partial \alpha_0}\left(\frac{1+\alpha_0^2}{\beta_0}\frac{l}{20} - \frac{\alpha_0}{4} + \frac{\beta_0}{3l}\right) = A\left(\frac{\alpha_0}{\beta_0}\frac{l}{10} - \frac{1}{4}\right) = 0 \tag{6.56}$$

und

$$\frac{\partial \varepsilon_x}{\partial \beta_0} = A\left(-\frac{1+\alpha_0^2}{\beta_0^2}\frac{l^2}{20} + \frac{1}{3}\right) = 0 \tag{6.57}$$

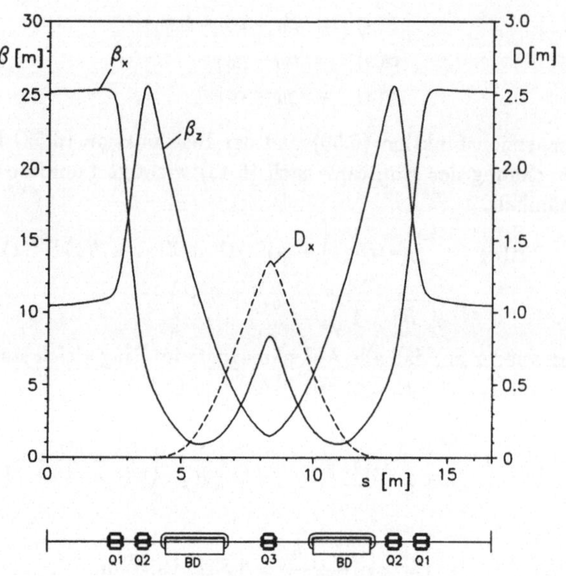

Fig. 6.8 Eine Zelle einer auf dem Prinzip von *R. Chasman* und *K.G. Green* basierenden Magnetstruktur. Die Optik ist spiegelbildlich um die Mitte von Q3 und hat an beiden Enden dispersionsfreie Strecken. Es sind außerdem die Betafunktionen β_x und β_z sowie die Dispersion D_x dargestellt.

mit $\mathcal{A} = C_\gamma \gamma^2 \Theta^3$. Löst man diese beiden Gleichungen auf, erhält man die optischen Anfangswerte für die mit den gegebenen Ablenkmagneten minimal mögliche Emittanz in der sehr einfachen Form

$$
\boxed{
\begin{aligned}
\beta_0 &= 2\sqrt{\frac{3}{5}}\, l = 1.549\, l \\[2mm]
\alpha_0 &= \sqrt{15} = 3.873
\end{aligned}
}
\tag{6.58}
$$

Basierend auf dem hier vorgestellen Prinzip haben *R. Chasman* und *K.G. Green* eine speziell für Synchrotronstrahlungsquellen mit extrem kleinen Emittanzen entwickelte Magnetstruktur vorgeschlagen, die zusammen mit den optischen Funktionen in Fig. 6.8 zu sehen ist [63]. Das hier gezeigte Beispiel stammt von dem geplanten japanischen Projekt HiSOR, das Strahlenergien bis zu $E_{max} = 1.5$ GeV zuläßt. Bei diesem Entwurf wird nur die minimal mögliche Zahl von Quadrupolen eingesetzt. Die 12 Ablenkmagnete haben je eine Länge von $l = 2.18$

m und somit einen Ablenkwinkel von $\Theta = 0.5236$ rad. Mit diesen Werten erhält man eine minimale theoretische Emittanz von $\varepsilon_{\text{theor.}} = 6.68 \cdot 10^{-8}$ m rad. Die tatsächliche Emittanz ist bei der vorgesehenen Strahloptik etwas größer, nämlich $\varepsilon_{\text{real}} = 7.89 \cdot 10^{-8}$ m rad. Die Differenz resultiert daher, daß statt der in (6.58) angegebenen optimalen Werte etwas andere, nämlich $\alpha_0 = 1.54$ und $\beta_0 = 2.82$ m, benutzt werden.

Der Grund für diese Abweichung liegt in der extrem hohen Chromatizität, die eine streng nach den Bedingungen (6.58) entwickelte Optik haben würde. Vor allem wegen des großen Wertes von α_0 ist die Betafunktion außerhalb des Ablenkmagneten extrem divergent, was einerseits sehr starke Quadrupole zur Fokussierung erfordert und außerdem zu großen Betafunktionen führt. Beides zusammen resultiert in den hohen Chromatizitäten, die ohne drastische Einschränkung der dynamischen Apertur durch Sextupole nicht kompensierbar sind. Erschwerend kommt noch hinzu, daß wegen der Forderung nach dispersionsfreien Strecken für Wiggler und Undulatoren nur wenige geeignete Plätze für Sextupole zur Verfügung stehen.

Aus diesem Grund gibt es keinen realen oder geplanten Speicherring, der die Bedingungen (6.58) streng erfüllt. Es müssen hier im Interesse einer langen Strahllebensdauer und eines zuverlässigen und hinreichend unkritischen Betriebes Kompromisse gesucht werden, die praktisch immer in einer mehr oder weniger deutlichen Reduzierung von α_0 bestehen. Erfreulicherweise ist das durch Variation von α_0 erreichbare Minimum der Emittanz relativ flach, so daß eine Verkleinerung des Wertes nur geringfügige Emittanzvergößerungen bewirkt. Das kann man auch an dem gezeigten Beispiel sehen.

Heutige speziell zur Erzeugung von Synchrotronlicht entwickelte Elektronen-Speicherringe basieren fast immer auf dem Chasman-Green Prinzip, das in verschiedener Weise modifiziert wird. Im allgemeinen werden mehr Quadrupole in der Zelle verwendet, als es in Fig. 6.8 gezeigt ist, um größere Flexibilität in der Strahloptik zu erhalten und um im Bereich der Wiggler und Undulatoren je nach Anforderungen des Experiments verschiedene optische Bedingungen einstellen zu können. Hier sei als Beispiel die "European Synchrotron Radiation Facility ESRF" in Grenoble genannt, die Strahlenergien bis zu 6 GeV erlaubt und insgesamt 32 gerade Strecken aufweist, von denen 30 für Wiggler und Undulatoren genutzt werden können [46].

7 Luminosität

Wie schon im Kapitel 1.4.2 gezeigt wurde, wird die von einem Speicherring mit
kollidierenden Strahlen erzeugte Teilchenrate für die Hochenergieexperimente mit
der einfachen Beziehung

$$\dot{N}_{\mathrm{p}} = \sigma_{\mathrm{p}}\, \mathcal{L} \tag{7.1}$$

berechnet. Dabei ist σ_{p} der Wirkungquerschnitt des untersuchten physikalischen
Prozesses, der von der Natur vorgegeben ist und daher nicht verändert werden
kann, und $\mathcal{L}$ die *Luminosität*, die die Leistungsfähigkeit des Beschleunigers angibt. Diese hängt natürlich entscheidend von den Parametern der Maschine ab
und kann daher in weiten Bereichen variiert werden. Die Einheit der Luminosität
ist definiert durch

$$\mathcal{L}\left[\frac{1}{\mathrm{cm^2\ s}}\right] = \mathcal{L}\left[\frac{10^{33}}{\mathrm{nb\ s}}\right] = \frac{\dot{N}_{\mathrm{p}}}{\sigma_{\mathrm{p}}}. \tag{7.2}$$

Die Wirkungsquerschnitte der heute untersuchten Prozesse sind extrem klein,
d.h. $\sigma_{\mathrm{p}} \ll 1$ nb. Daher sind, um die Meßzeiten in Grenzen zu halten, entsprechend hohe Luminositäten erforderlich. Die insgesamt während der Meßzeit
gesammelte Zahl von Ereignissen ist

$$N_{\mathrm{p}} = \sigma_{\mathrm{p}} \int\limits_{\mathrm{Meßzeit}} \mathcal{L}\ dt = \sigma_{\mathrm{p}}\, \mathcal{I}. \tag{7.3}$$

Den Ausdruck

$$\mathcal{I} = \int\limits_{\mathrm{Meßzeit}} \mathcal{L}\ dt \tag{7.4}$$

bezeichnet man als *integrierte Luminosität*. Sie wird häufig in der Einheit [nb^{-1}]
angegeben. Um ein Gefühl für die Größen zu vermitteln, sei als Beispiel die vom
Speicherring DORIS II bei Energien um $E = 5.3$ GeV produzierte Luminosität
angegeben. Dort wurden über längere Meßzeiten mittlere Luminositäten von
$\langle \mathcal{L} \rangle = 2.27 \cdot 10^{31}$ cm^{-2} s^{-1} erreicht. Die integrierte Luminosität pro Tag ist dann

$$\int\limits_{\mathrm{Tag}} \mathcal{L}\ dt = \langle \mathcal{L} \rangle\, t_{\mathrm{Tag}} = \langle \mathcal{L} \rangle \cdot 24 \cdot 3600$$

$$= 1.961 \cdot 10^{36}\ \mathrm{cm}^{-2} = 1961\ \mathrm{nb}^{-1}. \tag{7.5}$$

Zur Berechnung der Luminosität werden alle in einem Bunch in longitudinaler Richtung verteilten Teilchen auf eine Querschnittsfläche projiziert, so daß man hier nur ein zweidimensionales Problem zu lösen hat (Fig. 7.1). Da die Ladungsverteilung im Bunch in allen Richtungen gaußförmig ist, erhält man eine transversale Flächendichte der Positronen von

$$n_2 = \frac{\partial^2 N_2}{\partial x\, \partial z} = \frac{N_2}{2\pi \sigma_{\mathrm{x}}^* \sigma_{\mathrm{z}}^*} \exp\left(-\frac{x^2}{2\sigma_{\mathrm{x}}^{*2}} - \frac{z^2}{2\sigma_{\mathrm{z}}^{*2}}\right). \tag{7.6}$$

Dabei ist N_2 die Gesamtzahl der Positronen im Bunch und $\sigma_{\mathrm{x,z}}^*$ der horizontale

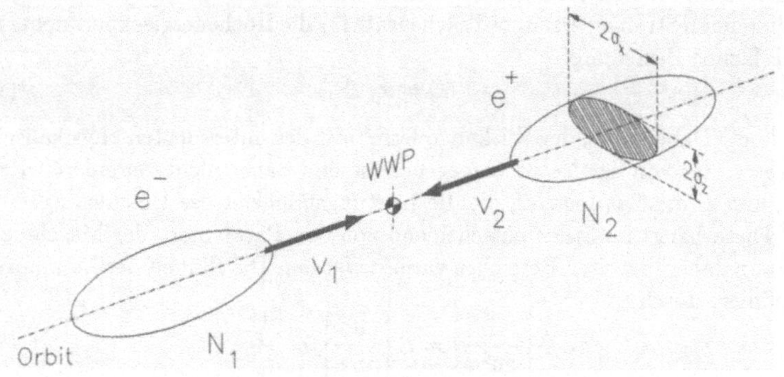

Fig. 7.1 Kollision von Teilchenbunchen im Wechselwirkungspunkt (WWP).

bzw. vertikale Querschnitt im Wechselwirkungspunkt (WWP). Da die Kollision in einem engen Bereich um den Wechselwirkungspunkt stattfindet, sind für die folgenden Betrachtungen die Strahlquerschnitte und die optischen Funktionen auch nur in diesem Punkt interessant. Um sie hervorzuheben, werden sie, einer allgemeinen Konvention folgend, mit * gekennzeichnet. Die Wahrscheinlichkeit, daß ein Elektron des einen Bunches im Flächenelement $dA = dx\, dz$ des Strahlquerschnitts auf ein Positron des anderen Bunches trifft ist

$$dW = \sigma_{\mathrm{p}} \frac{n_2\, dx\, dz}{dA} = \sigma_{\mathrm{p}}\, n_2. \tag{7.7}$$

Wenn man annimmt, daß Elektronen- und Positronenstrahlen im WWP denselben Querschnitt haben[1], dann treffen pro Zeiteinheit

$$d\dot{N}_1 = \frac{b f_{\mathrm{u}} N_1}{2\pi \sigma_{\mathrm{x}}^* \sigma_{\mathrm{z}}^*} \exp\left(-\frac{x^2}{2\sigma_{\mathrm{x}}^{*2}} - \frac{z^2}{2\sigma_{\mathrm{z}}^{*2}}\right) dx\, dz \tag{7.8}$$

---

[1] Diese Bedingung ist bei allen Speicherringen, bei denen die beiden Teilchenstrahlen in derselben Vakuumkammer gegeneinander umlaufen, automatisch erfüllt. Bei Doppelringen mit unterschiedlichen Strahloptiken in den beiden separaten Ringbeschleunigern kann es Unterschiede geben.

Elektronen auf die Fläche dA des Positronenbunches, wenn insgesamt b gleichmäßig auf dem Ringumfang verteilte Bunche mit der Frequenz f_u umlaufen. N_1 ist die Anzahl der Elektronen im Bunch. Damit erhält man die differentielle Ereignisrate

$$d\dot{N}_\mathrm{p} = \sigma_\mathrm{p}\, d\dot{N}_1\, n_2 = \sigma_\mathrm{p} \frac{bf_\mathrm{u}N_1 N_2}{(2\pi)^2 \sigma_\mathrm{x}^{*2}\sigma_\mathrm{z}^{*2}} \exp\left(-\frac{x^2}{\sigma_\mathrm{x}^{*2}} - \frac{z^2}{\sigma_\mathrm{z}^{*2}}\right) dx\, dz, \qquad (7.9)$$

aus der sich mit

$$\int\limits_{-\infty}^{+\infty} \exp\left(-\frac{y^2}{\sigma^2}\right) dy = \sqrt{\pi}\sigma \qquad (7.10)$$

durch Integration die Gesamtrate

$$\dot{N}_\mathrm{p} = \sigma_\mathrm{p} \frac{bf_\mathrm{u}N_1 N_2}{4\pi \sigma_\mathrm{x}^* \sigma_\mathrm{z}^*} \qquad (7.11)$$

ergibt. Ein Vergleich mit (7.1) liefert sofort den schon aus Kapitel 1.4.2 bekannten Ausdruck für die Luminosität

$$\mathcal{L} = \frac{b}{4\pi} \frac{N_1 N_2}{\sigma_\mathrm{x}^* \sigma_\mathrm{z}^*} f_\mathrm{u}. \qquad (7.12)$$

Im allgemeinen ist es bequemer, statt der Teilchenzahl den leicht meßbaren mittleren Strahlstrom $I_i = N_i e f_\mathrm{u} b$ zu nehmen, so daß die Luminosität die Form

$$\boxed{\mathcal{L} = \frac{1}{4\pi e^2 f_\mathrm{u} b} \frac{I_1 I_2}{\sigma_\mathrm{x}^* \sigma_\mathrm{z}^*}} \qquad (7.13)$$

erhält. Man sieht sofort, daß hohe Teilchenströme und sehr kleine transversale Strahldimensionen die essenzielle Voraussetzung für eine hohe Luminosität sind. Es muß hierbei bedacht werden, daß die Trefferwahrscheinlichkeit bei der Kollision in jedem Fall extrem klein ist, und immer nur wenige Teilchen im Bunch betroffen sind. Daher werden im Wechselwirkungspunkt Strahlquerschnitte gewählt, die im allgemeinen mindestens eine Größenordnung kleiner sind, als an anderen Stellen des Rings. Entsprechend liegen die Betafunktionen hier im Bereich von cm, während sonst um den Ring Werte von Metern bis einige 10 Meter üblich sind. Die Erzeugung dieser extrem engen Strahltaille im WWP erfordert eine spezielle Fokussierung auf beiden Seiten des Experimentierbereichs. Solche Fokussierungen sind aber mit den im Kapitel 3 entwickelten Methoden heute relativ leicht zu realisieren. Das wesentliche Problem ist die Begrenzung des Strahlstroms, mit dem sich der folgende Abschnitt befassen wird.

7.1 Strombegrenzung durch Raumladungseffekt

Bei Elektronen wird in Form von Synchrotronlicht pro Umlauf eine gewisse Energie ΔE_γ abgestrahlt. Dieser Energieverlust muß im Mittel durch eine HF-Spannung $U = \Delta E_\gamma/e$ wieder ausgeglichen werden. Bei einem umlaufenden mittleren Strahlstrom I_s ist die erforderliche Leistung $P_{HF} = I_s U$. Da die installierte HF-Leistung aus Kostengründen immer einen begrenzten Wert hat, ist damit auch der maximal erreichbare Strom vorgegeben. Wird diese Grenze erreicht, kann sie im Prinzip durch weitere Installation von Leistungssendern und Cavities heraufgesetzt werden.

Eine andere Grenze kann durch Strahlinstabilitäten gegeben sein, bei denen die vom Strahl in der Vakuumkammer und den Beschleunigungsstrecken erzeugten elektromagnetischen Felder auf ihn selbst zurückwirken und ihn in einer Art Rückkoppelung zu schnell anwachsenden Schwingungen anregen, bis er ganz oder teilweise verlorengeht. Diese Felder wachsen proportional mit dem Strahlstrom an und erreichen bei Überschreiten einer bestimmten Schwelle die kritische Stärke. Stabiler Betrieb ist nur unterhalb dieser Schwelle möglich. Durch gute Gestaltung der Vakuumkammern und durch aktive wie passive Dämpfungsmaßnahmen kann die kritische Schwelle in vielen Fällen hinreichend weit nach oben geschoben werden.

Die dritte und entscheidende Stromgrenze kommt durch den *Raumladungseffekt*. Bei der Kollision wirken die die Bunche umgebenden elektromagnetischen Felder auf die Teilchen des jeweils anderen Bunches und lenken sie proportional zum Strahlstrom aus der Bahn. Ab einem bestimmten Wert finden die besonders stark abgelenkten Teilchen keine stabile Bahn mehr und gehen an der Vakuumkammerwand verloren. Diese durch die Raumladung hervorgerufene Stromgrenze bei kollidierenden Strahlen wurde erstmals von *F. Amman* und *D. Ritson* [64] untersucht, weshalb sie auch als *Amman-Ritson-Effekt* bezeichnet wird. Um diesen Effekt quantitativ zu behandeln, betrachten wir ein einzelnes Elektron des einen Bunches, das im Abstand $\vec{r} = \{x, z\}$ vom Orbit durch den entgegenkommenden Bunch läuft und dabei durch dessen Felder abgelenkt wird (Fig. 7.2).

Um die Raumladungskräfte zu berechnen, begeben wir uns in das Schwerpunktsystem K' des Elektronenbunches. Hier gibt es natürlich nur eine elektrische Feldstärke $\vec{E}'$, die durch die in diesem System ruhenden Positronen erzeugt wird. Beim Übergang in das Laborsystem K liefert die Lorentztransformation elektrische *und* magnetische Felder. Dabei unterscheiden wir mit $B_\perp$, $E_\perp$ Feldkomponenten, die *senkrecht* zur Ausbreitungsrichtung der Teilchen stehen und mit $B_\parallel$, $E_\parallel$ solche, die *parallel* dazu verlaufen. Die Feldstärken im Laborsystem sind dann

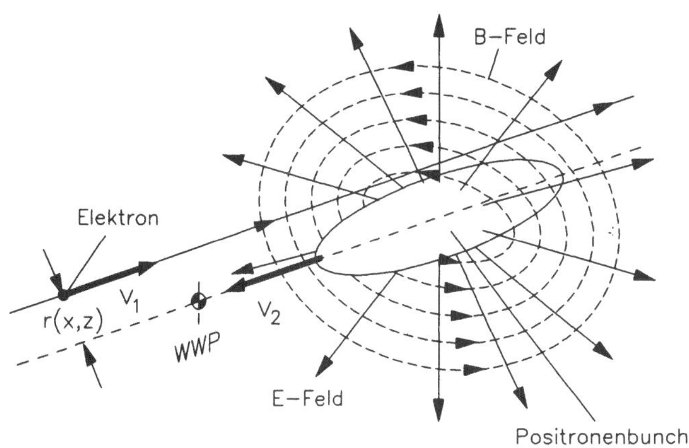

Fig. 7.2 Ablenkung eines Elektrons durch die Raumladung des entgegenkommenden Bunches.

$$\vec{E}_\perp = \gamma\,\vec{E}'_\perp \qquad\qquad \vec{E}_\| = \vec{E}'_\|$$
$$\vec{B}_\perp = \frac{\gamma}{c^2}\,\vec{v}_2 \times \vec{E}'_\perp \qquad\qquad \vec{B}_\| = 0. \qquad (7.14)$$

Beim Raumladungseffekt haben nur die transversalen Felder $B_\perp$ und $E_\perp$ einen Einfluß, da nur sie die Fokussierung des Strahls verändern. Das dem Positronenbunch entgegenlaufende Elektron spührt folglich die fokussierende Kraft

$$
\begin{aligned}
\vec{F}_\perp &= -e\big(\vec{E}_\perp + \vec{v}_1 \times \vec{B}_\perp\big) \\
&= -e\Big[\gamma\vec{E}'_\perp + \vec{v}_1 \times \big(\tfrac{\gamma}{c^2}\,\vec{v}_2 \times \vec{E}'_\perp\big)\Big] \qquad (7.15) \\
&= -e\big(1 + \beta_1\beta_2\big)\,\vec{E}_\perp.
\end{aligned}
$$

Da bei den Experimenten die Teilchen extrem relativistisch sind, ist $\beta_1 = \beta_2 \approx 1$ und es folgt

$$\vec{F}_\perp = -2e\vec{E}_\perp. \qquad (7.16)$$

Elektrisches und magnetisches Feld tragen also zu gleichen Teilen zur Fokussierung bei. Bei der weiteren Berechnung gehen wir wieder von der gaußförmigen Ladungsverteilung im Bunch aus und schreiben die Ladungsdichte im Schwerpunktsystem K' in der dreidimensionalen Form

$$\rho'(x, z, s') = \frac{eN_2}{(2\pi)^{3/2}\sigma_x\sigma_z\sigma'_s}\exp\left(-\frac{x^2}{2\sigma_x^2} - \frac{z^2}{2\sigma_z^2} - \frac{(s' - s'_0)^2}{2\sigma'^2_s}\right), \qquad (7.17)$$

wobei zu bedenken ist, daß $\sigma'_{x,z} = \sigma_{x,z}$ und $\sigma'_s = \gamma\sigma_s$. Außerdem ist s'_0 ein im Prinzip beliebig wählbarer Referenzpunkt auf der Strahlachse. Im Schwerpunktsystem ist die Bunchlänge $\sigma'_s = \gamma\sigma_s$ sehr viel länger als die transversalen Bunchdimensionen. Daher kann man die Ladungsverteilung im Bunch praktisch als unendlich lang ansehen, wobei sich die Ladungsdichte entlang der Strahlachse s' nur sehr langsam ändert. Daher ist es zweckmäßig, die Ladungsdichte nach (7.17) in der Form

$$\rho'(x, z, s') = A(s') \exp\left(-\frac{x^2}{2\sigma_x^2} - \frac{z^2}{2\sigma_z^2}\right) \tag{7.18}$$

mit

$$A(s') = \frac{eN_2}{(2\pi)^{3/2}\sigma_x\sigma_z\sigma'_s} \exp\left(-\frac{(s' - s'_0)^2}{2\sigma_s'^2}\right), \tag{7.19}$$

zu schreiben. Aus dieser Ladungsverteilung kann man die Feldstärke an der Stelle des Elektrons berechnen und gewinnt daraus die fokussierende Kraft. Geht man allerdings von dem allgemeinen Fall aus, daß der Strahl im WWP einen ovalen Querschnitt hat, d.h. $\sigma_x \neq \sigma_z$, dann ist wegen der Gaußfunktionen in (7.18) die Berechnung der Integrale außerordenlich aufwendig. Daher wollen wir hier eine wesentliche Vereinfachung machen, indem wir einen runden Strahl annehmen. Das ist zwar im allgemeinen nicht erfüllt, zeigt aber auf relativ einfache Weise die wichtigen physikalischen Ideen bei der Herleitung. Setzt man in (7.18) für die transversalen Strahlquerschnitte die Werte $\sigma = \sigma_x = \sigma_z$, so erhält man mit $r^2 = x^2 + z^2$

$$\rho'(r, s') = A(s') \exp\left(-\frac{r^2}{2\sigma^2}\right). \tag{7.20}$$

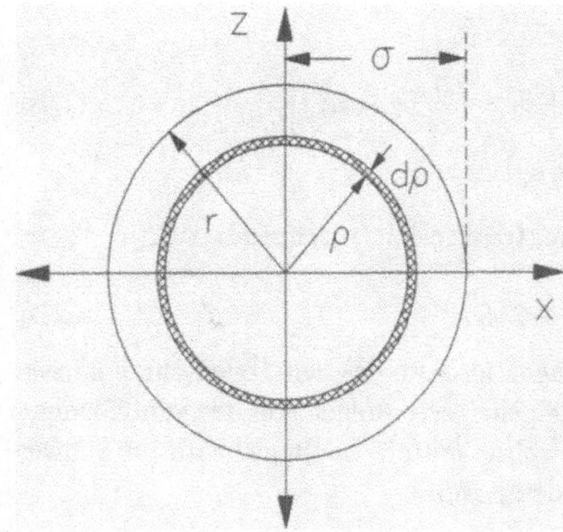

Fig. 7.3 Zur Berechnung der Ladung innerhalb eines Zylinders mit dem Radius r

Da der Strahl unter den angenommenen Voraussetzungen rund ist, erweist es sich als zweckmäßig, zu Polarkoordinaten überzugehen. Dann kann man nach Fig. 7.3 direkt die Ladung

$$dq = \rho'(r, s')\, 2\pi\, \varrho\, d\varrho\, ds' \tag{7.21}$$

berechnen, die in einem Zylindermantel mit dem Radius ϱ und der Dicke $d\varrho$ enthalten ist. Daraus ergibt sich sofort die Gesamtladung in einem Zylinder der Länge $\Delta s'$ und dem Radius r zu

$$\Delta q(s') = 2\pi\, A(s')\, \Delta s' \int_0^r \exp\left(-\frac{\varrho^2}{2\,\sigma^2}\right) \varrho\, d\varrho. \tag{7.22}$$

Das Integral löst man durch Substitution und erhält

$$\Delta q(s') = 2\pi\, A(s')\, \sigma^2 \left[1 - \exp\left(-\frac{r^2}{2\,\sigma^2}\right)\right] \Delta s'. \tag{7.23}$$

Nach dem *Gaußschen* Satz herrscht dann auf der Oberfläche des Zylinders nach

$$E'_\perp(r)\, 2\pi\, r\, \Delta s' = \frac{\Delta q(s')}{\varepsilon_0} \tag{7.24}$$

die elektrische Feldstärke

$$E'_\perp(r) = \frac{\Delta q(s')}{2\pi\varepsilon_0\, r\, \Delta s'}. \tag{7.25}$$

Setzt man in diese Beziehung (7.19) und (7.23) ein, folgt

$$E'_\perp(r) = \frac{eN_2}{(2\pi)^{3/2}\varepsilon_0\, r\, \sigma'_s} \exp\left(-\frac{(s'-s'_0)^2}{2\sigma'^2_s}\right) \left[1 - \exp\left(-\frac{r^2}{2\sigma^2}\right)\right]. \tag{7.26}$$

Mit Hilfe der Relationen $s' = \gamma s$ und $\sigma'_s = \gamma\sigma_s$ transformieren wir diese Feldstärke jetzt in das Laborsystem und erhalten

$$E_\perp(r,s) = \gamma E'_\perp(r,s) = \frac{eN_2}{(2\pi)^{3/2}\varepsilon_0\, \sigma_s} \exp\left(-\frac{(s-s_0)^2}{2\sigma_s^2}\right) \frac{1}{r} \left[1 - \exp\left(-\frac{r^2}{2\sigma^2}\right)\right]. \tag{7.27}$$

Der Einfluß der Raumladung soll im folgenden nur in linearer Näherung berechnet werden. Daher betrachten wir nur Elektronen, die in einem sehr kleinen Abstand von der Strahlachse durch den Positronenbunch laufen. Mit der Bedingung $r \ll \sigma$ kann man die Exponentialfunktion nach

$$\exp\left(-\frac{r^2}{2\sigma^2}\right) = 1 - \frac{r^2}{2\sigma^2} + \frac{1}{2!}\left(\frac{r^2}{2\sigma^2}\right)^2 - \cdots$$

$$\approx 1 - \frac{r^2}{2\sigma^2} \tag{7.28}$$

entwickeln. Mit dieser Näherung erhält die transversale elektrische Feldstärke schließlich die Form

$$E_\perp(r, s) = \frac{e N_2}{(2\pi)^{3/2} \varepsilon_0 \, \sigma_s} \exp\left(-\frac{(s - s_0)^2}{2\sigma_s^2}\right) \frac{r}{2\sigma^2}. \tag{7.29}$$

Das Elektron wird in diesem Feld beschleunigt und ändert dabei seinen transversalen Impuls um den Betrag

$$dp_\perp = F_\perp \, dt = F_\perp \, \frac{ds}{2c}. \tag{7.30}$$

Der Faktor 2 in dem Verhältnis $ds/2c$ ergibt sich aus der Tatsache, daß die beiden relativistischen Bunche mit derselben Geschwindigkeit *gegeneinander* fliegen. Nun setzen wir in (7.30) die Kraft (7.16) ein, und erhalten mit der Feldstärke (7.29) die Impulsänderung

$$\begin{aligned}
dp_\perp &= -\frac{e\, E_\perp}{c} \, ds \\[2mm]
&= -\frac{e^2 N_2 r}{4\pi\, \varepsilon_0\, c\, \sigma^2} \frac{1}{\sqrt{2\pi}\, \sigma_s} \exp\left(-\frac{(s - s_0)^2}{2\sigma_s^2}\right) ds.
\end{aligned} \tag{7.31}$$

Um den Gesamtimpuls zu erhalten, muß man über den gesamten Orbit integrieren. Da die Gaußfunktion für große $|s - s_0|$ sehr schnell abfällt, kann man die Integrationsgrenzen gegen $\pm\infty$ streben lassen. Das Integral liefert dann das einfache Ergebnis

$$\int_{-\infty}^{+\infty} \exp\left(-\frac{(s - s_0)^2}{2\sigma_s^2}\right) ds = \sqrt{2\pi}\, \sigma_s, \tag{7.32}$$

mit dem man die transversale Impulsänderung schließlich in der Form

$$\Delta p_\perp(r) = -\frac{e^2 N_2}{2\pi\, \varepsilon_0\, c} \frac{r}{2\sigma^2} \tag{7.33}$$

erhält. Die horizontale und vertikale Komponente ergibt sich daraus sehr einfach, indem man r durch x bzw. z ersetzt. Die entsprechenden Winkeländerungen der Elektronenbahn sind

$$\begin{aligned}
\Delta x' &= \frac{\Delta p_x}{p} = -\frac{e^2 N_2}{2\pi\, pc\,\varepsilon_0} \frac{x}{2\sigma^2} \\[2mm]
\Delta z' &= \frac{\Delta p_z}{p} = -\frac{e^2 N_2}{2\pi\, pc\,\varepsilon_0} \frac{z}{2\sigma^2}
\end{aligned} \tag{7.34}$$

wobei p den Teilchenimpuls bezeichnet. Vergleicht man dieses Ergebnis mit der Winkeländerung $\Delta x' = k\, l\, x$, die durch einen im Abstand x von der Strahlachse durchlaufenen Quadrupol der Länge l hervorgerufen wird, so erkennt man, daß

die Raumladung des Positronenbunches auf das Elektron dieselbe fokussierende
Wirkung hat, wie ein Quadrupol mit der integrierten Stärke

$$k_{\rm r}\, l = -\frac{e^2\, N_2}{2\pi\, pc\varepsilon_0}\,\frac{1}{2\sigma^2}.$$ (7.35)

Umgekehrt wirkt der Elektronenbunch auf die Positronen natürlich genauso. Ein
zusätzlicher Quadrupol verändert die Fokussierung und damit auch den Arbeitspunkt $Q_{\rm x,z}$ des Rings. Denselben Effekt hat also auch die bei der Kollision über
die elektromagnetischen Felder wirksame Strahl-Strahl-Wechselwirkung. Wie
man dem negativen Vorzeichen in (7.35) entnimmt, wird die Bahn des Elektrons zum Orbit hingebogen, der Strahl wird also fokussiert, was nach (3.274)
die positive Arbeitspunktverschiebung

$$\Delta Q_{\rm x,z} = \frac{\beta_{\rm x,z}^*}{4\pi}\, k_{\rm r}\, l = \frac{e^2\, N_2}{8\pi^2\, pc\varepsilon_0}\,\frac{\beta_{\rm x,z}^*}{2\sigma^2}.$$ (7.36)

hervorhervorruft. Dabei hat im Wechselwirkungsbereich die Betafunktionen den
Wert $\beta_{\rm x,z}^*$, der über die Bunchlänge als nahezu konstant angenommen wird.
Mit zunehmender Teilchenzahl N_i im Bunch ($i = 1,2$) nimmt auch die Q-
Verschiebung zu, bis die Teilchen auf eine stärkere strahloptische Resonanz tref-
fen und dann verlorengehen. Das ist der entscheidende limitierende Effekt der
Raumladung.

Gibt man die vereinfachende Annahme eines runden Strahls auf und läßt
beliebige horizontale und vertikale Strahlquerschnitte $\sigma_{\rm x}^* \neq \sigma_{\rm z}^*$ zu, so erhält man
nach längeren Rechnungen im Prinzip dasselbe Ergebnis. Man muß in (7.36) nur
$2\sigma^2$ geeignet ersetzten und zwar durch

$$2\,\sigma^2 \quad \longrightarrow \quad \begin{cases} \sigma_{\rm x}^*(\sigma_{\rm x}^* + \sigma_{\rm z}^*) & \text{horizontal} \\[2mm] \sigma_{\rm z}^*(\sigma_{\rm x}^* + \sigma_{\rm z}^*) & \text{vertikal.} \end{cases}$$ (7.37)

Die durch den Raumladungseffekt bei kollidierenden Strahlen hervorgerufene Arbeitspunktverschiebung ist damit für beliebige Strahlquerschnitte

$$\Delta Q_{\rm x} = \frac{e^2\, N_2}{8\pi^2\, pc\varepsilon_0}\,\frac{\beta_{\rm x}^*}{\sigma_{\rm x}^*(\sigma_{\rm x}^* + \sigma_{\rm z}^*)}$$

$$\Delta Q_{\rm z} = \frac{e^2\, N_2}{8\pi^2\, pc\varepsilon_0}\,\frac{\beta_{\rm z}^*}{\sigma_{\rm z}^*(\sigma_{\rm x}^* + \sigma_{\rm z}^*)}$$ (7.38)

Für die weiteren Betrachtungen ersetzen wir wieder die Teilchenzahl nach
$N_2 = I_2/(bf_{\rm u}e)$ durch den Strahlstrom und die Strahlquerschnitte durch $\sigma_{\rm x,z}^* =$

$\sqrt{\varepsilon_{x,z}\beta^*_{x,z}}$. Berücksichtigt man außerdem noch, daß $E = pc$ und $\varepsilon_0 = 1/\mu_0 c^2$, dann folgt aus (7.38)

$$\Delta Q_x = \frac{\mu_0 e c^2 I_2}{8\pi^2 b f_u E}\, \frac{\sqrt{\beta^*_x}}{\sqrt{\varepsilon_x}\left(\sqrt{\varepsilon_x \beta^*_x} + \sqrt{\varepsilon_z \beta^*_z}\right)}$$

$$\Delta Q_z = \frac{\mu_0 e c^2 I_2}{8\pi^2 b f_u E}\, \frac{\sqrt{\beta^*_z}}{\sqrt{\varepsilon_z}\left(\sqrt{\varepsilon_x \beta^*_x} + \sqrt{\varepsilon_z \beta^*_z}\right)} \qquad (7.39)$$

Bei sehr großen Werten von ΔQ geraten die Teilchen auf optische Resonanzen (Kapitel 3.14) und gehen dann verloren. Die Lebensdauer der umlaufenden Strahlen reduziert sich dadurch und der Untergrund in den Teilchendetektoren steigt drastisch an. Nach allen Erfahrungen an Elektron-Positron-Speicherringen darf die Arbeitspunktverschiebung nicht wesentlich größer sein als

$$\boxed{\Delta Q_{\max} \approx 0.025.} \qquad (7.40)$$

Bei sehr sorgfältiger Einstellung des Speicherrings sind auch schon Werte bis $\Delta Q = 0.04$ erreicht worden, allerdings sind derartige Zustände nicht sehr stabil und schlecht reproduzierbar. Der bei der Wechselwirkung der beiden Strahlen wirkende Raumladungseffekt begrenzt also nach (7.39) den Maximalstrom pro Bunch auf den Wert

$$I_{\max,x} = \frac{8\pi^2 b f_u E \sqrt{\varepsilon_x}\left(\sqrt{\varepsilon_x \beta^*_x} + \sqrt{\varepsilon_z \beta^*_z}\right)}{\mu_0 e c^2 \sqrt{\beta^*_x}}\, \Delta Q_{\max,x}$$

$$I_{\max,z} = \frac{8\pi^2 b f_u E \sqrt{\varepsilon_z}\left(\sqrt{\varepsilon_x \beta^*_x} + \sqrt{\varepsilon_z \beta^*_z}\right)}{\mu_0 e c^2 \sqrt{\beta^*_z}}\, \Delta Q_{\max,z} \qquad (7.41)$$

Es muß an dieser Stelle eine Bemerkung zur vertikalen Emittanz ε_z gemacht werden, die ja in idealen flachen Maschinen theoretisch verschwindet. Bei den Berechnungen zur Luminosität wird aber von einem endlichen Wert ausgegangen. In der Praxis gibt es keinen unendlich flachen Strahl, denn einmal werden die horizontalen Betatronschwingungen durch höhere Multipolfelder oder durch leicht um die Strahlachse verdrehte Quadrupole teilweise in die vertikale Ebene gekoppelt, so daß der Strahl auch in der vertikalen Richtung eine bestimmte Ausdehnung hat. Außerdem kann durch vertikale Orbitstörungen eine vertikale Dispersion entstehen, die in den Ablenkmagneten durch Quantenemission Betatronschwingungen anregt.

Es ist üblich, alle diese die vertikale Strahldimension bestimmenden Effekte formal als *Emittanzkoppelung* zu bezeichnen, die quantitativ durch den Koppelfaktor

$$k = \frac{\varepsilon_z}{\varepsilon_x} \qquad (7.42)$$

bestimmt wird[2]. Wenn bei einer idealen Maschine mit verschwindender vertikaler Emittanz der theoretische horizontale Wert mit ε_{x0} berechnet wird, ergeben sich bei endlicher Koppelung $0 < k < 1$ die Emittanzen

$$\varepsilon_x = \frac{\varepsilon_{x0}}{1+k} \qquad \text{und} \qquad \varepsilon_z = \frac{k\varepsilon_{x0}}{1+k}. \tag{7.43}$$

Setzt man das in (7.41) ein, erhält man für die beiden Ebenen den raumladungsbegrenzten Maximalstrom in der Form

$$I_{\mathrm{max,x}} = \frac{8\pi^2 b f_{\mathrm{u}} E \varepsilon_{x0}\left(\sqrt{\beta_x^*} + \sqrt{k\beta_z^*}\right)}{\mu_0 e c^2 (1+k)\sqrt{\beta_x^*}} \Delta Q_{\mathrm{max,x}}$$

$$I_{\mathrm{max,z}} = \frac{8\pi^2 b f_{\mathrm{u}} E \varepsilon_{x0}\sqrt{k}\left(\sqrt{\beta_x^*} + \sqrt{k\beta_z^*}\right)}{\mu_0 e c^2 (1+k)\sqrt{\beta_z^*}} \Delta Q_{\mathrm{max,z}} \tag{7.44}$$

Die Strombegrenzung ist natürlich im allgemeinen in den beiden Ebenen nicht gleich, sondern hat in der Regel in der vertikalen Richtung den kleineren Wert, der damit auch den maximalen Strahlstrom bestimmt. Deshalb werden wir zunächst nur die zweite Gleichung von (7.44) weiterverwenden.

Der Maximalstrom hängt stark von der Teilchenenergie E ab, was aus der Beziehung (7.44) noch nicht direkt abzulesen ist, da sie die Energieabhängigkeit der Emittanz nicht explizit enthält. Daher führen wir eine *normierte Emittanz* $\tilde{\varepsilon}$ ein, die den Wert bei $E_0 = m_0 c^2$ beschreibt. Bei beliebiger Energie $\gamma = E/E_0$ ist die Emittanz dann nach (6.48)

$$\varepsilon_{x,z} = \gamma^2 \tilde{\varepsilon}_{x,z}. \tag{7.45}$$

Ersetzt man in (7.44) noch E durch $\gamma m_0 c^2$, so folgt

$$\boxed{I_{\mathrm{max}} = \frac{8\pi^2 b m_0 f_{\mathrm{u}} \gamma^3 \tilde{\varepsilon}_{x0}\sqrt{k}\left(\sqrt{\beta_x^*} + \sqrt{k\beta_z^*}\right)}{\mu_0 e (1+k)\sqrt{\beta_z^*}} \Delta Q_{\mathrm{max}}} \tag{7.46}$$

Die höchste Luminosität erhält man natürlich dann, wenn beide gegeneinander umlaufenden Strahlen den maximal durch die Raumladungsgrenze gegebenen Wert erreichen, also $I_1 = I_2 = I_{\mathrm{max}}$. Setzt man mit dieser Bedingung den Strahlstrom (7.46) in die Luminositätsbeziehung (7.13) ein, so folgt die bei einer bestimmten Strahloptik und bei gegebenen Strahlenergie maximal mögliche Luminosität

$$\boxed{\mathcal{L}_{\mathrm{max}} = \frac{16\pi^3 b f_{\mathrm{u}} m_0^2 \gamma^4 \tilde{\varepsilon}_{x0}\sqrt{k}\left(\sqrt{\beta_x^*} + \sqrt{k\beta_z^*}\right)^2}{\mu_0^2 e^4 (1+k)\sqrt{\beta_x^*}\,\beta_z^{*3/2}} \Delta Q_{\mathrm{max}}^2} \tag{7.47}$$

---

[2]In den USA wird häufig statt des Verhältnisses der Emittanzen das der Strahlquerschnitte als Koppelung bezeichnet.

Für praktische Anwendungen ist es bequemer, für die Energie die Einheit [GeV] und für den Strahlstrom [mA] zu wählen. Außerdem ist es üblich, die Luminosität in $[\mathrm{cm^{-2}\,s^{-1}}]$ anzugeben. Zu diesem Zweck definieren wir noch die auf die Energie $E = 1$ GeV normierte Emittanz $\hat{\varepsilon}_{x0}$, so daß sich jetzt die Emittanz bei beliebiger Energie nach

$$\varepsilon_{x0} = E^2\,\hat{\varepsilon}_{x0} \qquad\qquad E \text{ in [GeV]} \tag{7.48}$$

berechnet. Wenn man ferner noch die physikalischen Konstanten zu einer Zahl zusammenfaßt, erhält man aus (7.46) und (7.47) die handlicheren Formen

$$I_{\max}\,[\mathrm{mA}] \;=\; 699.06\,\frac{bf_\mathrm{u}E^3\hat{\varepsilon}_{x0}\sqrt{k}\left(\sqrt{\beta_x^*}+\sqrt{k\beta_z^*}\right)}{(1+k)\sqrt{\beta_z^*}}\,\Delta Q_{\max} \qquad E \text{ in [GeV]} \tag{7.49}$$

und

$$\mathcal{L}_{\max}\,[\mathrm{cm^{-2}\,s^{-1}}] \;=\; 1.515\cdot 10^{32}\frac{bf_\mathrm{u}E^4\hat{\varepsilon}_{x0}\sqrt{k}\left(\sqrt{\beta_x^*}+\sqrt{k\beta_z^*}\right)^2}{(1+k)\sqrt{\beta_x^*}\,\beta_z^{*3/2}}\,\Delta Q_{\max}^2. \tag{7.50}$$

In der Formel (7.47) bzw. (7.50) erkennt man die extrem starke Energieabhängigkeit der Luminosität mit $\mathcal{L} \propto E^4$, die auch aus der Kurve in Fig. 7.4 zu ersehen ist. Dabei muß man bedenken, daß nach (7.46) dazu der Strahlstrom mit der dritten Potenz der Energie ansteigen muß. Nach Überschreiten der Maximalenergie des Speicherrings ist es nicht mehr möglich, die Strahlströme weiter zu erhöhen, da die HF-Leistung dann ihre obere Grenze erreicht hat. Wegen der mit E^4 zunehmenden Leistung der Synchrotronstrahlung muß sogar mit weiter steigender Energie der Strahlstrom deutlich zurückgenommen werden. Dadurch fällt die Luminosität steil ab, wie es in Fig. 7.4 zu sehen ist.

In der Luminositätsformel (7.47) wird die Emittanzkoppelung k als ein im Prinzip frei wählbarer Parameter angegeben. Es stellt sich dabei aber die Frage, ob es bei gegebener Strahloptik, d.h. bei gegebenen Betafunktionen β_x^* und β_z^* einen optimalen Wert für die Koppelung gibt. Diese Frage läßt sich leicht beantworten, wenn man annimmt, daß die maximale Q-Verschiebung in beiden Ebenen gleich ist, also $\Delta Q_{\max,x} = \Delta Q_{\max,z}$. Das Optimum der Luminosität ist dann erreicht, wenn die durch den Raumladungseffekt bedingten Strahlstromgrenzen in beiden Ebenen gleichzeitig erreicht werden. Dazu braucht man in (7.44) nur die Grenzströme $I_{\max,x}$ und $I_{\max,z}$ gleichzusetzen und erhält die optimale Emittanzkoppelung

$$k_\mathrm{opt} = \frac{\beta_z^*}{\beta_x^*}, \tag{7.51}$$

aus der man durch Einsetzen in (7.44) und mit $\varepsilon_{x0} = \gamma^2\tilde{\varepsilon}_{x0}$ den Maximalstrom

$$I_{\max} = \frac{8\pi^2 bf_\mathrm{u}m_0\gamma^3\tilde{\varepsilon}_{x0}}{\mu_0 e}\,\Delta Q_{\max} \tag{7.52}$$

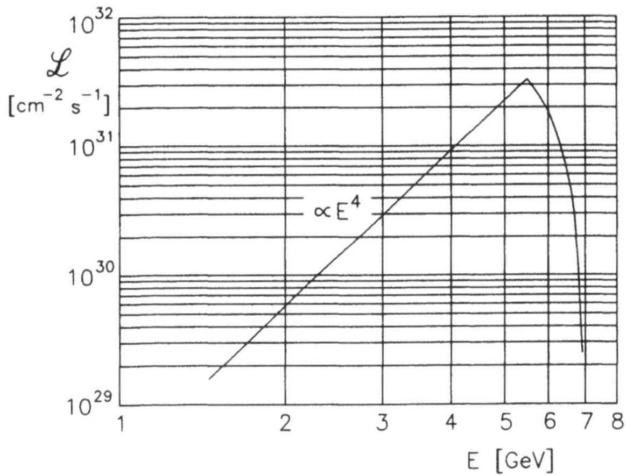

Fig. 7.4 Abhängigkeit der durch die Raumladung begrenzten maximalen Luminosität von der Energie in doppelt logarithmischer Darstellung. Oberhalb einer bestimmten Grenze (in diesem Beispiel oberhalb von 5.5 GeV) reicht die HF-Leistung für die erforderlichen Ströme nicht mehr aus und die Luminosität fällt stark ab.

erhält. Für diesen Fall ist der Strahlquerschnitt im WWP

$$\sigma_x^* \sigma_x^* = \frac{\beta_x^* \beta_z^*}{\beta_x^* + \beta_z^*}\, \varepsilon_{x0}, \tag{7.53}$$

der zusammen mit dem Maximalstrom (7.52) nach (7.13) die Luminosität

$$\mathcal{L}_{\max} = \frac{16\pi^3 b f_{\mathrm{u}} m_0^2 \gamma^4 \tilde{\varepsilon}_{x0}\left(\beta_x^* + \beta_z^*\right)}{\mu_0^2 e^4 \beta_x^* \beta_z^*}\, \Delta Q^2 \tag{7.54}$$

ergibt.

Die Strahlenergie ist zur Optimierung der Luminosität kein geeigneter Parameter, da sie durch die Physik des untersuchten Teilchenprozesses fest vorgegeben ist. Um möglichst hohe Luminositäten zu erhalten, muß einmal die Emittanz ε_{x0} groß gemacht werden, wobei die Grenze durch die in der Vakuumkammer verfügbare Apertur gegeben ist. Außerdem kann in gewissen Grenzen der Wert für $\Delta Q_{\max}$ durch sorgfältige Justierung des Strahls optimiert werden. Ganz wesentlich wird aber die Luminosität durch die vertikale Betafunktion β_z^* bestimmt, die man durch geeignete Fokussierungsmaßnahmen extrem klein machen sollte. In der Tat hat sich diese Methode als die weitaus wirkungsvollste erwiesen.

7.2 Das "Mini-Beta-Prinzip"

Wie schon erwähnt, lassen sich mit den bekannten Prinzipien der Strahloptik (Kapitel 3) relativ leicht sehr kleine vertikale Betafunktionen im Wechselwirkungspunkt (WWP) realisieren, wobei in Elektronenspeicherringen Werte bis unter $\beta_z^* < 3$ cm im Experimentierbetrieb benutzt werden. Bei der Entwicklung der Magnetstruktur und der Optik gibt man am einfachsten die Betafunktionen im WWP fest vor und gestaltet dann die Magnetanordnung und die Strahloptik so, daß die optischen Funktionen innerhalb praktikabler Grenzen bleiben. Dabei muß noch berücksichtigt werden, daß zur Analyse der physikalischen Prozesse möglichst der gesamte Raumwinkel um den WWP von einem Teilchendetektor umgeben wird, der eine große Zahl von verschiedenen Zählern und Einzeldetektoren enthält. Solche Detektoren haben heute in allen drei Dimensionen Ausdehnungen von mehreren Metern. Um Interferenzen zwischen den Detektoren und dem Beschleuniger nach Möglichkeit zu vermeiden, wurde in den Anfängen ein entsprechender Raum für das Experiment um den WWP vollständig freigehalten, wie es Fig. 7.5 zeigt.

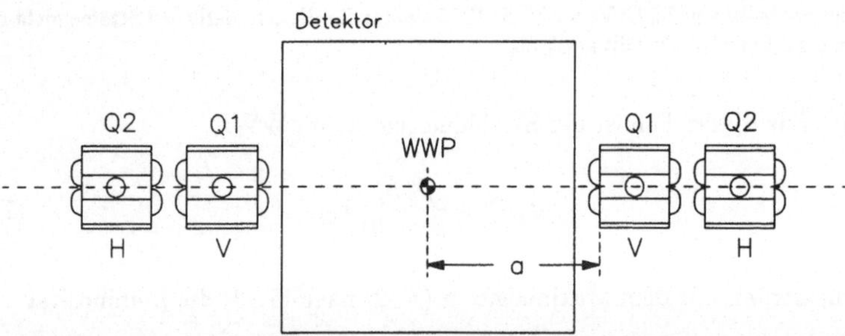

Fig. 7.5 Standardanordnung der Fokussierungsmagnete um den Wechselwirkungspunkt (W-WP). Für den Teilchendetektor wird ein Platz freigehalten, um Interferenzen mit dem Beschleuniger zu vermeiden. Bei dieser Anordnung ist der Abstand $a > 2.5$ m.

Bei dieser Standardanordnung mit Abständen zwischen dem WWP und dem ersten vertikal fokussierenden Magneten von $a > 2.5$ m liegen die erreichbaren Betafunktionen um $\beta_z^* \approx 10$ cm, was nach heutigen Maßstäben ausreichende Luminosität liefert. Eine weitere Reduktion dieser Funktion unter 10 cm wirft dagegen große Probleme auf.

Der freie Bereich der Wechselwirkungszone zwischen den beiden Quadrupolen Q1 ist aus optischer Sicht eine reine Driftstrecke mit einem Symmetriepunkt im WWP. Wenn im WWP die vertikale Betafunktion den Wert β_z^* hat, dann erreicht

Tabelle 7.1 Abhängigkeit der vertikalen Betafunktion im Quadrupol Q1 und des von ihm erzeugten Chromatizitätsanteils von β_z^*. Bei diesem Beispiel ist der Abstand $a = 2.6$ m, die Stärke von Q1 $k = 0.6$ m^{-2} und die Länge von Q1 $l = 1$ m.

β_z^* [m]	$\beta_z(a)$ [m]	$\Delta\xi_z$
1.00	6.8	-0.32
0.50	13.5	-0.65
0.30	22.5	-1.08
0.10	67.6	-3.23
0.05	135.2	-6.46
0.03	225.3	-10.77 (!)

sie nach (3.151) am Eintritt in den ersten Quadrupol ($s = a$) den Wert

$$\beta_z(a) = \beta_z^* + \frac{a^2}{\beta_z^*}. \tag{7.55}$$

Bei extrem kleinen Amplitudenfunktionen im WWP führt das zu entsprechend großen Werten in den ersten Quadrupolen. Neben der Aperturbegrenzung bringt hier wiedereinmal die Chromatizität das eigentliche Problem. Die ersten Quadrupole Q1 müssen einen Fokuspunkt im WWP haben und daher sind sie relativ stark. Wenn in ihnen gleichzeitig die Betafunktion große Werte hat, ist der von ihnen gelieferte Chromatizitätsanteil

$$\Delta\xi = \frac{-1}{4\pi} \int\limits_{Q1} \beta_z(s)\, k\, ds \tag{7.56}$$

entsprechend hoch. Mit der Reduzierung von β_z^* wächst also die durch die Wechselwirkungsquadrupole erzeugte Chromatizität stark an. Die untere Grenze für β_z^* ist dann erreicht, wenn diese Chromatizität wegen der damit verbundenen Einschränkung der dynamischen Apertur nicht mehr kompensiert werden kann. Ein numerisches Beispiel ist in Tabelle 7.1 gegeben. In diesem Beispiel ist bei Werten unter $\beta_z^* = 10$ cm kein sicherer Speicherringbetrieb mehr möglich. Um trotzdem noch kleinere Werte zu erreichen und dadurch nach (7.47) noch deutlich höhere Luminositäten zu erzielen, muß man die strikte Trennung von Experiment und Beschleuniger aufgeben, um die ersten vertikal fokussierenden Quadrupole erheblich dichter an den Wechselwirkungspunkt heranzubringen. Dadurch werden die Strahlen schon wesentlich früher fokussiert und das Anwachsen der Betafunktionen über kritische Werte verhindert. Außerdem bleibt durch diese Maßnahme auch die Chromatizität in handhabbaren Grenzen. Der Abstand der ersten Quadrupole vom WWP ist im Bereich um 1 Meter und läßt minimale Betafunktionen bis herunter zu $\beta_z^* \approx 3$ cm zu. Wegen dieser kleinen Werte wird die Anordnung im allgemeinen als *"Mini-Beta-Prinzip"* bezeichnet.

Erstmals wurde dieses Konzept am Speicherring DORIS erfolgreich erprobt, wobei die Luminosität im Vergleich zur älteren Standardanordnung um mehr als eine Größenordnung anstieg. Die dabei verwendete Anordnung im Bereich des Teilchendetektor ARGUS ist in Fig. 7.6 gezeigt. Die beiden "Mini-Beta-

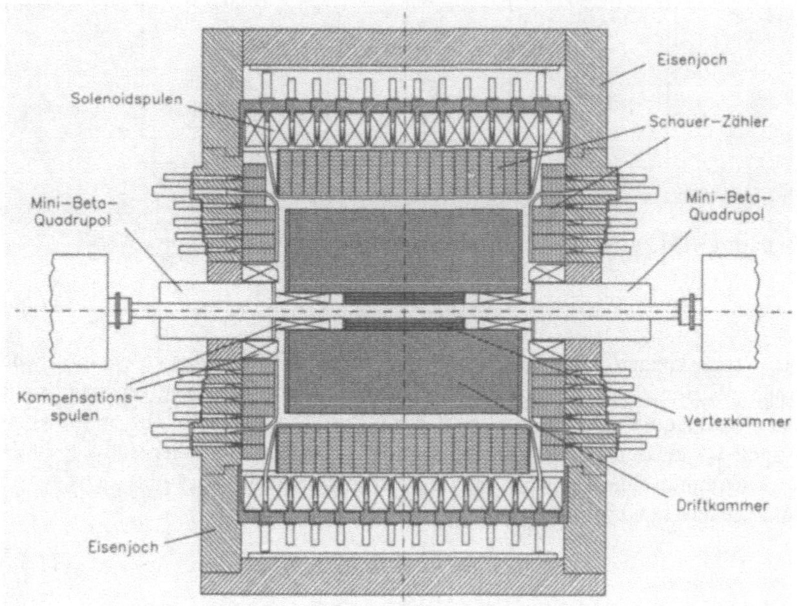

Fig. 7.6 "Mini-Beta-Anordnung" des Speicherring DORIS im Teilchendetektor ARGUS. Die beiden vertikal fokussierenden "Mini-Beta-Quadupole" sind in das Joch des Detektormagneten integriert. Spezielle Kompensationsspulen halten den Bereich um die Quadrupole feldfrei.

Quadrupole" sind in das Eisenjoch des Detektors integriert, wodurch der Abstand zum WWP auf $a = 1.28$ m reduziert wurde. Zur Analyse der Teilchenimpulse wird im Detektor ein zur Strahlachse parallel gerichtetes Magnetfeld mit einer Stärke von $B = 0.8$ T verwendet, das durch große Solenoidspulen erregt wird. Die Quadrupole dürfen diesem Feld natürlich nicht ausgesetzt werden, da sie dadurch vollständig gesättigt und damit einen wesentlichen Teil der Fokussierungsstärke verlieren würden. Daher sind sie von Kompensationsspulen umgeben, die ein dem Detektorfeld entgegengesetztes aber gleichstarkes Feld erzeugen. Auf diese Weise ist der Bereich der Quadrupole bis auf vernachlässigbare Reste feldfrei.

Es gibt derzeit Überlegungen, mit supraleitenden Quadrupolen noch dichter an den WWP heranzugehen — Abstände von $a = 0.5$ bis 0.7 m werden dabei diskutiert — und die Betafunktion im WWP auf Werte um und unter $\beta_z^* = 1$ cm zu reduzieren. Dabei muß aber bedacht werden, daß wegen (7.55) schon über die Bunchlänge von wenigen cm dabei eine deutliche Variation der Betafunktion auftritt. Wenn die Bunchlänge z.B. nur $\sigma_s = 1$ cm betägt, ist bei $\beta_z^* = 1$ cm am Kopf und Schwanz des Bunches der Wert bereits $\beta_z(\sigma_s) = 2$ cm. Die für die Raumladungsgrenze bestimmende effektive Betafunktion ist also deutlich größer als β_z^*. Es hat dann offenbar keinen Sinn mehr, zu noch kleineren Werten zu gehen. Als ein Erfahrungswert für die kleinste sinnvolle Betafunktion im WWP kann die Beziehung

$$\beta_z^* > 1.5 \cdot \sigma_s \tag{7.57}$$

gelten. Kürzere Bunche werden durch höhere Umfangspannungen in den Beschleunigungsstrecken erreicht, was aber mit entspechend höheren Kosten verbunden ist.

8 Wiggler und Undulatoren

Es wurde schon in Kapitel 2 erwähnt, daß besonders intensive und gut gebündelte Synchrotronstrahlung von speziellen Magneten erzeugt wird, die aus einer periodischen Folge von kurzen Ablenkmagneten bestehen (Fig. 2.7). Diese Magnete werden als "Wiggler" oder "Undulatoren" bezeichnet. Wann eine derartige Magnetanordung ein Wiggler ist und wann ein Undulator, wird in Kapitel 8.2 genauer diskutiert werden. Im Augenblick wollen wir keinen Unterschied machen und allgemein von W/U-Magneten sprechen.

8.1 Das Wiggler- oder Undulatorfeld

Das Feld eines W/U-Magneten ist entlang der Strahlachse periodisch mit der Periodenlänge λ_u. Daher läßt sich das Potential ausdrücken in der Form

$$\varphi(s,z) = f(z)\cos\left(2\pi\frac{s}{\lambda_u}\right) = f(z)\cos(k_u s). \tag{8.1}$$

Dabei wird vereinfachend angenommen, daß der Magnet in x-Richtung unendlich ausgedehnt ist, d.h. $\varphi(x) = $ const. Die zunächst unbekannte Funktion $f(z)$ beschreibt die vertikale Feldabhängigkeit. Dieses Potential muß wieder die Laplace-Gleichung

$$\nabla^2\varphi(s,z) = 0 \tag{8.2}$$

erfüllen. Daraus folgt sofort

$$\frac{d^2 f(z)}{dz^2} - f(z)k_u^2 = 0 \tag{8.3}$$

mit der Lösung

$$f(z) = A\sinh(k_u z). \tag{8.4}$$

Setzt man sie in (8.1) ein, erhält man das Potential

$$\varphi(s,z) = A\sinh(k_u z)\cos(k_u s) \tag{8.5}$$

und die vertikale Feldkomponente

$$B_z(s,z) = \frac{\partial\varphi}{\partial z} = k_u A\cosh(k_u z)\cos(k_u s). \tag{8.6}$$

Um noch die Integrationskonstante A zu bestimmen, gehen wir davon aus, daß in der Mitte der Polfläche die Flußdichte den Wert B_0 hat (Fig. 8.1). Dieser Punkt hat die Koordinaten $\{s, z\} = \{\lambda_u/4,\, g/2\}$. Damit folgt aus (8.6)

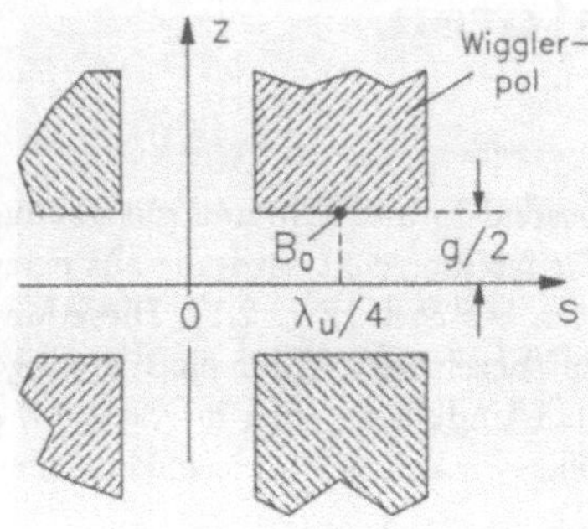

Fig. 8.1 Bestimmung der Integrationskonstanten aus dem Feldwert B_0 an der Polmitte.

$$B_0 = B_z\left(\frac{\lambda_u}{4},\frac{g}{2}\right) = k_u A \cosh\left(k_u\frac{g}{2}\right) = k_u A \cosh\left(\pi\frac{g}{\lambda_u}\right) \tag{8.7}$$

und

$$A = \frac{B_0}{k_u \cosh\left(\pi\dfrac{g}{\lambda_u}\right)}. \tag{8.8}$$

Setzt man das in (8.6) ein, erhält man

$$B_z(s,z) = \frac{B_0}{\cosh\left(\pi\dfrac{g}{\lambda_u}\right)} \cosh(k_u z)\cos(k_u s) \tag{8.9}$$

und analog

$$B_s(s,z) = \frac{B_0}{\cosh\left(\pi\dfrac{g}{\lambda_u}\right)} \sinh(k_u z)\cos(k_u s). \tag{8.10}$$

Auf der Strahlachse hat das periodisch verlaufende Feld daher den Maximalwert

$$\tilde{B} = \frac{B_0}{\cosh\left(\pi\dfrac{g}{\lambda_u}\right)}, \tag{8.11}$$

der wesentlich von dem Verhältnis g/λ_u abhängt. Dieser Zusammengang wird in der Kurve Fig. 8.2 veranschaulicht. Wenn bei gegebener Periodenlänge λ_u die Spalthöhe g zwischen den Magnetpolen vergrößert wird, sinkt das Feld am

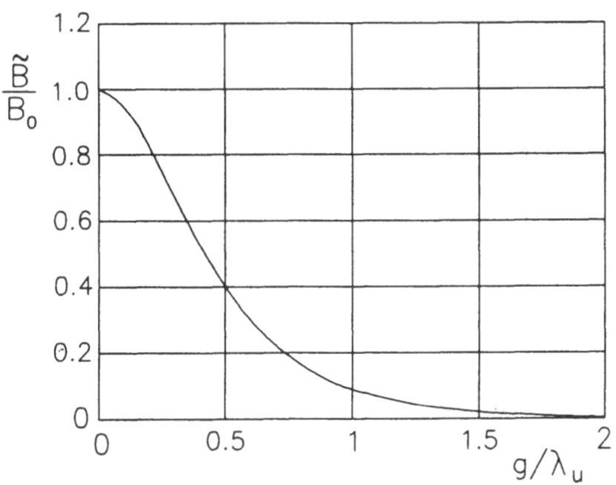

Fig. 8.2 Abhängigkeit des Maximalfeldes auf der Strahlachse vom Verhältnis g/λ_u

Strahl schnell ab. Daher ist es erforderlich, bei sehr kurzen Perioden auch den Magnetspalt entsprechend klein zu machen. Hier sind natürlich durch den vom Strahl benötigten transversalen Platz Grenzen gesetzt. Im folgenden wird uns praktisch nur noch das Feld auf der Achse ($z \equiv 0$) interessieren, so daß wir es nach (8.9) und (8.11) in der einfachen Form

$$B_z(s) = \tilde{B} \cos(k_u s) \tag{8.12}$$

schreiben können. Das ist in guter Näherung der Feldverlauf, wie er bei den meisten W/U-Magneten durch die Konstruktion angestrebt wird[1]. Zum weiteren Studium über die Theorie, den Entwurf und die Bauformen von W/U-Magneten sei auf die zusammenfassenden Berichte von H. Winick et al. [65, 66, 67] und G. Brown et al. [68] verwiesen.

Bei der technischen Realisierung von W/U-Magneten gibt es im wesentlichen drei verschiedene Bauformen: den *Elektromagneten*, den *Permanentmagneten* und den *Hybridmagneten*. Diese sind in Fig. 8.3 skizziert. Am einfachsten läßt sich dein W/U-Magnet in konventioneller Weise durch Weicheisenpole realisieren, die von stromdurchflossenen Spulen erregt werden (Fig. 8.3 a.). Die Stärke des Magneten kann leicht durch Variation des erregenden Stroms verändert werden, wobei maximale Feldwerte bis zu $\tilde{B} \approx 2$ T erreicht werden. Mit dieser Bauart lassen sich allerdings nur relativ große Periodenlängen bis herunter zu etwa $\lambda_u \approx$

---

[1]Gelegentlich werden auch asymmetrische W/U-Magneten eingesetzt, die einen komplizierteren Feldverlauf haben

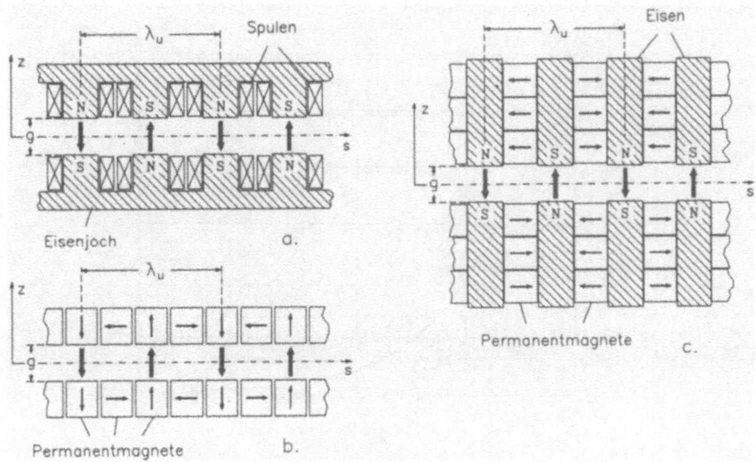

Fig. 8.3 Die verschiedenen technisch gebräuchlichen Bauformen von W/U-Magneten. (a.) zeigt den Querschnitt durch einen klassischen Elektromagneten mit konventionellen Eisenpolen. Die Erzeugung des periodischen Feldes durch eine Anordnung verschieden ausgerichteter rechteckiger Permanentmagnete veranschaulicht (b.). Eine Kombination aus Eisenpolen, die durch Permanentmagnete erregt werden ("Hybrid"), ist in (c.) zu sehen.

25 cm realisieren. Bei kleineren Werten wird der für die Spule noch verfügbare Raum zwischen den Polen immer schmaler und die erforderlichen Stromdichten entsprechend hoch. Die ohmschen Verluste steigen stark an und die Kühlung der Spulen wird schwer beherrschbar.

Sollen Feldwerte am Strahl erreicht werden, die wesentlich über 2 T liegen, müssen supraleitende Spulen eingesetzt werden. Normalerweise haben derartige Hochfeldmagnete nur wenige Perioden und erreichen in der Mittelebene Feldstärken bis zu $\tilde{B} \approx 6$ T. Das gibt einen sehr kleinen Biegeradius R der Elektronenbahnen. Nach (2.27) erhält man die kritische Wellenlänge

$$\lambda_c = \frac{4\pi}{3} \frac{R}{\gamma^3} = \frac{4\pi c (m_e c^2)^3}{3eE^2} \frac{1}{\tilde{B}}. \tag{8.13}$$

Bei gegebener Strahlenergie kann also durch ein hohes Feld $\tilde{B}$ die kritische Wellenlänge des Synchrotronstrahlungsspektrums zu kleinen Werten verschoben werden, was natürlich durch den Einsatz der Supraleitung besonders effektiv wird. Aus diesem Grunde werden solche supraleitenden W/U-Magnete oft als *"Wafelength Shifter"* bezeichnet. Derartige Magnete sind inzwischen routinemäßig in Elektronenspeicherringen im Einsatz [69, 70].

Heute werden W/U-Magnete eingesetzt, deren Periodenlänge nur noch wenige cm beträgt. Das läßt sich aus den gerade dargelegten Gründen nicht mehr mit einem Elektromagneten realisieren. Hier hat sich in den letzten Jahren sehr erfolgreich der Einsatz von Permanentmagneten durchgesetzt, wobei als ein Standardmaterial häufig Samarium-Cobalt ($SmCo_5$) eingesetzt wird. Es hat ein remanentes Feld von $B_r \approx 0.8 - 1.0$ T. In einem Magnetfeld verhält sich dieses Material nahezu wie ein unmagnetischer Stoff mit $\mu_r = 1$, so daß es problemlos in andere Magnete eingebaut werden kann.

Um einen W/U-Magneten aus diesem Material aufzubauen, stellt man einzelne rechteckige Magnetblöcke mit quadratischem Querschnitt her, bei denen die Feldrichtung parallel zu den Seitenflächen verläuft. Jeweils vier derartige Magnetblöcke werden pro W/U-Pol benötigt (Fig. 8.3 b.). Der sinusförmige Feldverlauf wird dadurch erzielt, daß die Feldorientierung der einzelnen Magnetblöcke, die durch Pfeile angezeigt ist, fortlaufend immer um 90° gegeneinander verdreht wird. Auf diese Weise lassen sich sehr lange Magnete mit vielen Perioden realisieren. Dabei kommt zum tragen, daß das Feld im Magnetspalt konstant bleibt, wenn die Magnetdimensionen linear skaliert werden.

Da bei fester Geometrie die Polstärke der Permanentmagneten fest vorgegeben ist, kann man die Feldstärke eines nach dieser Technik aufgebauten W/U-Magneten nach (8.11) nur durch Variation der Spalthöhe g verändern. Daher werden die beiden Polreihen aus Permanentmagneten auf Trägern montiert, deren Abstand durch Schrittmotore definiert auf- oder zugefahren werden kann. Diese Fahrmechanik muß sehr stabil konstruiert sein, da die zwischen den Magnetpolen wirkenden Kräfte verhältnismäßig groß sind, Werte von mehreren Tonnen sind durchaus üblich. Der erste W/U-Magnet aus Samarium-Cobalt wurde am Lawrence Berkeley Laboratory gebaut [71] und mit Erfolg eingesetzt. Heute sind derartige Magnete schon kommerziell nach Kundenspezifikation lieferbar.

Eine sehr interessante und flexible Variante ist der *Hybridmagnet*, wie er in Fig. 8.3 c. skizziert ist. Hier bestehen die Pole aus meist hochpermeablem Eisen, zwischen denen mit abwechselnder Polarität die Blöcke aus Permanentmagneten angeordnet sind. Werden mehrere derartige Magnetblöcke übereinander angeordnet, sammelt sich ihr Gesamtfluß in den Eisenpolen, so daß wesentlich höhere Feldwerte erreicht werden, als man sie mit den Permanentmagneten alleine erhalten würde. Unter der Annahme, daß die Pole aus extrem hochpermeablem Eisen bestehen und daß als Magnetmaterial Samarium-Cobalt verwendet wurde mit einem remanenten Feld von 0.9 T kann man das maximale Feld in einem Hybridmagneten in guter Näherung in der Form

$$B_0 \, [T] = 3.33 \exp\left[-\frac{g}{\lambda_u}\left(5.47 - 1.8\,\frac{g}{\lambda_u}\right)\right] \qquad (8.14)$$

schreiben. Es können mit dieser Technik Feldstärken bis über $B_0 > 2$ T erzielt werden.

Die W/U-Magneten werden in geraden Strecken von Speicherringen eingebaut, die extra dafür freigehalten werden (Kapitel 2). Diese freien Strecken

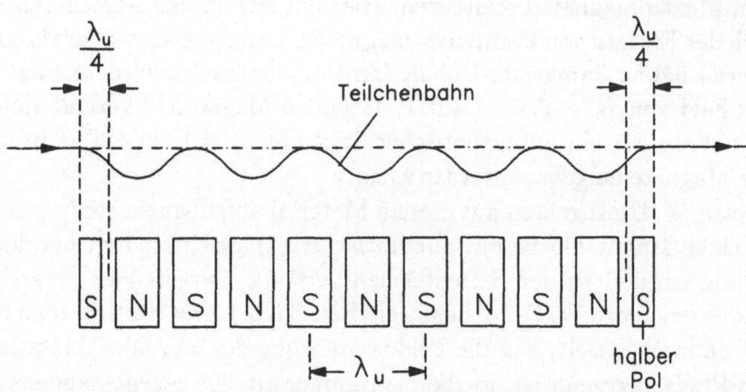

Fig. 8.4 Gestaltung eines W/U-Magneten in einem geraden Stück des Speicherrings (Insertion). Die Bedingung $\int B_z(s)\,ds = 0$ wird durch die halben Pole am Anfang und Ende des Magneten erreicht.

werden häufig mit dem englischen Begriff *"Insertions"* bezeichnet. Nimmt man in diesem Bereich eine von Null verschiedene Dispersion an, dann ist, wie in Kapitel 6.4 erläutert wurde, nach (6.47) auch die Funktion $\mathcal{H}$ von Null verschieden. Mit dem Einschalten des W/U-Magneten, der ja im Prinzip ein Ablenkmagnet ist, würde also die Strahlemittanz anwachsen, was aber unerwünscht ist. Daher müssen solche Insertions dispersionsfrei sein.

Darüberhinaus darf der W/U-Magnet, der ja während des Betriebes sehr unterschiedliche Feldstärken haben kann, keine Verbiegung des Orbits hervorrufen, weil sonst mit jeder Veränderung des Magneten auch die Strahllage verschoben wird. Das ist vor allem für hoch ortsauflösende Experimente unakzeptabel. Daher muß jeder W/U-Magnet die Bedingung

$$\int\limits_{W/U} B_z(s)\,ds = \tilde{B} \int\limits_{s_1}^{s_2} \cos(k_u s)\,ds = 0 \tag{8.15}$$

möglichst streng erfüllen. Das ist der Fall, wenn

$$s_1 = 0 \qquad \text{und} \qquad s_2 = n\lambda_u + \frac{\lambda_u}{2} \tag{8.16}$$

mit $n = 1, 2, \ldots$. Die Teilchenbahn ist in Fig. 8.4 gezeichnet. Die Bedingung (8.16) wird erfüllt, wenn man am Anfang und am Ende des W/U-Magneten jeweils nur einen Pol mit halber Länge einsetzt[2]. Da niemals alle Pole untereinander gleich sind, müssen sie nach Fertigstellung des Magneten individuell durch

---

[2]Man kann auch Pole mit der halben Stärke verwenden, vor allem bei Permanentmagneten ist aber die Längenanpassung vorteilhafter.

dünne Eisenbleche korrigiert werden, um die Bedingung (8.15) nicht nur für den
ganzen Magneten sondern auch für jede einzelne Periode zu erfüllen.

8.2 Bewegungsgleichung im Wiggler oder Undulator

Bei der Bewegung durch den W/U-Magnet wirkt auf das Elektron die Lorentzkraft

$$\vec{F} = \dot{\vec{p}} = m_e \gamma \dot{\vec{v}} = e\,\vec{v} \times \vec{B}. \tag{8.17}$$

Da der Magnet horizontal als unendlich ausgedehnt angenommen wird, gibt es
im Magnetfeld keine B_x-Komponente. Außerdem wird die vertikale Geschwindigkeitskomponente des Elektrons vernachlässigt. Beide Näherungen sind in den
meisten Fällen hinreichend gut erfüllt. Damit kann man schreiben

$$\vec{B} = \begin{pmatrix} 0 \\ B_z \\ B_s \end{pmatrix} \quad \text{und} \quad \begin{pmatrix} v_x \\ 0 \\ v_s \end{pmatrix} \tag{8.18}$$

und es folgt aus (8.17)

$$\dot{\vec{v}} = \frac{e}{m_e \gamma} \begin{pmatrix} -v_s B_z \\ -v_x B_s \\ v_x B_z \end{pmatrix}. \tag{8.19}$$

Vernachlässigt man wieder die Geschwindigkeitskomponente in vertikaler Rich-
tung ($v_z \equiv 0$), erhält man mit $\dot{x} = v_x$ und $\dot{s} = v_s$ das folgende Gleichungssystem
zur Beschreibung der gekoppelten Bewegung in der s-x-Ebene:

$$\boxed{\begin{aligned} \ddot{x} &= -\dot{s}\,\frac{e}{m_e \gamma}\,B_z(s) \\[2mm] \ddot{s} &= \dot{x}\,\frac{e}{m_e \gamma}\,B_z(s) \end{aligned}} \tag{8.20}$$

Die Elektronen laufen im W/U-Magneten entlang der s-Achse und spühren das
periodische Feld $B_z(s)$, das eine horizontal oszillierende Bewegung hervorruft.
Die dadurch entstehende horizontale Teilchengeschwindigkeit v_x bewirkt durch
dasselbe Magnetfeld eine periodische longitudinale Geschwindigkeitsänderung,
die sich der ursprünglichen Teilchenbewegung entlang der s-Achse überlagert,
was wieder Auswirkungen auf die horizontale Ablenkung hat. Bei der Lösung
des gekoppelten Gleichungssystems kann das Problem aber erheblich vereinfacht
werden, da die Geschwindigkeit v_s entlang der s-Achse bei den relativistischen
Teilchen absolut dominiert. Aus ihr kann zunächst direkt die horizontale Bewegung berechnet werden, wobei v_s als konstant angenommen wird, die Modulation

der longitudinalen Bewegung kann dabei außer Acht bleiben. Diese Modulation kann dann in einem zweiten Schritt als Störung direkt aus v_x berechnet werden.

Um zunächst einige grundlegende Eigenschaften der Teilchenbewegung in W/U-Magneten zu diskutieren, soll nur die horizontale Teilchenbewegung berechnet werden. Da in guter Näherung $\dot{x} = v_x \ll c$ und $\dot{s} = v_s = \beta c = \text{const.}$ braucht man in diesem Falle nur die erste Gleichung von (8.20) zu berücksichtigen. Mit (8.12) folgt daraus

$$\ddot{x} = -\frac{\beta c e \tilde{B}}{m_e \gamma} \cos(k_u s). \tag{8.21}$$

Wie im Falle der Strahloptik wird wieder die zeitliche Ableitung mit $\dot{x} = x'\beta c$ und $\ddot{x} = x''\beta^2 c^2$ durch die räumliche Ableitung nach s ersetzt und man erhält

$$x'' = -\frac{e\tilde{B}}{m_e \beta c \gamma} \cos(k_u s) = -\frac{e\tilde{B}}{m_e \beta c \gamma} \cos\left(2\pi\frac{s}{\lambda_u}\right). \tag{8.22}$$

Diese Gleichung kann durch einfache Integration gelöst werden, wobei die Integrationskonstanten willkürlich gleich Null gesetzt werden, da hier die speziellen Anfangsbedingungen nicht interessieren. Dann folgt aus (8.22) mit $\beta = 1$

$$x'(s) = \frac{\lambda_u e \tilde{B}}{2\pi m_e \gamma c} \sin(k_u s) \tag{8.23}$$

$$x(s) = \frac{\lambda_u^2 e \tilde{B}}{4\pi^2 m_e \gamma\, c} \cos(k_u s).$$

Der maximale Winkel, den das Teilchen bei seiner Bewegung im Nulldurchgang gegen den Orbit erreicht, ist Θ_w (Fig. 8.5).   Er folgt für $s = n\lambda_u$ mit $n =$

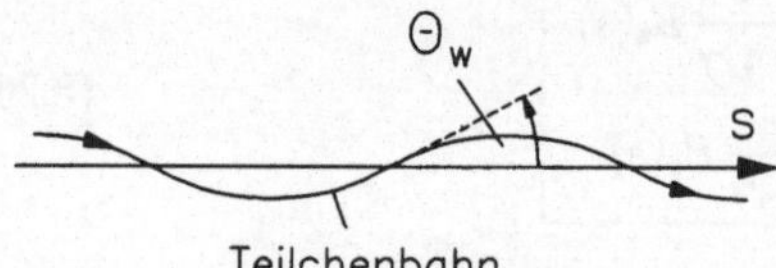

Fig. 8.5 Teilchenbahn im W/U-Magneten

$0, 1, 2, \dots$ direkt aus (8.23):

$$\Theta_w = x'_{\text{max}} = \frac{1}{\gamma}\frac{\lambda_u e \tilde{B}}{2\pi m_e c}. \tag{8.24}$$

Die dimensionslose Größe

$$\boxed{K = \frac{\lambda_u e \tilde{B}}{2\pi m_e c}} \tag{8.25}$$

bezeichnet man als *Wiggler-* oder *Undulatorparameter*. Der Bahnwinkel hat damit die Form

$$\Theta_{\mathrm{w}} = \frac{K}{\gamma}. \tag{8.26}$$

In einem W/U-Magneten mit $K = 1$ ist der maximale Winkel der Elektronenbahn gegen den Orbit $\Theta_{\mathrm{w}} = 1/\gamma$. Das entspricht genau dem natürlichen Öffnungswinkel der Synchrotronstrahlung (Kapitel 2). Bisher hatten wir nicht zwischen Wigglern und Undulatoren unterschieden, da sie im Prinzip in derselben Weise aufgebaut sind. Der Unterschied ergibt sich aus der ablenkenden Wirkung, für die wir mit dem Parameter K jetzt eine handliche Größe besitzen. Daher werden in Anlehnung an die allgemeine Praxis folgende Definitionen festgelegt:

$$\text{W/U-Magnet} = \begin{cases} \textbf{Undulator} & \text{wenn } K \leq 1 \quad \text{d.h.} \quad \Theta_{\mathrm{w}} \leq 1/\gamma \\[2mm] \textbf{Wiggler} & \text{wenn } K > 1 \quad \text{d.h.} \quad \Theta_{\mathrm{w}} > 1/\gamma \end{cases}. \tag{8.27}$$

Bei Undulatoren ist die Ablenkung sehr schwach, so daß die gesamte Strahlung praktisch parallel in einen sehr kleinen Öffnungswinkel emittiert wird. Bei den wesentlich stärkeren Wigglern wird dagegen ein mehr oder weniger breiter Fächer ausgesendet. Das gilt ntürlich insbesondere für die extrem starken als "Wafelength Shifter" eingesetzten supraleitenden Wiggler. Hier werden Wigglerparameter bis zu $K \approx 100$ und darüber erreicht.

Nach dieser generellen Betrachtung kehren wir zum Gleichungssystem (8.20) zurück, aus dem wir die Teilchenbewegung in einem mitbewegten System berechnen wollen. Da die longitudinale Geschwindigkeit wegen der durch v_{x} hervorgerufenen Bewegungsänderung periodisch moduliert ist, soll für das mitbewegte System eine feste mittlere Geschwindigkeit $\bar{v}_{\mathrm{s}} = \langle \dot{s} \rangle$ gewählt werden. Um diese zu berechnen, gehen wir von den Beziehungen (8.23) und (8.25) aus und schreiben die horizontale Teilchenbewegung in der Form

$$x'(s) = \frac{K}{\gamma} \sin(k_{\mathrm{u}}s) = \Theta_{\mathrm{w}} \sin(k_{\mathrm{u}}s) \tag{8.28}$$

setzt man $\dot{x} = \beta c x'$ und $s = \beta c t$ so folgt daraus

$$\dot{x}(t) = \beta c \Theta_{\mathrm{w}} \sin(\omega_{\mathrm{u}}t) = \beta c \frac{K}{\gamma} \sin(\omega_{\mathrm{u}}t) \qquad \text{mit} \qquad \omega_{\mathrm{u}} = k_{\mathrm{u}}\beta c. \tag{8.29}$$

Bei einer endlichen horizontalen Geschwindigkeit $\dot{x}$ ist die longitudinale Geschwindigkeitskomponente $\dot{s}$ parallel zum Orbit die Projektion der im Prinzip beliebigen aber konstanten Teilchengeschwindigkeit βc, wie es in Fig. 8.6 skizziert ist.

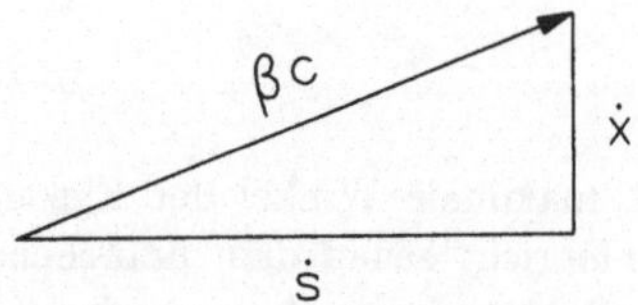

Fig. 8.6 Projektion der Teilchengeschwindigkeit auf den Orbit.

Sie berechnet sich nach $\dot{s}^2 = (\beta c)^2 - \dot{x}^2$ und man erhält mit $\beta^2 = 1 - 1/\gamma^2$ schließlich

$$\dot{s}(t) = c\sqrt{1 - \left(\frac{1}{\gamma^2} + \frac{\dot{x}^2}{c^2}\right)}. \tag{8.30}$$

Nun ist der Klammerausdruck unter der Wurzel sehr klein gegen 1, so daß man in guter Näherung die Wurzel in der Form

$$\begin{aligned}
\dot{s}(t) &= c\left[1 - \frac{1}{2}\left(\frac{1}{\gamma^2} + \frac{\dot{x}^2}{c^2}\right)\right] \\
&= c\left[1 - \frac{1}{2\gamma^2}\left(1 + \frac{\gamma^2}{c^2}\dot{x}^2\right)\right]
\end{aligned} \tag{8.31}$$

entwickeln kann. Nun setzt man die horizontale Geschwindigkeit nach (8.29) explizit ein und formt das Quadrat des Sinus nach $\sin^2(x) = \frac{1}{2}(1 - \cos 2x)$ um. Damit wird die Projektion der Geschwindigkeit auf die Strahlachse

$$\dot{s}(t) = c\left\{1 - \frac{1}{2\gamma^2}\left[1 + \frac{\beta^2 K^2}{2}\left(1 - \cos(2\omega_u t)\right)\right]\right\}, \tag{8.32}$$

die aus der *mittleren Geschwindigkeit*

$$\bar{\dot{s}} = c\left\{1 - \frac{1}{2\gamma^2}\left[1 + \frac{\beta^2 K^2}{2}\right]\right\} \tag{8.33}$$

besteht und einer kleinen Störoszillation

$$\Delta\dot{s}(t) = \frac{c\beta^2 K^2}{4\gamma^2}\cos(2\omega_u t). \tag{8.34}$$

Die mittlere relative Geschwindigkeit

$$\beta^* = \frac{\bar{\dot{s}}}{c} = 1 - \frac{1}{2\gamma^2}\left[1 + \frac{K^2}{2}\right] \tag{8.35}$$

folgt unmittelbar aus (8.33), wobei in sehr guter Näherung $\beta = 1$ gesetzt werden kann. Aus (8.29) und (8.33) bis (8.35) erhält man die Teilchengeschwindigkeit

$$
\begin{aligned}
\dot{x}(t) &= \beta c \frac{K}{\gamma} \sin(\omega_\mathrm{u} t) \\
\dot{s}(t) &= \beta^* c + \frac{c\beta^2 K^2}{4\gamma^2} \cos(2\omega_\mathrm{u} t)
\end{aligned}
\tag{8.36}
$$

in der s-x-Ebene in Komponentenschreibweise. Daraus können die Koordinaten der Teilchenbahn im Laborsystem durch einfache Integration berechnet werden, wobei die Anfangsbedingungen keine Rolle spielen. Sie können daher auf $x(0) = s(0) = 0$ gesetzt werden. Dann ergibt sich mit $\omega_\mathrm{u} = k_\mathrm{u}\beta c$ und $\beta = 1$

$$
\begin{aligned}
x(t) &= -\frac{K}{k_\mathrm{u}\gamma} \cos(\omega_\mathrm{u} t) \\
s(t) &= \beta^* c t + \frac{K^2}{8 k_\mathrm{u}\gamma^2} \sin(2\omega_\mathrm{u} t).
\end{aligned}
\tag{8.37}
$$

Am eindrucksvollsten kann man sich diese Bewegung veranschaulichen, wenn man sie im Schwerpunktsystem K^* der Elektronen betrachtet, das sich mit der mittleren Geschwindigkeit β^* gegen das Ruhesystem bewegt. Dazu benutzen wir die Transformation

$$
\begin{aligned}
x^* &= x \\
s^* &= \gamma(s - \beta ct)
\end{aligned}
\tag{8.38}
$$

und erhalten damit aus (8.37) die Bahngleichungen für die Teilchenbewegung im mitbewegten System

$$
\begin{aligned}
x^*(t) &= -\frac{K}{k_\mathrm{u}\gamma} \cos(\omega_\mathrm{u} t) \\
s^*(t) &= \frac{K^2}{8 k_\mathrm{u}\gamma^2} \sin(2\omega_\mathrm{u} t),
\end{aligned}
\tag{8.39}
$$

die eine geschlossene Bahn in Form einer "8" ausführen, wie es in Fig. 8.7 gezeichnet ist. Bei sehr kleinen Werten von K ist die Ausdehnung entlang der s^*-Achse sehr klein, es gibt praktisch nur eine einfache horizontale Oszillation. Mit zunehmentem K wächst die horizontale Amplitude proportional, die Modulation der longitudinalen Bewegung aber quadratisch an. Daher wird die "8" immer breiter.

8.3 Undulatorstrahlung

Beim Durchlaufen des Undulators führen die Elektronen auf Grund des periodischen Magnetfeldes transversale Oszillationen mit einer durch die Periodenlänge

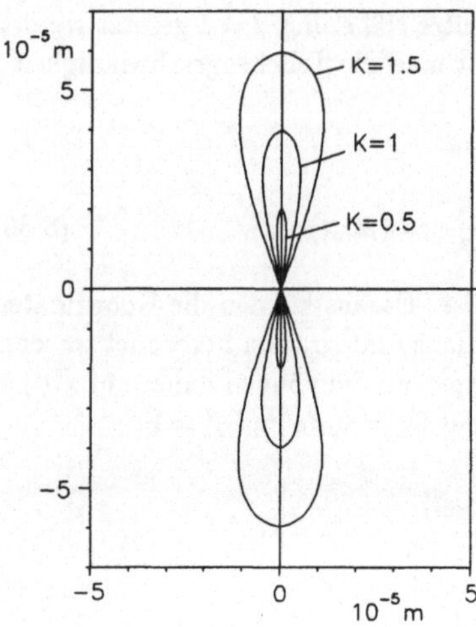

Fig. 8.7 Teilchenbahn im mitbewegten System bei der Bewegung durch einen Undulator

des Undulators wohldefinierten Frequenz aus. Im Laborsystem ist diese Frequenz gegeben durch

$$\Omega_{\mathrm{w}} = \frac{2\pi}{T} = \frac{2\pi\beta c}{\lambda_{\mathrm{u}}} = k_{\mathrm{u}}\beta c. \tag{8.40}$$

Für $K \ll 1$ kann die Modulation der longitudinalen Teilchengeschwindigkeit vernachlässigt werden und man hat praktisch eine reine Oszillation in x-Richtung. Im mitbewegten System mit der mittleren Geschwindigkeit β^* transformiert sich diese Frequenz nach

$$\omega^* = \gamma^* \Omega_{\mathrm{w}}. \tag{8.41}$$

In diesem System strahlt also das Elektron eine *monochromatische Strahlung* mit der Frequenz ω^* ab. Diese monochromatische Strahlung, die sich der immer vorhandenen spontanen Synchrotronstrahlung überlagert, ist typisch für Undulatoren. Sie ist bei einer hinreichend großen Anzahl von Perioden bis zu mehreren Größenordnungen intensiver als die normale Synchrotronstrahlung. Die Erzeugung dieser relativ schmalbandigen monochromatischen Strahlung hoher Intensität ist eine der besonderen Eigenschaften der Undulatoren. Wiggler mit sehr großen K-Werten haben diese Strahlung praktisch nicht, da wegen der starken Ablenkung die Abstrahlung in einer breiten Fächer erfolgt und daher keine kohärente Überlagerung der von den einzelnen Perioden erzeugten Strahlung mehr möglich ist.

Die Undulatorstrahlung kann natürlich nur im Laborsystem beobachtet werden und daher ist es notwendig, sie mit Hilfe des relativistischen Dopplereffektes vom mitbewegten System in das Laborsystem zu transformieren. Dazu nehmen wir an, daß ein Photon mit dem Impuls p im Laborsystem unter dem Winkel Θ_0 gegen die s-Achse emittiert wird, wie es Fig. 8.8 zeigt. Im Laborsystem können

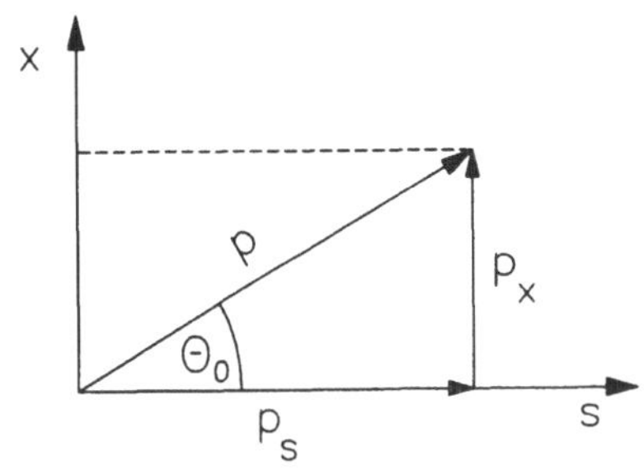

Fig. 8.8 Emission eines Photons mit dem Impuls p im Laborsystem

die Energie und der Impuls des Photons in der Form

$$\begin{aligned} E &= \hbar\omega \\ p &= \frac{\hbar\omega}{c} \end{aligned} \tag{8.42}$$

geschrieben werden, wobei ω die Frequenz der Strahlung angibt. Damit kann man den Viererimpuls des Photons sofort angeben:

$$P_\mu = \begin{pmatrix} E/c \\ p_x \\ p_z \\ p_s \end{pmatrix} = \begin{pmatrix} E/c \\ p\sin\Theta_0 \\ 0 \\ p\cos\Theta_0 \end{pmatrix} \tag{8.43}$$

Dieser Viererimpuls wird mit Hilfe der Lorentz-Transformation in das mitbewegte System mit der Geschwindigkeit β^* und der Energie γ^* transformiert durch die Relation

$$\begin{pmatrix} E^*/c \\ p_x^* \\ p_z^* \\ p_s^* \end{pmatrix} = \begin{pmatrix} \gamma^* & 0 & 0 & -\beta^*\gamma^* \\ 0 & 1 & 0 & 0 \\ 0 & 0 & 1 & 0 \\ -\beta^*\gamma^* & 0 & 0 & \gamma^* \end{pmatrix} \cdot \begin{pmatrix} E/c \\ p\sin\Theta_0 \\ 0 \\ p\cos\Theta_0 \end{pmatrix} \tag{8.44}$$

Für die Energie des Photons folgt daraus sofort

$$\frac{E^*}{c} = \gamma^*\frac{E}{c} - \beta^*\gamma^* p\cos\Theta_0 = \gamma^*\frac{\hbar\omega_w}{c}\left(1 - \beta^*\cos\Theta_0\right). \tag{8.45}$$

Mit $E^* = \hbar\omega^*$ erhält man daraus

$$\frac{\hbar\omega^*}{c} = \gamma^*\frac{\hbar\omega_w}{c}\left(1 - \beta^*\cos\Theta_0\right). \tag{8.46}$$

Löst man diese Beziehung nach ω auf, erhält man die gesuchte Frequenztransformation des relativistischen Dopplereffektes

$$\omega_w = \frac{\omega^*}{\gamma^*(1 - \beta^*\cos\Theta_0)}. \tag{8.47}$$

In diese Transformationsgleichung setzten wir jetzt die Frequenz ω^* nach (8.41) ein, und erhalten

$$\omega_w = \frac{\Omega_w}{1 - \beta^* \cos \Theta_0} \quad \Longrightarrow \quad \frac{\omega_w}{\Omega_w} = \frac{\lambda_u}{\lambda_w} = \frac{1}{1 - \beta^* \cos \Theta_0}, \tag{8.48}$$

wobei

$$\lambda_w = \lambda_u (1 - \beta^* \cos \Theta_0). \tag{8.49}$$

die Wellenlänge der Undulatorstrahlung im Laborsystem angibt. In dieser Formel ersetzt man nun β^* durch den Ausdruck (8.35) und benutzt außerdem wegen $\Theta_0 \approx 1/\gamma \ll 1$ die hier gut erfüllte Näherung $\cos \Theta_0 \approx 1 - \Theta_0^2/2$. Damit folgt aus (8.49)

$$\begin{aligned}
\lambda_u (1 - \beta^* \cos \Theta_0) &= \lambda_u \left[1 - \left(1 - \frac{1 + K^2/2}{2\gamma^2} \right) \left(1 - \frac{\Theta_0^2}{2} \right) \right] \\
&= \lambda_u \left[1 - \left(1 - \frac{\Theta_0^2}{2} - \frac{1 + K^2/2}{2\gamma^2} + \cdots \right) \right] \\
&\approx \lambda_u \left(\frac{\Theta_0^2}{2} + \frac{1 + K^2/2}{2\gamma^2} \right).
\end{aligned} \tag{8.50}$$

Diese praktisch immer sehr gut erfüllte Näherung liefert mit (8.49) die wichtige *Kohärenzbedingung* für die Undulatorstrahlung

$$\boxed{\lambda_w = \frac{\lambda_u}{2\gamma^2} \left(1 + \frac{K^2}{2} + \gamma^2 \Theta_0^2 \right).} \tag{8.51}$$

Deren Wellenlänge wird wesentlich durch die Undulatorperiode λ_u, die Strahlenergie γ und den Undulatorparameter K bestimmt. Mit zunehmendem Abstrahlungswinkel Θ_0 nimmt die Wellenlänge zu, man hat also hinter dem Undulator mit zunehmendem Abstand von der Strahlachse eine Rotverschiebung.

Für viele Experimente mit der Undulatorstrahlung ist die Breite der Linie des Undulatorspektrums von Bedeutung. Diese wird im wesentlichen durch die Anzahl N_u der Undulatorperioden bestimmt, deren Länge durch λ_u gegeben ist. Die Gesamtlänge des Undulators ist damit $L_u = N_u \lambda_u$. Die Elektronen treten am Ort $s_0 - L_u/2$ in den Undulator ein und strahlen von dem Augenblick an kontinuierlich mit der Frequenz ω_w, bis sie den Undulator bei $s_0 + L_u/2$ wieder verlassen (Fig. 8.9). Der Punkt s_0 markiert hier das Zentrum des Undulators. Auf diese Weise entsteht ein Wellenzug, der durch die zeitabhängige Funktion

$$u(\omega_w, t) = \begin{cases} a \exp i\omega_w t & \text{wenn } -\dfrac{T}{2} \leq t \leq \dfrac{T}{2} \\ 0 & \text{sonst} \end{cases} \tag{8.52}$$

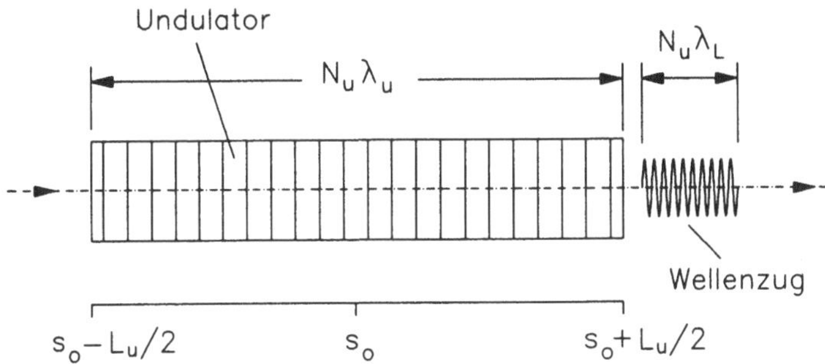

Fig. 8.9 Endlicher Wellenzug kohärenter Strahlung aus einem Undulator

beschrieben werden kann, wenn man ihn an einem festen Ort beobachtet. Die
Dauer des Wellenzuges ist dabei durch $T = N_\mathrm{u}\,\lambda_\mathrm{w}/c$ gegeben. Eine solche zeitlich
begrenzte Welle hat keine scharf definierte Frequenz, sondern sie besteht aus
einem kontinuierlichen Spektrum von Partialwellen, deren Amplitude durch das
Fourierintegral

$$A(\omega) = \frac{1}{\sqrt{2\pi T}} \int\limits_{-\infty}^{+\infty} u(\omega_\mathrm{w}, t)\, \exp(-i\omega t)\, dt \tag{8.53}$$

gegeben ist. Setzt man (8.52) in (8.53) ein und bedenkt, daß die Welle $u(\omega_\mathrm{w}, t)$
nur innerhalb des Intervalls $[-T/2, +T/2]$ von Null verschieden ist, folgt

$$A(\omega) = \frac{a}{\sqrt{2\pi T}} \int\limits_{-T/2}^{+T/2} \exp\left[-i\,(\omega - \omega_\mathrm{w})\,t\right] dt = \frac{2a}{\sqrt{2\pi T}}\, \frac{\sin(\omega - \omega_\mathrm{w})\dfrac{T}{2}}{\omega - \omega_\mathrm{w}}. \tag{8.54}$$

Setzt man nun $\Delta\omega = \omega - \omega_\mathrm{w}$ erhält man mit $\omega_\mathrm{w}\, T = 2\pi\, N_\mathrm{u}$ die Amplitude der
Partialwellen in der Form

$$A(\omega) = \frac{a}{\sqrt{2\pi}}\, \frac{\sin\left(\pi N_\mathrm{u}\dfrac{\Delta\omega}{\omega_\mathrm{w}}\right)}{\pi N_\mathrm{u}\dfrac{\Delta\omega}{\omega_\mathrm{w}}}. \tag{8.55}$$

Die aus dem Undulator kohärent abgestrahlte Intensität ist proportional zum
Quadrat der Amplituden der Partialwellen. Damit hat die Intensitätsverteilung
die Form

$$I(\Delta\omega) \propto \left[\frac{\sin\left(\pi N_\mathrm{u}\dfrac{\Delta\omega}{\omega_\mathrm{w}}\right)}{\pi N_\mathrm{u}\dfrac{\Delta\omega}{\omega_\mathrm{w}}}\right]^2, \tag{8.56}$$

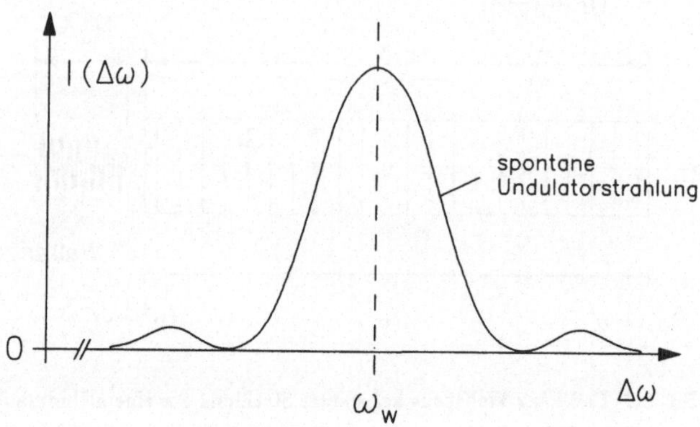

Fig. 8.10 Intensitätsverteilung der Undulatorstrahlung

die auch in Fig. 8.10 wiedergegeben ist. Die Halbwertsbreite der Linie kann man
aus dieser Beziehung sofort mit der Bedingung

$$\left(\frac{\sin x}{x}\right)^2 = \frac{1}{2} \qquad \text{mit} \qquad x = \pi N_{\mathrm{u}} \frac{\Delta\omega}{\omega_{\mathrm{w}}} \tag{8.57}$$

ausrechnen und erhält sie wegen $x = 1.392$ schließlich in der einfachen Form

$$\frac{2\Delta\omega}{\omega_{\mathrm{w}}} = \frac{2x}{\pi N_{\mathrm{u}}} = \frac{0.886}{N_{\mathrm{u}}} \approx \frac{1}{N_{\mathrm{u}}}. \tag{8.58}$$

Die Schärfe des vom Undulator abgestrahlten Linienspektrums nimmt also linear
mit der Zahl der Undulatorperioden N_{u} zu.

In der Realität hat man es natürlich nicht mit einer exakt sinusförmigen
Teilchenbewegung zu tun, so daß auch Oberwellen entstehen. Das Spektrum
weist daher auch höhere Harmonische auf, deren Intensität allerdings mit steigender Ordnungszahl abnimmt. Ein solches typisches Undulatorspektrum ist in
Fig. 8.11 gezeigt. Im Schwerpunktsystem hat dieses Spektrum scharfe Linien,
die jedoch im Laborsystem durch den relativistischen Dopplereffekt verbreitert
werden. Dafür sind nach (8.51) die Photonen verantwortlich, die unter einem
endlichen Winkel Θ_0 abgestrahlt werden. Will man auch im Laborsystem scharfe Linien haben, muß man den Photonenstrahl durch Kollimatoren transversal
begrenzen. In dem Spektrum Fig. 8.11 ist die breitbandige spontane Synchrotronstrahlung nicht eingezeichnet, die im allgemeinen aber auch mehrere Größenordnungen unter der Undulatorstrahlung liegt. Undulatoren stellen daher heute
eine der wichtigsten Quellen für kohärente Strahlung in Elektronenspeicherringen
dar.

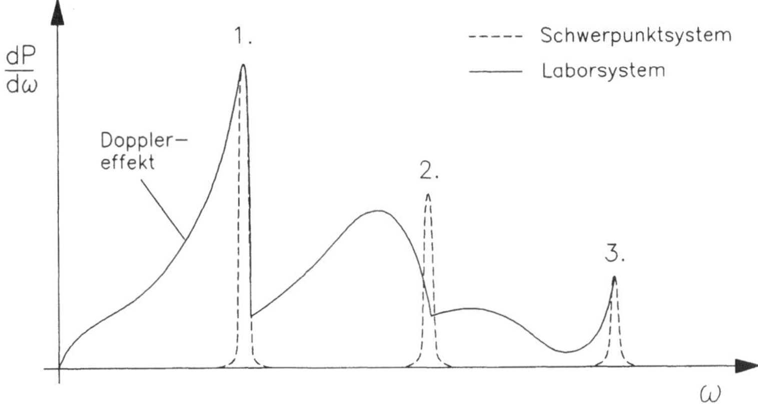

Fig. 8.11 Typisches Spektrum der von einem Undulator emittierten kohärenten Strahlung. Im Schwerpunktsystem gibt es nur scharfe Linien, während im Laborsystem die Frequenzen durch den relativistischen Dopplereffekt verbreitert sind.

9 Der "Free-Electron-Laser" (FEL)

Bei einem Laser wird durch eine in ein als Energiereservoir wirkendes Medium (Festkörper, Flüssigkeit oder Gas) einlaufende Welle eine *stimulierte Emission* hervorgerufen, so daß anschließend eine verstärkte Welle gleicher Frequenz das Medium wieder verläßt. Die Energie wird dem Medium entweder z.B. durch optisches Pumpen oder durch chemische Prozesse von außen zugeführt (Fig. 9.1). Beim *Free-Electron-Laser* wird das Medium durch einen hochenergeti-

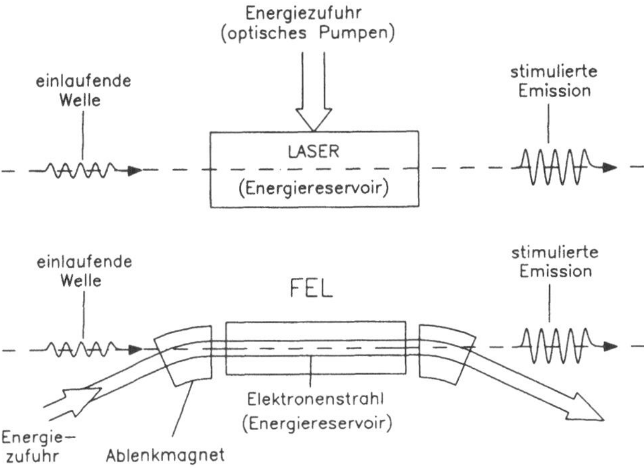

Fig. 9.1 Vergleich zwischen dem Prinzip eines klassischen Lasers (oberes Bild) und dem eines FEL. Das beim Laser als Energiereservoir verwendete Medium wird beim FEL durch den Strahl aus freien Elektronen ersetzt.

schen Elektronenstrahl ersetzt. Der Energieaustausch ist hier nicht an irgendeinen Quantenübergang gebundener Elektronen gekoppelt, sondern erfolgt durch Wechselwirkung des elektromagnetischen Feldes mit den in einem Magnetfeld frei beweglichen Elektronen. Aus diesem Grunde wird dieses Prinzip auch als

Free-Electron-Laser (FEL) bezeichnet. Wegen der Unabhängigkeit von atomaren Energieniveaus können FEL im Prinzip in einem sehr breiten Wellenlängenbereich realisiert werden. Man unterscheidet bei diesem Lasertyp zwischen dem *Compton-* und dem *Raman*-FEL. Beim Raman-FEL ist die Wechselwirkung zwischen den Elektronen dominierend, was vor allem bei kleinen Strahlenergien der Fall ist. Bei relativistischen Teilchenstrahlen ist dagegen diese Wechselwirkung vernachlässigbar und man kommt zum Compton-FEL. Da Beschleuniger im allgemeinen relativ hohe Teilchenenergien haben, werden wir uns im folgenden nur mit dem Compton-FEL befassen.

Es gibt im Prinzip drei verschiedene Wege, das FEL-Prinzip zu behandeln. Der erste basiert auf der Konstruktion der Hamiltonfunktion im bewegten Schwerpunktsystem. Er wurde zuerst von *A. Renieri et al.* beschritten [72, 73, 74, 75]. Der zweite Weg basiert auf der Analyse der Lorentzkraft im Laborsystem und führt zur Pendelgleichung. Hier wurden die grundlegenden Arbeiten vor allem von *W.B. Colson* vorgelegt [76, 77, 78]. Wegen der Anschaulichkeit dieses Weges werden wir ihn in diesem Kapitel verfolgen. *C. Pellegrini* und *S. Krinsky* haben als dritten Weg das gekoppelte System von Vlasov- und Maxwellgleichungen untersucht, wobei sie sich vor allem auf den Bereich sehr hoher Verstärkungen konzentriert haben ("High-Gain"-Bereich) [79, 80].

Es ist für die Behandlung des FEL-Prinzips wichtig, ob pro Durchlauf die Verstärkung G des elektromagnetischen Feldes nur wenige Prozent beträgt ("Low-Gain"-Bereich), oder ob sich dessen Amplitude um große Beträge ($G \gg 1$ d.h. "High-Gain"-Bereich) ändert. Im ersten Fall kann man bei der Berechnung der Verstärkung das Laserfeld als praktisch konstant ansehen, was die Behandlung des Problems erheblich vereinfacht. Im zweiten Fall muß das schnelle Anwachsen des Feldes innerhalb des FEL in einer im allgemeinen nichtlinearen Abhängigkeit berücksichtigt werden, was meist nur noch auf numerischem Wege möglich ist.

Die Möglichkeit, einen FEL an einem Teilchenbeschleuniger zu betreiben, wurde zuerst von *R.B. Palmer* vorgeschlagen [81]. Im Jahre 1976 gelang es *L.R. Elias et al.* in Stanford erstmals erfolgreich, Experimente mit stimulierter Emission auszuführen [82]. Ein Jahr später wurde von *D.A.G. Deacon et al.* das FEL-Prinzip experimentell auf den Oszillatorbetrieb erweitert [83]. Die weiteren Studien wurden vor allem an Linearbeschleunigern mit relativ niedriger Strahlenergie durchgeführt. An Speicherringen ist bisher nur die Sonderform des Optischen Klystrons eingesetzt worden. Weitere detaillierte Zusammenfassungen über die Theorie und die Entwicklung der Free-Electron-Laser findet man in [74, 90, 91, 92, 93].

9.1 Bedingung für die Energieübertragung im FEL

Um bei einem Free-Electron-Laser eine möglichst lange Wechselwirkungszone zu haben und dadurch hinreichend viel Energie pro Durchlauf auszutauschen, müssen Elektronen- und Laserstrahl entlang derselben Achse verlaufen. Dann stehen aber das elektrische Feld $\vec{E}_L$ und die Geschwindigkeit $\vec{v}$ der Elektronen senkrecht aufeinander. Der Energiegewinn ist in diesem Fall

$$\Delta W = -e \int \vec{E}_L \, d\vec{s} = -e \int \vec{v} \cdot \vec{E}_L \, dt = 0 \qquad (\vec{v} \perp \vec{E}_L). \tag{9.1}$$

Ein direkter Energieaustausch zwischen Elektronen- und Laserstrahl ist also nicht möglich. Daher setzt man hier einen Undulator ein, der nach (8.29) eine horizontale Geschwindigkeitskomponente

$$v_x = \dot{x} = \beta c \frac{K}{\gamma} \sin(\omega_u t) \qquad \text{mit} \qquad \omega_u = k_u \beta c \tag{9.2}$$

im Strahl erzeugt. An diese Komponente kann das elektrische Feld des FEL-Strahls ankoppeln. Ein positiver Energiegewinn ist dabei aber nur möglich, wenn bestimmte Phasenbedingungen zwischen der Undulatorperiode und Laserfeld erfüllt sind. Das soll zunächst qualitativ an Hand von Fig. 9.2 erläutert werden, wobei die Betrachtung auf ein einzelnes Elektron beschränkt wird. Wir nehmen dazu an, daß das Elektron zu einem bestimmten Zeitpunkt gerade den Orbit kreuzt und hier eine transversale Geschwindigkeit v_x hat. Wenn das mit dem Strahl mitlaufende Laserfeld zum selben Zeitpunkt an der Stelle des Nulldurchgangs gerade ein maximales elektrisches Feld E_L hat, das in dieselbe Richtung wie v_x weist, dann wird das negativ geladene Elektron in diesem Feld abgebremst und dadurch Energie auf das Laserfeld übertragen.

Nach einer halben Undulatorperiode kreuzt das Elektron wieder den Orbit und hat hier die Geschwindigkeitskomponente $-v_x$. Da das Elektron in jedem Fall langsamer ist als das elektromagnetische Feld des Lasers und außerdem wegen der Ablenkung noch einen Umweg machen muß, ist das Laserfeld dem Elektron vorausgeeilt. Bei richtiger Dimensionierung ist dieser Phasenschlupf dann gerade $\Delta \Psi = \pi$, so daß jetzt das auf das Elektron wirkende elektrische Feld hier den Wert $-E_L$ hat. Auch in diesem Fall verliert das Elektron wieder Energie, die dem Laserfeld hinzugefügt wird. Das wiederhohlt sich bei jedem Nulldurchgang des Elektrons im Undulator, bis sein Ende erreicht ist. Es bleibt also insgesamt ein positiver Energiegewinn für das Laserfeld übrig.

Nach dieser qualitativen Betrachtung der Energieübertragung im FEL soll jetzt die Phasenbedingung quantitativ behandelt werden. Ist $\vec{E}_L$ das elektrische Feld der Laserwelle, dann ist die Energieänderung des mitlaufenden Elektrons

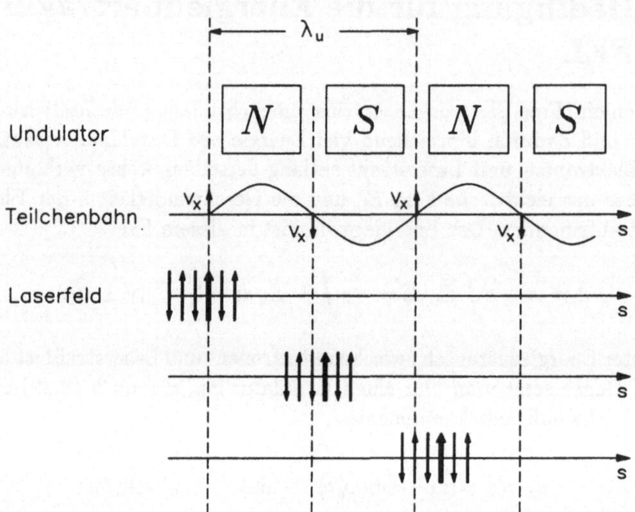

Fig. 9.2 Phasenbedingung zwischen dem im Undulator oszillierenden Elektronenstrahl und dem Laserfeld. Da das Laserfeld eine höhere Geschwindigkeit hat, als die Elektronen, ergibt sich ein Phasenschlupf, der für drei Positionen des Laserfeldes eingezeichnet ist. Der stärker gezeichnete Pfeil markiert dabei jeweils dieselbe Phase.

gegeben durch die allgemeine Beziehung

$$\Delta W = -e \int \vec{E}_\mathrm{L}\, d\vec{s} = -e \int \vec{v}\vec{E}_\mathrm{L}\, dt. \qquad (9.3)$$

Die x-Komponente des Laserfeldes kann hier in guter Näherung als ebene Welle in der Form

$$E_\mathrm{L,x} = E_\mathrm{L,0} \cos(k_\mathrm{L}s - \omega_\mathrm{L}t + \varphi_0) \qquad (9.4)$$

geschrieben werden, wobei $k_\mathrm{L} = 2\pi/\lambda_\mathrm{L}$ die Wellenzahl, ω_L die Frequenz der Laserwelle und φ_0 eine beliebige Anfangsphase angibt. Die horizontale Geschwindigkeitskomponente

$$v_\mathrm{x} = c\frac{K}{\gamma}\sin(k_\mathrm{u}s) \qquad (9.5)$$

des Elektrons erhält man mit $\beta = 1$ direkt aus (8.29) mit dem Undulatorparameter K und der Undulator-Wellenzahl k_u. Setzt man (9.4) und (9.5) in (9.3) ein, so ist die Energieänderung des Elektrons dann

$$\Delta W = -\frac{ceE_{\mathrm{L},0}K}{2\gamma} \int \cos(k_{\mathrm{L}}s - \omega_{\mathrm{L}}t + \varphi_0)\sin(k_{\mathrm{u}}s)\,dt$$

$$= -\frac{ceE_{\mathrm{L},0}K}{2\gamma} \int \left\{ \sin\left[(k_{\mathrm{L}} + k_{\mathrm{u}})s - \omega_{\mathrm{L}}t + \varphi_0\right] \right. \tag{9.6}$$

$$\left. - \sin\left[(k_{\mathrm{L}} - k_{\mathrm{u}})s - \omega_{\mathrm{L}}t + \varphi_0\right] \right\}\,dt$$

Im Mittel ist ein Energieübertrag zwischen Elektron und Laserfeld nur möglich, wenn die Phase

$$\Psi_{\pm} = (k_{\mathrm{L}} \pm k_{\mathrm{u}})\bar{s} - \omega_{\mathrm{L}}t + \varphi_0 \tag{9.7}$$

zwischen dem Elektron und der elektromagnetischen Welle des FEL sich zeitlich nur sehr langsam ändert und innerhalb des Undulators praktisch konstant bleibt. Die zeitliche Ableitung

$$\frac{\Psi_{\pm}}{dt} = (k_{\mathrm{L}} \pm k_{\mathrm{u}})\dot{\bar{s}} - \omega_{\mathrm{L}} \approx 0 \tag{9.8}$$

muß also verschwinden. Dabei ist $\dot{\bar{s}}$ die mittlere Geschwindigkeit des Elektrons entlang der s-Achse. Mit $\omega_{\mathrm{L}} = k_{\mathrm{L}}c$ und $\dot{\bar{s}} = \beta^* c$ folgt daraus

$$\frac{\Psi_{\pm}}{c\,dt} = (k_{\mathrm{L}} \pm k_{\mathrm{u}})\beta^* - k_{\mathrm{l}} = 0. \tag{9.9}$$

Setzt man nach (8.35) die mittlere relative Geschwindigkeit ein und bedenkt noch, daß $k_{\mathrm{u}} \ll k_{\mathrm{L}}$, so folgt aus (9.9)

$$0 = (k_{\mathrm{L}} \pm k_{\mathrm{u}})\left[1 - \frac{1}{2\gamma^2}\left(1 + \frac{K^2}{2}\right)\right] - k_{\mathrm{L}}$$

$$\approx -\frac{k_{\mathrm{L}}}{2\gamma^2}\left(1 + \frac{K^2}{2}\right) \pm k_{\mathrm{u}}. \tag{9.10}$$

Man sieht sofort, daß nur die Lösung mit dem positiven Vorzeichen existiert, also

$$k_{\mathrm{u}} = \frac{k_{\mathrm{L}}}{2\gamma^2}\left(1 + \frac{K^2}{2}\right). \tag{9.11}$$

Wir ersetzen noch k_{L} und k_{u} durch die entsprechenden Wellenlängen und erhalten schließlich die schon aus (8.51) bekannte Kohärenzbedingung

$$\lambda_{\mathrm{L}} = \frac{\lambda_{\mathrm{u}}}{2\gamma^2}\left(1 + \frac{K^2}{2}\right) \tag{9.12}$$

für den Abstrahlwinkel $\Theta_0 = 0$. In der Energiegleichung (9.6) trägt also nur die Phase

$$\Psi_{+} = (k_{\mathrm{L}} + k_{\mathrm{u}})\bar{s} - \omega_{\mathrm{L}}t + \varphi_0 \approx \mathrm{const.} \tag{9.13}$$

zum Energieaustausch bei, während der Term mit der Phase

$$\Psi_- = (k_L - k_u)s - \omega_L t + \varphi_0 \qquad (9.14)$$

schnell oszilliert und damit im Mittel keinen Effekt auf die Energiebilanz hat. Daß Θ_0 in der Formel (9.12) gar nicht auftaucht, liegt an der eindimensionalen Betrachtungsweise, die wir zur Vereinfachung für den FEL gewählt haben. Transversale Effekte, wie z.B. die Dimensionen von Elektronen- und Laserstrahl sowie ihre Überlappung werden hier vernachlässigt. Es zeigt sich aber, daß die wichtigsten Eigenschaften des FEL mit dieser Vereinfachung sehr gut beschrieben werden können.

9.2   Bewegungsgleichung der Elektronen im FEL (Pendelgleichung)

Die Elektronen mit der Energie $\gamma = E/m_e c^2$ wechselwirken mit dem elektromagnetischen Feld des FEL und erfahren dabei eine Energieänderung $\Delta\gamma$ und eine Phasenverschiebung $\Delta\Psi$ bezüglich des Laserfeldes. Der Verlauf von $\Delta\gamma(s)$ und $\Delta\Psi(s)$ innerhalb des Undulators gibt eine vollständige Beschreibung der Teilchenbewegung durch den FEL.

Die relative Energieänderung pro Wegelement kann mit $ds = c\,dt$ in der Form

$$\frac{d\gamma}{ds} = \frac{dW}{c\,dt}\frac{1}{m_e c^2} \qquad (9.15)$$

geschrieben werden. Setzt man hier nach (9.6) die differentielle Energie dW ein, folgt

$$\frac{d\gamma}{ds} = -\frac{eE_{L,0}K}{2\gamma m_e c^2}\Big\{ \sin\big[(k_l + k_u)\,s - \omega_L t + \varphi_0\big] \\ - \sin\big[(k_l - k_u)\,s - \omega_L t + \varphi_0\big]\Big\}. \qquad (9.16)$$

Diesen Ausdruck formen wir mit Hilfe der Relation

$$\sin x = -\Re\big(i\,\exp(i\,x)\big)$$

um und erhalten

$$\frac{d\gamma}{ds} = \frac{eE_{L,0}K}{2\gamma m_e c^2}\Re\Big(i\,\exp\big\{i\big[(k_L + k_u)\,s(t) - \omega_L + \varphi_0\big]\big\} \\ -i\,\exp\big\{i\big[(k_L - k_u)\,s(t) - \omega_L + \varphi_0\big]\big\}\Big) \qquad (9.17)$$

Die Ortsvariable $s(t)$ kann man nach (8.32) bis (8.34) aus

$$\dot{s}(t) = \beta^* c + \frac{cK^2}{4\gamma^2}\,\cos(2\omega_\mathrm{u} t) \tag{9.18}$$

berechnen und erhält durch einfache Integration

$$s(t) = \beta^* c t + \frac{cK^2}{8\gamma^2\omega_\mathrm{u}}\,\sin(2\omega_\mathrm{u} t) \tag{9.19}$$

wobei wieder wegen der hochrelativistischen Geschwindigkeiten $\beta = 1$ gesetzt wurde. Außerdem wird im folgenden für den mittleren Weg $\bar{s} = \beta^* c t$ eingesetzt. Nun verknüpft man (9.19) mit (9.17) und berücksichtigt noch, daß $k_\mathrm{L} \gg k_\mathrm{u}$, so kann man schreiben

$$\frac{d\gamma}{ds} = \frac{eE_{\mathrm{L},0}K}{2\gamma m_\mathrm{e}c^2}\Re\left(i\,\exp\left[i\,\frac{ck_\mathrm{L}K^2}{8\gamma^2\omega_\mathrm{u}}\sin(2k_\mathrm{u}\bar{s})\right] \cdot \right. \tag{9.20}$$
$$\left. \cdot\left\{\exp\left[i\,(k_\mathrm{L}+k_\mathrm{u})\bar{s} - \omega_\mathrm{L} + \varphi_0\right] - \exp\left[i\,(k_\mathrm{L}-k_\mathrm{u})\bar{s} - \omega_\mathrm{L} + \varphi_0\right]\right\}\right).$$

Dabei wurde noch im Argument des Sinus $2k_\mathrm{u}\bar{s} = 2\omega_\mathrm{u} t$ gesetzt. Zur Umformung dieses Ausdruckes benutzen wir nach Abramowitz-Stegun [94] die Identität

$$\exp\left(i\,x\,\sin\Phi\right) = \sum_{n=-\infty}^{+\infty} J_n(x)\,\exp\left(i\,n\Phi\right), \tag{9.21}$$

wobei $J_n(x)$ die Besselfunktion n-ter Ordnung ist. Damit erhalten wir

$$\frac{d\gamma}{ds} = \frac{eE_{\mathrm{L},0}K}{2\gamma m_\mathrm{e}c^2}\Re\left(i\sum_{n=-\infty}^{+\infty} J_n\left(\frac{ck_\mathrm{L}K^2}{8\gamma^2\omega_\mathrm{u}}\right)\exp(i\,2nk_\mathrm{u}\bar{s})\cdot \right. \tag{9.22}$$
$$\left. \cdot\left\{\exp\left[i\,(k_\mathrm{L}+k_\mathrm{u})\bar{s} - \omega_\mathrm{L} t + \varphi_0\right] - \exp\left[i\,(k_\mathrm{L}-k_\mathrm{u})\bar{s} - \omega_\mathrm{L} t + \varphi_0\right]\right\}\right)$$

Nun werden die einzelnen Terme dieses Ausdrucks nach gleichen Wellenzahlen nk_u sortiert, wobei man die laufende ganze Zahl n durch eine entsprechend andere N ersetzt. Die Energieänderung pro Weglänge lautet jetzt

$$\frac{d\gamma}{ds} = \frac{eE_{\mathrm{L},0}K}{2\gamma m_\mathrm{e}c^2}\sum_{N=-\infty}^{+\infty}\left[J_{\frac{N-1}{2}}(N\eta) - J_{\frac{N+1}{2}}(N\eta)\right]\cdot$$
$$\cdot\Re\left\{ i\,\exp\left[i\,(k_\mathrm{L}+Nk_\mathrm{u})\bar{s} - \omega_\mathrm{L} t + \varphi_0\right]\right\}$$
$$= -\frac{eE_{\mathrm{L},0}K}{2\gamma m_\mathrm{e}c^2}\sum_{N=-\infty}^{+\infty}\left[J_{\frac{N-1}{2}}(N\eta) - J_{\frac{N+1}{2}}(N\eta)\right]\cdot \tag{9.23}$$
$$\cdot\sin\left[(k_\mathrm{L}+Nk_\mathrm{u})\bar{s} - \omega_\mathrm{L} t + \varphi_0\right]$$

mit

$$\eta = \frac{ck_{\mathrm{L}}K^2}{8N\gamma^2\omega_{\mathrm{u}}} = \frac{k_{\mathrm{L}}K^2}{8N\gamma^2 k_{\mathrm{u}}}. \tag{9.24}$$

Wir führen nun noch in Analogie zum Undulatorparameter K den dimensionslosen Parameter

$$K_{\mathrm{L}} = \frac{eE_{\mathrm{L},0}}{k_{\mathrm{u}}m_e c^2} \tag{9.25}$$

ein, der die Wirkung des Laserfeldes beschreibt und zu dem Ausdruck

$$\frac{d\gamma}{ds} = -\frac{k_{\mathrm{u}}K_{\mathrm{L}}K}{2\gamma} \sum_{N=-\infty}^{+\infty} \left[J_{\frac{N-1}{2}}(N\eta) - J_{\frac{N+1}{2}}(N\eta) \right] \cdot$$

$$\cdot \sin\left[(k_{\mathrm{L}} + Nk_{\mathrm{u}})\bar{s} - \omega_{\mathrm{L}}t + \varphi_0 \right] \tag{9.26}$$

führt. Um während des Durchlaufs durch den Undulator eine von Null verschiedene Energiebilanz zu haben, darf sich die Phase

$$\Psi = (k_{\mathrm{L}} + Nk_{\mathrm{u}})\bar{s} - \omega_{\mathrm{L}}t + \varphi_0 \tag{9.27}$$

zwischen der N-ten Harmonischen der Elektronenoszillation und der Laserwelle mit der Zeit praktisch nicht ändern. Das ist oben für die erste Harmonische ($N = 1$) schon gezeigt worden und wird hier nur auf alle Harmonischen erweitert. Es gilt also die Bedingung

$$\frac{d\Psi}{dt} = (k_{\mathrm{L}} + Nk_{\mathrm{u}})\dot{\bar{s}} - \omega_{\mathrm{L}} = (k_{\mathrm{L}} + Nk_{\mathrm{u}})\beta^* c - \omega_{\mathrm{L}} = 0, \tag{9.28}$$

in die wir (8.35) einsetzten und wegen $k_{\mathrm{L}} \gg Nk_{\mathrm{u}}$ analog zur Herleitung von (9.12) auf die Form

$$\frac{d\Psi}{dt} = -\frac{ck_{\mathrm{L}}}{2\gamma^2}\left(1 + \frac{K^2}{2}\right) + cNk_{\mathrm{u}} = 0 \tag{9.29}$$

reduzieren. Daraus folgt sofort

$$k_{\mathrm{u}} = \frac{k_{\mathrm{L}}}{2N\gamma^2}\left(1 + \frac{K^2}{2}\right), \tag{9.30}$$

oder wenn man die Wellenzahlen wieder durch die entsprechenden Wellenlängen ersetzt

$$\lambda_{\mathrm{L}} = \frac{\lambda_{\mathrm{u}}}{2N\gamma^2}\left(1 + \frac{K^2}{2}\right). \tag{9.31}$$

Das ist die bekannte auf beliebige Harmonische N verallgemeinerte Kohärenzbedingung. Wellenlängen sind immer positiv definite Größen, so daß man aus der Gleichung (9.31) sofort sehen kann, daß $N \leq 0$ physikalisch keinen Sinn

ergibt. Außerdem wird man in den meisten Fällen bei einem FEL nur eine bestimmte Harmonische betrachten und nicht die Summe aller möglichen. Daher
erhalten wir aus (9.26) schließlich die Energieänderung pro Wegelement für die
N-te Harmonische in der Form

$$\boxed{\begin{aligned}
\left(\frac{d\gamma}{ds}\right)_N &= -\frac{k_\mathrm{u}K_\mathrm{L}K}{2\gamma}\left[J_{\frac{N-1}{2}}(N\eta) - J_{\frac{N+1}{2}}(N\eta)\right]\cdot \\
&\qquad \cdot \sin\left[(k_\mathrm{L} + Nk_\mathrm{u})\bar{s} - \omega_\mathrm{L}t + \varphi_0\right] \\[4pt]
&\text{mit}\quad N = 1,\ 3,\ 5,\ \dots
\end{aligned}} \tag{9.32}$$

Die Energieänderung $d\gamma/ds$ ist proportional zum Feldparameter K_L und damit
nach (9.25) auch proportional zur Laserfeldstärke $E_{\mathrm{L},0}$. Energieaustausch zwischen Elektronen und Laserfeld findet demnach nur statt, wenn ein Laserfeld
vorhanden ist. Das ist aber gerade die allgemein bei Lasern entscheidende *stimulierte Emission*.

Um die vollständige Bewegung der Elektronen im FEL zu beschreiben, muß
auch noch der Phasenverlauf pro Wegelement angegeben werden. Nach (9.26) ist
die Phase zwischen der N-ten Harmonischen der Elektronenoszillation und der
Laserwelle

$$\Psi = (k_\mathrm{L} + Nk_\mathrm{u})\,\bar{s} - \omega_\mathrm{L}t + \varphi_0. \tag{9.33}$$

Die zeitliche Ableitung dieser Phase wurde bereits in (9.29) berechnet und daraus
erhält man sofort

$$\frac{d\Psi}{ds} = \frac{d\Psi}{c\,dt} = Nk_\mathrm{u} - \frac{k_\mathrm{L}}{2\gamma^2}\left(1 + \frac{K^2}{2}\right). \tag{9.34}$$

Die *Resonanzenergie* ist dadurch definiert, daß die Elektronen in diesem Fall
keinen Phasenschlupf zum Laserfeld erfahren, also $d\Psi/ds = 0$. Mit dieser Bedingung kann man aus (9.34) die Resonanzenergie sofort ausrechnen und erhält

$$\gamma_\mathrm{r}^2 = \frac{k_\mathrm{L}}{2Nk_\mathrm{u}}\left(1 + \frac{K^2}{2}\right). \tag{9.35}$$

Diese Ausdruck für die Resonanzenergie verknüpfen wir mit (9.34) und es folgt
der Phasenverlauf pro Wegelement

$$\frac{d\Psi}{ds} = Nk_\mathrm{u}\left(1 - \frac{\gamma_\mathrm{r}^2}{\gamma^2}\right). \tag{9.36}$$

Der FEL wird immer bei Elektronenenergien betrieben, die sehr nahe an der
Resonanenergie liegen. Daher ist es zweckmäßig, als Energievariable die Differenz
$\Delta\gamma$ zur Resonanzenergie zu nehmen mit

$$\gamma = \gamma_\mathrm{r} + \Delta\gamma \qquad \text{und} \qquad \Delta\gamma \ll \gamma_\mathrm{r}. \tag{9.37}$$

Unter dieser Bedingung wird

$$1 - \frac{\gamma_r^2}{\gamma^2} = \frac{(\gamma_r + \Delta\gamma)^2 - \gamma_r^2}{\gamma_r^2} \approx 2\frac{\Delta\gamma}{\gamma_r} \tag{9.38}$$

und man erhält aus (9.36) schließlich

$$\boxed{\frac{d\Psi(s)}{ds} = 2\frac{Nk_u}{\gamma_r}\,\Delta\gamma(s).} \tag{9.39}$$

Auch bei der Energiebilanz ist es sinnvoll, sie auf die Resonanzenergie zu beziehen und nach (9.37) nur die Energiedifferenz $\Delta\gamma$ zu betrachten. Dann folgt aus der Energiebeziehung (9.32) und der Phase (9.33)

$$\frac{d\Delta\gamma}{ds} = \frac{d\gamma}{ds} - \frac{d\gamma_r}{ds} = -\frac{k_u K_L K}{2\gamma_r}\,\sqrt{F(N\eta)}\,\sin\Psi(s) \tag{9.40}$$

mit

$$F(N\eta) = \left[J_{\frac{N-1}{2}}(N\eta) - J_{\frac{N+1}{2}}(N\eta)\right]^2. \tag{9.41}$$

Die Resonanzenergie γ_r ist in einem homogenen Undulator konstant und daher verschwindet auch die Ableitung $d\gamma_r/ds$. Die Energieänderung pro Wegelement ist damit

$$\boxed{\frac{d\Delta\gamma(s)}{ds} = -\frac{k_u K_L K}{2\gamma_r}\,\sqrt{F(N\eta)}\,\sin\Psi(s).} \tag{9.42}$$

Nun wird (9.39) nocheinmal nach s abgeleitet und dann in (9.42) eingesetzt. Man erhält

$$\frac{d^2\Psi(s)}{ds^2} = 2\frac{Nk_u}{\gamma_r}\frac{d\Delta\gamma(s)}{ds} = -\frac{Nk_u^2 K_L K}{\gamma_r^2}\,\sqrt{F(N\eta)}\,\sin\Psi(s). \tag{9.43}$$

Diese Beziehung führt sofort auf die allgemeine *Pendelgleichung*

$$\boxed{\Psi''(s) + \Omega_L^2\,\sin\Psi(s) = 0} \tag{9.44}$$

mit der Frequenz

$$\boxed{\Omega_L^2 = \frac{Nk_u^2 K_L K}{\gamma_r^2}\,\sqrt{F(N\eta)}.} \tag{9.45}$$

Die Länge einer Schwingung entlang der s-Achse ist $L_L = 2\pi/\Omega_L$ und $f_L = c/L_L$ die Schwingungsfrequenz, mit der sich das Elektron im Potential des Laserfeldes bewegt. Diese entspricht der Synchrotronfrequenz bei Kreisbeschleunigern. Da nach (9.39) $\Delta\gamma \propto \Psi'$ stehen die Funktionen $\Delta\gamma(s)$ und $\Delta\Psi(s)$ orthogonal zueinander. Man kann daher die Elektronenbewegung in einem Ψ-$\Delta\gamma$-Diagramm beschreiben, wie es Fig. 9.3 zeigt. Bei kleinen Amplituden und starken Laser-

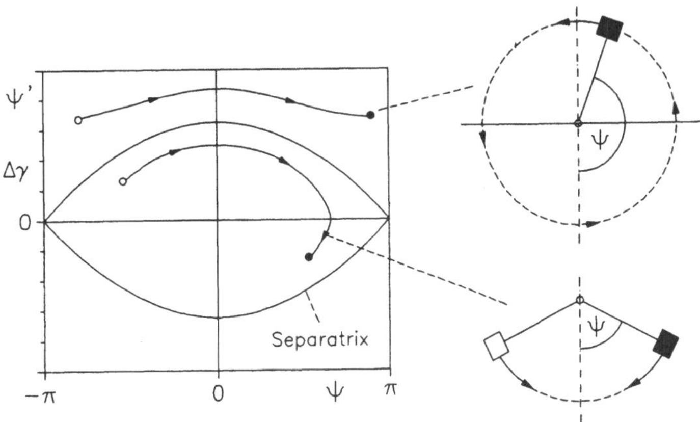

Fig. 9.3 Bewegung von Elektronen im FEL-Feld. Horizontal ist die Phasenabweichung bezüglich der Laserwelle aufgetragen und vertikal die Energieabweichung bezüglich der Resonanzenergie. Es sind zwei verschiedene Elektronenbewegungen dargestellt, die durch die analogen Pendelbewegungen veranschaulicht werden.

feldern durchläuft das Elektron eine stabile Oszillation, die in diesem Diagramm in guter Näherung als Ellipse dargestellt wird. Wächst die Amplitude weiter an, sinkt die Frequenz ab und erreicht in Grenzfall $\Psi_{\mathrm{max}} \to \pi$ für $\Delta\gamma = 0$ den Wert Null. Damit ist die Grenze zwischen der stabilen Teilchenschwingung und dem instabilen Bereich gegeben, bei dem die Teilchen nicht mehr im Potential des Laserfeldes gehalten werden können. Diese Grenze entspricht der Separatrix bei der Synchrotronschwingung.

9.3 Verstärkung des FEL ("Low-Gain"-Näherung)

Der Energiegewinn im Laserfeld sei

$$\Delta W_{\mathrm{L}} = -m_{\mathrm{e}}c^2 \Delta\gamma. \tag{9.46}$$

Das negative Vorzeichen ergibt sich aus der Tatsache, daß ein Energieverlust $\Delta\gamma$ der Elektronen eine entsprechende Energiezunahme im Laserfeld bewirkt. Die im Laserfeld gespeicherte Energie ist

$$W_{\mathrm{L}} = \frac{\varepsilon_0}{2} E_{\mathrm{L},0}^2 \, V, \tag{9.47}$$

wobei V das vom Laserfeld eingenommene Volumen angibt. Die von einem einzelnen Elektron hervorgerufene Verstärkung des FEL ist definiert als

$$G_1 = \frac{\Delta W_{\mathrm{L}}}{W_{\mathrm{L}}} = -\frac{2m_{\mathrm{e}}c^2}{\varepsilon_0 E_{\mathrm{L},0}^2 V}\,\Delta\gamma. \tag{9.48}$$

Wir ersetzten $\Delta\gamma$ nun durch den Ausdruck (9.39) und erhalten

$$G_1 = -\frac{m_{\mathrm{e}}c^2\gamma_{\mathrm{r}}}{\varepsilon_0 E_{\mathrm{L},0} V N k_{\mathrm{u}}}\,\Delta\Psi'. \tag{9.49}$$

Dabei ist

$$\Delta\Psi' = \Psi'_{\mathrm{E}} - \Psi'_{\mathrm{A}} \tag{9.50}$$

die Differenz von Ψ', die das Elektron vom Anfang (Ψ'_{A}) des Undulators bis zu seinem Ende (Ψ'_{E}) durchläuft. Mit den Definitionen der Frequenz Ω_{L} in (9.45) und des Feldparameters K_{L} in (9.25) kann man (9.49) umschreiben in die Form

$$G_1 = -\frac{e^2 N k_{\mathrm{u}} K^2}{\varepsilon_0 V m_{\mathrm{e}}c^2 \gamma_{\mathrm{r}}^3}\,F(N\eta)\frac{\Delta\Psi'}{\Omega_{\mathrm{L}}^4}. \tag{9.51}$$

An der Laserverstärkung sind mehr oder weniger alle Elektronen eines Bunches beteiligt, die wir als praktisch homogen verteilt annehmen wollen. Daher muß man die Verstärkung aller Elektronen aufsummieren und über die verschiedenen Anfangsphasen der Elektronen beim Eintritt in den Undulator bezüglich der Laserwelle mitteln. Damit ergibt sich die Gesamtverstärkung des FEL

$$G = -\frac{e^2 N k_{\mathrm{u}} K^2}{\varepsilon_0 m_{\mathrm{e}}c^2}\,\frac{n_{\mathrm{b}}}{\gamma_{\mathrm{r}}^3}\,F(N\eta)\frac{\langle\Delta\Psi'\rangle}{\Omega_{\mathrm{L}}^4} \tag{9.52}$$

mit der Elektronendichte $n_{\mathrm{b}} = n/V$ im Bunch und

$$\langle\Delta\Psi'\rangle = \frac{1}{n}\sum_{i=1}^{n}\Delta\Psi'_i. \tag{9.53}$$

Um den Phasenverlauf $\Psi(s)$ durch den Undulator zu ermitteln und daraus den Wert von $\langle\Delta\Psi'\rangle$ muß die Bewegungsgleichung (9.44)

$$\Psi''(s) + \Omega_{\mathrm{L}}^2\sin\Psi(s) = 0.$$

gelöst werden. Multiplikation mit $2\Psi'(s)$ liefert die Gleichung

$$2\Psi'\Psi'' + 2\Omega_{\mathrm{L}}^2\Psi'\sin\Psi = 0, \tag{9.54}$$

die direkt integriert werden kann mit dem Ergebnis

$$\Psi'^2 - 2\Omega_{\mathrm{L}}^2\cos\Psi = C. \tag{9.55}$$

und der Integrationskonstanten C. Wir betrachten zunächst wieder nur ein einzelnes Elektron, das mit der Anfangsphase Ψ_A in den Undulator eintritt. Dann folgt aus (9.55)

$$\Psi'^2 - \Psi_A'^2 = 2\,\Omega_L^2(\cos\Psi - \cos\Psi_A). \tag{9.56}$$

Mit (9.39) kann man die Anfangsbedingung in der Art

$$\Psi_A' = 2\frac{Nk_u}{\gamma_r}(\gamma_A - \gamma_r) \tag{9.57}$$

angeben und erhält

$$\Psi'^2 = \frac{4N^2k_u^2}{\gamma_r}(\gamma_A - \gamma_r)^2 + 2\,\Omega_L^2(\cos\Psi - \cos\Psi_A). \tag{9.58}$$

Zur Vereinfachung der Rechnung sei noch die Variable

$$w = \frac{2\pi N N_u}{\gamma_r}(\gamma_A - \gamma_r) \tag{9.59}$$

definiert, wobei N die Harmonischenzahl und N_u die Anzahl der Undulatorperioden mit der Länge λ_u angibt. Das erste Integral der Bewegungsgleichung (9.44) erhält dadurch die Form

$$\boxed{\Psi'(s) = \frac{2w}{N_u\lambda_u}\sqrt{1 + \frac{N_u^2\lambda_u^2\Omega_L^2}{2w^2}\left[\cos\Psi(s) - \cos\Psi_A\right]}} \tag{9.60}$$

Diese Gleichung läßt sich im allgemeinen nicht nocheinmal auf analytischem Wege lösen. Hier ist man entweder auf Näherungen oder numerische Verfahren angewiesen.

Bei relativ schwachen Laserfeldern $E_{L,0}$ ist der Feldparameter K_L und damit nach (9.45) auch die Frequenz Ω_L sehr klein. Das ergibt nach (9.42) auch bei jedem Durchlauf durch den Undulator eine entsprechend kleine Verstärkung. Die Intensität des Laserfeldes wird dabei nur geringfügig verändert, sie kann daher bei jedem Durchlauf als praktisch konstant angesehen werden. Hier befindet man sich im sogenannten *"Low-Gain"-Bereich* des FEL. Das Laserfeld ist dabei so schwach, daß nahezu alle Elektronen außerhalb der Separatrix liegen (Fig. 9.3) und keine stabile Schwingung im Laserfeld ausführen.

Im Low-Gain-Bereich ist der zweite Term im Argument der Wurzel in (9.60) klein gegen 1 und man kann daher die Wurzel entwickeln nach

$$\sqrt{1 + x} = 1 + \frac{1}{2}x - \frac{1}{8}x^2 + \dots$$

und erhält

$$\Psi'(s) = \frac{2w}{N_u\lambda_u}\left\{1 + \frac{1}{2}\frac{N_u^2\lambda_u^2\Omega_L^2}{2w^2}\left[\cos\Psi(s) - \cos\Psi_A\right] - \frac{1}{8}\left(\frac{N_u^2\lambda_u^2\Omega_L^2}{2w^2}\right)^2\left[\cos\Psi(s) - \cos\Psi_A\right]^2 + \dots\right\} \tag{9.61}$$

Der Mittelwert von Ψ' soll mit Hilfe dieser Gleichung in 1. Ordnung berechnet werden. Dazu benötigt man im Argument des Cosinus die Phase $\Psi(s)$, die hier aus $\cdot$(9.61) in 0-ter Ordnung berechnet wird. Dann ist

$$\Psi'_0(s) = \frac{2w}{N_\mathrm{u}\lambda\mathrm{u}} \qquad \Longrightarrow \qquad \Psi(s) = \frac{2w}{N_\mathrm{u}\lambda\mathrm{u}}\,s. \tag{9.62}$$

Die Phasendifferenz zwischen Anfang und Ende des Undulators ist dann

$$\Delta\Psi = \frac{2w}{N_\mathrm{u}\lambda\mathrm{u}}\,L_\mathrm{u} = 2w, \tag{9.63}$$

wobei $L_\mathrm{u} = N_\mathrm{u}\lambda\mathrm{u}$ die Gesamtlänge des Undulators angibt. Dann folgt damit aus (9.61) die Differenz in 1. Ordnung

$$\Delta\Psi'_1 = \Psi'(s_0 + L_\mathrm{u}) - \Psi'(s_0) = \frac{N_\mathrm{u}\lambda_\mathrm{u}\Omega_\mathrm{L}^2}{2w}\Big[\cos(2w + \Psi_\mathrm{A}) - \cos\Psi_\mathrm{A}\Big], \tag{9.64}$$

wenn s_0 den Anfang des Undulators bezeichnet. Da die Elektronen gleichmäßig im Bunch verteilt sind und der Bunch sehr lang gegen die Laserwellenlänge ist, gibt es auch eine gleichmäßige Verteilung der Elektronen auf die Anfangsphasen im Bereich von $0 \leq \Psi_\mathrm{A} \leq 2\pi$. Daher muß über allen Anfangsphasen gemittelt werden und man erhält

$$\langle\Delta\Psi'_1\rangle = \frac{N_\mathrm{u}\lambda_\mathrm{u}\Omega_\mathrm{L}^2}{2w}\,\frac{1}{2\pi}\int\limits_0^{2\pi}\Big[\cos(2w + \Psi_\mathrm{A}) - \cos\Psi_\mathrm{A}\Big]\,d\Psi_\mathrm{A} = 0. \tag{9.65}$$

In erster Ordnung mitteln sich also die Energieüberträge aller Elektronen heraus und es gibt keinen von Null verschiedenen Energieaustausch zwischen Elektronenstrahl und Laserfeld. Die FEL-Verstärkung kann daher nur ein Effekt höherer Ordnung sein.

Um das zu bestätigen, wiederholen wir dieselbe Rechnung bis zur 2. Ordnung. Dazu muß entsprechend das Argument $\Psi(s)$ im Cosinus bis zur 1. Ordnung entwickelt werden. Aus diesem Grund gehen wir wieder von (9.61) aus und schreiben mit (9.62)

$$\Delta\Psi'_1(s) = \Psi'(s) - \Psi'(s_0) = \frac{N_\mathrm{u}\lambda_\mathrm{u}\Omega_\mathrm{L}^2}{2w}\left[\cos\left(\frac{2w}{N_\mathrm{u}\lambda_\mathrm{u}}\,s + \Psi_\mathrm{A}\right) - \cos\Psi_\mathrm{A}\right]. \tag{9.66}$$

Daraus gewinnt man wieder die Phasendifferenz

$$\Delta\Psi_1 = \frac{N_\mathrm{u}\lambda_\mathrm{u}\Omega_\mathrm{L}^2}{2w}\left\{\int\limits_0^{L_\mathrm{u}}\cos\left(\frac{2w}{N_\mathrm{u}\lambda_\mathrm{u}}\,s + \Psi_\mathrm{A}\right)\,ds - N_\mathrm{u}\lambda_\mathrm{u}\cos\Psi_\mathrm{A}\right\} \tag{9.67}$$

durch Integration über die Undulatorlänge. Die gesuchte Phasendifferenz in 1. Ordnung ist damit

$$\Delta\Psi_1 = \frac{N_\mathrm{u}^2\lambda_\mathrm{u}^2\Omega_\mathrm{L}^2}{4w^2}\Big[\sin(2w + \Psi_\mathrm{A}) - \sin\Psi_\mathrm{A} - 2w\cos\Psi_\mathrm{A}\Big]. \tag{9.68}$$

Die Differenz der ersten Ableitung der Phase $\Psi(s)$ in 2. Ordnung hat nach (9.61) die Form

$$\Delta\Psi_2' = \frac{N_u^3\lambda_u^3\Omega_L^4}{16w^3}\left\{\frac{8w^2}{N_u^2\lambda_u^2\Omega_L^2}\Big[\cos(\Delta\Psi_1+2w+\Psi_A)-\cos\Psi_A\Big]-\right.$$
$$\left.-\Big[\cos(2w+\Psi_A)-\cos\Psi_A\Big]^2\right\} \qquad (9.69)$$

Diesen Ausdruck kann man noch vereinfachen, indem man bedenkt, daß im Low-Gain-Bereich die Phasenänderungen sehr klein sind, d.h. $\Delta\Psi_1\ll 1$. Dann kann man schreiben

$$\cos(\Delta\Psi_1+2w+\Psi_A)-\cos\Psi_A$$
$$\approx\cos(2w+\Psi_A)-\cos\Psi_A-\Delta\Psi_1\sin(2w+\Psi_A). \qquad (9.70)$$

Setzt man diesen Ausdruck zusammen mit der Phase (9.68) in (9.69) ein, so folgt

$$\Delta\Psi_2' = \frac{N_u^3\lambda_u^3\Omega_L^4}{16w^3}\left\{\frac{8w^2}{N_u^2\lambda_u^2\Omega_L^2}\Big[\cos(2w+\Psi_A)-\cos\Psi_A\Big]-\right.$$
$$-2\sin(2w+\Psi_A)\Big[\sin(2w+\Psi_A)-\sin\Psi_A-2w\cos\Psi_A\Big]-$$
$$\left.-\Big[\cos(2w+\Psi_A)-\cos\Psi_A\Big]^2\right\}. \qquad (9.71)$$

Um den Effekt aller Elektronen auf das Laserfeld zu erhalten, muß wieder über alle Anfangsphasen Ψ_A gemittelt werden. Dabei werden die folgenden Mittelwerte benutzt

$$\langle\cos(2w+\Psi_A)-\cos\Psi_A\rangle = 0$$
$$\langle\sin^2(2w+\Psi_A)\rangle = \langle\cos^2(2w+\Psi_A)\rangle=\langle\cos^2\Psi_A\rangle=\frac{1}{2} \qquad (9.72)$$
$$\langle\sin(2w+\Psi_A)\sin\Psi_A\rangle = \langle\cos(2w+\Psi_A)\cos\Psi_A\rangle=\frac{1}{2}\cos(2w)$$
$$\langle\sin(2w+\Psi_A)\cos\Psi_A\rangle = \frac{1}{2}\sin(2w).$$

Dann vereinfacht sich (9.71) zu

$$\langle\Delta\Psi_2'\rangle = -\frac{N_u^3\lambda_u^3\Omega_L^4}{8}\frac{1}{w^3}\Big[1-\cos(2w)-w\sin(2w)\Big]. \qquad (9.73)$$

Man kann nun leicht zeigen, daß

$$\frac{d}{dw}\left(\frac{\sin w}{w}\right)^2 = -\frac{1}{w^3}\Big[1-\cos(2w)-w\sin(2w)\Big]. \qquad (9.74)$$

Damit wird aus (9.73)

$$\langle \Delta \Psi_2' \rangle = - \frac{N_u^3 \lambda_u^3 \Omega_L^4}{8} \frac{d}{dw} \left(\frac{\sin w}{w} \right)^2 .$$ (9.75)

Diesen Mittelwert setzt man in die Verstärkungsbeziehung (9.52) ein und erhält damit die gesuchte FEL-Verstärkung in der Low-Gain-Näherung für die N-te Harmonische

$$\boxed{\begin{aligned}
G_N &= -\frac{\pi e^2 N K^2 N_u^3 \lambda_u^2}{4 \varepsilon_0 m_e c^2} \frac{n_b}{\gamma_r^3} F(N\eta) \frac{d}{dw} \left(\frac{\sin w}{w} \right)^2 \\[2mm]
\text{mit} \\[1mm]
F(N\eta) &= \left[J_{\frac{N-1}{2}}(N\eta) - J_{\frac{N+1}{2}}(N\eta) \right]^2 \\[2mm]
\eta &= \frac{k_L K^2}{8 N \gamma^2 k_u} \\[2mm]
w &= \frac{2\pi N N_u}{\gamma_r}(\gamma_A - \gamma_r) \\[2mm]
N &= 1, 3, 5, \ldots
\end{aligned}}$$ (9.76)

Diese Verstärkungsfunktion hängt wesentlich von der Einschußenergie der Elektronen ab. Trägt man G für verschiedene Einschußenergien $\Delta\gamma$ in ein Diagram ein, erhält man die für einen FEL typische Kurve, wie sie qualitativ in Fig. 9.4 gezeigt ist. Bei der Resonanzenergie $\gamma = \gamma_r$ hat die Kurve einen Nullpunkt, hier gibt es also keine Verstärkung. Es ist daher wichtig, die Elektronenenergie immer geringfügig höher einzustellen, als es aus der Kohärenzbedingung (9.31) gefordert wird. Umgekehrt gewinnt für $\Delta\gamma < 0$ der Elektronenstrahl auf Kosten des Laserfeldes an Energie, die Teilchen werden also durch das Laserfeld beschleunigt. In diesem Bereich kann man im Prinzip Teilchenbeschleunigung durch das Prinzip der "Inverse-Free-Electron-Lasers" erzielen.

9.4 Das Madey-Theorem

In Kapitel 8 wurde gezeigt, daß die Intensitätsverteilung der spontanen Undulatorstrahlung durch die Funktion

$$I(\Delta\omega) \propto \left[\frac{\sin\left(\pi N_u \frac{\Delta\omega}{\omega_w} \right)}{\pi N_u \frac{\Delta\omega}{\omega_w}} \right]^2 ,$$ (9.77)

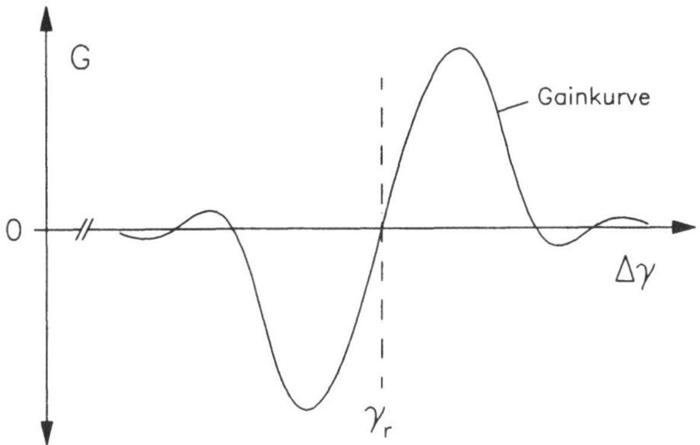

Fig. 9.4 Verstärkungs- oder Gainkurve des FEL

beschrieben werden kann. Bei dieser Darstellung ist die Elektronenenergie konstant und die Intensität der Strahlung wird als Funktion ihrer Frequenz betrachtet. Man kann aber auch die Frequenz bzw. die Wellenlänge festgehalten und die Energie des Elektronenstrahls variieren, was im Prinzip eine gleichartige Intensitätsverteilung ergibt. Zur Berechnung gehen wir wieder von der Kohärenzbedingung (9.31) aus, aus der sofort die Frequenz

$$\omega_N = \frac{2\pi c}{\lambda_w} = \frac{4\pi c N \gamma^2}{\lambda_u(1 + K^2/2)} \tag{9.78}$$

der N-ten Harmonischen der Undulatorstrahlung folgt. Die Ableitung nach der Energie lautet dann

$$\frac{d\omega}{d\gamma} = \frac{4\pi c N}{\lambda_u(1 + K^2/2)} 2\gamma = N\omega_w \frac{2}{\gamma}, \tag{9.79}$$

wenn mit ω_w die 1. Harmonische der Undulatorwelle gemeint ist. Die relative Frequenzänderung kann bei der Undulatorstrahlung daher auch durch die relative Energieänderung

$$\frac{\Delta\omega}{\omega_w} = \frac{2N\Delta\gamma}{\gamma} \tag{9.80}$$

formuliert werden. Dann erhält man mit $\Delta\gamma = \gamma - \gamma_r$ die Beziehung

$$\pi N_u \frac{\Delta\omega}{\omega_w} = \frac{2\pi N N_u}{\gamma}(\gamma - \gamma_r). \tag{9.81}$$

Das ist aber nach (9.59) gerade die Definition der Variablen w, wenn man die Elektronenernergie γ im Undulator gleich der Energie am Anfang setzt. Das ist sicher zulässig, da im Low-Gain-Bereich die Energieänderung pro Durchlauf sehr klein ist. Daher kann man die Intensitätsverteilung der Undulatorstrahlung einer Linie auch in der Form

$$I(\Delta\gamma) \propto \left(\frac{\sin w}{w}\right)^2 \tag{9.82}$$

schreiben. Vergleicht man diesen Ausdruck mit der Verstärkungsfunktion (9.76) eines FEL, so ist sofort zu sehen, daß diese proportional zur Ableitung der Intensitätsverteilung der *spontanen* Undulatorstrahlung entlang der Strahlachse ist. Diesen für die FEL-Theorie sehr fundamentalen Zusammenhang hat erstmals J.M.J. Madey in einer sehr allgemeinen Form nachgewiesen [84], weshalb er auch als *Madey-Theorem* bezeichnet wird. In Fig. 9.5 ist dieser Zusammenhang veranschaulicht.

9.5　FEL-Verstärkung im High-Gain-Bereich

Bei sehr starken FEL-Feldern ist die in Fig. 9.5 gezeigte Separatrix in Richtung der Energiegieachse sehr breit, so daß relativ viele Elektronen innerhalb der Separatrix liegen und im Sinne einer Pendelbewegung stabile Oszillationen ausführen. Die Verstärkung ist in diesem Falle sehr hoch, so daß man hier vom "High-Gain"-Bereich spricht. Das Laserfeld kann innerhalb des Undulators jetzt nicht mehr als konstant angenommen werden. Man muß daher bei der Berechnung der FEL-Verstärkung hier auch die Entwicklung der elektromagnetischen Welle mit berücksichtigen. Die Frequenz Ω_L der Elektronenbewegung im FEL-Feld ist dabei sehr groß und die im Low-Gain-Bereich gemachten Näherungen speziell zur Auflösung der Wurzel in

$$\Psi'(s) = \frac{2w}{N_u\lambda_u} \sqrt{1 + \frac{N_u^2\lambda_u^2\Omega_L^2}{2w^2}\left[\cos\Psi(s) - \cos\Psi_A\right]} \tag{9.83}$$

gelten hier nicht mehr. Daher kann diese Beziehung auf analytischem Wege nicht weiter integriert werden. Zur Lösung sind daher numerische Methoden (z.B. die Lösung mit Hilfe der *Runge-Kutta*-Methode) erforderlich. Damit ist es möglich, für beliebige Anfangswerte γ_A und Ψ_A den Verlauf einzelner Elektronen im Laserfeld zu berechnen. Dabei muß bedacht werden, daß im Elektronenstrahl die Teilchen über die Buchlänge annähernd gleichmäßig verteilt sind, d.h. sie füllen beim Eintritt in den FEL-Undulator den Phasenbereich pro Periode von $-\pi \leq \Psi \leq +\pi$ vollständig aus. Wir nehmen nun an, daß die eintretenden Teilchen alle dieselbe Energie γ_A haben, so daß sie im Ψ-$\Delta\gamma$-Diagramm eine horizontale Linie bilden (Fig. 9.6). Der Elektronenstrahl mit n Teilchen hat dann die Eintrittsenergie

$$E_A = n\gamma_A m_e c^2 = n(\gamma_r + \Delta\gamma_A)m_e c^2, \tag{9.84}$$

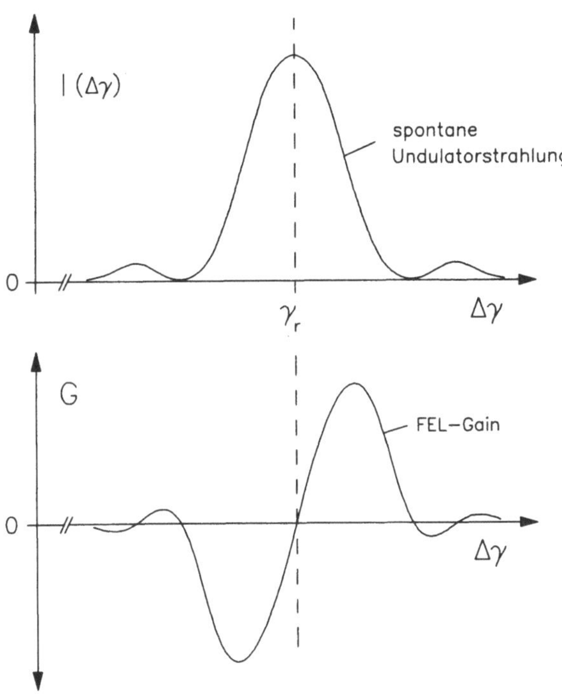

Fig. 9.5 Veranschaulichung des Madey-Theorems. Die untere Verstärkungskurve des FEL ergibt sich durch Differentation aus der Linie der Undulatorstrahlung bei der festen Wellenlänge λ.

mit $\gamma_A = \gamma_r + \Delta\gamma$. Wegen der angenommenen gleichmäßigen Dichteverteilung der Elektronen kann jedem mit einem Elektron gefüllten kleinen Phasenvolumen eine bestimmte Phase zugeordnet werden, d.h. das i-te Elektron habe die Anfangsphase $\Psi_{A,i}$. Die relative Anfangsenergie ist bei allen Teilchen gleich und zwar $\Delta\gamma_{A,i}$. Mit Hilfe der Bewegungsgleichungen (9.39) und (9.42) kann jetzt für jedes Elektron der Bahnverlauf und damit auch seine Endenergie $\Delta\gamma_{E,i}$ berechnet werden.

Das ist, wie wir gesehen haben, nur auf numerischem Wege möglich und da die Zahl der Elektronen im Strahl sehr hoch ist, würde das zu unrealistischen Rechenzeiten führen. Deshalb faßt man viele im Phasenraum dicht beieinander-

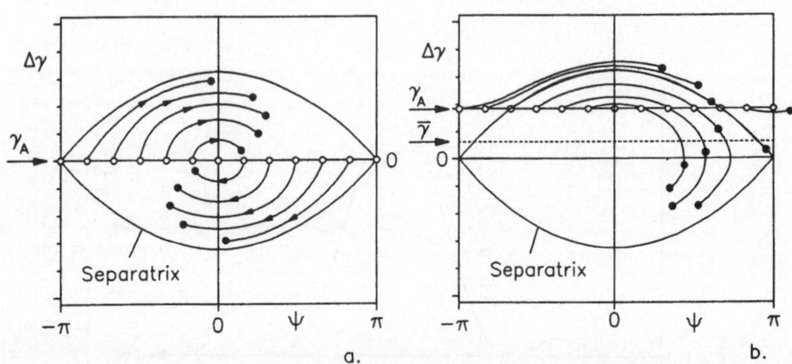

Fig. 9.6 Bewegung der gleichmäßig über den Phasenbereich verteilten Elektronen beim Durchlaufen des FEL. (a.) zeigt den Verlauf, wenn $\gamma_A = \gamma_r$ ist und (b.) den für $\gamma_A > \gamma_r$.

liegende Elektronen zu einem einzigen *Makroteilchen* zusammen, und berechnet
die FEL-Verstärkung mit Hilfe relativ weniger (100 bis 1000) derartiger Makroteilchen, was praktikable Rechenzeiten erlaubt.

Die Endenergie der Gesamtheit der Elektronen (bzw. Makroteilchen) nach
Verlassen des FEL-Undulators ist

$$E_E = m_e c^2 \sum_{i=1}^N (\gamma_r + \Delta\gamma_{E,i}) = E_A + m_e c^2 \sum_{i=1}^N \Delta\gamma_{E,i}. \tag{9.85}$$

Definiert man

$$\overline{\Delta\gamma} = \frac{1}{N} \sum_{i=1}^N \Delta\gamma_{E,i} \tag{9.86}$$

als die mittlere Austrittsenergie aller Elektronen, dann ist

$$\Delta E = E_A - E_E = N m_e c^2 (\Delta\gamma - \overline{\Delta\gamma}) \tag{9.87}$$

die Energiebilanz des Elektronenstrahls nach Verlassen des FEL. Startet man
mit Resonanzenergie (d.h. $\Delta\gamma = 0$, dann kann man an Hand von Fig. 9.6 a.
sofort sehen, daß es zu jedem Elektron mit der Anfangsphase $+\Psi$ eines mit
der Phase $-\Psi$ gibt, die sich aus Symmetriegründen in der Energiebilanz gerade
kompensieren. In diesem Fall ist die Energiebilanz für das Laserfeld

$$\Delta E = 0 \qquad \text{wenn} \qquad \Delta\gamma_A = 0 \tag{9.88}$$

und es gibt keine FEL-Verstärkung. Das ist dasselbe Resultat wie bei der Low-
Gain-Näherung. Die Verhältnisse ändern sich aber, wenn mit einer Teilchenenergie γ_A eingeschossen wird, die größer ist als die Resonanzenergie. Dann ist

am Ende des FEL-Undulators die mittlere Energie $\overline{\gamma} = \gamma_r + \overline{\Delta\gamma}$ der auslaufenden Elektronen kleiner, als die Einschußenergie, wie es Fig. 9.6 b. zeigt. Das Laserfeld hat also an Energie zugenommen.

Für verschiedene Anfangsenergien kann man diese Rechnungen wiederholen und die jeweilige mittlere Energie der den FEL verlassenden Elektronen berechnen. Das Verhältnis

$$\frac{\gamma_A - \overline{\gamma}}{\gamma_A} = G \tag{9.89}$$

liefert wieder die Verstärkungs- oder Gainkurve des FEL, wie sie in Fig. 9.4 aufgetragen ist.

Im allgemeinen ist der Undulator so kurz und die Frequenz Ω_L so niedrig, daß nur ein kleiner Teil einer vollen Ellipse im Phasenraum durchlaufen wird. Mit zunehmender Undulatorlänge steigt zunächst der Energieübertrag, geht dann aber wieder zurück und erreicht eine gewisse Sättigung, wenn sich die Teilchenbahn im Phasenraum wieder schließt. Dieses Sättigungsverhalten wird aber, wenn überhaupt, nur beim High-Gain-FEL erreicht.

9.6 FEL-Verstärker und FEL-Oszillator

Kohärente elektromagnetische Strahlung kann, wie oben gezeigt wurde, durch das FEL-Prinzip verstärkt werden, wobei man als Energiereservoir einen hochenergetischen Elektronenstrahl benutzt. Die Welle läßt man in einen Undulator eintreten, wobei die Wellenlänge λ und der Undulatorparameter K so gewählt werden, daß die Kohärenzbedingung (9.12) erfüllt sind. Die Energie γ des Elektronenstrahls muß dann um einen kleinen Betrag über der Resonanzenergie γ_r liegen, um eine Verstärkung des Laserfeldes zu erreichen. Die prinzipielle Anordnung eines solchen *FEL-Verstärkers* ist im oberen Bild von Fig. 9.7 skizziert. Dieser Verstärker hat aber für praktische Anwendungen kaum Bedeutung, da im allgemeinen die bei einem Durchgang erreichte Verstärkung deutlich unter $G < 1$ liegt. Der Energiezuwachs

$$\Delta E = N m_e c^2 (\Delta\gamma_A - \overline{\Delta\gamma}) \tag{9.90}$$

ist bei den üblichen Undulatoren mit begrenzter Länge relativ klein. Lediglich im sogenannten High-Gain-Bereich kann bei sehr langen Undulatoren mit vielen Perioden eine Verstärkung erzielt werden, die bis zur Sättigung des FEL reicht und hohe Ausgangsleistungen liefert [85].

Wesentlich effizienter wird das FEL-Prinzip, wenn man die Laserwelle mit Hilfe eines optischen Resonators aus zwei gegenüber aufgestellten sphärischen Spiegeln vielfach hin und her reflektieren läßt, wobei bei jedem Durchgang dem Laserfeld aus dem Elektronenstrahl Energie zugeführt wird. Diese Anordnung ist im unteren Bild von Fig. 9.7 gezeichnet. Die Rückführung der FEL-Welle

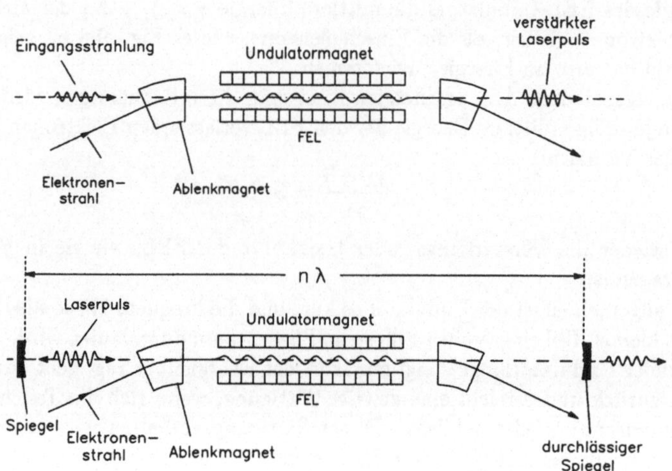

Fig. 9.7 Prinzip eines FEL-Verstärkers (oberes Bild) und eines FEL-Oszillators mit optischem Resonator.

entspricht einer Art Rückkoppelung, so daß man diese Anordnung als *FEL-Oszillator* bezeichnet. Die Energiebilanz pro Durchlauf ist in diesem Falle

$$\Delta E_{\text{osz}} = N m_e c^2 (\Delta \gamma_A - \overline{\Delta \gamma}) - 2 \Delta E_{\text{Verlust}}. \tag{9.91}$$

Die Verluste resultieren aus der nicht ganz perfekten Reflektivität der Spiegel, wobei sie pro Durchlauf an den beiden Spiegeln auftreten. Wenn E_L die Energie der im optischen Resonator gespeicherten FEL-Welle ist, dann sind die Spiegelverluste

$$\Delta E_{\text{Verlust}} = E_L (1 - R), \tag{9.92}$$

wobei R die mittlere Reflektivität der Spiegel bei der verwendeten Wellenlänge ist. Im Bereich des sichtbaren Lichtes und im Infraroten gibt es Spiegel, deren Reflektivität nur knapp unter 1 liegt. In diesem Fall braucht die Verstärkung des FEL nur wenige Prozent zu betragen, um oberhalb der Einsatzschwelle des FEL zu liegen. Beim ersten Durchlauf des Elektronenstrahls durch den FEL-Undulator wird zunächst eine Undulatorstrahlung erzeugt, die wegen der Kohärenzbedingung dieselbe Wellenlänge hat, wie die Laserstrahlung. Diese Strahlung wird nun zwischen den Spiegeln reflektiert und nimmt ständig durch die FEL-Verstärkung an Intensität zu, bis die Sättigung erreicht ist. Ein Teil dieser Strahlung kann durch leichte Durchlässigkeit eines der beiden Spiegel oder durch einen zusätzlichen Auslenkspiegel austreten und einem Experiment zugeführt werden.

Im Prinzip kann bei geeigneter Wahl der Undulatorparameter und der Strahlenergie die Kohärenzbedingung für relativ kurze Wellenlängen deutlich unter $\lambda < 100$ nm erfüllt werden. Deshalb bietet sich das FEL-Prinzip zur Erzeugung intensiver kohärenter Strahlung im Bereich des UV bis hin zu den weichen Röntgenstrahlen an. Hier gibt es aber das Problem, daß unterhalb einer Wellenlänge von $\lambda \approx 100$ nm die Reflektivität der derzeit verfügbaren Spiegel stark abfällt, wie es in den Kurven von Fig. 9.8 gezeigt ist. FEL im Small-Gain-Bereich sind

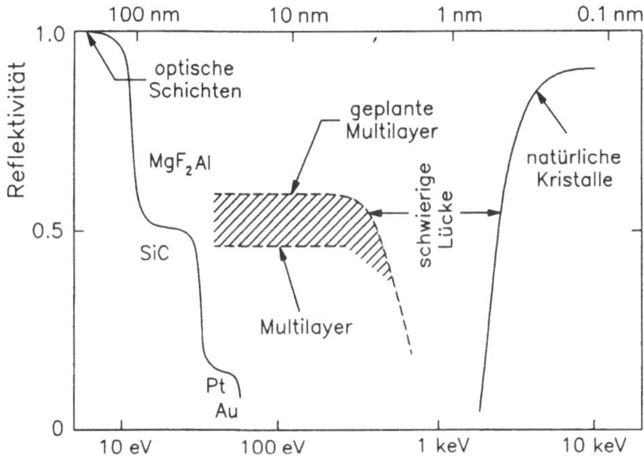

Fig. 9.8 Reflektivität verschiederner Spiegelmaterialien für Wellenlängen unterhalb des sichtbaren Lichts.

hier mit Sicherheit nicht mehr einsetzbar, denn pro Durchlauf werden Verstärkungen von $G \gg 1$ benötigt. Das macht sehr lange Undulatoren ($l > 10$ m) erforderlich und stellt extrem hohe Anforderungen an die Strahlqualität. Die Verstärkung steigt mit der Anzahl der Elektronen im Phasenvolumen, oder mit anderen Worten mit der Teilchendicht im Bunch. Daher sind eine extrem kleine Strahlemittanz und sehr kurze Bunche erforderlich.

9.7 Das Optische Klystron

In der Regel ist der gesamte Phasenbereich $-\pi < \Psi < +\pi$ mit Teilchen gefüllt und die Verstärkung ergibt sich aus dem Mittelwert der Energiebilanz aller Teilchen, von denen ein nicht vernachlässigbarer Anteil dem Laserfeld sogar Energie entzieht (Kapitel 9.3). Wenn man nun im Phasenraum immer nur den Bereich $0 < \Psi + \pi$ mit Teilchen füllt, die alle Energie an das FEL-Feld abgeben, und den Bereich $-\pi < \Psi < 0$ leer läßt, ist die Verstärkung pro Weglänge wesentlich größer, als beim normalen FEL. Dieses Prinzip wurde von N.A. Vinokurov und A.N. Skrinsky vorgeschlagen und wird als *Optisches Klystron* bezeichnet [86]. Dazu ist es erforderlich, den Elektronenstrahl in Mikrobunche zu unterteilen, die im Abstand der Laserwellenlänge λ_L fliegen und zwischen denen Bereiche mit nur geringer Teilchendichte sind (Fig. 9.9).

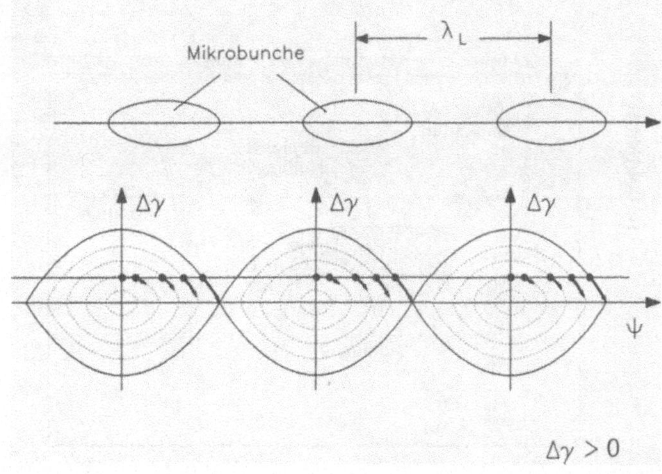

Fig. 9.9 Elektronenverteilung im Phasenraum des Laserfeldes beim Optischen Klystron

Praktisch realisiert wird das Optische Klystron durch eine Anordnung, wie sie in Fig. 9.10 gezeigt ist. Sie besteht aus zwei gleichen Undulatoren, die hintereinander angeordnet sind und durch eine dispersive Strecke getrennt werden. Diese Anordnung entspricht in ihrer Funktion dem Mikrowellenklystron (Fig. 5.11), wodurch sich der Name dieses FEL-Typs erklärt.

Der erste Undulator hat die Aufgabe, die Energie des Elektronenstrahls mit Hilfe der Laserwelle zu modulieren. Dazu betrachten wir nocheinmal die Fig. 9.6 a., die die Bewegung der Elektronen im FEL veranschaulicht. Am Anfang haben alle Teilchen dieselbe Energie γ_A, verlassen auf Grund der Wechselwirkung mit dem Laserfeld aber den Undulator mit unterschiedlichen Endenergien. Die mittlere Energie ist zwar dieselbe wie vorher, aber die einzelnen Teilchen haben anschließend abhängig von der Anfangsphase im FEL-Feld verschiedene Endenergien. Das genau passiert auch im ersten Undulator des Optischen Klystrons.

Beim HF-Klystron erfolgt dann die Bunchung in einer reinen Driftstrecke wegen der unterschiedlichen Teilchengeschwindigkeit. Beim Optischen Klystron

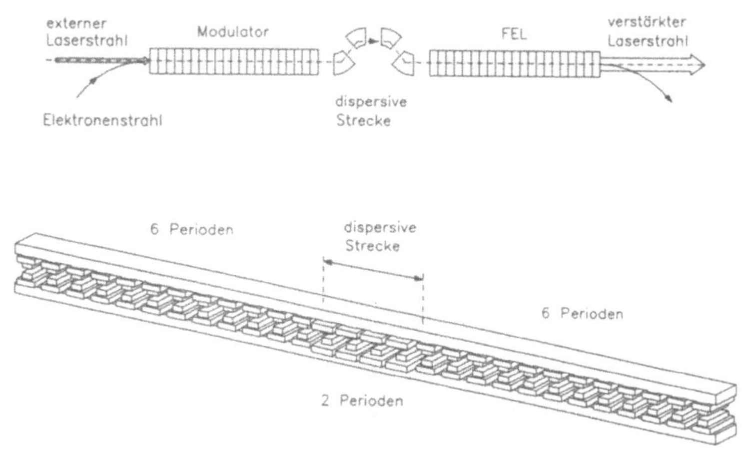

Fig. 9.10 Prinzipieller Aufbau eines Optischen Klystrons. Der erste Undulator moduliert die Energie der Teilchen, so daß in der nachfolgenden dispersiven Strecke die Mikrobunche erzeugt werden. Im zweiten Undulator erfolgt dann die eigentliche FEL-Verstärkung. Die dispersive Strecke kann auch durch dieselben Undulatorperioden erzeugt werden, deren Pole entsprechend stärker erregt werden.

hat man es aber mit relativistischen Teilchen zu tun, die praktisch alle dieselbe Geschwindigkeit haben. Daher erzeugt man durch kurze Ablenkmagnete eine dispersive Strecke, in der Teilchen unterschiedlicher Energie unterschiedliche Weglängen haben. Diese Strecke kann im Undulator auch mit den normalen Perioden erzeugt werden, wenn man die Pole nur entsprechend stärker erregt. Die Elektronen verlassen die dispersive Strecke mit der gewünschten Mikrobunchung, wie sie Fig. 9.9 zeigt. Die eigentliche Verstärkung erfolgt dann im zweiten Undulator des Optischen Klystrons. Diese ist so effektiv, daß selbst mit relativ kurzen Gesamtlängen der Anordnung höhere Werte erreicht werden, als mit gleichlangen normalen FEL. Der Nachteil ist die deutlich geringere Ausgangsleistung der FEL-Strahlung beim Optischen Klystron.

Optische Klystrons lassen sich wieder als Verstärker und als Oszillator aufbauen. Ihr Prinzip wurde bisher erfolgreich am Speicherring ACO in Orsay (Frankreich) [87, 88] und an VEPP III in Novosibirsk (UdSSR) [89] erprobt, wobei die Laserfrequenzen im wesentlichen im Bereich des sichtbaren Lichts lagen.

9.8   Zeitstruktur der FEL-Strahlung

Die Qualität und Nutzbarkeit der Laserstrahlung wird neben der Intensität und
dem verfügbaren Wellenlängenbereich auch durch ihre Zeitstruktur bestimmt.
Der kürzeste Zeitbereich wird durch die Länge eines einzelnen von einem Elektronenbunch erzeugten Mikropulses bestimmt, aus dem sich direkt die wichtige
Linienbreite der Strahlung ergibt. Die Länge des Laserpulses bestimmt sich aus
zwei Effekten. Der Abstand zwischen den Spiegeln des optischen Resonators d
ist sehr groß im Vergleich zur Wellenlänge λ_L der Laserstrahlung (z.B. $d \approx 10$ m
und $\lambda_L \approx 10^{-7}$ m). Daher gibt es sehr viele Resonatormoden der Wellenlängen
$\lambda_{L,j}$ mit ganzzahligen j im Bereich um $j \approx 10^8$, die die Resonanzbedingung

$$d = j\,\lambda_{L,j} \tag{9.93}$$

erfüllen. Um Energie aus dem Elektronenstrahl in die Laserwelle zu übertragen,
muß die Wellenlänge der Kohärenzbedingung

$$\lambda_{L,j} = \frac{\lambda_u}{2\gamma_j^2}\left(1 + \frac{K^2}{2}\right) \tag{9.94}$$

genügen. Da die Elektronen natürlich nicht alle eine einzige scharfe Energie
haben, sondern wegen der Quantenfluktuation durch Abstrahlung von Synchrotronstrahlung und die daraus resultierende Synchrotronschwingung einen breite-
ren Energiebereich mit gaußförmiger Verteilung ausfüllen, gibt es eine große Zahl
von Resonatormoden, für die die entsprechende Teilchenenergie γ_j im Strahl vorhanden ist (Fig. 9.24). Daher werden im optischen Resonator sehr viele Moden
mit den Wellenlängen $\lambda_{L,j}$ und den Frequenzen $\omega_{L,j} = 2\pi c/\lambda_{L,j}$ durch den FEL
verstärkt, die alle relativ dicht zusammenliegen und sich nach

$$I(t) = \sum_j a_j e^{i\omega_j t} \tag{9.95}$$

überlagern. Das gibt einen kurzen Impuls, dessen Dauer in der Regel zwischen
$\tau_L = 1$ ps und $\tau_L = 10$ ps liegt. Die Energiebreite der Linie ergibt sich daraus
sofort nach der Unschärferelation

$$\Delta E = \frac{h}{\tau_L}. \tag{9.96}$$

Betreibt man den FEL mit einem Linac, so hat man neben der sehr kurzen
Dauer des Mikropulses als deutlich längere Zeitskala die Pulsrate des Beschleu-
nigers, die üblicherweise eine Wiederholfreqienz von einigen 100 Hz hat. Wird
der FEL dagegen in einem Speicherring betrieben, hat man als nächstgrößere
Zeiteinheit die Umlaufszeit im Beschleuniger, die in der Größenordnung von M-
Hz liegt. Diese pro Umlauf abgestrahlte FEL-Welle hat aber keineswegs eine

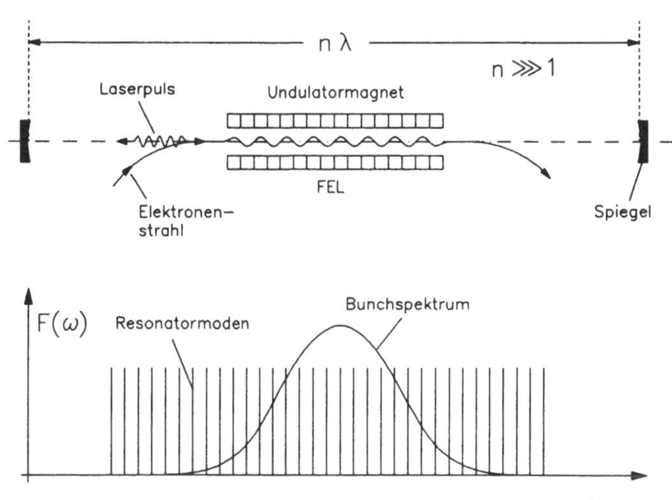

Fig. 9.11 Erregung mehrerer Moden im optischen Resonator des FEL durch die endliche Enegiebreite des Bunches

konstante Intensität, sondern weist auf der Zeitskala vieler Umläufe ein relativ kompliziertes Verhalten auf, wie es in einem Beispiel in den Kurven von Fig. 9.12 veranschaulicht ist.

Zunächst steigt nach Starten des FEL die Amlitude der Strahlung exponentiell über viele Umläufe an. Dadurch nimmt die Feldstärke zu und außerdem wächst durch die Wechselwirkung des Laserfeldes mit den Elektronen die Energiebreite im Teilchenstrahl. Ein ständig zunehmender Teil der Elektronen hat schließlich eine so starke Energieabweichung, daß er zur FEL-Verstärkung nicht mehr beitragen kann. Die Verstärkung geht schnell zurück und sinkt schließlich unter Null, womit der Lasereffekt beendet ist. Die FEL-Leistung klingt schnell ab.

Der in seiner Energiebreite aufgeheizte Elektronenstrahl wird anschließend durch Dämpfung der Synchrotronschwingung abgekühlt, und die Energiebreite reduziert sich dabei. Mit abnehmender Energiebreite wächst die FEL-Verstärkung wieder, bis die Laserschwelle erreicht ist und die FEL-Strahlung wieder exponentiell anwächst. Dann nimmt die Energiebreite wieder zu, bis die Verstärkung abermals unter Null absinkt. Beim zweitenmal ist die erreichte Spitzenleistung des FEL deutlich kleiner im Vergleich zum ersten Impuls, weil der Strahl in diesem Falle schon beim Start des FEL-Pulses eine deutlich schlechtere Qualität hat.

Dieser Vorgang wiederholt sich etliche Male, bis ein Gleichgewichtszustand erreicht ist, der allerdings in seiner Intensität deutlich unter der des ersten Pulses liegt. A. Renieri hat für diesen Gleichgewichtszustand die näherungsweise eine FEL-Leistung von

$$P_L \approx \frac{1}{2N_u} P_{syn} \tag{9.97}$$

gefunden [95], wobei P_{syn} die insgesamt durch Synchrotronstrahlung abgestrahlte Leistung angibt und N_u die Anzahl der Undulatorperioden. Daher besagt das Kriterium von Renieri, daß die im Gleichgewicht abgestrahlte FEL-Leistung proportional zu der insgesamt durch Synchrotronstrahlung abgestrahlten Leistung W_0 ist.

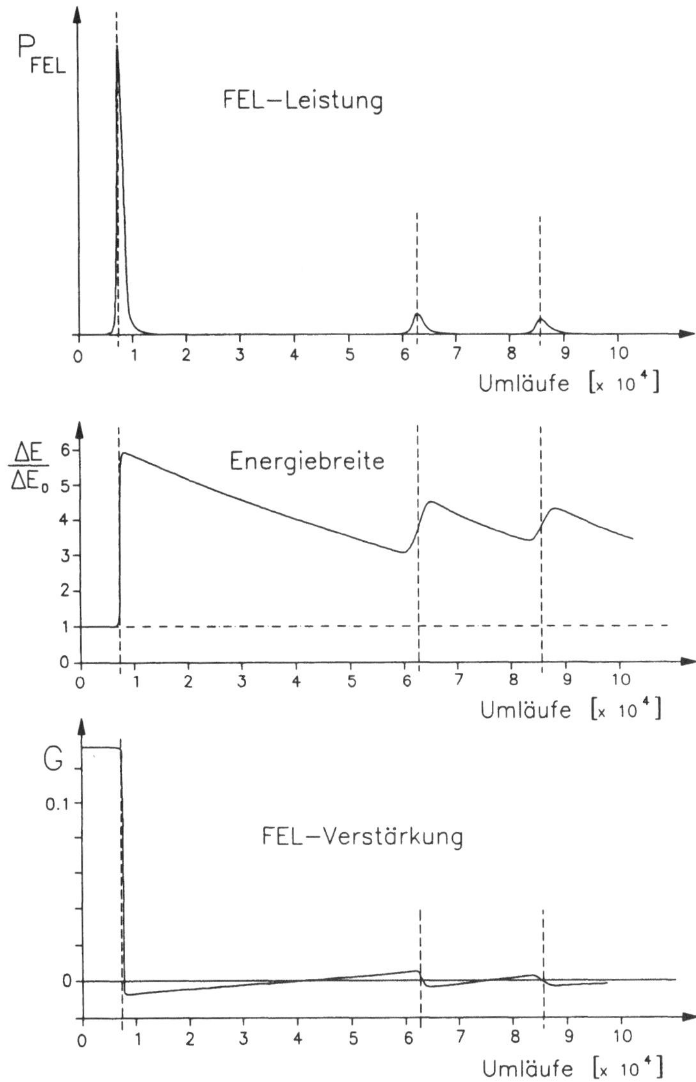

Fig. 9.12 Verlauf der FEL-Leistung, der Energiebreite im Elektronenstrahl und der FEL-Verstärkung als Funktion der Zahl der Umläufe in einem Speicherring.

A Maxwellgleichungen

Geladene Teilchen benötigen zur Beschleunigung elektrische Felder $\vec{E}$ und zur Bahnführung und Fokussierung magnetische Felder $\vec{B}$, die sich auch zeitlich ändern können. Der Teilchenstrahl selbst stellt eine räumlich verteilte Ladung mit der Ladungsdichte $\rho(\vec{r})$ dar. Der Zusammenhang von Ladung und elektromagnetischen Feldern wird durch die *Maxwell'schen Gleichungen* beschrieben, die damit die wichtigste theoretische Grundlage bei der Behandlung von Beschleunigern liefern. Die Maxwell'schen Gleichungen können sowohl in integraler wie auch in differentieller Form geschrieben werden. Da je nach Fragestellung beide Formen in der Praxis verwendet werden, sollen hier auch beide in SI-Einheiten angegeben werden. In integraler Schreibweise lauten die Maxwellgleichungen

$$
\begin{aligned}
\oint_A \vec{E}\, d\vec{A} &= \int_V \frac{\rho}{\varepsilon_{\mathrm{r}}\,\varepsilon_0}\, dV \\
\oint_A \vec{B}\, d\vec{A} &= 0 \\
\oint \vec{E}\, d\vec{s} &= -\int_A \dot{\vec{B}}\, d\vec{A} \\
\oint \vec{B}\, d\vec{s} &= \int_A \mu_{\mathrm{r}}\mu_0(\vec{i} + \varepsilon_{\mathrm{r}}\,\varepsilon_0\dot{\vec{E}})\, d\vec{A}.
\end{aligned}
\tag{A.1}
$$

Auf der linken Seite erstrecken sich die Integrale entweder über eine geschlossene Fläche oder einen geschlossen Weg, während die Integrale auf der rechten Seite über das umschlossene Volumen V oder die umschlossene Fläche A zu berechnen sind. $\vec{i}$ ist dabei die Stromdichte. In differentieller Schreibweise haben die Maxwellgleichungen die Form

$$\nabla \cdot \vec{E} \;=\; \frac{\rho}{\varepsilon_r \varepsilon_0} \qquad\qquad\qquad \mathrm{div}\vec{E} \;=\; \frac{\rho}{\varepsilon_r \varepsilon_0}$$

$$\nabla \cdot \vec{B} \;=\; 0 \qquad\qquad\qquad\qquad \mathrm{div}\vec{B} \;=\; 0 \qquad\qquad (A.2)$$

$$\nabla \times \vec{E} \;=\; -\dot{\vec{B}} \qquad\qquad\qquad\quad \mathrm{rot}\vec{E} \;=\; -\dot{\vec{B}}$$

$$\nabla \times \vec{B} \;=\; \mu_r \mu_0 (\vec{\imath} + \varepsilon_r \varepsilon_0 \dot{\vec{E}}) \qquad\qquad \mathrm{rot}\vec{B} \;=\; \mu_r \mu_0 (\vec{\imath} + \varepsilon_r \varepsilon_0 \dot{\vec{E}}).$$

Betrachtet man die zeitabhängigen Felder im freien Raum, so ist $\rho = 0$ und $\vec{\imath} = 0$ und die beiden letzten Gleichungen von (A.2) erhalten die Form

$$\nabla \times \vec{E} \;=\; -\dot{\vec{B}}$$

$$\nabla \times \vec{B} \;=\; \mu_r \mu_0 \varepsilon_r \varepsilon_0 \dot{\vec{E}}. \qquad\qquad (A.3)$$

Auf die erste dieser beiden Gleichungen wendet man nocheinmal den Oparator $\nabla \times$ an und leitet die zweite Gleichung nach der Zeit ab. Dann verknüpft man die Ergebnisse zu

$$\nabla \times (\nabla \times \vec{E}) + \mu_r \mu_0 \varepsilon_r \varepsilon_0 \ddot{\vec{E}} = 0. \qquad\qquad (A.4)$$

Wegen $\rho = 0$ verschwindet nach der ersten Gleichung von (A.2) die Divergenz von $\vec{E}$ und unter Beachtung der Vektorbeziehung

$$\nabla \times (\nabla \times \vec{E}) = \nabla(\nabla \vec{E}) - \nabla^2 \vec{E}$$

erhält man aus (A.4) die *Wellengleichung*

$$\nabla^2 \vec{E} - \frac{1}{v^2}\ddot{\vec{E}} = 0 \qquad\qquad (A.5)$$

mit der Phasengeschwindigkeit

$$v = \frac{1}{\sqrt{\mu_r \mu_0 \varepsilon_r \varepsilon_0}}. \qquad\qquad (A.6)$$

Auf eine Ladung Q, die sich im elektromagnetischen Feld mit den Feldwerten $\vec{E}$, $\vec{B}$ bewegt, wirkt die *Lorentzkraft*

$$\vec{F} = Q(\vec{E} + \vec{v} \times \vec{B}). \qquad\qquad (A.7)$$

Für ein detailliertes Studium der Elektrodynamik sei hier z.B. auf das Buch von J.D. Jackson [30] verwiesen.

B Wichtige Relationen der speziellen Relativitätstheorie

Ein *Inertialsystem* ist ein Koordinatensystem, in dem sich ein kräftefreier Körper mit konstanter Geschwindigkeit bewegt. Bewegt sich ein beliebiges Koordinatensystem mit konstanter Geschwindigkeit gegen ein Inertialsystem, ist es selbst ein Inertialsystem. Insgesamt bestimmen in jedem Koordinatensystem vier Größen, nämlich die drei Raumkoordinaten s, x und z sowie die Zeit t den Ort, an dem ein physikalisches Ereignis stattfindet. Hat man ein Inertialsystem K', das sich mit der Geschwindigkeit v gegen das als ruhend angenommene System K bewegt, transformieren sich diese vier Größen nach der *Lorentztransformation*

$$
\begin{aligned}
s' &= \frac{s - vt}{\sqrt{1 - \beta^2}} \\
x' &= x \\
z' &= z \\
t' &= \frac{t - \dfrac{v}{c^2}x}{\sqrt{1 - \beta^2}}
\end{aligned}
\tag{B.1}
$$

$$
\begin{aligned}
s &= \frac{s' + vt'}{\sqrt{1 - \beta^2}} \\
x &= x' \\
z &= z' \\
t &= \frac{t' + \dfrac{v}{c^2}x'}{\sqrt{1 - \beta^2}}
\end{aligned}
$$

wobei $\beta = v/c$ und c die Geschwindigkeit des Lichtes angibt. Dabei wird ohne Einschränkung der Allgemeinheit vorausgesetzt, daß die entsprechenden Achsen der Koordinatensysteme zueinander parallel sind und die Bewegung entlang der s-Achse erfolgt.

Hat ein Teilchen im Ruhesystem K den *Viererimpuls*

$$P_\mu = \begin{pmatrix} p_t \\ p_s \\ p_x \\ p_z \end{pmatrix},$$ (B.2)

dann transformiert er sich in das bewegte System K' nach der Beziehung

$$P'_\mu = \begin{pmatrix} \gamma & 0 & 0 & -\beta\gamma \\ 0 & 1 & 0 & 0 \\ 0 & 0 & 1 & 0 \\ -\beta\gamma & 0 & 0 & \gamma \end{pmatrix} P_\mu$$ (B.3)

mit

$$\gamma = \frac{1}{\sqrt{1 - \beta^2}}.$$ (B.4)

Ein in einem System K ruhender statischer Magnet bewirkt auf Grund der lorentzinvarianten Elektrodynamik im bewegten System K' neben Magnetfeldern auch elektrische Felder. Bezeichnet man die einzelnen Feldstärkekomponenten in den beiden Systemen mit E_s, E_x, E_z und B_s, B_x B_z, bzw. E'_s, E'_x, E'_z und B'_s, B'_x B'_z, dann sind die Transformationsgleichungen für die Feldstärkekomponenten

$$\begin{aligned}
E'_s &= E_s \\
E'_x &= \frac{E_x - vB_z}{\sqrt{1 - \beta^2}} \\
E'_z &= \frac{E_z + vB_x}{\sqrt{1 - \beta^2}} \\
B'_s &= B_s \\
B'_x &= \frac{B_x + \dfrac{v}{c^2}E_z}{\sqrt{1 - \beta^2}} \\
B'_z &= \frac{B_z - \dfrac{v}{c^2}E_x}{\sqrt{1 - \beta^2}}
\end{aligned}$$ (B.5)

Ein Teilchen mit der Ruhemasse m_0 und der Geschwindigkeit v hat die relativistische Energie

$$\gamma = \frac{E}{m_0 c^2}.$$ (B.6)

Man kann damit den Impuls und die Energie eines Teilchens in der Form

$$\begin{aligned}
p &= \gamma m_0 v \\
E &= \gamma m_0 c^2
\end{aligned}$$ (B.7)

ausdrücken. Die Relation zwischen Energie und Impuls ergibt sich daraus durch

$$E = \frac{c}{\beta} p. \tag{B.8}$$

Der Zusammenhang von relativer Impulsabweichung zu relativer Geschwindigkeitsabweichung kann durch Differentation des Impulses p aus (B.7) berechnet werden:

$$\frac{dp}{dv} = m_0 \frac{d}{dv} (\gamma v) = \gamma m_0 (1 + \beta^2 \gamma^2). \tag{B.9}$$

Nach (B.6) ist $\gamma^2 = 1 + \beta^2 \gamma^2$ und man erhält durch Einsetzen in (B.9)

$$dp = \gamma^3 m_0 dv. \tag{B.10}$$

Dividiert man das noch durch $p = \gamma m_0 v$, erhält man schließlich

$$\frac{dp}{p} = \gamma^2 \frac{dv}{v}. \tag{B.11}$$

Weiterhin wird oft der Zusammenhang zwischen der relativen Energieänderung und der relativen Impulsänderung benötigt. Den erhalten wir, indem wir in (B.7) die Energie nach dem Impuls ableiten, also

$$\frac{dE}{dp} = m_0 c^2 \frac{d\gamma}{dp}. \tag{B.12}$$

Ersetzt man γ durch $p/m_0 v$, so folgt

$$\frac{dE}{dp} = c^2 \frac{d}{dp} \left(\frac{p}{v} \right). \tag{B.13}$$

Mit (B.10) erhält man daraus

$$\frac{d}{dp} \left(\frac{p}{v} \right) = \frac{1}{v} \left(1 - \frac{1}{\gamma^2} \right) = \frac{1}{v} \beta^2. \tag{B.14}$$

Einsetzen in (B.13) liefert

$$dE = \frac{c^2}{v} \beta^2 dp \tag{B.15}$$

und nach Division durch $E = cp/\beta$ schließlich

$$\frac{dE}{E} = \beta^2 \frac{dp}{p} \tag{B.16}$$

C Allgemeine Gleichung einer Phasenellipse

Bei der Beschreibung der Phasenellipse in der transversalen Phasenfläche $x - x'$ benötigt man die allgemeine Gleichung der beliebig gedrehten Ellipse, wie es Fig. C.1 zeigt. Dazu gehen wir von einem gedrehten Koordinatensystem $\tilde{x} - \tilde{x}'$ aus, in dem die Hauptachsen a und b der Ellipse auf den Koordinatenachsen liegen. In dem Koordinatensystem $\tilde{x} - \tilde{x}'$ kann man die Ellipse durch

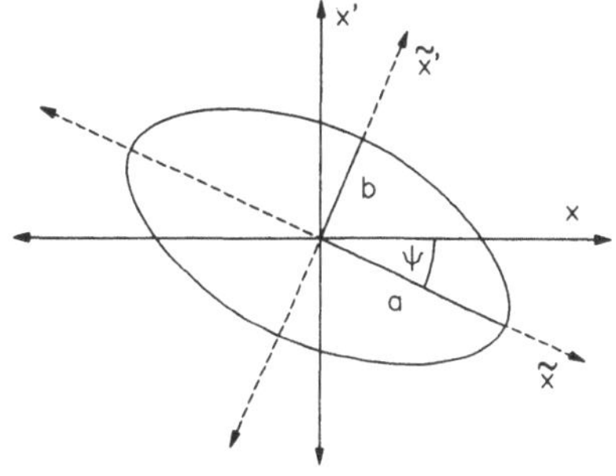

Fig. C.1 Die allegemeine beliebig um einen Winkel Ψ im Koordinatensystem $x - x'$ gedrehte Ellipse. Das Hilfskoordinatensystem $\tilde{x} - \tilde{x}'$ ist mit der Ellipse um denselben Winkel Ψ gedreht.

$$\begin{aligned}
\tilde{x} &= a\,\cos\varphi \\
\tilde{x}' &= b\,\sin\varphi
\end{aligned} \tag{C.1}$$

ausdrücken, wobei der Parameter φ den Bereich $0 \leq \varphi \leq 2\pi$ durchläuft. Die Transformation in das um Ψ gedrehte System $x - x'$ erfolgt mit Hilfe der Beziehungen

$$\begin{aligned}
x &= a\,\cos\varphi\,\cos\Psi + b\,\sin\varphi\,\sin\Psi \\
x' &= -a\,\cos\varphi\,\sin\Psi + b\,\sin\varphi\,\cos\Psi.
\end{aligned} \tag{C.2}$$

Man eliminiert nun den freien Parameter φ, indem man diese Gleichungen nach $\sin\varphi$ bzw. $\cos\varphi$ auflöst und die allgemeine Relation $\sin^2\varphi + \cos^2\varphi = 1$ anwendet.

Dann erhält man sofort

$$
\begin{aligned}
a^2 b^2 &= b^2 (x \cos \Psi - x' \sin \Psi)^2 + a^2 (x \sin \Psi + x' \cos \Psi)^2 \\
&= (b^2 \sin^2 \Psi + a^2 \cos^2 \Psi)\, x'^2 + 2(a^2 - b^2) \cos \Psi\, \sin \Psi\, x\, x' + \qquad (C.3)\\
&\quad + (b^2 \cos^2 \Psi + a^2 \sin^2 \Psi)\, x^2.
\end{aligned}
$$

Dividiert man diese Gleichung durch $a\,b$ und definiert

$$
\begin{aligned}
\beta &:= \frac{b}{a} \sin^2 \Psi + \frac{a}{b} \cos^2 \Psi \\[2mm]
\alpha &:= \left(\frac{a}{b} - \frac{b}{a} \right) \cos \Psi\, \sin \Psi \qquad\qquad (C.4)\\[2mm]
\gamma &:= \frac{b}{a} \cos^2 \Psi + \frac{a}{b} \sin^2 \Psi,
\end{aligned}
$$

so folgt mit dem Ausdruck für die Fläche der Ellipse $F = \pi\, a\, b$ die gesuchte allgemeine Ellipsengleichung

$$
\boxed{\frac{F}{\pi} = \beta\, x'^2 + 2\, \alpha\, x\, x' + \gamma\, x^2 = \varepsilon.} \qquad (C.5)
$$

Wie man durch Einsetzen der Definitionen (C.5) leicht zeigen kann, ist

$$
\gamma = \frac{1 + \alpha^2}{\beta}. \qquad (C.6)
$$

Die Ellipse ist also durch die Angaben von α, β und ε eindeutig bestimmt. Es sollen jetzt noch einige wichtige Punkte auf der Ellipse angegeben werden. Die Schnittpunkte mit den Koordinatenachsen ergeben sich sofort, indem man $x = 0$ bzw. $x' = 0$ setzt, also

$$
\begin{aligned}
x &= \sqrt{\frac{\varepsilon}{\gamma}} \qquad \text{für} \qquad x' = 0 \\[2mm]
x' &= \sqrt{\frac{\varepsilon}{\beta}} \qquad \text{für} \qquad x = 0. \qquad (C.7)
\end{aligned}
$$

Um die Extrema der Ellipse zu finden, löst man (C.5) zunächst nach x bzw. x' auf:

$$
\begin{aligned}
x &= \frac{-\alpha x' \pm \sqrt{\gamma \varepsilon - x'^2}}{\gamma} \\[3mm]
x' &= \frac{-\alpha x \pm \sqrt{\beta \varepsilon - x^2}}{\beta} \qquad\qquad (C.8)
\end{aligned}
$$

Durch Differentation erhält man daraus sofort die Extrema

$$x_{\text{extr}} = \pm\sqrt{\varepsilon\beta} \qquad \text{für} \qquad \frac{dx}{dx'} = 0$$

$$x'_{\text{extr}} = \pm\sqrt{\varepsilon\gamma} \qquad \text{für} \qquad \frac{dx'}{dx} = 0. \tag{C.9}$$

Literaturverzeichnis

[1] M.S. Livingston, J.P. Blewett, *Particle Accelerators*, McGraw-Hill, New York (1962)

[2] J.D. Cockcroft und E.T.S. Walton, *Proc. Roy. Soc.* (London), **A136**, 619 (1932), **A137**, 229 (1932) und **A144**, 704 (1934)

[3] Schenkel, *Elektrotech. Z.*, **40**, 333 (1919)

[4] H. Greinacker, *Z. Physik*, **4**, 195 (1921)

[5] Bellaschi, *Trans. AIEE*, **51**, 936 (1932)

[6] R.J. Van de Graaff, *Phys. Rev.*, **38**, 1919A (1931)

[7] G. Ising, *Ark. Math. Astron. Phys.*, **18** Nr. 30, Heft 4, p. 45 (1925)

[8] R. Wiederöe, *Arch. Elektrotech.*, **21**, 387 (1928)

[9] J.W. Beams, L.B. Snoddy, *Phys. Rev.*, **44**, 784 (1933)
J.W. Beams, H. Trotter, *Phys. Rev.*, **45**, 849 (1933)

[10] E.L. Ginzton, W.W. Hansen, W.R. Kennedy, *Rev. Sci. Instr.*, **19**, 89 (1948)
M. Chodorow, E.L. Ginzton, W.W. Hansen, R.L. Kyhl, R.B. Neal, W.K.H. Panofsky, *Rev. Sci. Instr.*, **26**, 134 (1955)

[11] R.H. Helm, G.A. Loew, W.K.H. Panofsky, *The Stanford Two-Mile Accelerator*, W.A. Benjamin, Inc. New York, ch. 7 (1968)

[12] L.W. Alvarez, H. Bradner, J.V. Franck, H. Gordon J.D. Gow, L.C. Marshall, F. Oppenheimer, W.K.H. Panofsky, C. Richman J.R. Woodyard, *Rev. Sci. Instr.*, **26**, 111 (1955)

[13] E.O. Lawrence, N.E. Edlefsen, *Science*, **72**, 376 (1930)

[14] S. Rosander, *The Development of the Microtron, Nucl. Instr. & Meth.*, **177**, 411 - 416 (1980)

[15] B. Schoch, *The MAMI Project, Proc. Electron and Photon Interactions at Intermediate Energies*, Bad Honnef 1984, 440 - 446 (1986)
T. Walcher, *The Mainz Microtron Facility MAMI, Proc. The Nature of Hadrons and Nuclei by Electron Scattering*, Erice 1989, 189 - 203 (1989)

[16] D.W. Kerst, *Phys. Rev.*, **58**, 841 (1940) und **60**, 47 (1941)

[17] R. Wiederöe, *Arch. Elektrotech.*, **21**, 400 (1928)

[18] E.M. McMillan, *Phys. Rev.*, **68**, 143 (1945)

[19] V. Veksler, *J. Phys. (U.S.S.R.)*, **9**, 153 (1945)

[20] F.G. Gouard und D.E. Barnes, *Nature*, **158**, 413 (1946)

[21] M.L. Oliphant, J.S. Gooden, G.S. Hide, *Proc. Phys. Soc.* (London), **59**, 666 (1947)

[22] M.H. Blewett (Herausgeber), Cosmotron Staff, *Rev. Sci. Instr.*, **24**, 723-870 (1953)

[23] G.K. O'Neill, *Component Design and Testing for the Princeton-Stanford Colliding-Beam Experiment, Proc. of the Int. Conf. on High Energy Acc.*, Brookhaven (1961)

[24] C. Bernadini, U. Bizzarri, G.F. Corrazza, G. Ghigo, R. Querzoli und B. Touschek, *A 250 MeV Electron-Positron Storage Ring: The "A a A", Proc. of Int. Conf. on High Energy Acc.*, Brookhaven (1961)

[25] G.I. Budger et al., *Status Report on Electron Storage Ring VEPP I, Proc. of the V. Int. Conf. on High Energy Acc.*, Frascati (1965)

[26] B.H. Wiik et. al, *Study for the Project of the Proton electron Storage Ring HERA*, DESY HERA 80-01, (1980)
V. Soergel, *The HERA Project, Proc. High Energy Spin Physics*, 575 - 581, (1986)
G.A. Voss, *Status of the HERA Project, Proc. Lepton and Photon Interactions at High Energies*, 525 - 552 (1987)

[27] E. Keil, *The Large European e^+ e^- Collider Project LEP, Proc. Particle Accelerator Conference*, Washington March 11 - 13, 1981
H. Schopper, *The LEP Project, Proc. Conf. on High Energy Accelerators*, Novosibirsk 1986, Vol. 1, 39 - 43 (1986)

[28] J. Peoples, *The SSC Project, Proc. Physics of Particle Accelerators*, Batavia 1987, 2227 - 2239 (1987)

[29] H. Wiedemann, *The SLAC Linac Collider (SLC) Project*, Proc. *Particle Accelerator Conference*, Washington March 11 - 13 (1981)

[30] J.D. Jackson, *Classical Electrodynamics*, Wiley, New York (1975)

[31] A. Hofmann, *Theory of Synchrotron Radiation*, **38**, SSRL ACD-Note (1986)

[32] A. Liénard, *L'Eclairage Elect.*, **16**, 5 (1898)

[33] F.R. Elder, A.M. Gurewitsch, R.V. Langmuir und H.D. Pollack, *Phys. Rev.* **71**, 829-30 (1947), *J. Appl. Phys.*, **18**, 810 (1947) und F.R. Elder, R.V. Langmuir und H.D. Pollack, *Phys. Rev.* **74**, 52 (1948)

[34] J. Schwinger, *Phys. Rev.* **70**, 798 (1946), *Phys. Rev.*, **75**, 1012-25 (1949) und *Proc. Natl. Acad. Sci. USA*, **40**, 132 (1954)

[35] E.M. Rowe und F.E. Mills, *Part. Accel.* **4**, 211-27 (1973)

[36] H. Winick, *IEEE Trans. Nucl. Sci.*, **20**, 984-88 (1973) und *Proceedings of the 9th International Conference on High Energy Accelerators*, Stanford, California, pp. 685-8 (1974)

[37] E.E. Koch, C. Kunz und E.W. Weiner, *Optik (Stuttgart)*, **45**, 395-410 (1976)

[38] E.M. Rowe et al., *Status of the ALADDIN Project*, *IEEE Trans. Nucl. Sci.*, **28**, 3145 - 3146 (1981)

[39] M. Barthes et al., *Magnet System for Super ACO, the new Orsay Synchrotron Radiation Source*, Proc. *Magnet Technology*, Zürich, 114 - 117, (1985)

[40] G. Mülhaupt et al., *Status of BESSY, an 800-MeV Storage Ring Dedicated to Synchrotron Radiation*, *IEEE Trans. Nucl. Sci.* **30**, 3094 - 3096 (1983)

[41] M.R. Howells, *Progress and Prospects at the National Synchrotron Light Source (NSLS)*, *Nucl. Instr. & Meth.* **195**, 17 - 27 (1982)

[42] J. Tanaka et al., *Design and Status of Photon Factory*, Proc. *High Energy Accelerators*, Geneva 1980, 242 - 246 (1980)

[43] A.L. Robinson, A.S. Schlachter, *The ALS: A High Brightness Synchrotron Radiation Source*, Proc. *Particle Accelerator Conference*, San Francisco, May 5 - 6 (1991)

[44] L. Fonda, M. Puglisi, R. Rosei, A. Wrulich, *The ELETTRA Project*, *Helv. Phys. Acta* **62**, 633 - 644, (1989)

[45] DELTA-Gruppe, *Status Report of the Dortmund Storage Ring Project DELTA*, Universität Dortmund (1990)

[46] B. Buras und S. Tazzari, *European Synchrotron Radiation Facility, Report of the ESRP*, CERN, Genf (1984)

[47] Y. Cho et al., *Conceptual Design of the Argonne 6-GeV Synchrotron Light Source, Proc. Particle Accelerator Conference IEEE*, 3383 (1985)

[48] E.B. Courant, H.S. Snyder, *Theory of the Alternating Gradient Synchrotron*, Annals of Physics: 3, 1-48 (1958)

[49] E. Persico, E. Ferrari, S.E.Segre, *Principles of Particle Accelerators*, 1968

[50] K.G. Steffen, *High Energy Beam Optics*, Interscience, New York (1965)

[51] M. Sands, *The Physics of Electron Storage Rings. An Introduction.* Proceedings of the International School of Physics *Enrico Fermi*, Editor B. Touschek, 1971

[52] A.A. Kolomenski, A.N. Lebedev, *Theory of Cyclic Accelerators*, North Holland, Amsterdam 1966

[53] E.J.N. Wilson, *Proton Synchrotron Accelerator Theory* CERN 77-07

[54] H. Bruck, *Circular Particle Accelerators*, LA-TR-72-10 Rev, Los Alamos National Laboratory (Übersetzung aus dem Französischen), 1966

[55] W. Buckel, *Supraleitung - Grundlagen und Anwendungen*, Physik Verlag, Weinheim (1977)

[56] Pierce, *Journal of Applied Physics* 11, 548, 1940

[57] F.M. Penning, *Physica* 4, 71, 1937

[58] O. Zinke und A. Vlcek, *Lehrbuch der Hochfrequenztechnik*, Band 1, Springer-Verlag, 1986

[59] H. Gerke, H. Musfeld, *The Radiofrequency System for the PETRA Storage Ring*, DESY M-79/33 (1979)

[60] P.M. Lapostolle, A.L. Septier (editors), *Linear Accelerators*, North-Holland Publishing Company, Amsterdam, 1970

[61] M. Chodorow and C. Susskind, *Fundamentals of Microwave Electronics*, McGraw-Hill, New York, 1964

[62] K.W. Robinson, *Phys. Rev.*, 111, 373, 1958

[63] R. Chasman und K. Green, *BNL Report*, BNL 50505, 1980

[64] F. Amman und D. Ritson, *Proceedings of the International Conference on High-Energy Accelerators*, Brookhaven, p. 262, 1961

[65] H. Winick und T. Knight (Herausgeber), *Wiggler Magnets, Wiggler Workshop, SLAC*, SSRP Report No. 77/05, 1977

[66] J. Spencer und H. Winick, *Synchrotron Radiation Research*, Herausgeber: H. Winick und S. Doniach, *Plenum Press*, New York, ch. 21, 1980

[67] H. Winick, G. Brown, K. Halbach und J. Harris, *Physics Today* **34**, 50-63, 1981

[68] G. Brown, K. Halbach, J. Harris und H. Winick, *Wiggler and Undulator Magnets - a Rewiew, Nucl. Instr. & Meth.* **208**, 65-77, 1983

[69] D.E. Baynham und B.E. Wyborn, *A 5 Tesla Superconductive Wiggler Magnet, IEEE Trans Magnetics*, MAG-17, 1595 1981

[70] M.W. Poole, V.P. Suller und S.L. Thomson, *A second Superconducting Wiggler Magnet for the Daresbury SRS* preprint Daresbury Lab. DL / SCI / P630A, 1989

[71] K. Halbach, J. Chin, E. Hoyer, H. Winick, R. Cronin und J. Yang, *IEEE Trans. Nucl. Sci.*, NS-28, 3136-38, 1981

[72] G. Dattoli und A. Renieri, *Nuovo Cimento*, **B59**, 1, 1980

[73] G. Dattoli und A. Renieri, *Nuovo Cimento*, **B61**, 153, 1981

[74] G. Dattoli und A. Renieri, *The Laser Handbook* Vol. IV, North Holland, Amsterdam, p. 1, 1985

[75] F. Ciocci et al., *Phys. Reps.*, **141**, 1, 1986

[76] W.B. Colson, *Phys. Lett.*, **A64**, 190, 1977

[77] W.B. Colson, *One-body analysis of free electron lasers, in: Novel Sources of Coherent Radiation*, Herausgeber: S.F. Jacobs, M. Sargent, M.O. Scully, Addison-Wesley, Reading, Mass., 1978

[78] W.B. Colson, *Nucl. Instr. & Meth.*, **A237**, 1, 1985 und: W.B. Colson und A. Sessler, *Ann. Rev. Nucl. Part. Sci.*, p. 25, 1985

[79] C. Pellegrini und J. Murphy, *Introduction to the physics of the FEL*, Proceed. Conf. South Padre Island, Springer, p. 163, 1986

[80] S. Krinsky, *Introduction to the theory of Free Electron Lasers*, AIP **153**, 1016, 1987

[81] R.B. Palmer, *J. Appl. Phys.*, **43**, 3014 1972

[82] L.R. Elias, W.M. Fairbank, J.M.J. Madey, H.A. Schwettman und T.I. Smith, *Phys. Rev. Lett.*, **36**, 710, 1976

[83] D.A.G. Deacon, L.R. Elias, J.M.J. Madey, G.J. Ramian, H.A. Schwettman und T.I. Smith, *Phys. Rev. Lett.*, **38**, 892, 1977

[84] J.M.J. Madey, *Nuovo Cimento*, **B50**, p. 64, 1979

[85] J. Bisognano, S. Chattopadhyay, M. Cornacchia, A. Garren, A. Jackson, K. Halbach, K.J. Kim, H. Lancaster, J. Peterson, M.S. Zisman, C. Pellegrini und G. Vignola, *Feasibility Study of a Storage Ring for a High Power XUV Free Electron Laser*, Lawrence Berkeley Lab. LBL-19771, Juni 1985

[86] N.A. Vinokurov und A.N. Skrinsky, *Institute of Nuclear Physics*, Novosibirsk, UdSSR, Preprint, 1977

[87] M. Billardon, P. Elleaume, J.M. Ortega, C. Bazin, M. Bergher, M. Velghe, D.A.G. Deacon und Y. Petroff, *IEEE J. Quant. El.*, **21**, No. 7, pp 805, 1985

[88] M.E. Couprie, C. Bazin, M. Billardon und M. Velghe, *Nucl. Instr. & Meth.*, **A285**, pp. 31, 1989

[89] I.B. Drobyazko, G.N. Kulipanov, V.N. Litvinenko, I.V. Pinayev, V.M. Popik, I.G. Silvestrov, A.N. Skrinsky, A.S. Sokolov und N.A. Vinokurov, *Proc. of the 11th Int. FEL Conf.*, Naples U.S.A., 1989

[90] T.C. Marshall, *Free Electron Lasers*, MacMillan Publishing Company, New York, 1985

[91] Charles A. Brau, *Free-Electron Lasers*, Academic Press, 1990

[92] *Free-Electron Generators of Coherent Radiation*, Physics of Quantum Electronics, Volume 8, Herausgeber: S.F. Jacobs G.T. Moore, H.S. Pilloff, M. Sargent III, M.O. Scully, R. Spitzer, Addison-Wesley Publishing, 1982

[93] W.B. Colson, C. Pellegrini, A. Renieri, *The Laser Handbook*, Vol. VI, North Holland, Amsterdam, 1990

[94] M. Abramowitz und I.A. Stegun, *Handbook of Mathematical Functions*, Dover New York, 1965

[95] A. Renieri, *Nuovo Cimento*, **53B**, 160, 1979

Index